数据库应用理论系列图书

数据库理论研究方法解析

郝忠孝 著

科学出版社

北京

内　容　简　介

本书是基于作者三十多年对数据库理论研究过程中使用方法的经验总结的基础上撰写而成的。本书以发现、确定到解决问题为主线，系统阐述了数据库理论研究方法并以实例进行解析。

本书共13章。主要内容包括：哲学的方法论原理、课题选择方法、系统思维划分产生命题、演绎中增强(削弱)条件限制确定命题、具体到抽象方法确定命题、类比推理方法确定命题、文献阅读产生命题、学术论文评价产生命题、专著产生项目和课题、各种命题正确性证明、算法性质和证明及实验、各种算法复杂性分析技术和设计、学术论文写法和严守道德规范等。

本书可供从事计算机数据库、网络安全理论和计算机其他分支领域理论学习研究的本科生、硕士生、博士生、科研人员使用，也可供从事其他学科理论研究人员参考。

图书在版编目(CIP)数据

数据库理论研究方法解析/郝忠孝著. —北京：科学出版社，2015.5

(数据库应用理论系列图书)

ISBN 978-7-03-044280-2

Ⅰ.①数… Ⅱ.①郝… Ⅲ.①数据库系统　Ⅳ.①TP311.13

中国版本图书馆CIP数据核字(2015)第098585号

责任编辑：余　丁　闫　悦 / 责任校对：郭瑞芝
责任印制：徐晓晨 / 封面设计：耕者设计工作室

科 学 出 版 社 出版
北京东黄城根北街16号
邮政编码：100717
http://www.sciencep.com

北京中石油彩色印刷有限责任公司 印刷
科学出版社发行　各地新华书店经销

*

2015年5月第　一　版　开本：720×1000 1/16
2016年1月第二次印刷　印张：20 3/4
字数：418 000
定价：98.00元
(如有印装质量问题，我社负责调换)

作者简介

郝忠孝，教授，山东蓬莱人，1940年12月生，曾任原东北重型机械学院副校长，齐齐哈尔大学副校长，哈尔滨理工大学学术委员会主席。现任哈尔滨工业大学博士生导师（兼）、哈尔滨理工大学博士生导师。原机械电子工业部有突出贡献专家，享受国务院政府特殊津贴，全国优秀教师，黑龙江省共享人才专家，黑龙江省级学科带头人，黑龙江省计算机学会副理事长。

主要研究领域：①空值数据库理论。在国内外首次提出了空值数据库数据模型，完成一系列相关研究，形成了比较完整的理论体系，著有国内外第一部该方面的论著《空值环境下数据库导论》。②数据库 NP-完全问题的求解问题。首次基本解决了求全部候选关键字、主属性，基数为 M 的候选关键字，最小候选关键字等问题，著有《关系数据库数据理论新进展》。③数据库数据组织的无环性理论研究。在无 α 环、无 β 环、无 γ 环的分解条件与规范化理论研究方面取得突破性进展，著有《数据库数据组织的无环性理论》。④时态数据库理论研究。系统提出并完成了时态数据库中基于全序、偏序、多粒度环境下的各种时态理论问题研究，著有《时态数据库设计理论》。⑤主动数据库理论研究。著有国内外第一部该方面的论著《主动数据库系统理论基础》。⑥不完全信息下 XML、概率 XML 数据库理论研究。首次解决了不完全信息下 XML 数据库部分理论研究问题，著有《不完全信息下 XML 数据库基础》。⑦空间、时空数据库理论研究。首次解决了空间数据库线段最近邻查询和其他多个问题，著有《时空数据库查询与推理》、《时空数据库新理论》、《移动对象数据库理论基础》、《空间数据库理论基础》等著作。

作为负责人完成了国家、省部级项目 10 项，获省、部级科技进步奖一、二、三等奖 7 项。发表学术论文 230 余篇，其中，国家一级论文 160 余篇；在《计算机研究与发展》上发表个人学术论文专辑两部，被 SCI、EI 等检索 140 余篇。1991 年发表学术论文数居中国科技界第五位（并列）。著书 11 部。

前　言

　　计算机数据库科学理论研究方法是科学研究中的一个组成部分。科学研究方法是发现、确定研究问题和解决问题的有力工具，是指导正确进行研究工作的保证。即它是为计算机数据库理论研究提供方法、原则、手段和途径的。计算机数据库科学理论作为一种高级复杂的知识形态和认识形式，是在人类已有知识的基础上，通过正确的思维方式、研究方法、研究手段和一定的实践活动而获得的。因此，在计算机数据库科学理论研究和发展的过程中，是否拥有正确的科学方法，是对计算机数据库理论研究做出贡献的关键。正确的科学方法可以使研究者根据计算机数据库理论科学研究发展的客观规律，确定正确的研究方向；可以为研究者提供研究的具体方法；可以为计算机数据库理论的新发现、新发展提供支撑。

　　哲学的方法论原理是指导人类科学研究的重要指南，因此计算机数据库理论研究方法也离不开哲学方法论原理的指导，计算机数据库理论研究方法的实质是哲学方法论原理在计算科学中的具体应用。因此，必须强调在计算机科学理论研究中特别需要注重科学方法的研究和利用。数据库理论研究方法是解决数据库理论问题的一把钥匙。

　　可以说，计算机运算的基础是二进制数，计算机的出现是数学计算的产物。计算机技术的发展与数学的发展密不可分。数学理论研究是演绎性质的科学，因此，计算机数据库理论中命题结论的正确性，一般情况下必须遵循数学逻辑证明，并且相当大的一部分也是通过演绎得到的。此外，数据库还和数学计算有很大不同，大多数理论研究属于应用理论研究范畴，因此和有些数学研究方法也不同。

　　对于任何自然科学，正确的思维方式和推理形式是产生正确研究方法的源泉。本书是作者 38 年来对数据库理论研究过程中使用方法的经验总结，本书的出版可能对致力于数据库理论研究的人员提供一些可借鉴的研究方法，这也是作者出版本书的目的。

　　本书以发现、确定到解决问题为主线，包括①哲学的方法论原理：需求和想象、思维和抽象、演绎推理、合情推理。②科学分析问题、选择课题的原则、选题的禁忌、课题的选择方法和提出科学假设的方法。③课题划分：对象目标逆向推理划分策略、对象目标逆向静态分析和动态分析。④课题和命题选择与确定方法：演绎中增强条件限制确定命题、演绎中削弱条件限制确定命题、具体到抽象的方法确定命题、类比推理的方法确定命题、文献阅读产生命题、学术论文评价产生命题、专著产生项目和课题。⑤命题正确性证明：命题证明基础、证明方法和实验、算法性质和证明。⑥算法复杂性分析基础、分析技术、设计方法和程序设计等。本书对以上相关方法和技术进行了详细地讨论并以实例进行解析，力求做到条理清晰、逻辑性强，易于理解、掌握和使用。最后讨论了学术论文写法和严守道德规范的重要性。

  本书的出版得到了科学出版社耿建业、闫悦等同志的大力支持和帮助，在此表示衷心感谢。

  李松博士和张丽平审阅了全书，提出了许多宝贵意见。本书所有图表的绘制分别由张丽平、孙冬璞、万静和郝晓红等完成。在此书出版之际，向他们表示诚挚的谢意！

作　者
2015 年 2 月于哈尔滨

目 录

前言
第1章 客观世界需求和想象 ··· 1
1.1 客观世界需求 ··· 1
1.1.1 客观世界需求和数据库产生与发展 ··· 1
1.1.2 客观世界需求和网络安全技术产生与发展 ··· 7
1.2 想象 ··· 8
第2章 思维和抽象 ··· 11
2.1 形式逻辑 ··· 11
2.2 逻辑思维 ··· 12
2.3 非逻辑思维 ··· 15
2.4 辩证逻辑思维 ··· 16
2.5 灵感思维 ··· 17
2.5.1 灵感思维特征和产生的基础 ··· 17
2.5.2 灵感和机遇 ··· 19
2.6 创新性思维 ··· 20
2.6.1 创新性思维表现方式 ··· 20
2.6.2 创新性思维的特点 ··· 29
2.6.3 如何应用创新思维 ··· 30
2.7 抽象 ··· 32
2.7.1 抽象概述 ··· 32
2.7.2 科学抽象 ··· 32
2.7.3 科学抽象与抽象的区别 ··· 33
2.7.4 科学抽象意义 ··· 34
2.7.5 科学抽象思维的基本过程 ··· 35
第3章 演绎推理 ··· 37
3.1 推理类型和作用 ··· 37
3.1.1 推理概述 ··· 37
3.1.2 推理的逻辑性和结论正确的条件 ··· 38
3.2 演绎推理的一般模式——三段论 ··· 41
3.3 直言命题和直接推理 ··· 46

		3.3.1 直言命题	46
		3.3.2 性质命题的种类	47
	3.4	假言（条件）命题及推理	48
		3.4.1 条件命题	48
		3.4.2 条件命题推理	52
	3.5	选言推理和联言推理	54
		3.5.1 选言（析取式）推理	54
		3.5.2 联言（合取式）推理	57

第 4 章 合情推理和因果关系推理 60

4.1	归纳推理概述	60
4.2	不完全归纳推理和完全归纳推理	62
	4.2.1 不完全归纳推理	62
	4.2.2 完全归纳推理	63
4.3	归纳推理和演绎推理	64
	4.3.1 总结出规律和结论的两个阶段	64
	4.3.2 归纳推理和演绎推理的关系	65
4.4	类比推理及特点	67
4.5	类比推理的种类及结构	69
	4.5.1 类比推理的种类	69
	4.5.2 类比推理的结构	70
4.6	归纳和类比推理的联系与区别	76
4.7	因果关系推理	77
	4.7.1 因果关系及性质	78
	4.7.2 逻辑推理与因果关系的区别	80

第 5 章 科研课题的选择和确定方法 82

5.1	问题和课题	82
5.2	选择课题的原则	85
	5.2.1 选择课题是科学研究的第一步	85
	5.2.2 课题选择的原则	85
	5.2.3 选题的可行性原则	88
5.3	选题的禁忌	89
5.4	科学分析问题	91
5.5	提出科学假设的意义及方法	94
	5.5.1 提出科学假设的意义	94
	5.5.2 科学假设产生的客观基础	96

		5.5.3 要发现和认识冲突与矛盾 ································· 96
		5.5.4 以批判的精神冲破传统观念的束缚 ······················· 97
		5.5.5 产生科学假设的环境 ·· 98
		5.5.6 产生科学假设的方法 ·· 100
		5.5.7 建立形式不同但本质相同的理论体系 ······················· 101

第6章 系统思维产生子系统和命题 ·································· 103
  6.1 系统思维的特点和原则 ·· 104
    6.1.1 产生子系统的思维特点和原则 ···························· 104
    6.1.2 系统的整体性特点和原则 ·································· 106
    6.1.3 系统的综合性特点和原则 ·································· 107
    6.1.4 系统的结构性特点和优化原则 ···························· 107
    6.1.5 系统的动态性特点和原则 ·································· 108
    6.1.6 系统的多维思维特点和原则 ······························· 109
    6.1.7 系统的模型化特点和原则 ·································· 110
  6.2 系统思维划分产生课题 ·· 110
    6.2.1 目标逆向推理划分策略 ····································· 111
    6.2.2 目标逆向静态分析和动态分析 ···························· 112
  6.3 系统思维产生命题 ··· 115
    6.3.1 演绎中增强条件限制确定命题 ···························· 115
    6.3.2 演绎中削弱条件限制确定命题 ···························· 116
    6.3.3 具体到抽象的方法确定命题 ······························· 119
    6.3.4 类比推理的方法确定命题 ·································· 119

第7章 文献研究确定课题和命题 ·································· 121
  7.1 文献研究的基本知识 ·· 121
  7.2 阅读文献打好研究基础 ·· 123
  7.3 批判地阅读和吸收 ··· 126
  7.4 阅读坚持的原则和课题及命题选择 ······························ 130
    7.4.1 阅读文献和论文时的原则及方法 ························· 130
    7.4.2 学术论文评价与课题及命题选择 ························· 133
    7.4.3 专著与课题选择 ·· 134
  7.5 阅文整理和科研方案的制订 ····································· 135

第8章 命题证明基础 ··· 137
  8.1 概念 ·· 137
  8.2 命题 ·· 139
    8.2.1 命题及真假性 ··· 139

8.2.2 命题的种类和逻辑性 ································ 140
8.2.3 集合论中的"交""并""补"与逻辑联结词的对应关系 ······· 142
8.2.4 全称命题和特称命题 ······························· 143
8.2.5 含有一个量词的命题的否定 ························· 144
8.3 几种不同的命题 ··· 144
8.3.1 定义 ··· 144
8.3.2 公理 ··· 148
8.3.3 公理系统的有效性和完备性证明 ····················· 150
8.3.4 定律和原理 ······································· 153
8.3.5 定理 ··· 154

第 9 章 证明方法和实验································· 157
9.1 证明 ··· 157
9.1.1 证明概述 ··· 157
9.1.2 证明和推理的联系与区别 ··························· 159
9.1.3 证明的规则和步骤 ································· 161
9.2 综合法和分析法 ··· 165
9.2.1 综合法 ··· 165
9.2.2 分析法 ··· 166
9.2.3 综合法和分析法的特点 ····························· 169
9.3 条件关系证明法 ··· 171
9.4 反证法和同一法 ··· 176
9.4.1 间接证明方法种类 ································· 176
9.4.2 反证法 ··· 177
9.4.3 同一法 ··· 179
9.5 构造性证明法和存在性证明法 ····························· 180
9.5.1 构造性证明法 ····································· 181
9.5.2 存在性证明法 ····································· 182
9.6 数学归纳法 ··· 184
9.6.1 完全数学归纳法 ··································· 184
9.6.2 不完全数学归纳法 ································· 187
9.7 因果证明 ··· 188
9.8 计算机理论研究中的科学实验 ····························· 189
9.8.1 计算机科学理论实验的作用 ························· 189
9.8.2 计算机理论研究中实验的种类 ······················· 191
9.8.3 科学模拟实验 ····································· 195

9.8.4 整理经验材料的方法 …………………………………… 196

第10章 算法复杂性 …………………………………… 198
10.1 类 PASCAL 语言 …………………………………… 198
10.2 算法的性质和证明 …………………………………… 207
10.2.1 基本概念 …………………………………… 207
10.2.2 算法应具有的性质 …………………………………… 208
10.2.3 算法正确性证明 …………………………………… 208
10.2.4 算法工作量 …………………………………… 212
10.3 算法复杂性 …………………………………… 213
10.3.1 空间复杂性 …………………………………… 213
10.3.2 时间复杂性 …………………………………… 214
10.4 算法复杂性分析基础 …………………………………… 216
10.4.1 多项式时间算法与指数时间算法 …………………………………… 216
10.4.2 算法分析的三种情况和表示方法 …………………………………… 219
10.4.3 总结和说明 …………………………………… 224
10.4.4 难解性或为难解问题 …………………………………… 225

第11章 算法设计方法 …………………………………… 227
11.1 问题的模型 …………………………………… 228
11.1.1 数学模型 …………………………………… 228
11.1.2 数据模型 …………………………………… 229
11.2 算法设计概述 …………………………………… 232
11.2.1 算法设计的步骤 …………………………………… 232
11.2.2 算法的有效性 …………………………………… 233
11.3 递归方法和算法递归设计 …………………………………… 234
11.3.1 递归技术和递归算法概述 …………………………………… 234
11.3.2 递归函数和递归过程 …………………………………… 242
11.3.3 递归过程实现 …………………………………… 243
11.3.4 尾递归和线性递归 …………………………………… 245
11.3.5 递归设计 …………………………………… 247
11.3.6 消除递归 …………………………………… 248
11.4 穷举法和贪心法 …………………………………… 253
11.4.1 穷举法 …………………………………… 253
11.4.2 贪心法 …………………………………… 255
11.5 治类方法 …………………………………… 258
11.5.1 分治法 …………………………………… 259

11.5.2 减治法 264
11.5.3 变治法 265
11.6 时空权衡法和动态规划 268
11.6.1 时空权衡法 268
11.6.2 动态规划 271
11.7 回溯法和分枝限界法 277
11.7.1 回溯法 278
11.7.2 分枝限界法 280

第12章 算法复杂性分析技术 282
12.1 几种常用的比较两个函数阶的方法 282
12.1.1 几种常用的参照法 282
12.1.2 比较两个函数阶的方法 284
12.1.3 常用的和式估计上界法 285
12.2 递归算法的复杂度分析技术 286
12.2.1 递归算法的复杂度分析方法 287
12.2.2 递归过程分析 290
12.2.3 递归方程求解 292
12.3 生成函数与求和 294
12.4 算法实现和程序设计 298

第13章 学术论文写法和严守道德规范 300
13.1 学术论文及写法规范 300
13.1.1 基础知识 300
13.1.2 学术性研究和学术论文选题 300
13.1.3 学术论文的写法规范 302
13.2 严守道德规范 309
13.2.1 学术不端 309
13.2.2 违背学术道德的讨论 310
13.3 学术论文和著作投稿 314
13.3.1 学术论文投稿 314
13.3.2 著作和投稿 315
13.4 坚守国家利益高于一切 317

参考文献 319

第1章 客观世界需求和想象

1.1 客观世界需求

1.1.1 客观世界需求和数据库产生与发展

数据库技术是在20世纪60年代末作为数据管理的最新技术登上数据处理舞台的。半个世纪以来,随着计算机应用的不断扩大,计算机硬件的快速发展,计算机数据库技术、网络技术也得到了迅速的发展。它们已经成为当今世界计算机应用中两个最重要的基础领域。

本书所讨论的客观世界需求包含以下方面。

(1)人类的面向实际工程的直接需求,即面向实际的一些应用领域。对于计算机学科中的数据库来说,包括航天航空、火箭发射、军事系统、导弹系统、军事情报、卫星监测及图像处理、移动通信、多媒体数据库、地理信息系统和气象云图分析等多种领域。

(2)人类的面向非实际工程应用的间接需求。①广泛应用于计算机学科中人工智能、知识发现、数据挖掘、模式识别、CAD/CAM系统等。②计算机数据库、网络安全、数学和计算机各门学科理论研究的需求。这些学科理论的不断研究,理论体系的不断推进都是客观世界的需求,这些理论的研究大多是因为实际的需求而产生和发展的。

20世纪80年代以来,由于非传统应用领域的不断扩大,针对一些特殊领域的应用提出了许多新的数据管理需求功能,关系数据库已经不具备这种能力。在计算机数据库的理论研究中,许多研究成果,如面向对象数据库、空值数据库、时态数据库、主动数据库、空间数据库、时空数据库、移动数据库、分布式数据库和网络数据库便产生和发展起来;单一的关系数据库已经无法满足科学发展的客观需要。

以上数据库的产生和发展有两大原因:①由于人类科学的不断发展和实际应用的需求而产生;②由于人类想象力和科学思维能力的提升,使计算机中各类数据库、网络安全技术的科学理论不断得到发展。

本节只讨论和分析由于人类科学的不断发展和实际应用的需求而产生的各种数据库、网络安全技术,即第一个原因。

(1)由于科学的不断发展,数电信号出现及使用为计算机的产生奠定了基础。

(2)在科学的不断发展中,仅以计数的运算是无法适应人类科学研究不断发展的需求。

(3) 生产实践或实际应用是现代科学发展的主因,如工程设计(一种生产实践)的一个重要手段是应用计算机上专门设计的数据库,现代人类活动的方方面面都是如此。

(4) 在科学理论不断发展的过程中,为使新的理论向前发展,只有在解决了阻碍新理论发展瓶颈的前提下才能得以发展,才能满足实际应用的需求。

下面对各种数据库进行解析。

1) 客观世界需求和关系数据库

关系数据库(郝忠孝,1998;厄尔曼,1988)是以关系模型为基础的数据库,它利用关系描述客观世界。关系实质上是一个二维表,表的一行称为一个元组,对应于客观世界的一个事物;表的一列称为一个属性;一个元组在某一属性上的值称为该元组的一个分量,它对应于客观世界中一个事物的某一特征。通常,关系数据库是建立在假定数据库中每个数据都是实实在在的数据的基础上,它在未出现其他各种数据库之前,为处理许多实际问题做出了重要贡献。不仅如此,由于这种数据库有严格的理论体系,还为以后各种数据库的发展奠定了基础,在各种数据库的发展中功不可没。在关系数据库范式理论研究中,第一范式是关系数据库对模式的基本要求(要求属性值必须是原子属性即不可以再分);第二范式是为了消除关系数据库模式中非主属性对候选关键字的部分依赖;第三范式是为了消除关系数据库模式中非主属性对候选关键字的传递依赖;BC范式是为了消除关系数据库模式中一切属性(主属性和非主属性)对候选关键字的传递依赖;第四范式是为了消除关系数据库模式中非平凡的和非候选关键字所隐含的多值依赖;第五范式是为了消除关系数据库模式中非平凡的和非候选关键字所隐含的连接依赖。范式的级别越低,冗余与更新异常就越容易产生。但是,模式级别越高或最高并不表明是最好,因为模式级别越高,被划分得越精细,颗粒度越小,在查询过程中需要模式连接时,就会付出很高的时间与操作复杂性的代价。更为严重的是数据之间的依赖关系会因模式的细分而受到损坏。在进行数据库模式设计时,究竟将数据库模式划分到哪一级,需要根据应用的具体情况权衡之后做出适当的选择。关系数据库范式理论研究既是理论研究的需求,也是客观设计的实际需求。

2) 客观世界需求和面向对象数据库

在实际生活中,需要把数据库技术和面向对象软件开发技术及方法相结合,利于把常规管理信息系统(MIS)等数据库应用系统推广到较为复杂的应用领域,此时由于通常的关系数据库适用于管理和操作日常的数据(二维表),对于那些更为复杂的数据和信息,如工程设计图纸、卫星遥感得到的信息和数据影像、医疗诊断影像等,通常的关系数据库是没有能力管理和处理的。在这个背景下,不仅要有效地存储这些信息和数据,而且还需要开发新的信息查询技术,由此便产生了面向对象数据库(汪成为等,1992)。

3) 客观世界需求和空值数据库

通常,关系数据库是建立在假定数据库中不存在任何未知信息的基础之上的。这种数据库描述只反映了客观世界的已知信息部分,它与客观世界的客观存在性有一定差距。客观世界告诉我们,有些信息暂时未知,有些信息不存在,有些信息甚至连是否存在都不知道。但是,这些信息是普遍存在的,有时是大量的。如在客观世界中,常常出现某些学生因故缺考而暂时无成绩;历史档案中有时出现"生日不详";会议发言人有时宣布议事日程"有待公布";警方记录常常出现"目前下落不明"等,这些在通常的关系数据库中是无法描述的。

用通常的关系数据库的相关理论去研究含有空值的数据库是无法进行的。当一个新的元组被插入关系时,若它的个别属性值尚未确定,则无法插入。想要使这种元组在连接过程中不丢失,这在没有引入空值之前是无法达到的。当一个新的属性被填入关系模式时,原模式上各个关系中所有元组在此属性列上的值,显然是暂时填入"空值"最为恰当,这在通常的关系数据库中是不允许的。在这种情况下便产生了空值数据库(郝忠孝,1996)。由于"空值"的出现,虽然通过类比推理方式可能知道要解决什么问题,但是,概念、理论推理过程,大多数情况下都是不同的。其主要原因是,处理"空值"是空值数据库的根本特性。

4) 客观世界需求和时态数据库

由于现实世界是不断演变进化的,时间是反映现实世界信息的基本组成部分,因而大多数数据库应用程序都有时态的特性。例如,地震资料分析应用程序、天气监测应用程序、天气预报分析程序、资源管理应用程序、银行等财经类应用程序、项目管理等记录性应用程序等都与信息、数据的时态性密切相关。关系数据库管理系统对时态信息的存储、处理和操作都十分有限,缺乏对时态数据的支持,因而在很多方面产生了问题。例如,它把时间数据作为一个字段值进行存储和管理,只反映了对象某一个时刻或当前时刻的信息和状态,没有联系对象的历史、现在和将来,无法将对象的历史、现在和将来作为一个发展过程来看待,无助于解释事物发展的本质规律。抓住事物发展趋势这一点对于决策支持系统这类应用程序来说是最基本、最重要的,管理数据库系统中元事件的时态信息也是重要的,例如数据库被查询修改的时刻、时间区间。多用户系统中对锁定排队以及资源竞争协调的时标等这些时态数据也有助于提高数据库系统的可靠性和效率。人们开始逐渐意识到必须为时态数据建立时态数据库的模型,或者在现有的关系数据库模型上加以改造,于是提出了时态数据库(郝忠孝,2009b)的概念,时态数据库系统便产生了。所谓时态数据库,是指能够处理时间信息的数据库。关系数据库只记录了数据的当前状态,在现实情况改变时,数据库也发生变化。而时态数据库不仅存放对象的现状,而且存放对象过去的一切状态,并且可以根据对象现在和过去的状态推测其未来可能的状态。

5）客观世界需求和主动数据库

关系数据库系统只能按照用户明确给出的请求执行相应的操作，完成某个事务，因此关系数据库系统是被动的。数据库状态的改变是外界或用户程序影响的结果，也就是所有的查询和数据处理必须通过人工操作完成。为了实现数据完整性和一致性的自动维护以及满足实时信息处理的需要，要求数据库系统通过主动规则或触发器的形式扩充关系数据库，做出实时响应。在这种情况下便产生了主动数据库系统（郝忠孝，2008）。

6）客观世界需求和空间数据库

由于遥感等空间信息获取技术的不断进步，现代社会对位置服务和分析决策的需求也日益迫切，因此深入研究和掌握空间信息技术的理论和方法的重要性也日益突显出来。空间信息，也就是在某个空间参考系（例如地球表面）中对象的位置信息，长期以来被视为特殊的计算问题。

尽管在 20 世纪 70 年代开始出现的每一个经典数据库管理模型都对空间应用领域有所考虑，但不管是关系模型还是面向对象的建模都不能完全适用于这一领域。关系模型能够较好地处理拓扑关系，但对表示横跨空间区域的复杂层次关系却无能为力；而面向对象模型能够处理拓扑和层次关系，但难以处理空间中重要的连续性现象。为此，空间数据库系统（郝忠孝，2013）便产生了。

7）客观世界需求和时空数据库

针对一些特殊领域的应用，空间数据库和时态数据库已经成为现代数据库的两个重要分支。但是，随着越来越高的数据库应用要求，单独的时态数据库和空间数据库已经无法满足需求。

空间数据库的研究侧重于对数据库中对象的几何模型和空间查询方面的支持，仅能存储空间信息的当前状态；时态数据库的研究则主要关注数据的当前信息和历史信息的处理和扩展，即有效时间和事务时间的表达，不能处理空间信息，这些不足限制了对时空对象的有效管理和处理。空间数据库一般不保存历史变化或只保留若干典型时间点的全局状态快照序列，具有较弱的时空语义建模能力，无法提供时态分析功能。

时态数据类型根据时间的功能和结构有两种分类方式：有效时间类型和事物时间类型，有效时间类型可以是时间点和时间区间；事物时间类型只能是时间区间。时间间隔是指用一系列时间点组成的时间片。

如果要求一种数据库管理两类空间对象，一类是静态的空间对象，如山脉、道路、河流以及城市等；另一类则是移动对象，就是指随时间的变化位置也在不断变化的物体，移动对象的特点是在任意时刻都同时具有时间和空间特性，尽管关系数据库技术为移动对象的管理提供了基础，但要在数据库中表示移动对象的信息，还需要考虑移动对象所独有的特性,即移动性。

在这种情况下,能够同时处理时态数据和空间数据的时空数据库系统(郝忠孝,2010,2011a)的产生成为必然,时空数据库系统是能够同时处理时态数据和空间数据的数据库系统。

8) 客观世界需求和移动数据库

在客观世界中,如铁路中运行的火车、公路中运行的车辆、空中飞行的飞机等,它们都是移动的、动态的。移动对象与空间对象数据的不同之处就在于它的任何一个数据项的时间戳的帧都是单调递增的,其数据处于不停地变化与更新中,这也是移动对象与空间对象数据的不同之处。针对这种情况,便出现了专门处理移动对象信息和数据的移动数据库系统(郝忠孝,2012)。

9) 客观世界需求和数据组织的无环性理论研究

在科学理论的不断发展过程中,为使新的理论向前发展,只有在解决了阻碍新理论发展的"瓶颈的理论"的前提下才能得以发展,才能满足实际应用的需求。

众所周知,凡是编制程序的人在编制过程中都小心翼翼的避免程序出现死循环,一个具有死循环的程序是无法得到结果的,出现死循环的重要原因之一,就是由于数据组织的结构中存在环。在这种情况下,怎样避免出现环就成为避免程序出现死循环的一种关键技术,为达到此目的所要研究的关系数据库理论中最重要的组成部分是数据依赖及关系规范化理论。数据依赖作为对数据固有语义的一种描述形式被引入,一些重要的数据依赖类型,如 FD、MVD、JD 等,描述数据依赖之间的逻辑蕴涵关系的形式公理系统被提出。在对数据库模式性能与数据依赖之间的联系进行研究的基础上,形成了一系列不同的数据库范式的概念以及以实现这些范式为目标的关系数据库设计和实现查询算法。使数据库研究人员更加清楚地意识到对于数据库模式分解不仅要达到保持函数依赖性、无损连接性以及 xNF 为主要特性的分解问题,还必须深入的研究和探讨如何同时达到无 α 环的分解问题。而把无 α 环性作为继保持依赖性、无损连接性、较好的规范化等性质之后的又一优良特性。对于数据库模式中的无环性(郝忠孝,2009a),存在不同的级别,无 α 环数据库消除了许多有 α 环数据库出现的不良现象;而无 β 环除具有无 α 环所具有的优良特性外,还具有子图的无环性,因此无 β 环数据库有效消除了子模式的数据异常;无 γ 环数据库模式是无 α 环数据库模式的一个真子集,除具有无 α 环数据库模式所有特性外,无 γ 环数据库模式还具有特殊的性质。无论是无 α 环、无 β 环或无 γ 环,统称为无环。反之,统称其为有环。

10) 客观世界需求和不完全信息下 XML 数据库

在客观世界中,常常存在某些不确定的信息在经典数据库中是无法描述和处理的,这些信息称为不完全信息。为使对不完全信息的描述更接近现实世界,可根据不完全信息本身所固有的重要语义信息类型:不存在型不完全信息、存在型不完信息以及占位型不完全信息来描述。不存在型不完全信息表示在数据库中不存在任何实值,但应该给出某种表征指示信息不存在;存在型不完全信息指示信息的真正缺失,体现在取值当前未知,只是取值范围已知,它与不存在型不完全信息之间的根本区别在于它将来可被一个已知实值替代,且该实值一定是语义范围内的常规值;占位型不完全信息是最不确定的一类,可能是不存在型不完全信息,也可能是存在型不完全信息,这要随着时间的推移才能清楚。

由于存在型不完全信息在客观世界中存在的比例最大,把该类不完全信息引入关系模型中,对关系模型进行了扩展,研究不完全信息下关系数据库的规范化理论。

XML 语言本身能够更好地描述客观世界,允许出现不完全信息,但 XML 文档引入不完全信息后,它的数据约束,如函数依赖、键、闭包依赖以及多值依赖都会失去原来的意义,从而需要重新定义数据约束,也就是说不完全信息下的 XML 数据库规范化理论不能直接应用完全信息环境下的相应理论解决问题,必须把存在型不完全信息引入 XML Schema 中,基于上述同样的理由,把存在型不完全信息引入后的不完全信息下 XML Schema 的规范化理论也是亟待解决的问题。

DTD 没有声明可以表示不完全信息,DTD 与 XML 文档之间存在不一致性,在应用中有的 XML 文档可以没有模式 DTD。为了使 XML 文档模式具有通用性以及克服 DTD 的缺点,可以把不完全信息下 XML 文档是树型结构的模式看成是路径的集合,基于路径分析不完全信息下 XML 文档中一对一、多对一以及一对多的数据约束、不完全信息下 XML 文档之间数据包含的约束。

由于不完全信息下 XML 数据库(郝忠孝,2011b)中的冗余数据会带来操作异常,又因为现有 Internet 上的海量文档个数,所以有必要提供消除不完全信息下 XML 文档中数据冗余的技术。不完全信息下 XML 文档中的冗余数据主要是由 XML 强函数依赖、XML 强闭包依赖和 XML 强多值依赖的存在而产生的,所以针对它们的存在应提出相应的范式和规范化算法。

关系数据库关于如何避免数据的不一致性、存储异常以及减少存储空间等相关的规范化理论目前已经很成熟。在客观世界中,如何表示和处理不完全信息一直是人们所关注的一个问题,能够表示和处理不完全信息的数据库更具有现实应用意义和价值。

11) 客观世界需求和分布式数据库系统

前面提到的数据库系统都是属于集中式数据库系统,也就是所有的工作都由一台计算机完成。但是随着数据库应用的不断发展,规模不断扩大,人们逐渐感觉到集中式数据库系统也有许多不便之处。如大型 DBS 的设计和操作都比较复杂,研制新程序也很不方便,系统显得不灵活且安全性也较差。因此,采用将数据分散,即把数据库分成多个,建立在多台计算机上的系统称为分散式数据库系统。该系统应用程序的研制和数据库管理等都是分开并相互独立的,它们之间没有数据通信联系。

由于计算机网络通信的发展,有可能把分散在各处的数据库系统通过网络通信技术联结起来,这样形成的系统称为分布式数据库系统(DDBS)(戴特,2000)。它兼有集中式和分散式的优点。这种系统由多台计算机组成,各计算机之间由通信网络相互联系。

一个分布式系统是一个用通信网络联结起来的结点的集合,每个结点都可以拥有集中式数据库系统的计算机。数据虽然分散在各点上,但这些数据在逻辑上是一个整体,如同一个集中式数据库。因此,分布式数据库从系统角度来看就有全局数据库,从各个点出发研究问题就有局部数据库。

分布式数据库系统是分布存放在一个计算机网络不同点的计算机中,每一点都有独立处理能力并完成局部应用,而每一点也参与全局应用程序的执行,该全局应用程序可通过通信系统存取若干点的数据。

上面讨论了多种数据库系统的出现是根据客观世界需求产生的,许多命题的产生也是如此。例如,用户可能在屏幕上点击一个特定的位置或者对象,要求系统查找并返回数据库中一个离它最近的对象。又例如,在天体物理学数据库中找出距宇宙某一点最近的恒星。为了解决这类问题,必须将它们用一种形式化描述才能完成查询,如果用欧氏空间解决应当给出如下命题(定义):假设有一 d 维空间的点集 S 和一个查询点 q,最近邻查询就是找出 S 的子集 $NN(q)$,即

$$NN(q) = \{s \in S \mid \forall p \in S : D(q,s) \leqslant D(q,p)\}$$

无论哪一类数据库的各种查询命题的确定都是根据客观需求提出的,如反向近邻查询、连续查询、范围查询、组查询、相似性查询、最远邻查询等。

1.1.2 客观世界需求和网络安全技术产生与发展

由于人类信息化需求的不断扩大,简单的电话、电报等初级信息平台已经无法满足,于是便出现了多台计算机的联网技术,产生了计算机网络,为了服务用户便产生了网络数据库;不仅如此,现在网络已成为许多行业开展业务不可缺少的平台,计算机网络安全将直接影响各行业业务的正常运行,甚至会影响国家安全。计算机网络经常受到各类攻击,通过分析可以看到,出现危害网络安全的问题有以下十个方面(张凤斌,2008)。

(1) 信息应用面不断扩大,对网络依赖越来越强,因此建立安全的网络环境成为迫切需求。

(2) 网络系统中安全漏洞越来越多,一种是技术漏洞,另一种是管理上的漏洞,因此研究如何填补这些技术、管理漏洞已经成为一种迫切的需求。

(3) 恶意代码直接影响网络安全,通过网络扩散广且快,影响越来越大。

(4) 网络攻击技术日趋复杂且易于掌握,攻击工具广为流行。

（5）网络安全建设不规范，往往采取"亡羊补牢"，导致信息安全共享困难增大，留下隐患。

（6）网络系统安全认证方式种类多，不仅用户使用不便，而且增加了安全管理难度。

（7）信息化技术严重依赖国外，硬、软件受制于人。

（8）网络系统中硬、软件产品单一，必然会造成大规模网络安全事件发生，特别是网络蠕虫安全事件。

（9）网络安全建设涉及人员多，安全和易用性难以平衡。

（10）网络管理是一个难题。

为了解决这些客观需求便产生了网络安全技术。

1.2 想　　象

人类因为有想象力，才能创造发明、发现新的对象或事物的概念、规律、定理和系统或理论。如果没有想象力人类将不会有任何发展与进步。

什么是想象，想象是一种特殊形式的思维，它是以感性材料为基础，把表象的东西重新加工而产生的新形象。

想象这种特殊形式的思维是在人的头脑中对已经存在的对象或事物的已知事实和经验材料，在科学理论和方法的指导下对原有的表象、某些科学概念和理论进行科学思维，使其经过加工改造和重新组合而构思出对象或事物内部发展过程的相互联系、相互作用的形式和规律。

例如，在进行计算机网络安全技术领域研究中，主要包括防火墙技术、密钥技术、身份识别技术和入侵检测防范技术。前三种技术都是用类比于人类的安全措施如防火(用墙)、防盗(用锁、身份证)的想象力而出现的，这三种技术都具有被动性特征，它们不能应对复杂的网络与信息环境。而干扰人类生存的疾病是影响人类安全的重要因素，预防和治疗疾病的重要手段是诊断，它能检测出疾病产生的原因，进而进行预防和治疗，入侵检测防范技术正是类比人的这种诊断、预防和治疗这一过程而出现的。

要想产生丰富的想象力必须：①积累丰富的知识和生活经验；②保持和发展自己的好奇心；③善于捕捉创新性想象和创新性思维的产物，进行思维加工，使之变成有价值的成果。

想象力不是与生俱来的先天素质，而是后天开拓的结果，它是完全能够培养的一种能力。提高想象力是非常有必要的，特别是对科学研究人员更是如此。那么怎样提高自己的想象力呢？

（1）要积累渊博的学识和丰富的经验。想象无非是对已有的知识、表象和经验进行改造、重新组合、创造新形象。因此头脑中储存的表象、经验和知识越多,就越容易产生想象。一个孤陋寡闻的人是很难经常产生奇想的。

提高想象力的基础是丰富的经验和知识,它们是提高人们想象力的重要因素。没有经验和知识的想象只能是毫无根据的空想,或者是漫无边际的胡思乱想。只有在经验和知识基础上的想象,才能闪现出思想的火花。经验越丰富、知识越渊博,想象力驰骋的面就越广阔。这里所说的广博知识,除了专业知识和与专业知识相关的科学知识以外,还要有广泛的兴趣。因此,我们应当广泛地接触、观察、体验生活,并有意地在生活中捕捉形象,积累表象,为培养想象力创造良好的条件。

(2) 要善于把不同种类的表象加以重新组合以形成新的形象。

(3) 要善于把同类的若干对象中的最具代表性的普遍特征分析出来,然后集中综合成新的对象。

(4) 要善于抓住不同对象或事物之间的相似性进行想象,想象可以通过类比的途径来完成,类比的关键在于发现不同对象或事物之间的相似性。

(5) 要善于把适合于某一范围的性质扩展到更大的范围。想象也可以通过扩展的方式或不合常理的途径来完成。例如,在计算机科学理论的数据库理论、网络安全理论研究中,当在某一范围(某一条件或某些条件)下具有某种性质或结论,是否在更大的范围内仍然具备同样的性质和结论呢?这一问题的解决就要求科学研究人员要善于把适合于某一范围的性质扩展到更大的范围。这种作法是不乏实例的,在计算机理论课题、命题和定理的确定、分析和证明的研究中经常采用此方法。

任何一种科学理论都不是凭空产生的,是不可能仅由搜集、整理各单个的观察结果而形成。搜集、整理各单个的观察结果只是基础,真正得到一个正确的结论必须要通过科学想象、思维、推理和实验验证。

知识和想象不是一回事,知识只是激发想象力的前提,有的人虽然知识很多,但思想僵化,见解和观念陈旧,不能充分利用已有的知识展开自己的想象,结果变成了知识的奴隶。大发明家爱迪生,没有念过多少书,知识是靠自学得来的,但他有丰富的想象力,能充分利用自己已有的知识进行创新性的想象,并通过思维把想象变成创造发明。他一生的创造和发明达 2000 多项,而与他同时代的很多知识不逊于他的学者,却一生默默无闻。

想象的过程是属于思维范畴的,想象的形式主要是分析和综合。想象的分析和综合是凭借对有关的已有表象进行加工改造来实现的。一方面,分析已有表象的特点,看哪些对新形象没有用,就把它舍弃掉,哪些有用,就把它取出来;另一方面,经过这样一番分析之后,就运用综合把那些新形象有用的表象结合起来,从而得出一种新的形象。

想象在科学发展中有着不可估量的作用。通过实验材料、实验过程中的发现和数据,通过对科学知识及资料的阅读分析,通过对客观世界需求的研究,针对这些实践中的要求和理论发展的要求，由科学想象提出科学研究的假设、课题、命题或问题。同时，在研究验证假设、课题、命题、理论系统方面的理论及理论证明的正确性时，必须对大量的自然现象进行仔细地观察、实验，必须将大量的实验材料、相关的观察、观测的结果等数据资料作为研究的依据，以科学的方法为工具，以创造性的想象力寻找与其相对应、适应的理论，根据科学的推理推出假设或问题的未知理论。推出的结果就是该对象或事物所固有的性质和运动规律。在这个过程中创造性的想象力起到了不可替代的作用。

因为没有科学假设或问题，人就不知道观察什么、实验什么和研究什么。

科学假设往往是一个较大的系统问题，而科学问题相对科学假设而言是一个较小的系统问题或是一个较小的独立问题，如某类科研对象中的问题。

为研究科学假设或科学问题，除了必须进行严谨的理论证明外还必须进行严格的实验验证其真实性。设计实验验证假设或问题，如果实验结果与假设或问题相矛盾，说明所提出的假设或问题是不科学的，必须加以纠正或修正，给出新假设或问题；再对新假设或问题进行严格的实验验证其真实性，重复此过程直到成立为止。计算机科学理论的数据库、网络安全理论研究必须遵循这一过程。在任何一种计算机学科的发展中，为了实际应用都不可避免的要使用算法，一个算法能否达到设计的功能，必须通过上机实验验证其理论的正确性和工程实验验证其正确的工程适用性才能完成。如果上机实验验证或（和）工程实验验证其正确性有误，则必须找出是什么原因造成的，再次进行设计和写出算法，重复通过上机实验验证其理论的正确性和工程试验验证其正确的工程适用性，重复此过程直到正确为止。

爱因斯坦说过："想象力比知识更重要，因为知识是有限的，而想象力概括着世界的一切，推动着进步，并且是知识进化的源泉。严格地说，想象力是科学研究中的实在因素。"

第2章 思维和抽象

思维是人类认知世界的一种复杂的精神活动。这种认知过程和感觉、知觉相比,具有很强的主动性和主观性,是基于客观事物和主观经验对事物进行认知的过程。思维和感觉、知觉一样,是人脑对客观事物的反映。但一般来说,感觉和知觉是对事物的直接反映,而思维是运用分析和综合、抽象和概括等在对客观事物感觉和知觉的信息概括基础上,反映事物的本质和内部联系,这种反映以概念、判断和推理的形式进行。思维作为理性认识的过程,对客观世界的反映具有概括性和间接性。

思维的概括性是指思维能反映同一类事物的共同本质;间接性是指思维能认识感觉、知觉所不能直接提供的事物内在本质的属性。思维内容是指思维所反映的特定对象及其属性,是指人脑对客观事物的反映。

宏观上思维包括:逻辑思维、非逻辑思维、辩证思维和灵感思维等。本书还将创新思维归结为思维,因为它是用于科学创新过程的多种思维的综合应用。

2.1 形 式 逻 辑

所谓"形式逻辑"就是指传统逻辑、演绎逻辑和归纳逻辑。形式逻辑在计算机科学认识中有不可替代的作用。

任何具体思维都有它的内容,也有它的形式,都涉及一些特定的对象。对象决定内容,特定的对象决定特定的内容。

计算机数据库、网络安全理论研究系统中,很多时候是离不开形式逻辑的。计算机各种数据库理论更是如此,这是因为它们的理论思维是以数学中的具体思维为基础的。

数学中的具体思维,就涉及数量与图形这些特定对象。自然科学中各门独立学科不同领域中的具体思维所涉及的对象是不同的。但是,在各个不同领域的具体思维中,又存在着一些共同的因素。例如,在各个不同领域的具体思维中,都要应用"所有……都是……","如果……那么……"这些思维因素。各个不同领域的具体思维都需要应用的共同思维因素,就是具体思维的形式;各个不同领域的具体思维所涉及的特殊对象,就是具体思维的内容。如果用"M","P"与"S"分别代表上述概念,这两个推理的共同因素就是:所有 M 都是 P;所有 S 都是 M;所以,所有 S 都是 P。

这个共同因素,不仅是上述推理的共同因素,而且还是各个不同的思维领域都需要应用的思维因素。因此,这个共同的思维因素是上述推理的思维方式。

在具体思维中,思维方式和思维内容总是联系着的,即在具体思维中,没有不具有思维内容的思维方式,也没有不具有思维方式的具体内容。另一方面,思维方式和思维内容是有区别的,思维方式对于思维内容又有相对独立性,也即同一思维方式可以具有不同的甚至相反的思维内容。因此,否认思维方式和思维内容的密切联系是错误的,否认思维方式与思维内容的区别,否认思维方式的相对独立性,也是错误的。

形式逻辑是一门以思维方式及其规律为主要研究对象,同时也涉及一些简单的逻辑方法的科学。概念、判断、推理是形式逻辑的三大基本要素。

(1) 概念。概念由内涵和外延两个方面构成,内涵是指一个概念所概括的思维对象本质特有的属性(含义、性质)的总和;外延是指一个概念所概括的思维对象的数量或范围(范围大小)。

(2) 判断。判断从质上分为肯定判断和否定判断,从量上分为全称判断、特称判断和单称判断。

(3) 推理。推理是思维的最高形式,概念构成判断,判断构成推理。

总体上说,人的思维就是由这三大要素决定的。形式逻辑以保持思维的确定性为核心,帮助人们正确地思考问题和表达思想。

形式逻辑的基本规律是思维要保持确定性,就要符合形式逻辑的一般规律。要求思维满足同一律、矛盾律、排中律和充足理由律。也就是说,这四条规律要求思维必须具备确定性、无矛盾性、一贯性和论证性。

2.2 逻辑思维

1. 逻辑思维

逻辑是指一种规律性或理性,逻辑思维是人们在认识过程中借助概念、判断、推理等思维方式能动地反映客观现实的理性认识过程。

具体地说逻辑思维就是人在感性认识的基础上,以概念为操作的基本单元,以判断、推理为操作的基本形式,以辩证方法为指导,间接地、概括地反映客观事物规律的理性思维过程,是科学思维的一种最普遍、最基本的类型。

逻辑思维又称抽象思维,是思维的一种高级形式。抽象思维既不同于以动作为支柱的动作思维,也不同于以表象为凭借的形象思维,它已摆脱了对感性材料的依赖。这种脱离了对感性材料依赖的思维方式体现出逻辑思维的本质。

抽象思维一般有经验型与理论型两种类型。后者是以理论为依据,在计算机数据库、网络安全理论研究中，正是以理论为依据，运用科学的概念、定义、原理、定律、公理、命题、公式、定理、推论和性质等进行判断和推理。计算机科学理论工作者的思维多属于这种类型。

2. 逻辑思维的基本规律

人类离不开思维，而思维必须遵守一定的逻辑规律。逻辑规律有多条，但是，人类思维需要遵守的基本规律有三条：同一律、矛盾律、排中律。除了这三条基本规律外，在计算机数据库、网络安全理论推理过程中，还应该满足"充足理由律"。之所以称它们是基本规律，是因为对于人类思维而言，这四条规律最简洁、最常用，它们是正确思维的必要条件，集中地体现出人类思维的一般特点，对概念、判断、推理等各种思维方式都具有约束力，对人类思维具有普遍和根本的指导意义。基本规律要求思维具有确定性，确定性反映了客观事物的相对稳定性，是人们总结出来的思维规律，是客观事物(对象)的性质、关系、规律在人们意识中的反映。客观事物(对象)在同一时间、同一方面或同一过程所具有的这种量的相对确定性和质的规定性，就是形成思维基本规律的客观基础。

下面讨论三个基本定律。

(1) 同一律。在同一思维过程中，同一时间、同一关系下对同一事物(对象)的把握与其自身相等同，即指思维过程中涉及的每一个概念或命题的任何思想都与其自身相等同。概念必须保持同一，即在同一思维过程中，每一个概念的内涵和外延应保持前后一致。每一个命题的涵义、内容也必须自始至终保持同一，中途不能转换，否则，就会混淆或者偷换概念。

同一律的公式是：A 是 A 或 $P \rightarrow P$，A 表示任何一个概念，P 表示任何一个命题。A 是 A 或 $P \rightarrow P$ 表示同一思维的过程中，每一个概念或者命题都要保持自身的同一，即保持思维的确定性。

同一律要求：①对概念来说，在同一思维的过程中，即在同一时间、同一条件下应该使用同一概念指称同一对象，使概念的内涵和外延保持同一，概念、定义和条件等，不允许存在二义性；②对命题而言，无论是思维过程，还是推理、证明过程都必须专一，不能更改、偷换命题，要始终保持同一个命题，否则，将会出现原则错误。

在计算机数据库、网络安全理论研究中，必须要遵守同一律。

(2) 矛盾律。在同一思维过程中两个互相否定(包括相反或相互矛盾的命题)的思想不能同真，至少有一假。

矛盾律的公式是：A 不是非 A，这不是简单的同语反复，A 表示任何一个命题，非 A 表示与 A 相反或相矛盾的命题。

计算机数据库、网络安全理论研究中，两个否定的思想，就概念而言不能同时既反映这个事物的某种属性，又不反映这个事物的某种属性；就命题而言是指对两个互相相反或互相矛盾的命题不能同时都加以肯定。违反矛盾律就会犯自相矛盾的错误。①矛盾律对概念的要求是不能同时用两个互为矛盾的概念指称同一对象。②矛盾律对命题的要求是在同一思维的过程中,既不能肯定两个互为矛盾的命题,也不能同时肯定两个互为对立的命题。

矛盾律保持思维的首尾一贯性,避免自相矛盾。这在计算机数据库、网络安全理论,概念和命题研究中是必须遵守的,否则将会造成是非混淆,无法借助概念、判断、推理等思维方式能动地反映计算机科学理论的理性认识过程。因此在理论研究中要正确运用矛盾律,特别值得注意的是:①不能把逻辑矛盾和客观事物(对象)本身存在的辩证矛盾混为一谈;②矛盾律不否认作为客观事物(对象)反映思想认识上的矛盾,它只是在同一思维的过程中起作用,这一点特别重要。

(3) 排中律。在同一思维过程中,两个相互否定的思想不能同时为假,至少有一个为真。

排中律的公式是:A 或者非 A,A 表示一个概念或者一个命题,非 A 表示与 A 相矛盾的概念或命题。这个公式表明,一个事物如果不是 A,那么就是非 A;相反,如果不是非 A,那么就一定是 A。A 与非 A 不能同时加以否定,它们之中必有一个是真的。

违反排中律就会犯模棱两可的错误,这往往表现为对两个具有矛盾关系的概念或相反关系的命题同时进行否定。这在计算机数据库、网络安全理论的概念和命题研究中也是必须遵守的,否则,将会造成模棱两可,无法借助概念、判断、推理等思维方式能动地反映计算机科学理论的理性认识过程。

注意,模棱两可不同于不能断定或确定事物的真假。例如,人们现在还不能确定哥德巴赫猜想的真假,不违反排中律。

排中律与矛盾律有以下区别。

① 它们的基本内容不同。矛盾律的基本内容是在同一思维过程中,两个互相否定的思想不能同时为真,至少有一个是假;排中律的基本内容是在同一思维过程中,两个相互否定的思想不能同时为假,至少有一个是真。

② 它们的适用范围不同。矛盾律适用于具有矛盾关系和反对关系的命题;排中律则适用于具有矛盾关系或相反关系的命题。注意,矛盾关系不同于矛盾律。

③ 违反它们所犯的错误不同。违反矛盾律的错误是自相矛盾;违反排中律的错误是模棱两可。

④ 它们的作用不同。矛盾律保证思维的无矛盾性;排中律保证思维的明确性。

除了这三条基本定律,即同一律、矛盾律、排中律外,在具体实施证明和论证过程中还必须遵守充足理由律。

(4) 充足理由律。人们在同一思维过程中,确定任何一个判断是真实的,都必须有充足的理由,对证明中每一步的论证都必须是正确无误的,只有这样才能在满足前三个定律的前提下,最终保证命题的结论是正确的。

逻辑思维在科学研究中具有重要的作用,只有运用逻辑推理、综合分析、归纳、演绎等思维方法,对计算机科学理论的理性认识过程进行去伪存真,发现本质,揭示计算机学科理论的发展规律,才能更好地认识和发展计算机学科理论。

前面已经说明,逻辑思维是人们在认识过程中借助概念、判断、推理以反映客观的过程。它与形象思维不同,是用科学的抽象概念、范畴揭示对象或事物的本质,表达认识客观的结果。逻辑思维每一步必须准确无误,否则无法得出正确的结论。

逻辑思维的特点是以抽象的概念、判断和推理作为思维的基本形式,以分析、综合、比较、抽象、概括和具体化作为思维的基本过程,从而揭露事物(对象)的本质特征和规律性联系。抽象思维已摆脱了对感性材料的依赖,是逐步延伸,环环相扣的。在逻辑思维中,是使用否定来堵死某些途径。逻辑思维具有规范性、严密性、确定性和层次性(可重复性)的特点。

计算机数据库、网络安全理论研究系统是由概念、判断、推理建立起来的。在对事物(对象)和理论的认知中、在科学研究人员的思考过程中、在阐述各个学科的系统理论中,逻辑思维具有不可取代的地位。

逻辑思维的概念、判断、推理的特征如下。①概念的特征:内涵和外延。②判断的特征:必须对对象或事物有所断定,判断总是有真有假。③推理(演绎推理为例)的逻辑特征是:如果前提真,那么结论一定真,是必然性推理,其详细讨论将在本书的后续章节给出。

2.3 非逻辑思维

非逻辑思维就是逻辑思维所不包含的,而又在思维过程中发生作用的各种非逻辑因素的过程,是与逻辑思维相对的一种思维方式。非逻辑思维与逻辑思维是辩证统一的。逻辑思维和非逻辑思维都属于创新性思维的范畴。

非逻辑思维在科学研究中无疑是最重要的,很多事物(对象)研究运用非逻辑推理、综合分析、归纳、演绎等思维方法,对事物(对象)进行去伪存真,发现事物(对象)的本质,揭示事物(对象)的发展规律,以便更好地认识和发展它,所以这应该是科学研究人员首先具备的科学思维能力。其原因如下。

(1) 许多科学理论的研究工作虽然基本上使用的是逻辑思维,但是在猜测、确定研究课题、命题上,并且在寻找解决问题的方法上,运用的是非逻辑思维方式。计算机数据库、网络安全理论研究中,正是运用了非逻辑思维,才能更好地选择、确定相关研究对象的研究目标和证明方法。

(2) 许多创新性思维成果是非逻辑思维的产物。①如果作为科学理论,必须补充或加以逻辑证明和实验验证;②而作为科学假设,必须补充基本假设-逻辑结构体系,否则,它就只能作为科学猜测而存在。

科学研究过程往往是通过非逻辑、灵感思维和机遇取得突破,而后由逻辑思维完善和实验论证。总之,严谨的逻辑思维和实验论证,与大胆的猜想、执著的直觉交替运用,是科学认识和获得创造性思维成果的最佳途径。

非逻辑思维主要有形象思维和直觉思维两种基本类型。形象思维是在形象地反映客体的具体形式或姿态的感性认识基础上,通过意象、联想和想象来揭示对象的本质及其规律的思维方式。直觉思维是指不受某种固定的逻辑规则约束而直接领悟事物(对象)本质的一种思维方式。有时还伴随着被称为"灵感"的特殊心理体验和心理过程,它是认识主体的创造力突然达到超水平发挥的一种特定心理状态。例如,牛顿通过苹果从树上掉下来这一直观现象的非逻辑思维而发现万有引力。可见,非逻辑思维是科技工作者应具备的一种科学思维能力。

逻辑思维与非逻辑思维的区别如下。

(1) 逻辑思维关注结论的确定性,而非逻辑思维则追求结论的多样性。

(2) 逻辑思维关注结论的科学性,非逻辑思维追求结论的奇异性。两者关注点不同,逻辑思维能力往往与一个人知识的积累和经验成正比,而非逻辑思维与一个人的知识、经验的多少没有太大的必然联系,有时候甚至知识越多,经验越多,反而会成为非逻辑思维的障碍。

(3) 逻辑思维要求过程的严密性,而非逻辑思维凭借的是灵感或直觉,呈现的是极大的跳跃性和随意性。灵感和直觉是在人类创造活动中普遍存在的思维现象,科学家的发明、发现,大多都证明直觉和灵感是起作用的。逻辑思维和非逻辑思维虽然是两种根本不同的思维方式,但两者又密切相关,任何一个问题的圆满解决都需要非逻辑思维的启发,它是解决问题的起点,同时也离不开逻辑思维的严密推理和科学论证,它是解决问题的基础和保证。

2.4 辩证逻辑思维

辩证逻辑思维,也简称为辩证思维,辩证逻辑的研究事物(对象),指人们通过概念、判断、推理等思维方式对客观事物(对象)辩证发展过程的正确反映,即对客观辩证法的反映。辩证思维最基本的特点是将事物(对象)作为一个整体,从其内在矛盾的运动、变化及各个方面的相互联系中进行考察,以便从本质上系统地、完整地认识事物(对象)。简单地说,辩证思维是指以变化发展的视角认识事物(对象)的思维方式。

它的思维原则主要有:全面性原则、动态性原则、实践性原则、具体性原则。

在逻辑思维中,事物(对象)一般是"非此即彼"、"非真即假",而在辩证思维中,事物(对象)可以在同一时间里"亦此亦彼"、"亦真亦假"而无碍思维活动的正常进行。

辩证思维模式要求观察和分析问题时,以动态发展的眼光来看问题。辩证思维是唯物辩证法在思维中的运用,唯物辩证法的范畴、观点、规律完全适用于辩证思维。辩证思维是辩证法在思维中的反映,联系、发展的观点也是辩证思维的基本观点。"对立统一"规律、"质量互变"规律和"否定之否定"规律是唯物辩证法的基本规律,也是辩证思维的基本规律,即对立统一思维方法、质量互变思维方法和否定之否定思维方法。

2.5 灵感思维

灵感,也称为灵感思维,是指人们凭借直觉而进行的快速、顿悟性的思维过程中认识飞跃的心理现象,表现为一种新的思路突然接通。它不是一种简单逻辑或非逻辑的单向思维运动,而是逻辑性与非逻辑性相统一的科学思维整体过程。

灵感思维是人们在科学研究中因创造力突然达到超水平发挥的一种特定心理状态,在科学研究中起着极其重要的作用,历史上许多科学家取得创新成果并不完全是运用了非逻辑思维、逻辑思维的结果,而是得益于顿悟与灵感。

唯物主义认为,所谓灵感思维,即长期思考的问题,受到某些事物(对象)的启发,忽然得到解决的心理过程。本质上就是一种潜意识与显意识之间相互作用、相互贯通的科学思维认识的整体性创造过程。灵感与创新可以说是休戚相关的,灵感不是神秘莫测的,也不是心血来潮,而是人在思维过程中带有突发性的思维方式经过长期积累、艰苦探索的一种必然性和偶然性的统一。

2.5.1 灵感思维特征和产生的基础

1. 灵感思维特征

灵感思维是在无意识的情况下产生的一种突发性的创新性思维活动。它与形象思维和抽象思维相比,主要有以下三个方面的特征。

(1) 突发性。灵感往往是在出其不意的刹那间出现,使长期苦思冥想的问题突然得到解决。在时间上,它不期而至,突如其来;在效果上,突然顿悟,意想不到。这是灵感思维最突出的特征。

(2) 偶然性。灵感在什么时间出现,在什么地点出现,或在哪种条件下出现,都难以预测,因而带有很大的偶然性,往往给人以"有心栽花花不开,无意插柳柳成荫"之感。灵感通常是可遇不可求的。

（3）模糊性。灵感的产生往往是闪现式的,而且稍纵即逝,它所产生的新线索、新结果或新结论使人感到模糊不清,要使其精确,还必须有形象思维和抽象思维辅助。

灵感思维所表现出的这些特征,从根本上说都是因为它的无意识性。形象思维、抽象思维都是有意识地进行的,而灵感思维则是在无意识中进行的,这是它们的根本区别所在。

2. 灵感产生的基础

（1）观察分析。在进行科技创新活动的过程中,自始至终都离不开观察分析。观察,不是一般的观看,而是有目的、有计划、有步骤、有选择地去观看和考察所要了解的事物（对象）。通过深入观察,可以从平常的事物（对象）中发现不平常的东西,可以从表面上貌似无关的东西中发现相似点。在观察的同时必须进行分析,只有在观察的基础上进行分析,才能引发灵感,形成创新性的认识。

（2）启发联想。新认识是在已有认识的基础上发展起来的。旧与新或已知与未知的连接是产生新认识的关键。因此,要创新,就需要联想,以便从联想中受到启发,引发灵感,形成创新性的认识。

（3）实践激发。实践是创新的基础,是灵感产生的源泉。在实践激发中,既包括现实实践的激发又包括过去实践体会的升华。在实践活动的过程中,客观需求迫切需要解决问题,就促使人们积极地去思考问题,钻研探索。问题是科学探索的逻辑起点。因此,在实践中思考问题、提出问题、解决问题,是引发灵感的一种好方法。

（4）激情冲动。在激情冲动的情况下,可以增强注意力、丰富想象力、提高记忆力和加深理解力,从而使人产生一股强烈的创新冲动,并且表现为主动地按照客观事物（对象）的规律行事。这种主动性,是建立在准备阶段经过反复探索的基础之上的。

（5）判断推理。判断与推理有着密切的联系,这种联系表现为推理由判断组成,而判断的形成又依赖于推理。推理是从现有判断中获得新判断的过程。因此,在科技创新的活动中,对于新发现或新产生的物质的判断,也是引发灵感,形成创新性认识的过程。所以,判断推理也是引发灵感的一种方法。

上述几种方法,是相互联系、相互影响的。在引发灵感的过程中,不是只用一种方法,有时是以一种方法为主,其他方法交叉运用,是相辅相成的。

以上五种情况,无论是哪一种情况都必须科学用脑,否则,将会一事无成。

（6）科学用脑。凡是善于引发灵感,能够形成创新性认识的人,都是善于科学用脑的。一般人以为显而易见的现象,他们却产生了疑问；一般人用习惯的方法解决问题,他们却有独创；他们的特点是喜欢独立思考,遇事多问几个"为什么?",多提出几个"怎么办？"。因为任何创新课题的完成，都是独立思考和钻研探索的结果。科学用脑是开发大脑创新潜能、引发灵感，形成创新性认识的最一般、最普遍适用的方法。

2.5.2 灵感和机遇

讨论灵感和机遇，就是要讨论科研工作者在研究过程中，怎样运用灵感思维。科研工作者对自然界的长期观察、实验或在研究某一事物（对象）的性质、理论和规律的过程中，由于某种偶然的机会，捕捉到出乎意料的现象、性质、规律，就称其为机遇。

运用灵感思维就是要抓住机遇，机遇是可遇不可求的，在人的一生中机遇往往很少碰到，同时，机遇又是不可创造的。机会和机遇本质上是不同的，机会是可以创造的，人一生中的机会是很多的。

1) 久思而得其解

当一个科学研究人员对研究课题或问题在长期思考的情况下无法解决时，暂将课题或问题搁置，转而进行与该研究无关的活动，恰好是在这个"不思索"的过程中，无意找到解决研究课题或问题的全部或部分思路或线索，甚至是解决的全部方法和结果，此时就要马上抓住机遇，立即按照这种线索或思路去抓紧完成所研究的课题或问题。

2) 梦中惊成

当一个科学研究人员对研究课题或问题在长期思考的情况下无法解决时，可能在梦中形成解决研究的思路，此时就要抓住机遇，要实时的记录下来，为解决所研究的课题或问题做准备。梦是以被动的想象和意念表现出来的思维主体对客体现实的特殊反映，并不是所有人的梦都具有创新性的内容。

3) 放弃僵化思维

当一个科学研究人员对研究课题或问题在长期思考的情况下无法解决时，如果其原因是由于思维习惯僵化、保守，就要放弃这个思维习惯，围绕科研课题，依照一定的随机程序对自身已知的大量信息进行自由组合与任意拼接。经过数次，乃至数月、数年的意境驰骋和逻辑推理，完成一项或一系列课题或问题的研究。

4) 另辟蹊径

当一个科学研究人员对研究课题或问题在长期思考的情况下无法解决时，在科学研究过程中，课题或问题内容与注意力都没有发生变化的情况下，由于科学研究人员灵机一动而转移到与原来解决课题或问题思路相异的方向，此时就要抓住机遇，以一种新的思路和方法去完成课题或问题的研究。

5) 触类旁通

当一个科学研究人员对研究课题或问题在长期思考的情况下无法解决时，偶然从其他领域的既有事实中受到启发，进行科学类比、联想思维而获得完成课题或问题的研究思路和方法。"他山之石，可以攻玉"，触类旁通往往需要科学研究人员具有更深刻的洞察能力，能把表面上看起来完全不相干的两件事情联系起来，进行内在功能或机制上的类比分析。

6) 顿悟

当一个科学研究人员对研究课题或问题在长期思考的情况下无法解决时，需要和其他人进行讨论和合作，激活完成课题或问题的研究思路和方法。

（1）和研究团队中的人员进行讨论和研究，由于其他人员的一句话或一席话激活了完成课题或问题的研究思路和方法，进而去完成研究。在对研究课题或问题在长期思考的情况下无法解决时，主要科学研究人员是有所求的，而研究团队中的其他人员在某种程度上也要有所准备。

（2）和非研究团队中的人员（可能与研究课题或问题无关的人员）进行讨论和研究，激活了完成研究的思路和方法，去完成研究也是可能的。

无论出现哪一种情况引起的顿悟，其顿悟的诱因来自外界的思想点化。

7) 天赐良机

由灵感而得到的创新成果与预想目标不一致，属意外所得。许多研究者把这种意外所得看作是"天赐良机"或"歪打正着"。

2.6 创新性思维

创新性思维就是通过运用逻辑思维、非逻辑思维和辩证思维获得发明创造，提出新假设、新理论，形成新概念等探索未知领域的思维活动。而对一个课题或问题来说，就是提出一种全新的解决方法或方式的思维活动。创新思维在对具体问题的讨论研究过程中应用得最多。因此，在本节的讨论中多以某一事物（现象）、问题为对象。

创新性思维是以感知、记忆、思考、联想、理解等能力为基础，以综合性、探索性和求新性为特征的高级心理活动。它在科学研究中，由于不完全受逻辑规则的限制，往往能够别开生面，另辟蹊径，取得一些意想不到的效果。

具体地说，创新性思维，从功能上看就是指具有创新功能的思维活动，从结果上看就是指产生创新性成果的思维活动。

2.6.1 创新性思维表现方式

创新性思维是在逻辑思维和形象思维的基础上和它们之间相互作用中产生和发展起来的，逻辑思维和形象思维是创新性思维的基本方式。在计算机数据库、网络安全理论研究中的许多发现都是基于创新性思维的具体应用结果。

创新性思维的关键在于怎样具体地去进行思维。具体地创新性思维表现方式有以下几种。

1) 理论思维

理论一般可理解为原理的体系,是系统化的理性认识。理论思维是指理性认识系统化的思维方式,这种思维方式在理论研究中应用很多,在计算机数据库系统、网络系统和系统工程中就是运用系统理论思维来处理一个系统内和各个有关问题的一种管理方法。系统工程是组织管理系统的规划、研究设计、创新试验和使用的科学方法。例如,有人提出"相似论",也是科学理论思维的范畴,即人见到鸟有翅膀能飞,就根据鸟的翅膀、鸟体几何结构与空气动力和飞行功能等相似原理发明了飞机,有的也称"仿生学"。理论思维是一种基本的思维方式。因此,为了把握创新规律,就要认真研究理论思维活动的规律,特别是创新性理论思维的规律。

2) 发散思维

又称求异思维,发散思维是创新思维的基本方式,由它派生出一些具体方法和技巧,它包括逆向思维法、侧向思维法、分合思维法、质疑思维法、克弱思维法等。

发散思维是指对某一事物(现象)、问题的思考过程中,沿着各种不同的点或线的线索,从仅有的信息中尽可能向多方向扩展,而不受已经确定的方式、方法、规则和范围等的约束,并且从这种扩散的思考中求得常规的和非常规的多种设想的思维。

发散思维是从给定的信息中产生信息,其着重点是从同一的来源中产生各种各样的为数众多的结论,这些结论可能为真,也可能为假。它有以下特点。

(1) 多向性。对一个问题可以有多个方向,产生许多联想,获得各式各样的结论。

(2) 灵活性。对一个问题能根据客观情况变化而变化。

(3) 细微性。能全面细致地思考问题。

(4) 新颖性。解决问题的思路、方法各不相同。

对科学研究人员有以下要求。

(1) 研究和分析对象时,要大胆地敞开思路,不要只考虑是否实际,是否可行,考虑的可能性越多,也就越容易找到真正的问题和解决问题的思路,甚至方法。

(2) 要努力提高发散思维的质量,单向发散是低水平的发散思维。坚持思维的独特性是提高多向思维质量的前提,重复自己脑子里传统的或定型的东西是不会得到独特性的思维。只有在思考时尽可能多地为自己提出一些"假如……"、"假设……"、"假定……"等,才能从新的角度想自己或他人从未想过的东西。在计算机数据库、网络安全理论的命题选择、确定和证明中,数据结构的选择确定中和算法设计的思想确定中以及具体的程序设计中必然要利用发散思维方式,如果只墨守成规,将不会有新的发现和创新。

由于逆向思维、侧向思维、分合思维、质疑思维、克弱思维等都属于发散思维，为了较为详细地讨论，将它们分别列出独立讨论。

（1）逆向思维。任何事物都包括对立的两个方面，这两个方面又相互依存于一个统一体中。人们在认识事物的过程中，实际上是同时与其正反两个方面打交道，只不过由于日常生活中人们往往养成一种习惯性思维方式，即只看其中的一方面，而忽视另一方面。如果逆转一下正常的思路，从反面想问题，便能得出一些创新性的设想。例如，计算机科学理论证明中的反证法就是采用这种逆向思维方式。逆向性思维具有以下特点。

① 普遍性。逆向性思维在各种领域、各种活动中都有适用性，由于对立统一规律是普遍适用的，而对立统一的形式又是多种多样的，有一种对立统一的形式，相应地就有一种逆向思维的角度，所以，逆向思维也有多种方式。例如，性质上对立两极的转换：软与硬、高与低等；结构、位置上的互换、颠倒：上与下、左与右等；过程上的逆转：气态变液态或液态变气态、电转为磁或磁转为电等，不论哪种方式，只要从一个方面想到与之对立的另一方面，都是逆向思维方式。逆向是与正向比较而言的，正向是指常规的、常识的、公认的或习惯的想法与做法，逆向思维则恰恰相反，是对传统、惯例、常识的叛逆，是对常规的挑战，它能够克服思维定势，破除由经验和习惯造成的僵化的认识模式。

② 新颖性。循规蹈矩的思维和按传统方式解决问题虽然简单，但容易使思路僵化，摆脱不掉习惯的束缚，往往得到的是一些司空见惯的结果。其实，任何事物都具有多方面属性。由于受过去经验的影响，人们容易看到熟悉的一面，而对另一面却视而不见。逆向思维能克服这一障碍，得到的结果往往是出人意料，给人以耳目一新的感觉。

（2）侧向思维。侧向思维就是从其他领域得到启示的思维方法。当我们在一定的条件下解决不了问题或虽能解决但只是用习以为常的方法时，可以用侧向思维来发现解决问题的途径，以便产生创新性的突破。具体运用方式有以下三种形式。

① 侧向移入。这是指跳出本专业、本行业的范围，摆脱习惯性思维，侧视其他方向，将注意力引向更广阔的领域或者将其他领域已成熟的、较好的技术方法、原理等直接移植过来加以利用；或者从其他领域事物的特征、属性、机理中得到启发，导致对原来思考问题的创新设想。从其他领域借鉴或受启发是创新发明的一条捷径。

② 侧向移出。与侧向移入相反，侧向移出是指将现有的设想、已取得的发明、证明方法从现有的使用领域、使用对象中摆脱出来，将其外推到其他意想不到的领域或对象上。这也是一种跳出本领域，克服线性思维的思考方式。

例如，在计算机科学理论研究中将生物、医学领域的人体的特征、属性、机理的遗传、免疫系统和神经网络等从生物、医学领域侧向移出，将其侧向移入到数据库理论、网络安全理论的研究中而产生的遗传算法、免疫系统和神经网络等创新设想。

③ 侧向转换。这是指不按最初设想或常规直接解决问题，而是将问题转换成为它的侧面的其他问题，或将解决问题的手段转为侧面的其他手段等。这种思维方式在创新发明中常常被使用。

例如，计算机数据库、网络和计算机其他学科理论的数据组织无环性理论研究中，许多学者利用超图、线图对无 α 环、无 β 环、无 γ 环的特性进行了分析，但是利用这些方法在实现满足无环性分解时遇到了难以完成的困难，迫使本书作者另辟蹊径，作者在《时空数据库查询与推理》一书中，深入分析了函数依赖集的固有内在特性，提出了归并依赖集的新概念，分析了归并依赖集的左部属性集，讨论了它们的内在关系，相继给出了归并依赖集的最小归并依赖集等相关概念，对归并依赖集的性质进行系统的描述。这些概念特别是归并依赖集概念的提出是讨论无环分解的起点，是一个核心的概念，以对这些问题的讨论为主线。在数据组织无环性理论研究中，另一个重要概念是关联度、关联集的定义，用来表示左部属性集对外相交的不同级别，是讨论无环分解的核心内容之一。特别是归并依赖集的左部冲突、右部冲突、弱左部冲突、弱右部冲突等概念的引入和判断归并依赖集中是否存在这些冲突的相关算法是讨论问题的前提之一，归并依赖集中左部对外的相交情况也在很大程度上影响着模式分解的无 α 环性质。从数据依赖集的分类入手，分解得到同时满足保持函数依赖性、无损连接性、xNF 及无 α 环或无 β 环或无 γ 环四种特性的数据库模式分解的充要条件，并给出了相应的分解算法。

总之，不论是利用侧向移入、侧向转换还是侧向移出，关键是要善于观察，特别要留心那些表面上似乎与思考问题无关的事物与现象。这就需要在注意研究对象的同时，要间接注意其他一些偶然看到的或事先预料不到的事物现象。也许这种偶然并非是偶然，可能是侧向移入、移出或转换的重要对象或线索。

（3）分合思维。分合思维将思考对象的有关部分在思想上分解为部分或重新组合，试图找到解决问题的新方法。分合思维可以分为分解思维法和组合思维法两种。①分解思维法可以把无用的因素分离出去，把有用的因素提取出来，加以利用；②组合思维法可以由重新组合而创新。

二者都是很有用的创新思维方式。

在计算机理论研究中对一个选定的总课题进行有效划分，确定子课题、命题或题目就是使用分合思维方式。不仅如此，就是对所选课题、命题或题目的解决和命题及定理成立的条件及命题、定理的证明和算法设计与分析中，也离不开分合思维方式。

（4）质疑思维。质疑思维是探索的动力、是创新的前提、是发现问题的始点。

以质疑的态度,阅读文献或论文,发现新问题、分析问题和解决问题。

质疑思维就是勇于提出问题,敢于向权威挑战。不受传统理论的束缚,不迷信书本和专家权威,也不盲从。勇于提出问题或者敢于挑战,不是没有根据地乱说,而是在认真学习前人知识经验的基础上,经过深思熟虑,发现问题,提出质疑。在计算机理论研究中的数据库、网络安全、数学理论研究中,在查阅前人的文献、论文的过程中,通过分析,发现文中的缺点,不管论文的作者是谁,有多么权威,要敢于挑战,勇于提出新的问题、命题,甚至新课题。

（5）克弱思维。克弱思维就是在解决问题的过程中,先将思考对象的缺点一一列举出来,然后针对发现的缺点,加以分析,抓住关键,有的放矢地进行改进,从而获得课题的解决,许多发明创造就是用这种方法取得成功的。计算机数据库、网络安全理论以及数学和自然科学中各门独立学科的理论研究中,通过查阅前人的文献、论文这种方式来选择、确定需要证明的部分新命题或子命题,就是科学研究人员通过阅读所选的文献,从中挑出缺点,通过克弱思维得出的。

3）联想思维

联想思维是把已经掌握的知识与某种思维对象联系起来,这是因为任何事物之间都是普遍直接或间接相互联系的,这种联系是联想思维的客观基础。联想思维是从由其相关性中发现启发点从而获取创新性猜想的思维方式。创新性思维是创新成果产生的必要前提和条件。

联想思维过程是指由某一事物联想到另一种已经掌握的事物而产生认识的由此及彼、由表及里的过程。即由所感知或所思考的事物、概念或现象而想到其他的与之有关的已经掌握的事物、概念或现象的思维过程。由于有些事物、概念、现象往往在时空中伴随出现,或在某些方面表现出某种对应关系,这些联想反复出现,一旦以后再遇到其中的一个时,便会自动地搜寻过去已确定的联系,从而马上联想到没有发生的另外一些事物、概念或现象。联想的主要素材和触媒是表象或形象。当我们阅读文献或论文时,通过阅读文中的一个概念、观点、论据、现象等,就可能由此及彼、由表及里,联想到相关的另一个概念、观点、论据、现象,而使其形成系统的、完整的、新的认识。

按照联想的内容、形式,可以将联想思维方式分为六种:相近联想、相似联想、相反联想、因果联想、纵向联想和横向联想。

（1）相近联想。是指由一个事物或现象的刺激想到与它在时间或空间相接近的事物或现象的联想。

（2）相似联想。是指由一个事物或现象想到与它在外形、结构、功能和原理等方面有相似之处的其他事物与现象的联想。客观事物之间是存在联系的,这些联系不只是与时间和空间有关的联系,还有很大一部分是属性的联系。

相似联想有很大的创新性。随着人们对事物之间相似性的认识越来越多,极大地扩展了科学技术的探索领域,解决了大量过去无法解决的复杂问题。利用相似联想,在相似事物之间进行启发、模仿和借鉴。由于相似关系可以把两个表面上相差很远的事物联系在一起,所以相似联想易于促成较高创新性。计算机数据库理论、网络安全理论的研究中所利用的遗传算法、免疫系统等就是借鉴医学领域生物体的特征、属性、机理而得到启发,从而产生的网络安全研究的创新设想,其实是由侧向思维和联想思维共同产生的。

(3) 相反联想。是指由一个事物、现象想到与它在时间、空间或各种属性相反的事物与现象的联想,如由放大想到缩小等。在空间数据库、时空数据库和移动数据库中所有的反向查询的提出,就是使用了相反联想。相反联想与相近联想、相似联想不同,相近联想只想到时、空相近而不容易想到时空相反的一面;相似联想往往只想到事物相同的一面,而不容易想到与相对立的一面,所以相反联想弥补了前两者的缺陷,使联想更加丰富。同时,又由于人们往往习惯看到正面而忽视反面,因而相反的联想又使联想更加富于创新性。

(4) 因果联想。源于人们对事物发展变化结果的经验性判断和想象,某一事物与另一种事物之间存在一定因果关系,这种联想往往是双向的,既可以由起因想到结果,也可以由结果想到起因。如看到鸡蛋就想到小鸡。在计算机数据库理论、网络安全理论的研究中,我们阅读文献或论文,可以由已知具有因果关系的原因的内容联想到其结果的内容。一因多果,一个原因产生多种结果;多因一果,多种原因形成一个结果。

可以说联想思维法是在不同对象或事物之间产生联系的一种没有固定思维方向的自由思维活动。这种联想思维方式在计算机数据库、网络安全理论研究中具有极其重要的作用,特别是因果联想思维方法在理论正确性的证明过程中,是最常用、最清晰和最简单的一种。

(5) 纵向联想。已知内容联想在不同发展时期或发展的不同阶段、发展过程不同环节的相关内容,从而认识其发展变化、影响因素和发展趋势等。计算机数据库中,在不同的数据库之间,例如,关系数据库→空值数据库是一种纵向联想。由于处理空值,而空值又是空值数据库中的核心因素(本质属性),空值及与其相关的概念决定着空值数据库系统的功能和设计实施中的特性,纵向看它是关系数据库在处理空值方面的延伸。类似的,关系数据库、时态数据库和空间数据库→时空数据库→移动数据库也是宏观的纵向联想。

在进行研究同一种数据库理论的问题时,按纵向联想的时间,查询与阅读文献是常用的方法。

(6) 横向联想。已知内容联想在同一时期有关方面的相关内容,从而认识其相互关系。在空值数据库理论研究过程中,对任何一种数据库数据组织、操作、查询和优化等都是必备的功能。因此,从查询与阅读关系数据库已知内容的文献,联想空值数据库有关方面的相关内容,认识其相互关系,横向联想是常用的方法。不仅如此,就是在计算机数据库、网络安全理论研究时,横向联想也是查询与阅读文献中常用的方法。

4) 收敛思维

就是在解决问题的过程中,尽可能利用已有的知识和经验,从大量文献或论文中,把众多的信息和解题的可能性逐步引导到条理化的逻辑序列中去,最终得出一个合乎逻辑规范的结论,并且得出一种较优的解决办法。这种思维方式在计算机数据库、网络安全理论研究中具有极其重要的作用,是普遍使用的一种思维方式。这种思维方式经常用在几个方面:①寻求较小的子课题在进一步深化研究中的命题选择与确定;②命题条件的设定和命题结论的确定;③命题、定理等的证明过程、思路;④算法设计思想和公式的推导等。

5) 相向交叉思维

从问题一头寻找解决问题的途径、结论,在一定的点暂时停顿;再从问题另一头寻找解决问题的途径、结论,也在这点上停顿,两头交叉汇合沟通思路,找出正确的解决问题的途径、结论。在解决较为复杂的问题时经常要用到这种思维。这种思维方式在科学研究人员研究具体问题时是常用的思维方式,如用分析法结合综合法解决计算机数据库、网络安全理论研究中的具体问题的命题、定理证明,有时所用的"前后夹击"方法就是具体地应用这种思维方式。该思维方式既普通又实用。

6) 递进思维

从第一步为起点,以更深的目标为方向,一步一步深入达到目标的思维。如同数学运算中的多步运算、计算机算法的步骤等。在计算机数据库、网络安全理论定理证明中,所使用的逻辑演绎、因果推理和直接证明方法——综合法都使用的是递进思维方式。

7) 类推思维

先对一个事物进行分析、判断,得出结论,如果对另外一个事物研究的过程与前事物类似,再"以此类推",这是常用的思维方式。

这种思维方式在科学研究人员研究几个具体问题时,特别是具体计算或证明一个命题、定理结论所用的方法与前面所计算(证明)的结论所用的方法、过程类似或相同并且过程清晰时,常用"以此类推"或"略"结束计算或证明。这种思维方式在计算机数据库、网络安全理论定理证明中是经常出现的。例如,B 命题和 A 命题的具体计算(证明)的方法、过程类似或相同且过程清晰时,则可以将其书写过程省略,描述为 B 问题可根据 A 问题"以此类推"计算或证明,或只写"计算或证明略"。

8) 转化思维

在研究或证明具体问题、命题(定理)和性质的过程中遇到障碍时,把问题研究或证明方法由一种形式转换成另一种研究或证明方法,使问题变得更简单、清晰。在计算机理论研究中的数据库、网络安全和数学的理论证明中,当一个问题、命题(定理)或题目的研究或证明出现困难时,常去研究或证明与该问题、命题(定理)或题目等价的另外一个问题、命题(定理)或题目,以期解决该问题、命题(定理)或题目。数据库、网络安全和数学命题(定理)证明中的反证法、穷举法就是这种思维方式的具体体现。

9) 形象思维

形象思维就是依据生活中的各种现象加以选择、分析、综合的思维方式。它也可以被归纳为与传统形式逻辑有别的非逻辑思维。严格地说,联想只完成了从一类表象过渡到另一类表象,它本身并不包含对表象进行加工制作的处理过程,而只有当联想导致创新性的形象活动时,才会产生创新性的成果。不同类型的形象,其具体物质特征、性质可能不尽相同,但它们作为同一种思维方式,又有以下共同特点。

(1) 形象性。这是形象的明显特点。人们通过社会生活与实践将丰富多彩的事物形象储存于记忆中形成表象,成为想象的素材。想象的过程是以表象或意象的分析和选择为基础的综合过程。想象所运用的表象以及产生的形象都是具体的、直观的。即使在研究抽象的科学理论时,人们也可以利用想象把思想具体化为某种视觉的、动觉的或符号的图像,把问题和设想在头脑中构成形象,用活动的形象来思维。例如,在计算机的可视化、神经网络、网络安全、人工智能和多媒体的理论研究中经常采用这种思维方式,特别是机器人的研究、设计与工程实现等都得益于形象思维。

抽象的理论或概念在思维过程中往往带有僵硬性,常常适应不了新问题变化的要求,而直观的形象在思维过程中和概念相比就更加灵活,较少有保守性。

(2) 创新性。形象具有很大的创新性,因为它可以加工表象,多样式的加工本身就是创新。如人们可以按主观需求或幻想分解或打乱表象、抽象、强化表象等。由于形象带有浓烈的主观随意性和感情色彩,所以就表现出较强的创新性。

(3) 概括性与幻想性。运用形象的思维活动并不是一种感性认识形式,而是具有形象概括性的理性认识形式,是由感性具体经过一系列的提炼和形象演化来进行的。与概括性互补的是形象中包含的猜想与幻想成分,它们是一种高于感知和表象的崭新意识活动,更能在不确定情况中发挥人们创新性探索的积极性,有助于突破直接的现实感性材料的局限。

10) 延伸思维

延伸思维,就是借助已有的知识,沿袭他人、前人的思维逻辑去探求未知的知识,将认识向前推移,从而丰富和完善原有知识体系的思维方式。在计算机数据库研究中许多新型数据库的出现、新的网络安全理论的出现都是延伸思维的体现。

这对任何一位从事科学研究的人来说,都是必须具备的思维方式。如果没有这种思维,任何一种理论不可能向前发展,更不可能形成相应的理论体系。

11) 扩展思维

扩展思维就是将研究的对象范围加以拓宽,从而获取新知识,是认识扩展的思维方式。计算机数据库概念的发展与数据库应用对象的扩充是数据库发展的一条重要线索。应用对象的扩充过程体现了数据库的发现和创造过程,也体现了数据库发生、发展的客观需求。例如,数据库理论研究中的关系数据库(二维空间)→空值数据库(二维空间)→空间数据库(三维空间)→时空数据库(高维空间)→移动数据库(高维空间)的产生和出现,就是来自于人类在实践活动中的实际需求。为满足这些需求,在产生的过程中,扩展思维方式就是研究这些数据库的重要思维方式之一。又例如,在关系数据库中,实际需求需要多值依赖(MVD: $X \twoheadrightarrow Y$),为满足这些需求,在产生的过程中,在函数依赖(FD: $X \to Y$)的基础上,以扩展思维方式由一元扩展成多元。

12) 幻想思维

幻想思维就是人们对在现有理论和物质条件下,不可能成立的某些事实或结论进行幻想,从而推动人们获取新的认识的思维方式。如中国古代人们幻想的嫦娥奔月,在几千年前就是一种幻想思维的结果,在当时的科学技术和理论以及物质条件下就是一种幻想,而现在,在现有科学技术和理论及物质条件下却变成了现实。

13) 灵感思维

灵感思维就是凭借直觉而进行的快速、顿悟性的思维。它不是一种简单逻辑或非逻辑的单向思维运动,而是逻辑性与非逻辑性相统一的理性思维整体过程。这在前面一节已做了详细地讨论。

14) 综合思维

综合思维就是在对事物(对象)的认识过程中,将上述几种思维方式中的某几种加以综合运用,从而获取新知识的思维方式。在计算机数据库、网络安全理论研究中,对于较为的复杂事物(对象)、问题(命题),许多研究过程都不只是使用单一的思维方式,而是在同一研究过程中同时使用几种不同的思维(综合思维)方式,这体现在大多数自然科学的各门独立学科的理论研究中,具有极其重要的作用。单一的思维方式只对简单的事物(对象)、问题(命题)研究是有效的。

15) 创造新思维方式

为了取得对尚未认识的事物(对象)的认识,总要探索前人没有运用过的思维方式,寻求没有先例的思维方式和方法去分析认识事物(对象),从中获得新的认识和方法,从而提高人的认识能力。

创新思维方式是多种多样的,我们只有真正理解、掌握创新思维的多样性,在实践中灵活运用创新思维的多种方式,才能获得丰硕的创新成果。

2.6.2 创新性思维的特点

1. 逻辑思维与创新思维的一般区别

(1) 思维方式的区别。逻辑思维的表现方式,是从概念出发,通过分析、比较、判断、推理等方式而得出符合逻辑的结论;创新思维则不同,它一般没有固定的程序,其思维方式大多都是直观、联想和灵感等。

(2) 思维方法的区别。逻辑思维的方法,主要是逻辑中的比较和分类、分析和综合、抽象和概括、归纳和演绎;而创新思维的方法,主要是一种猜测、想象和顿悟。

(3) 思维方向的区别。逻辑思维一般是单向的思维,总是从概念到判断再到推理,最后得出结论;创新思维的思维方向则是多向的,结果不一定是单一的。

(4) 思维基础的区别。逻辑思维是建立在现成的知识和经验基础上的,离开已有的知识和经验,逻辑思维便无法进行;创新思维则是从猜测、想象出发,没有固定的思维方式,虽然也需要知识和经验作为基础,但不完全依赖知识和经验。

(5) 思维结果的区别。逻辑思维严格按照逻辑进行,思维的结果是合理的,但不一定有创新性;创新思维活动既然不是按照常规的逻辑进行,其结果往往不合常理,但其中却可能有创新性的结果。

2. 创新性思维的特点和过程

1) 创新性思维的特点
(1) 思维方向的求异性。即从别人习以为常的地方看出问题。
(2) 思维结构的灵活性。是指思维结构灵活多变,思路及时转换的特点。
(3) 思维进程的突发性。即思维在时间上以一种突然降临的情景标志着某个突破的到来,表现为一个非逻辑性的特点。
(4) 思维效果的整体性。即思维成果迅速扩大和展开,在整体上带来价值的更新。
(5) 思维表达的新颖性。创新性思维是创新成果产生的必要前提和条件,而创新则是科技进步的动力。

2) 创新性思维的过程
创新性思维在解决问题的活动中,需要一定的过程:准备阶段、酝酿阶段、顿悟阶段和验证阶段。

(1) 准备阶段。准备阶段是创新性思维活动过程的第一个阶段。这个阶段是搜集信息,整理资料,做前期准备。由于对要解决的事物(对象)、问题(命题),存在许多未知,所以要搜集前人的知识经验,来对它们形成新的认识,从而为创新活动的下一个阶段做准备。任何创新都不是凭空杜撰，都是在日积月累，大量观察、分析和研究的基础上进行、得到的。

（2）酝酿阶段。酝酿阶段主要对前一阶段所搜集的信息、资料进行消化和吸收，在此基础上，找出解决问题的关键点，以便考虑解决事物(对象)、问题(命题)的各种策略。在这个过程中，有些问题由于一时难以找到有效的解决方法和(或)结论，通常会把它们暂时搁置，但思维活动并没有因此而停止，这些问题会无时无刻萦绕在头脑中，甚至转化为一种潜意识。在这个过程中，容易让人产生紧张的状态，所以在这个阶段要注意思维的紧张与松弛的有机结合，使其向更有利于问题解决的方向发展。

（3）顿悟阶段。经过前两个阶段的准备和酝酿，思维已达到一个相当成熟的阶段，在解决问题的过程中，常常会进入一种顿悟的状态，这就是灵感。通常会取得比较正确的研究方法和结果。

（4）验证阶段。验证阶段或实施阶段，主要是把通过前面三个阶段形成的方法、策略进行(理论、实验或实践)检验，以求得到更合理的方案。这是一个否定-肯定-否定的循环过程。通过不断的理论、实验或实践检验，从而得出最恰当的创新性思维过程，得到正确的结果。

在计算机数据库、网络安全理论、数学和自然科学各门独立学科的确定、选择项目和课题过程中，大多经历了准备、酝酿、顿悟和验证四个阶段。不仅确定、选择课题过程是这样，并且具体实施研究的过程(如研究方法的选定、命题的确定、概念的建立、命题正确性证明、算法思想、算法描述、算法证明与分析)也是遵循这四个阶段。

2.6.3　如何应用创新思维

如何应用创新思维认知和解决所研究对象(事物)是掌握创新思维的关键。

1）分析和综合

思维的过程总是从对事物(对象)的分析开始的。所谓分析，就是通过把客观事物(对象)分解为若干部分，分析各个部分的特征和作用。所谓综合，是在思想上把事物(对象)的各个部分、不同特征、不同作用联系起来。通过分析和综合，可以揭露客观事物(对象)的本质，并通过语言或文字把它们表达出来。

分析和综合是统一的科学方法，它们之间有如下关系。

（1）分析和综合密不可分，分析是综合的基础，综合必先分析，不分析无法综合；分析是为了综合，不综合，分析也失去了意义，而且分析也要在综合的指导下，把各部分放在整体中进行分析并把它放在整体的恰当位置。用分析法结合综合法解决计算机数据库、网络安全理论研究中具体问题的命题、定理证明就体现出分析和综合之间的关系。

(2) 分析和综合的核心是矛盾分析的方法,就是既分析又综合的方法。

2) 比较和概括

在分析和综合基础上,通过对事物(对象)的外观、特性、特征等的比较,把诸多事物(对象)中的一般和特殊区分开来,并以此为基础,确定它们的异同和它们之间的联系,称之为概括。在创新过程中,经常采用科学概括,即通过对事物(对象)比较,总结出某一事物(对象)和某一系列事物(对象)本质方面的特征。

3) 抽象和具体

比较和概括是抽象的前提,通过概括,事物(对象)中本质和非本质的东西已被区分,舍弃非本质的特征,保留本质的特征,称之为抽象。与抽象的过程相反,具体是指从一般抽象的东西中找出特殊东西,它能使人们对一对象(事物)中的个别得到更加深刻的认识。抽象和具体是在创新中频繁使用的思维。数学研究中的许多定理、公式就是在舍弃非本质的特征,保留本质特征的情况下得出的,加深了对它们的认识。

4) 判断和推理

人们对某个事物(对象)肯定或否定的概念,往往都是通过一定的判断和推理过程而形成的。判断分为直接判断和间接判断,直接判断由感知形成,无需深刻的思维活动,通过直觉或动作就可以表达出来,如两个人比较身高,可以直接判断出来。间接判断是针对一些复杂事物(对象),由于因果、时间、空间条件等方面的影响,必须通过科学的推理才能实现的判断,其中因果关系推理特别重要。判断事物(对象)的过程首先把外在的影响分离出来,通过一系列的分析、综合和归纳,找出隐蔽的内在因素,从而对客观事物(对象)做出准确的判断和推理。在计算机数据库、网络安全理论研究中许多问题没有得到很好的解决,就是由于没有找出隐蔽的内在因素(这些因素是客观存在的,只是没有被发现)而造成的。从另一个角度看,也正因为这些因素是客观存在的,只是没有被发现才促使人们不断地探索,是促使科学研究和科学不断进步的原因之一。

5) 迁移

迁移是思维过程中的特有现象,是人的思维发生空间的转移。人们对一些问题的解决经过迁移往往可以促使另一些问题的解决,如掌握了数学的基本原理,有助于了解众多普通科学技术规律。例如,在计算机理论研究中的数据库、网络安全理论和自然科学各门独立学科理论研究就是掌握了数学的基本原理的最大受益者。

尽管在自然科学领域中各个学科的各个领域有不同的特点,但是它们的思维方式基本上是类似的。将逻辑思维与非逻辑思维结合,使概念、判断、推理等过程更加合理和系统,以减少过程的反复,树立一种系统的观点,这对于处理一些复杂的理论更为有用。同时,也鼓励创新性思维,以利于创新理论的产生。

创新性思维可以极大地丰富人类的知识宝库。在自然科学各门独立学科理论研究实践过程中,运用创新性思维,提出的一个又一个新观念,形成的一种又一种新理论,做出的一次又一次新发明和创新,都将不断地增加人类的知识总量,丰富人类的知识宝库,使人类认识越来越多的事物(对象)创造条件。创新性思维为人们的科学研究实践活动开辟新的领域。它不满足人类已有的知识和经验,努力探索客观世界中尚未被认识的事物(对象)的规律,从而为人们的科学研究实践活动开辟新领域、打开新局面。没有创新性思维,没有勇于探索和创新的精神,科学研究人员就无法真正的深入地解决所承担的研究项目和课题。

2.7 抽　　象

2.7.1　抽象概述

抽象是从众多的事物中抽取出共同的、本质性的特征,舍弃其非本质的特征。

概括是形成概念的一种思维过程和方法,即从思想中把某些具有一些相同属性的事物中抽取出来的本质属性,推广到具有这些属性的一切事物,从而形成关于这类事物的普遍概念。概括是科学发现的重要方法,因为概括是由较小范围的认识上升到较大范围的认识;是由某一领域的认识推广到另一领域的认识。

抽象与感性直观是对立的,一切日常的和科学的概念或范畴都是抽象的结果。因此,人们也常常把科学抽象当作科学概念、科学范畴的同义语来使用。科学抽象的结果不仅表现为科学的概念和范畴,而且可能表现为感性的形象,如各种几何图形和某些理想化了的模型等。

2.7.2　科学抽象

科学抽象指在思维中抛开客体的非本质方面而抽取其本质方面的过程。

具体地说,科学抽象是科学研究人员在特定的对象科学认识活动中,对研究对象运用逻辑思维进行去粗取精、去伪存真、由此及彼、由表及里的思考,去掉对象非本质的、表面的、偶然的东西,抽取出对象共同的、本质的、内在的、必然的东西,揭示客观对象的本质和规律,从而做到从个别中把握一般,从现象把握本质的认知过程和思维方法。

科学抽象是逻辑思维方式的一种形式。科学抽象的过程是人们对事物(对象)的认识,从个别到一般,再从一般到个别的过程。所以,科学抽象是由三个阶段和两次飞跃构成的辩证思维过程。第一个阶段是"感性的具体"。第二个阶段是"抽象的规定",这是科学抽象从"感性的具体"到"抽象的规定"的第一次飞跃。第三个阶段是"思维中的具体",这是科学抽象从"抽象的规定"到"思维中的具体"的第二次飞跃。计算机数据库、网络安全、数学理论研究系统正是按照这种过程发展的。

抽象本身不限于单指思维抽取研究对象的本质方面，它还包括人们依据一定的需要，在思维中把研究对象的某一或某些非本质的方面抽取出来的过程。

2.7.3　科学抽象与抽象的区别

对研究对象的抽象，既是与感性直观相区别，又是对研究对象感性直观的发展。在认识的感性直观阶段，研究对象的各种属性及其外部联系是很复杂的，它们的本质属性还没有从各种属性的总和中区分出来，而它们与其他对象的本质联系还隐藏在它们之间的各种外部联系之中。抽象过程是从研究对象的各种属性中区分并提取出它的一般属性。

而科学抽象的作用更在于在关于对象的众多属性中，发现并析取其某一或某些本质的属性、关系和联系，即分别对它的内在矛盾的诸方面及其关系和联系进行考察，并以概念、范畴和规律的形式使之确定化。可见，抽象与科学的抽象，都是以感性直观为基础的，是以感性直观为中介的对客观对象的间接反映。

抽象过程不是对感性直观所给予的东西进行简单的整理或加工的过程，而是从直观出发，逐渐深入到对象内在本质的一个能动的飞跃过程。

科学抽象是在感性具体的基础上进行的，它所提供的东西早已包含在感性直观所给予的东西中；但科学抽象的过程在内容上又不限于感性直观，它所提供的关于事物（对象）本质的知识是感性直观不能达到的，它又是一种创新性的思维过程。科学抽象以感性直观为中介，它似乎比感性直观更远离现实，但实际上，科学抽象是更深刻更全面的认识客观事物（对象）的方法，因为只有借助于思维的抽象力，人们才能揭示和把握感性直观所不能发现的客观事物（对象）的本质及它的规律。

科学抽象是达到思维具体，即在思维中从整体上再现研究对象的必经阶段。任何科学认识过程，都是以获得对研究事物（对象）的这种具体认识为目标的。然而这里所说的具体与感性具体不同，它表现为关于客观事物（对象）的多种规定的综合，而这些规定都是在科学抽象中获得，并以概念、范畴、规律等逻辑形式确定下来的。正是在这个意义上，科学抽象是对研究事物（对象）科学认识过程中的必然环节，是获得关于研究的具体知识的一种必要手段，使其从抽象上升到具体。

通过抽象，研究事物（对象）在思维中被分析，研究的某一或者某些方面从其各种规定的统一中被剥离出来。特别要指出的是，绝不能把认识过程中的某一环节绝对化，片面夸大抽象及其作为结果的概念、范畴、规律等的作用。任何科学抽象都不过是关于事物（对象）的某一或某些方面的反映，因而它只是关于事物（对象）的全面而完整的认识过程中的一个或多个环节，它始终处于关于事物（对象）的永无止境的认识运动过程中。科学抽象的生命力及其科学价值也正在于此。

2.7.4 科学抽象意义

科学抽象是透过现象抽取本质的思维过程。在科学研究中,对观察和实验中获得的感性材料进行科学的抽象,是一种必不可少的研究方法。如果科学停留在自然界外部现象的罗列和描述,那就不成为科学,也不能深刻的、正确的、完全的反映自然。因此,科学抽象是形成科学体系的决定性环节,是人类科学理论思维获得高度发展的产物。在自然科学的发展过程中,无数的事实表明只有那些认真实践而又善于思索的人,通过科学抽象做出理论概括,才有可能在科学探索中取得创新性的科研成果。

现代科学的飞跃发展,使得科学抽象的意义尤为明显。要建立各个知识领域相互之间的正确联系,几乎任何时候也不能离开科学思维。如果没有科学思维,不经过科学抽象,即使真理存在也不会得到真理。在当今的、未来的世界中,还将永远有无数的概念、范畴、规律等未被发现,因此科学思维将永远不会停止。

对于现代的观察实验,无论是从观察实验的方法、手段和过程来看,还是从参加观察实验的科技人员来看,其本身往往是一个庞大的工程。在这个工程中,从观察实验题目的选择到观察实验的构思和设计,从观察实验方法和技术的确定到观察实验数据的处理,从数理分析观察实验中所获取的大量材料到由观察实验结果而做出的科学结论,科学思维就像一根线,贯串于观察实验的始终。它使人们对自然界的认识,从现象到本质,从外部到内部,从偶然联系到必然联系,从而揭示自然界的本质和规律。

科学抽象必须以实践为基础。科学抽象和实践基础是认识统一过程中相辅相成的两个方面。

(1) 没有实践,既不能获得科学抽象赖以进行的感性材料和科学前提,也不可能产生科学抽象的思维过程。数就是从人类生活实践产生的,没有生活实践也不可能有经过科学抽象思维过程产生的数。

(2) 科学抽象又是与实践活动不同的思维活动,它是一个概念、判断、推理、假设、课题、命题和理论系统等产生和形成的过程,它不是实践活动过程。

没有这两个过程的统一,人们的认识就不能飞跃,实践就不能创造出新理论。因此,我们既不能无限夸大科学抽象的作用,使它脱离实践或凌驾于实践之上;同时,也不能否认科学抽象的重要作用,把实践基础和科学抽象对立起来。只有把二者有机地统一起来,才能使建立在实践基础上的科学抽象发挥巨大的作用。计算机数据库、网络安全和数学的理论研究系统中,如研究方法的选定、命题的确定、概念的建立、命题正确性证明、算法思想、算法描述、算法证明与分析,它们的研究均是实践基础和科学抽象有机统一起来的典范。

2.7.5 科学抽象思维的基本过程

人们对客观事物(对象)的认识过程,往往是从个别到一般,即由具体到抽象,然后再从一般到个别,即由抽象到具体的辩证过程。换句话说,就是由感性的具体到抽象的规定,再由抽象的规定上升到思维中的具体,这就是科学抽象,也即科学思维的基本过程。这一过程是怎样实现的呢?

感性的具体,是人在实践中得到的对于客观具体事物(对象)的感性直观,直接呈现于感官面前,将其作为一个整体形成一个"完整的表象",这是整个认识过程的起点。但是,这种生动具体的表象,只是一种混沌的整体,还无法对事物(对象)的本质及其关系做出清晰的、深刻的、全面的说明。因此,这种"感性的具体",本身又很不"具体"。虽然"感性的具体"是认识的起点,但要认识事物(对象)的本质,获得真正的知识,还必须由"感性的具体"上升到"抽象的规定",实现由具体向抽象的过渡,使"完整的表象"经过思维的取舍,揭示事物(对象)内部各方面之间的联系和关系。

由"感性的具体"到"抽象的规定"的过程主要是通过科学思维的分析活动,把整体分解成各个部分、从中去除那些偶然的、非本质的东西,抽出那些必然的、本质的东西,对具体事物(对象)各方面的本质加以规定,形成概念。例如,数学中的点、线、面的概念就是通过抽象方法规定下来的。人们为了研究客观事物(对象)的空间形式和数量关系,就撇开了事物(对象)其他方面的特征、特性,于是得到了没有体积的"点"、没有宽度和高度"线"以及没有厚度的"面"。从表面上看,这些抽象出来的东西,比起生动的感性具体来说,似乎远离客观实在的事物(对象),但它却使人们的认识从事物(对象)的表面深入到内部,从现象深入到本质。可是,这种抽象是以纯粹的形式出现的,每个抽象的规定,只是反映事物(对象)本质的某一方面。要真正达到对事物(对象)的全面而具体的认识,还必须运用综合的方法,把对事物(对象)各方面的本质的认识连接成一个统一的整体,从"抽象的规定"上升到"思维中的具体",把事物(对象)的各种联系在思维中完整地复制出来,即把事物(对象)作为整体在思维中再现出来。

"思维中的具体"是许多规定的综合,因而是多样性的统一。当自然科学进入理论的领域以后,单纯依靠从具体到抽象,即从"感性的具体"到"抽象的规定"是不够的,对于计算机科学理论和自然科学中各门独立学科的理论研究系统中,必须借助于从抽象上升到具体、即从"抽象的规定"上升到"思维中的具体",才能逐步形成对于自然界的具体的系统认识。这一过程是科学抽象发展的必然产物。

"思维中的具体"同现实的具体事物(对象)不同,它不是向"感性的具体"的简单回复,而是思维掌握具体,是具体和抽象的统一,是客观现实内容和主观思维方式的统一,能够使我们掌握客观事物(对象)自身各方面的本质以及它们的相互联系，对事物（对象）的各种现象做出统一而全面的说明。

　　由具体到抽象，再由抽象到具体，这是一个否定之否定的过程。与之相适应的科学方法是从感性的具体出发，通过分析由感性的具体达到抽象的规定，然后通过综合由抽象的规定达到思维中的具体。在这个过程中，抽象是对感性具体的否定，它离开了具体，但是又走向思维中具体的一个步骤，因而它又包含着自身的否定。思维中的具体是一种寓抽象于其中的具体，它是具体与抽象的统一。它不仅没有因其辩证的前进运动而失去内容，而是使人们对客观事物（对象）的认识内容不断得到丰富和充实。在这个过程中，"具体"既是认识的起点，又是认识的终点，实际上是在更高基础上的前进，从而构成人类认识的螺旋式上升运动。

第 3 章 演绎推理

3.1 推理类型和作用

3.1.1 推理概述

在第 2 章中讨论的逻辑思维的表现方式是从概念出发,通过分析、比较、判断、推理等方式而得出符合逻辑的结论。推理是得出正确命题结论的思维过程。

推理是指从一般原理推导出新的具体结论的思维活动,或者从一组具体事物经过分析综合得出一般规律。前者称为演绎推理,后者称为归纳推理。

推理分为演绎推理与非演绎推理,后者被定义为不是演绎推理的推理,它当然包括归纳推理。在计算机数据库、网络安全理论研究实践过程中,使用归纳推理确定命题,具体为使用数学归纳法证明命题。

归纳推理过程由假设形式和假设评价两部分构成,概念形成的过程实际上是归纳推理过程,本质上它属于命题形成的过程。由于使用归纳方法的不同以及受个人知识经验的影响,归纳推理的结果有很大的不一致性。演绎推理的结论是以一般的有效推理规则从推理前提推出来的,其推理的结论应该是唯一的,本质上它属于问题解决的范畴。

演绎推理从推理前提到推理结论的推导是用"逻辑推导",而非演绎推理的推导是根据命题内容之间的联系进行分析。演绎推理的前提与推理结论之间的关系必为数理逻辑的逻辑演算中的形式定理所反映,而非演绎推理的相应的关系则不能由数理逻辑的逻辑演算中的形式定理所反映。因此,演绎推理必须遵循某个演绎推理规则,而非演绎推理则不遵循任何形式的演绎推理规则。

非演绎推理是以各种不同创新性思维的基本思维类型和简单演绎推理为基础的综合推理形式。非演绎推理与证明定理的方法密切相关,这是因为它们的证明方法大多数是由非演绎推理确定的。在计算机数据库、网络安全和数学理论,甚至一些其他的自然科学领域研究中,非演绎推理的主要作用是为演绎推理提供命题前提,这是它的突出特性,也是演绎推理经常需要非演绎推理支持的原因。在大多数情况下,如果没有非演绎推理确定命题的前提,就不可能有演绎推理命题的前提。没有演绎推理的命题前提,就不可能演绎推理出命题的结论。如果确定了命题前提,通过演绎推理和其他能够用于命题证明的推理形式就可以判断命题结论的正确性。只有这个正确(为真)的命题才有可能被认定为定理,之所以说"有可能"被认为是定理,是根据正确(为真)的命题在后序研究中的重要性、难易程度而被确定为定理或引理的,这将在第 8 章给出讨论。

一般来说,演绎推理、归纳推理和类比推理这三种推理形式又总称为间接推理形式,是自然科学理论研究中重要的推理形式,当然也是计算机数据库、网络安全和数学理论研究中的重要推理形式。

归纳推理、类比推理又统称为合情推理,将在第 4 章中分别讨论。

演绎推理可分为三段论、直言推理、条件关系推理(也称假言推理)和选言推理,本章将分别讨论。演绎推理是证明数学结论、构建数学体系的重要推理形式,也是计算机数据库、网络安全理论研究中证明命题结论的正确性,构建相应理论及体系的重要推理形式之一。

在计算机各分支理论研究中,任何推理都是由推理前提和推理结论两部分组成。推理前提是已知的判断,是整个推理过程的出发点,通常称为推理的根据和理由;推理结论就是推出的那个新判断,是推理的结果。由同一个推理前提下推理的判断(结论)只能有一个。

3.1.2 推理的逻辑性和结论正确的条件

1) 推理的逻辑性

我们有时候说,某种推理是合乎逻辑的或不合乎逻辑的,这里所说的合乎逻辑就是推理的逻辑性问题,具有合乎逻辑性的推理被看作是有效的推理。所谓逻辑性,就是推理的过程符合推理前提和推理结论之间的推理规则,这些规则正是形式逻辑要向我们提供的。如果符合推理规则,就是具有逻辑性的,即形成有效推理;如果违反推理规则,就是不具有逻辑性,即形成无效的推理。无论是哪一种推理形式的推理规则对相应的推理都是极其重要的,缺少推理规则或使用错误推理规则的推理一定会造成推理结果的错误。

2) 推理得到正确结论和条件

一个推理要想得到正确结论,必须首先符合推理规则,即具有逻辑性。但不是只要具有逻辑性就一定能获得正确结论。要通过推理得到正确的结论,必须具备两个条件:①推理的逻辑性;②前提的真实性,这两个条件缺一不可。具备两个条件的演绎推理必然能获得正确的结论,不具备这两个条件或只有其中一个条件,都不能保证获得正确的结论。

"推理与证明"是计算机数据库、网络安全和数学理论研究中的基本思维过程,也是人们学习和生活中经常使用的思维方式。证明通常包括逻辑证明和实验、实践证明。任何命题结论的正确性必须都是经过逻辑证明的。

计算机理论研究中的各种流程图和示图是表示一个系统各部分和各环节之间关系的图示,它能够清晰地表达比较复杂的系统各部分之间的关系,已经广泛应用于计算机算法、程序设计、工序流程的表述、设计方案及算法的设计和比较等方面，也是表示数学计算与证明过程中主要逻辑步骤的工具。

自然科学的任何一门科学，只有在成功地运用了数学之后，才能逐步完善。数学理论研究是演绎性质的科学，而计算机数据库、网络安全理论研究中有相当大一部分也是通过演绎得到的。但是它们的推理前提和推理结论的选择和确定过程、证明思路的发现过程等主要靠合情推理，即观察、实验、归纳、类比和猜测等。因此，从选择和确定的过程以及研究方法的发现角度来看，它们与其他自然科学一样，又是归纳的科学。计算机数据库的理论体系是用公理化方法构建的，其推理和证明也只有在公理系统基础上进行。公理化方法广泛运用于其他自然科学，甚至一门学科体系的建构是否采用公理化方法被认为是衡量该门学科成熟程度与科学性的标志。

可以说，计算机的出现是数学计算的产物。

（1）这是因为计算机的先驱、英国数学家阿兰·图灵在参加第二次世界大战期间，作为英军的密码员破译了德军通讯保密的英格玛密码，他破译密码的才能在二战中帮助盟军取得胜利起到了较大的作用，他的理论奠定了计算机出现的基础，他在人工智能领域所做的工作直到今天仍然是促使人们讨论机器能否思考的基础。

（2）对计算机有点常识的人都知道，计算机运算的基础是二进制数：0，1。计算机技术的发展与数学的发展密不可分。

（3）计算机数据库、网络安全理论、自动控制、人工智能等领域都和离散数学、组合数学、概率与数理统计、模糊数学等密不可分。

（4）反过来，计算机技术的发展又拓宽了数学的应用领域，并为数学提供了新的研究工具和方法。

正因为如此，在计算机数据库、网络安全理论和数学理论研究中的命题结论的正确性，一般情况下必须遵循数学逻辑证明，并且也使用数学逻辑推理和证明方法。除此之外，它们还和数学有很大不同，这是因为在计算机理论研究中，大多和应用对象相关，大多数理论研究属于应用理论研究范畴。一方面是从许多应用对象中归纳出需要解决的问题，抽象出概念、规律、命题并利用逻辑推理求证它们的正确性；另一方面需要进行相应实验和实践验证其正确性。例如，在这些学科的理论研究中的各种算法都是如此，这也是计算机计算理论研究的一大特点。而数学中，有些命题证明其正确后，却不一定非做相应实验和实践验证其正确性。

对数学而言，其特点有三个：抽象性、严谨性（逻辑严密性）、应用广泛性。其中，抽象性是最基本的。抽象性决定了严谨性（逻辑严密性）和应用广泛性，这也是数学结论的正确性必须由逻辑证明来保证的原因之一。计算机数据库、网络安全理论也有这些特点，都是一个概念体系，而概念是抽象的。因此，这些学科的理论也都具有抽象性。但数学中的抽象,有它独具的一些特色。主要表现如下。

(1) 多层次性。数学的概念或规律,大多是经过多层次的抽象得到的,即抽象基础上的再抽象。例如,对于一个三层次抽象如图 3.1 所示。

距离 —抽象→ 距离空间 —抽象→ 由距离所产生的拓扑结构 —抽象→ 拓扑空间的概念

图 3.1　三层次抽象示意图

(2) 注重于对象之间关系的抽象。除了直接对被研究的对象本身进行观察研究,抽象出本质属性形成抽象的概念外,数学研究中还采用专注于对象间的联系以确定对象、形成概念的方法,就是从对象的联系中认识对象。例如,形式公理系统就是专注于对象间的联系以确定对象、从对象的联系中认识对象的例证。

(3) 发展到一定程度后就不再继续直接依赖于经验。数学的概念或理论,追根溯源于实践。但是,发展到一定程度后,就可以由理论演绎出新的理论,由概念诱导出新的概念,不再直接依赖于经验。例如,无穷维空间的概念及理论的建立,就是由有限维空间理论演绎出新的无穷维空间理论,由有限维空间概念诱导出新的无穷维空间概念等。由于数学的上述特征,所以有些数学结论的正确性无法用实验与实践来证明,只能依靠逻辑证明。

尽管计算机数据库、网络安全理论都具有抽象性,但是发展到今天,仍然直接依赖于实际需求经验,尚无讨论无穷维空间的概念及理论出现,这就导致并非所有的数学推理方法都可以用在计算机数据库、网络安全理论的研究中。

推理与证明过程中的合情推理(归纳推理、类比推理)与演绎推理是计算机数据库、网络安全理论、数学理论发现过程和分别构建各自体系过程中的两种重要思维形式,合情推理与演绎推理的过程具体体现了直观感知、观察发现、归纳、类比、空间想象、抽象概括、符号表示、运算求解、数据处理、演绎推理和证明以及系统构建等思维过程。

具体的演绎推理是根据已有的事实和正确的结论(包括已有的定义、公理、推论、设定的条件和已被证明的命题(定理、引理、性质和公式等))作为推理的前提,按照严格的逻辑推理规则推理得到新结论的过程。

计算机数据库、网络安全理论、数学理论发现创新与其他知识创新一样,在证明一个命题(定理)之前,首先要确定证明的对象命题,即猜测或判断这个命题(定理)的前提(条件)和结论是什么。在确定命题后,完全做出详细的证明之前,要思考证明的思路。

确定命题要先把观察到的结果加以综合,然后加以类比,要一次又一次地尝试猜测的结论是否正确,要经过演绎推理和证明。但这个证明方法是通过合情推理猜测或判断而发现的。演绎推理和证明,只要前提是正确的,则推出的结论也一定是正确的,而合情推理所猜测出的前提(条件)可能是正确也可能是正确的。通过演绎推理证明所猜测或判断出的前提(条件)是否能推出结论,可以验证出前提(条件)的正确性。再通过合情推理猜想或判断相应的前提(条件),在新的前提条件下演绎推理和证明,直至结论正确为止。因此,可以说合情推理和演绎推理它们相互之间是紧密联系、相辅相成的。其判断确定命题前提过程如图 3.2 所示。

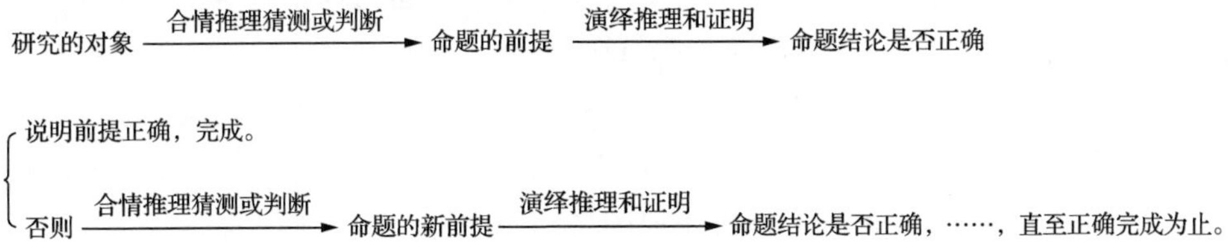

研究的对象 —合情推理猜测或判断→ 命题的前提 —演绎推理和证明→ 命题结论是否正确

{ 说明前提正确,完成。

否则 —合情推理猜测或判断→ 命题的新前提 —演绎推理和证明→ 命题结论是否正确,……,直至正确完成为止。

图 3.2 判断确定命题前提过程示意图

3.2 演绎推理的一般模式——三段论

对于计算机数据库、网络安全理论、数学理论研究而言,演绎推理是证明研究对象、命题结论、建立理论体系的重要推理思维过程。特别是对命题、定理、引理、算法等的证明中使用演绎推理方法,把归纳推理得到的一般规律,按照一定的目标,运用演绎推理形式和方法,推导出其他没被考察过的同类对象的性质,取得对命题、定理、引理、算法等结论的过程。所以,必须掌握演绎推理的内容,只有这样才能准确无误的证明它们的结论,否则将会出现重大的错误。

本节只讨论演绎推理中的基本部分:三段论。演绎推理中的假言推理(条件关系推理)和选言推理,将在后面两节分别讨论。

1. 三段论公理

三段论公理是三段论的原理或依据。基本内容是:凡断定(肯定或否定)了一类事物的全部对象,也就断定(肯定或否定)了该类事物的任何部分对象。或者可以描述为一类对象全部具有或不具有某属性,那么该类对象中的部分也具有或不具有某属性。对于性质命题的推理就是如此。

在数学研究中,经常以某些一般的判断为前提,得出一些个别的、具体的判断。如一切奇数都不能被 2 整除,这是一个一般的判断,(2^5+1)是一个奇数,由这个一般的判断可以得出:(2^5+1)不能被 2 整除。

关系数据库的函数依赖理论中的阿姆斯特朗推理规则就是一个一般的判断,由它可以推导出几乎所有的理论命题、定理、引理和性质等,它们中的每一个都是个别的、具体的判断。

上面的推理就是从一般的原理出发,推导即"演绎"出某个特殊情况下的具体陈述或个别结论的过程,称这种推理为演绎推理,即从一般到特殊的推理模式。对于命题来说,是由一般性的命题推出特殊性命题的一种推理模式。

2. 三段论是演绎推理的一般模式

演绎推理的三段论是指由两个简单命题作为前提和一个简单命题作为结论组成的演绎推理。三段论中三个简单命题只包含三个不同的概念,每个概念都重复出现一次。这三个概念都有专门名称:结论中的宾词(谓项)称为"大项"(P),结论中的主词称为"小项"(S),结论不出现的那个概念,称为"中项"(M),在两个前提中,包含大项的称为"大前提",包含小项的称为"小前提",小项和大项组成的命题称为结论。三段论的形式是:凡 M 是 P,凡 S 是 M,所以凡 S 是 P。由于三段论讨论的背景不同,其一般模式可分为以下几种形式。

(1) 用项的观点:三段论是演绎推理的一般模式。

① 大前提:已知的一般原理。

② 小前提:待研究的特殊情况。

③ 根据一般原理,对特殊情况做出的判断。

用公式来表示,则如下。

大前提:M 是 P;

小前提:而 S 是 M;

结论:所以 S 是 P。

通俗地说,三段论演绎法的一般形式如下。

大前提:有 M 理论在某一范围内是正确的;在此范围内规律 P 普遍适用。它提供了一个一般的原理。

小前提:假定事物 S 的行为受 M 理论的支配,它指出了一个特殊情况。

这两个判断联合起来,揭示了一般原理和特殊情况的内在联系,从而产生了第三个判断——结论。

结论:则 S 的行为规律为 P。

显然,三段论就是指由三个命题构成的推理。这种演绎推理共分三段,所以称为"三段论"。其中第一段称为大前提,提供了一个一般的原理;第二段称为小前提,指出了所研究的特殊情况;第三段称为结论,根据一般原理,对所研究的特殊情况做出判断。

(2) 用集合论的观点:若集合 M 的所有元素都具有性质 P,而集合 S 是 M 的一个子集,所以 S 中所有元素也都具有性质 P。

(3) 用逻辑的观点可以说:三段论是由包含着一个共同因素(逻辑中项)的两个命题推出一个新的命题的推理。

应用三段论推理解决问题时,首先应该确定大前提和小前提,然后通过分析,看这个共同因素能否把两个前提连接起来推演出结论,如果连接不起来,则三段论就是错误的。

3. 三段论种类

根据大前提的不同判断形式,推理形式有:直言推理、假言推理(也称条件推理)和选言推理。

(1) 直言三段论。当三段论的两个命题都是直言命题时,这种三段论称为直言三段论。直言命题是断定思维对象具有或不具有某种性质的命题。

(2) 假言三段论。当三段论的前提中包含假言命题时,这种三段论称为假言三段论。假言命题是有条件地断定事物的某种情况存在的命题。

(3) 选言三段论。当三段论的前提中包含选言命题时,这种三段论称为选言三段论。选言命题是反映几种对象情况有选择地存在的命题。

在计算机数据库、网络安全、数学理论研究中假言命题,一般用"如果……,那么……"或者"当且仅当……,则……"这两种形式来表达。

从推理所得的结论来看,演绎推理在大、小前提必须真实符合客观实际,而且推理形式都完全正确无误的前提下,得到的结论一定是正确的。

以某一理论作为大前提,以在该理论范围内的确切事实为小前提的演绎称为理论演绎法。

演绎推理是一种必然性推理。演绎推理的前提与结论之间有蕴涵关系,因此,只要前提是真实的,推理的形式是正确的,那么结论必定是真实的。错误的前提可能导致错误的结论。例如,指数函数 $f(x) = a^x$ 是单调递增函数(大前提),而 $f(x) = (1/2)^x$ 是指数函数(小前提),则 $f(x) = (1/2)^x$ 是单调递增函数(结论)。在此例证明过程中,小前提 $f(x) = (1/2)^x$ 是指数函数是演绎推理证明的关键,依据三段论推理,大前提指数函数 $f(x) = a^x$ 是单调递增函数,可以推出结论 $f(x) = (1/2)^x$ 是单调递增函数。但是,由于大前提指数函数 $f(x) = a^x$ 在 $0 < a < 1$ 时,不是单调递增函数,而是单调递减函数。所以所得的结论 $f(x) = (1/2)^x$ 是单调递增函数是错误的。

一般来说,除少数情况外,绝大多数情况下演绎推理不能为我们提供新的知识或命题。因为,既然可以从前提推出结论,那么,由结论所表达的思想就必然蕴涵于前提之中了。既然如此,演绎推理的作用是什么呢?

4. 演绎推理的作用

(1) 把特殊情况明晰化。当问题在一般情况下获得了结论,按理来说就已经包括了特殊问题的结论。然而有时一个问题摆在面前,我们并不一定会发现它是哪个定理或公式的特殊情形,致使头绪茫然、无从想起。因而,我们需要从一般情形演绎出一些特殊情况,把那些原来不明晰的关系显现出来,使认识具体化。例如,二项展开式显示了一般的规律,但是,它的特殊情形却是一下子难以认识到的。在计算机数据库、网络安全、数学理论研究中许多问题也是如此,例如,关系数据库中的阿姆斯特朗推理规则是可以推出很多命题的结论的,但对于推出具体的命题之前究竟能够推出些什么样正确的命题、性质或其他结论,是很难明晰确定的。

(2) 把蕴涵的性质揭露出来。在一般的前提中所蕴涵的性质,并非都是容易认识到的,通过演绎推理(当然不只是前面所述的最简单形式的演绎推理)把它们揭露出来,在一定程度上也可以算作新知识。

(3) 演绎推理常常可以起到验证一个命题前提(条件)是否真实或正确的作用。从一种前提(条件)出发,推出各种可能的情形,如果与事实有些不符,那么就可以发现前提(条件)的不足,便可以有针对性的进一步修改完善它。本书 6.3.1 节和 6.3.2 节中分别给出了两种方法和具体命题的实例在这方面的详细讨论。

(4) 有助于科学的理论化和体系化。一门科学发展到一定程度后,必然要回过头来对所积累的材料加以整理,构建其体系。例如,关系数据库理论系统和其他数据库理论的形成就都经历了这样的过程。

(5) 演绎推理是由命题的前提(条件)证明命题的结论是否正确的重要推理形式。几乎所有的命题证明过程都离不开演绎推理,即使是用其他推理证明的过程也要夹杂着演绎推理。

(6) 演绎推理检验假设和理论。演绎推理对假设和理论做出推论,是逻辑论证的工具,为科学知识的合理性提供逻辑证明。

(7) 做出科学预见的手段。把一个原理运用到具体实例中,做出正确推理。

计算机数据库、网络安全、数学理论和自然科学各门独立学科理论研究中,证明命题结论是否正确的重要推理方式是演绎推理,但前提(条件)、结论和证明思路的发现,主要还是依靠合情推理。

5. 演绎推理的局限性

演绎推理是由一般到特殊的推理,所得的结果只是把一般原理中所蕴涵的内容更明显地揭示出来。无论这样的结果是人们在一连串的推理之前如何难以预测的,但它毕竟是蕴涵于已知的一般性原理之中。数学是演绎性的科学,这是针对完成了的形式而言的。演绎推理起到整理事实的作用,它对数学的发现作用不是太大,但在特殊情况下,也有例外。

6. 不同大前提对象的几种演绎法

根据大前提的对象不同,演绎推理还有:公理演绎法、假设演绎法、定律演绎法。

1) 公理演绎法

自然科学中的一门科学通过长期的积累需要构建其体系时,往往需要选择(尽可能少的)那些意义自明的概念作为原始概念,选择(尽可能少的)那些最简明的、真实性为人们所公认的那些不加证明的原始命题作为公理,以它们作为推理出发点,利用演绎推理方法演绎出其他的事实,推导出尽可能多的结论。把这门科学组成一个由低级到高级,彼此相联系的系统,这个系统就全局来看是用演绎法建立起来的一个演绎系统。这种方法,称为公理化方法或称公理演绎法。

最典型的例子是欧几里得的《几何原本》中规定了 10 条公理(公设),平面几何中的一切定理都可由这 10 条公理(公设)推导(演绎)出来,它是建立在 10 条公理和公设之上的演绎系统。

如果把公理系统中的概念、关系只作纯形式的理解,即与它的原型脱离,只从彼此的联系中来考虑,那么这样的系统就会具有更一般的意义,这就是数学中的形式公理化系统。公理演绎法的特点是大前提是依据公理(公设)进行推理。

在关系数据库理论研究中,阿姆斯特朗推理规则的有效性和完备性就是通过公理演绎法推导出来的,将在第 8 章 8.3 节中讨论。

2) 假设演绎法

假设演绎是在观察和分析的基础上提出问题以后,通过推理和想象提出问题的一种假设。

(1) 从假设出发,进行演绎推理推出各种可能的情形,推出各种可能的结论,如果与事实有些不符,那么就可以发现假设的不足或错误,进一步补足或修正和完善它。

(2) 再通过实验检验演绎推理的结论,如果实验结果与预测结论相符,就说明假设正确,反之,则说明假设是错误的。这是现代自然科学研究中常用的一种科学方法。

假设演绎的特点是以假设作为推理的大前提,它的一般形式如下。

如果 p(假设),则有 q(某事件);

因为 q(或非 q),所以 p 可能成立(或 p 不成立)。

3) 定律演绎法

定律演绎是以某个定律或某种规律作为大前提的演绎法。作为演绎推理前提的定律有两类,一类是经验定律,另一类是普遍定律。

(1) 就计算机科学理论研究而言,在其所形成的理论系统中有许多重要定律,如运算中的交换律、结合律和分配律等,演绎推理是证明计算机数据库、网络安全、数学理论研究结论,建立研究体系的重要推理形式。

(2) 对上述各门理论研究中,特别是对命题、定理、引理、算法和公式等的证明中使用定律演绎推理方法,就是把归纳推理得到的一般规律,按照一定的目标,运用定律演绎推理的形式,推导出其他没被考察过的同类对象的性质,取得并确定对命题、定理、引理、算法和公式等结论的过程。

演绎推理所推测的事物,必须不是在原来归纳推理时考察过的,否则就是循环论证,没有任何意义。

出现演绎推理错误的主要原因:①大前提不成立;②小前提不符合大前提的条件。

7. 演绎推理特点

(1) 演绎推理的前提是一般性原理,所得的结论是蕴涵于前提之中的个别、特殊事实,结论完全蕴涵于前提之中。

(2) 在演绎推理中,前提与结论之间存在必然的联系。只要前提是真实的,推理的形式是正确的,那么结论也必然是正确的。因而演绎推理是计算机科学理论中数据库、网络安全和数学研究中严格证明命题结论正确与否的重要工具。

(3) 演绎推理的思维方式是一种收敛思维,它有时也有一定的创新性(在后面的讨论中将出现这种情况),但它主要用于命题(定理)的证明上。更重要的是因为它具有条理清晰、令人信服的论证作用,有助于计算机各分支学科和数学科学的理论化和系统化的建立。

演绎推理所得的命题结论完全蕴涵于前提之中,所以,它是收敛型思维方式。演绎推理形式化的程度远比归纳推理、类比推理高,即用演绎法时,一个命题由其他命题推出,其根据是命题的形式结构之间的联系,而与这些命题描述所来自的具体事物内容无关,这一点由三段论法的形式表示就可以清楚地看到。

3.3 直言命题和直接推理

3.3.1 直言命题

直言命题中所作的判断是直接的,因此叫做直言命题。它是一个主谓式命题,它判断了某种数量的对象具有或者不具有某种性质。

直言命题也称"性质命题"。其基本结构为

(量项)＋主项＋(联项)＋谓项

(1) 主项表示直言命题陈述的被判断对象的词项(普通词项、单独词项、限定词项),在陈述句中是主语,一般用形式符号"S"来表示。

(2) 谓项表示直言命题陈述的被判断对象所具有的性质的词项(形容词项),在陈述句中是宾语,一般用形式符号"P"来表示。

（3）联项是联结直言命题的主项与谓项的词项，在陈述句中是谓语。一般分为两种：①肯定的联项，用"是"表示；②否定的联项，一般用"不是"来表示。它是直言命题的质，即表达了"是什么"、"不是什么"，也就是"具有什么属性"、"不具有什么属性"。

（4）量项表示直言命题所反映被判断对象的数量或范围的词项，表明的是命题的"量"。量项一般分为三种。

① 全称量项表示该命题陈述了主项所指称的对象的全部，即陈述了主项的全部外延，通常用"所有"、"一切"表示。全称量项有时也可以省略，省略关联词后，其含义不会改变。例如，"所有偶数都能被 2 整除"，可以说成"偶数都能被 2 整除"。

② 特称量项表示该命题至少陈述了主项所指称的对象中的一个，即对主项作了陈述，但未陈述主项的全部外延，通常用"有的"、"有些"、"有"等表示。应当特别说明的是，特称量词"有的"等含义不能省略。例如，"有些数能被 2 整除"，但不能说成"数能被 2 整除"。

③ 单称量项表示对一个命题的主项的某一个别对象做出判断，通常用"这个"、"那个"表示。如果主项是一个单独概念，单称量项可以省略，如果主项是一个普通概念，则不能省略。

通常我们把性质命题的主项和谓项称为逻辑变项，把联项和量项称为逻辑常项。

3.3.2 性质命题的种类

根据不同的划分标准，对性质命题可以做不同的划分。

（1）根据性质命题的质的不同，可以分为肯定命题和否定命题。

① 肯定命题就是断定对象具有某种属性的命题。

其逻辑形式是：S 是 P。例如，移动数据库是数据库。

② 否定命题就是断定对象不具有某种属性的命题。

其逻辑形式是：S 不是 P。例如，移动数据库不是空值数据库。

（2）根据性质命题的量的不同，可以分为单称命题、特称命题和全称命题三种。

① 单称命题就是断定某一个别对象具有或不具有某种属性的命题。

其逻辑形式是：某个 S 是（不是）P。例如，$\sqrt{2}$ 是一个无理数；2 不是一个无理数。

② 特称命题就是断定某类中有的对象具有或不具有某种属性的命题。

其逻辑形式是：有的 S 是（不是）P。例如，有的数是能被 3 整除；有些数是不能被 2 整除。

要特别注意的是，特称命题中的特称量词"有的"（或"有些"）在逻辑中的含义是作为"至少有些"、"至少有一个"来理解的。"有的"究竟有多少是不确定的,其余的那些如何也没有说明。具体的它可以是"有一个"、"有几个"、"绝大多数"乃至"全部"。这里的"有的"仅仅是表示存在的意思,因此,特称量词有时也称为存在量词。特称量词的表述还有"少数"、"多数"、"许多"、"几乎全部"、"百分之几"等。

③ 全称命题就是判断某类中的全部对象具有或不具有某种属性的命题。

其逻辑形式是:所有 S 是(不是)P。例如,所有的偶数都能被 2 整除;凡是奇数都不能被 2 整除。

3.4　假言(条件)命题及推理

要想准确地把握计算机科学理论中条件命题的充分性、必要性、充分且必要性条件的确定,并且利用蕴涵、逆蕴涵、互逆蕴涵等做相关的证明及证明方法,就必须研究和掌握它们的源头理论,这一理论就是条件命题及推理。

3.4.1　条件命题

所谓条件命题,就是陈述某一事物情况是另一件事物情况的条件关系的命题,因为假言就是假设的条件,所以条件命题亦称假言命题。例如,一个代数方程能得到根的计算公式当且仅当这个代数方程的次数不超过 4,就是一个条件命题或假言命题。

客观事物总是相互联系的,而且事物之间的联系是多种多样、错综复杂的。其中有的联系是某一现象(情况)的发生与存在,会引起另一现象(情况)的发生与存在;某一现象(情况)的不发生与不存在,也会导致另一现象(情况)的不发生与不存在,把这种现象(情况)的联系叫做条件关系。其中,能够导致其他现象(情况)出现的现象(情况)叫做条件,由先前现象(情况)引起的后继现象(情况)叫做结果。人们认识了事物现象(情况)之间的这种条件关系,就形成了条件命题。

条件命题是由支命题和联结词组成的。支命题中,表示事物情况存在的条件部分称为"前件",一般用 p 表示;表示依赖条件而存在的部分称为"后件",一般用 q 表示,前件和后件在逻辑上表现为理由和推断的关系。用来表示这些关系的逻辑联结词有"如果,那么"、"只有,才"、"当且仅当"等。

一个事物情况作为另一个事物情况的条件,其具体内容是多种多样的,这不是形式逻辑研究的对象,而是各门科学研究的对象。形式逻辑只是一般地研究条件命题前后件的逻辑关系,并且从支命题的真假方面,来研究条件命题真假的逻辑性质。

条件关系主要有三种,即充分条件关系、必要条件关系和充要条件关系。与上述条件关系相对应,则有相应的条件命题:充分条件命题、必要条件命题和充分且必要条件命题(简称为充要条件命题)。

1. 事物间的条件关系种类

根据事物间的条件关系分类有三种：充分条件、必要条件、充分且必要条件。

1) 充分条件

所谓"充分"就是指应该如此。

充分条件：如果有事物情况 A，则必然有事物情况 B；如果没有事物情况 A 而未必有事物情况 B，A 就是 B 的充分而不必要的条件，简称充分条件。即如果某一个条件独立的产生某一个结果，那么这个条件就是这个结果的充分条件。例如，(A)前件：灯泡丝断了；B(后件)：灯不会亮，例中的 A 是 B 的充分条件。

2) 必要条件

所谓"必要"就是指缺了不行。

必要条件：如果没有事物情况 A，则必然没有事物情况 B；如果有事物情况 A 而未必有事物情况 B，A 就是 B 的必要而不充分的条件，简称必要条件。即如果某几个条件共同产生某一个结果，那么这几个条件的每一个都是产生这个结果的必要条件。例如，A(前件)：适当温度；B(后件)：鸡蛋孵出小鸡，例中的 A 是 B 的必要条件。

3) 充分且必要条件

充分且必要是一对互逆状态的逻辑。

充分且必要条件：如果有事物情况 A，则必然有事物情况 B；如果没有事物情况 A，则必然没有事物情况 B，A 就是 B 的充分且必要条件。如果只有某一个条件才能产生某一个结果，那么这个条件才是产生这个结果的充分且必要条件。例如，A(前件)：三角形等边；B(后件)：三角形等角，例中的 A 是 B 的充分且必要条件。

下面通过给出在关系数据库理论研究中的两个命题，来深入说明充分且必要条件。

命题 3.1　设 R 是一关系模式，$\rho=(R_1,R_2)$ 是 R 的一个分解。设定 D 是一组在 R 的属性集合上的函数和多值依赖。那么，分解 ρ 有无损的连接的充分和必要条件是 $R_1\cap R_2\longrightarrow\!\!\!\!\!\rightarrow R_1-R_2$，或等价地，$R_1\cap R_2\longrightarrow\!\!\!\!\!\rightarrow R_2-R_1$。条件：$R_1\cap R_2\longrightarrow\!\!\!\!\!\rightarrow R_1-R_2$ 或 $R_1\cap R_2\longrightarrow\!\!\!\!\!\rightarrow R_2-R_1$ 为前件，而分解 ρ 有无损的连接(结论)为后件。

命题 3.2　$F^+=G^+$ 的充要条件是 $F\subseteq G^+$ 且 $G\subseteq F^+$。条件 $F\subseteq G^+$ 且 $G\subseteq F^+$ 为前件，而 $F^+=G^+$ (结论)为后件。

2. 条件命题的种类

对于条件命题来说，条件是最重要的。与事物间的三种条件关系相对应，条件命题也有三种，即：充分条件命题、必要条件命题和充分且必要条件命题。在下面的讨论中将要使用如下几种符号,必须理解它们的内涵。

① "⇒"或"⇐":其含义为由左(或右)推出右(或左),分别表示"蕴涵","逆蕴涵"。

② "⇔":其含义为双向均可导出(蕴涵)。

1) 充分条件命题

充分条件命题是陈述某一事物情况是另一事物情况的充分条件的条件命题。

充分条件命题的联结词是"如果,那么","如果"后面的支命题称为前件,用 p 表示前件;"那么"后面的支命题称为后件,用 q 表示后件。充分条件命题的命题形式可表示为

$$如果 p,那么 q$$

符号公式表示为 $p \Rightarrow q$。此公式读作"p 蕴涵 q",也称为蕴涵式。

如果 p 出现,q 也就出现;p 不出现,q 可能出现,也可能不出现。这样,p 就是 q 的充分条件,即有 p 必有 q,无 p 未必无 q。

例如,"如果整数 n 能被 2 整除,那么整数 n 是偶数"是一个充分条件命题。

在语义表达中,表达充分条件命题的联结词还有"如果,则"、"若是,就"、"倘若,便"、"只要,就"等。

充分条件命题的真假,取决于前件所断定的事物情况是否是后件所断定的事物情况的充分条件。如果是,这个充分条件命题是真的;否则,就是假的。条件命题为真,并不要求它的支命题都真。有的条件命题的前后件都假,但整个命题还是真的。因此,充分条件命题与其支命题(前件、后件)之间的逻辑性质是:如果前件真而后件假,则该充分条件命题是假的;如果不是"前件真而后件假",则该充分条件命题是真的。

2) 必要条件命题

必要条件命题是陈述某一事物情况是另一事物情况的必要条件的条件命题。必要条件命题的联结词是"只有,才","只有"后面的支命题是前件,用 p 表示,"才"后面的支命题是后件,用 q 表示。必要条件命题的命题形式可表示为

$$只有 p,才 q$$

符号公式表示为 $p \Leftarrow q$。此公式读作"p 逆蕴涵 q"或"p 蕴涵于 q",称为逆蕴涵式。

在语义表达中,表达必要条件命题的联结词还有"必须,才"、"没有,就没有"、"仅当,才"等。

必要条件命题的真假,取决于前件是否是后件的必要条件。如果是,就是真的;反之,就是假的。

必要条件命题与其支命题(前件、后件)之间的逻辑性质是:如果前件假而后件真,则该必要条件命题是假的;如果不是"前件假而后件真",则该充分条件命题是真的。

根据必要条件命题的含义，"只有 p，才 q"等于说"如果非 p，那么非 q"，因此，必要条件命题的形式又可换以充分条件命题的形式，即

$$\neg p \Rightarrow \neg q$$

注意，必要条件只是陈述了前件不存在，后件不存在的意思，它并没有陈述前件存在，后件也存在的意思。

3) 充分且必要条件命题

充分且必要条件命题是陈述某一事物情况是另一事物情况的充分且必要条件命题。

所谓充分且必要的条件，就是指某条件出现，就能导致某后果；某条件不出现，就不能导致某后果。或者说，如果 p 出现，q 也就出现；如果 p 不出现，q 也就不出现，p 就是 q 的充分且必要条件。换言之，有 p 必有 q，无 p 必无 q。它是把"如果 p，那么 q"和"只有 p，才 q"两者结合的条件命题。这种条件命题的前件是后件的充分且必要条件，后件也是前件的充分且必要条件。

"当且仅当"是充分且必要条件命题的联结词，"当且仅当"或"充分且必要"，可用符号"⇔"表示。充分且必要条件命题的命题形式可表示为

$$p \text{ 当且仅当 } q$$

符号公式表示为 $p \Leftrightarrow q$，此公式读作"p 等值 q"，称为等值式。"p 等值 q"是指 p 和 q 之间相互蕴涵，即 p 蕴涵 q，q 也蕴涵 p。例如"三角形等边当且仅当三角形等角。"是一个充分且必要条件命题。

在语义表达中，表达充分且必要条件的联结词除上述两种外，还有"如果……那么……，并且如果不……那么不……"、"有且只有……才"等。

看一个命题是否是充分且必要条件命题，还要看前后件的实际关系。另外，由于充分且必要条件命题比较复杂，不易辨认，所以有时需要用两句话来表达。

如果一个充分且必要条件命题的前件所断定的事物情况，是后件所断定的事物情况的充分且必要条件，这个充分且必要条件命题是真的，否则就是假的。

从前件与后件的真假关系来考虑，如果一个充分且必要条件命题是真的，它的前件与后件有下面两种情况：①前件真，后件真；②前件假，后件假。如果一个充分且必要条件命题是假的，它的前件和后件也有两种情况：①前件真，后件假；②前件假，后件真。

逻辑上用"真值表"来表示命题的逻辑性质，"真值"即真、假二值。充分且必要条件命题与其支命题（前件、后件）之间的逻辑性质是：如果前件与后件同真或同假，则该充分且必要条件命题是真的；如果前件与后件不同真、不同假，则该充分且必要条件命题是假的。

充分条件命题和必要条件命题之间是可以互换的。下面的真值表 3.1 可以说明充分条件命题和必要条件命题之间的互换关系。

表 3.1 充分条件命题和必要条件命题互换关系

	p	q	p→q	q	p	q→p
①	T	T	T	T	T	T
②	T	F	F	F	T	F
③	F	T	T	T	F	T
④	F	F	T	F	F	T

必要条件和充分条件可以互相转换，二者之间的转换关系为如果前件是后件的充分条件，那么后件就是前件的必要条件；如果前件是后件的必要条件，那么后件就是前件的充分条件。

3.4.2 条件命题推理

条件命题推理是以条件命题为前提并根据条件命题的逻辑性质进行的演绎推理，条件命题推理，也称条件关系推理。当条件推理满足①前提真实；②推理形式有效时即属于演绎推理。

根据条件命题所表达的条件的逻辑性质不同，可以把条件推理分为三种：充分条件推理、必要条件推理和充分且必要条件推理。

1. 充分条件推理

充分条件推理是根据充分条件命题的逻辑性质进行的推理。

充分条件命题推理有两个有效推理形式：肯定前件式和否定后件式。

1) 肯定前件式

肯定前件式（小前提肯定前件，结论肯定后件）的公式为如果 p，那么 q；p，所以，q。推理形式可改写成 $((p \Rightarrow q) \wedge p) \Rightarrow q$。

2) 否定后件式

否定后件式（小前提否定后件，结论否定前件）的公式为如果 p，那么 q；$\neg q$，所以，$\neg p$。推理形式可改写成 $((p \Rightarrow q) \wedge \neg q) \Rightarrow \neg p$。

根据规则，充分条件推理的否定前件式和肯定后件式都是无效的。

在语义表达中，"如果……就……"、"有……就有……"、"倘若……就……"、"只要……就……"等联结词都能表达充分条件命题。

2. 必要条件推理

必要条件推理是根据必要条件命题的逻辑性质进行的推理。

具体地说，必要条件推理反映了客观世界中原因与其结果间的制约关系。一个结果的产生需要许多原因，缺一不可。这些原因中的各个原因要联合起来，才能产生结果;只有原因之一,不能产生结果。有 p 未必有 q,无 p 则必无 q。根据这一逻辑特征,必要条件推理有两个有效推理形式:否定前件式和肯定后件式。

1) 否定前件式

否定前件式(小前提否定前件,结论否定后件)的公式为只有 p,才 q;$\neg p$,所以,$\neg q$。推理形式可改写成 $((p \Leftarrow q) \land \neg p) \Rightarrow \neg q$。

2) 肯定后件式

肯定后件式(小前提肯定后件,结论肯定前件)的公式为只有 p,才 q;q,所以,p。推理形式可改写成 $((p \Leftarrow q) \land q) \Rightarrow p$。

在语义表达中,"只有……才……"、"没有……就没有……"、"不……不……"、"除非……不……"、"除非……才……"、"除非……否则不……"、"如果不……那么不……"等联结词都能表达必要条件命题。

根据推理规则,必要条件推理的肯定前件式和否定后件式都是无效的。

3. 充分且必要条件推理

充分且必要条件推理是根据充分必要条件命题的逻辑性质进行的推理。

具体的充分且必要条件推理,反映的是客观世界中一因一果的因果制约关系。这种因果制约关系的特点是:

(1) 有这个原因,就有这个结果;

(2) 没有这个原因,就没有这个结果;

(3) 有这个结果,就有这个原因;

(4) 没有这个结果,就没有这个原因。

充分且必要条件推理有四个有效的形式。

1) 肯定前件式

肯定前件式的公式为当且仅当 p,则 q;p,所以,q。推理形式可改写成 $((p \Leftrightarrow q) \land p) \Rightarrow q$。

例如,一个三角形是等边三角形当且仅当它是等角三角形,这个三角形是等边三角形,所以,这个三角形是等角三角形。

2) 肯定后件式

肯定后件式的公式为当且仅当 p,才 q;q,所以,p。推理形式可改写成 $((p \Leftrightarrow q) \land q) \Rightarrow p$。

例如,一个三角形是等边三角形当且仅当它是等角三角形,这个三角形是等角三角形,所以,这个三角形是等边三角形。

3) 否定前件式

否定前件式的公式为当且仅当 p,才 q;$\neg p$,所以,$\neg q$。推理形式可改写成 $((p \Leftrightarrow q) \land \neg p) \Rightarrow \neg q$。

例如，一个三角形是等边三角形当且仅当它是等角三角形，这个三角形不是等边三角形，所以，这个三角形不是等角三角形。

4）否定后件式

否定后件式的公式为当且仅当 p，则 q；$\neg q$，所以，$\neg p$。推理形式可改写成 $((p \Leftrightarrow q) \wedge \neg q) \Rightarrow \neg p$。

例如，一个三角形是等边三角形当且仅当它是等角三角形，这个三角形不是等角三角形，所以，这个三角形不是等边三角形。

在语义表达中，"只有……就……"；"只有……才……"；"当且仅当……才……"。

有关命题应注意的问题：①一个命题的真假，取决于其前后件之间的关系，而不取决于其前后件单独来看是真的还是假的；②把握三种命题逻辑联项的确切含义（表达的是什么条件关系）以及三种命题之间的相互转换。

3.5 选言推理和联言推理

计算机数据库、网络安全和数学理论研究中，建立理论体系，特别是对命题、定理、引理、算法和公式等的证明过程中常出现析取式、合取式和关于对析取式、合取式的讨论，含有析取式、合取式的命题的证明。因此，掌握析取式和合取式的相关命题、逻辑性质、推理规则、推理的有效形式等是至关重要的，可以在对命题、定理、引理、算法和公式等结论的证明过程中避免出现重大错误。

析取式、合取式分别是选言命题和联言命题的一种表现形式，下面简单地讨论它们。

3.5.1 选言（析取式）推理

析取式是选言命题的一种表现形式。选言命题是反映几种对象情况有选择地存在的命题。根据选言命题的支命题（选言支）是否相容，选言命题分为两种：相容选言命题和不相容选言命题。分别与其相应的有相容选言析取式和不相容选言析取式，应当注意两种选言逻辑析取式都是重要的。选言命题由选言支和选言联结词两个部分组成。选言支是选言命题中反映可能的事物情况的命题，它是组成选言命题的支命题。选言命题的选言支一般是性质命题，也可以是关系命题。例如，元素 A 或者和元素 B 是集合，或者不是。选言联结词是表达可能为真这样一种关系的词项。在语义表达中，通常用"或者"、"要么，要么"、"不是，就是"、"是，还是，二者必居其一"来表示。选言推理指的是以选言命题作为大前提的演绎推理。一般情况下，选言推理也是由大前提、小前提和结论三部分构成。通常，大前提是简单命题，对大前提指出的几种可能的属性，肯定或者否定其中的一种或者几种；结论也是简单命题,肯定或否定事物具有一种或者几种属性。

1. 相容析取式

相容选言命题就是反映几种对象情况中至少有一种存在的命题。相容的意思是不排斥选言支同时为真。

逻辑上用"p 或者 q"来表示一个相容选言命题,p、q 在逻辑上称为"变项",在这里表示事物的可能情况,也称为"支命题"或"选言支"。

具有两个选言支的相容选言命题,其命题形式为

$$p \text{ 或者 } q$$

相容选言命题的联结词"或者"可用符号"$\lor$"(读作"析取")表示,因此"p 或者 q"又可表示为

$$p \lor q$$

此公式读作"p 析取 q",称之为析取式。p 和 q 叫做这个陈述的离析项。

相容选言命题的逻辑性质:相容选言命题的真值取决于选言支的真值,只要有一个选言支为真,相容选言命题就真;当所有的选言支都假时,相容选言命题才假,这就是相容选言命题的逻辑性质。如表 3.2 所示。

根据相容选言命题的逻辑性质能够进行哪些推理,这些推理应当遵守什么规则?相容选言推理的有效形式及规则也就是它的外延及规律。

相容选言推理,就是以相容选言命题作为大前提,根据相容选言命题的逻辑性质进行的推理。

表 3.2 相容选言命题逻辑特性真值表

p	q	$p \lor q$
T	T	T
T	F	T
F	T	T
F	F	F

一般来说,因为相容的选言命题要求支命题必须有一个真的,但同时并不排斥其他支命题的真实,所以,大前提是一个相容的选言命题,小前提否定了其中一个(或一部分)选言支命题,结论就要肯定剩下的一部分选言支命题;又因为肯定一部分支命题不能否定另一部分支命题,因此相容的选言判断只有一个否定肯定式。

相容选言命题的逻辑性质是选言支至少有一真。因此,相容选言推理有一种有效的推理形式:否定肯定式。

其推理形式为"p 或者 q,非 p,所以,q",或者"p 或者 q,非 q,所以,p"。

在语义表达中,"也许……也许……"、"可能……可能……"、"或者……或者……"。

上述所列出推理形式只是相容选言推理的基本形式,事实上,作为相容选言推理的前提的相容选言命题可以有三个选言支,乃至更多选言支,因此,相容选言推理会有更复杂的形式。

选言推理是以选言命题为前提的演绎推理。只要选择可靠的命题、定理、引理、算法和公式等为前提,经过正确演绎推理,就可得出新的正确命题。

2. 不相容析取式

不相容选言命题是反映若干可能的对象情况中有且只有一种存在的复合命题。不相容的意思是选言支不能同时为真。

具有两个选言支的不相容选言命题,其命题形式为

$$要么 p,要么 q$$

不相容选言命题的逻辑形式"要么 p,要么 q"的逻辑联结词可用符号"$\dot{\vee}$"表示,读作"不相容析取"。"要么 p,要么 q"的含义是:或者 p 真,或者 q 真,但不能 p 和 q 都真。

不相容选言命题的逻辑特性是:当且仅当各个选言支中有一个为真时,它是真的;当选言支都真或都假时,它是假的。如表 3.3 所示。

表 3.3 不相容选言命题逻辑特性真值表

p	q	$p \dot{\vee} q$
T	T	F
T	F	T
F	T	T
F	F	F

表达不相容选言联项的词语还有"不是……,就(便)是……"、"是……,还是……"、"或者……,或者……,二者必居其一"等。

不相容选言推理就是以不相容选言命题为前提,根据不相容选言命题的逻辑性质进行的推理。

一般以大前提是不相容的选言命题,小前提肯定其中的一个选言支,结论则否定其他选言支;小前提否定除其中一个以外的选言支,结论则肯定剩下的那个选言支。

通常情况下,真实的、不相容的选言命题必须有一个选言支是真的,所以,否定一部分支命题就要肯定另一部分支命题(即否定肯定式),而肯定一部分支命题就要否定另一部分支命题(即肯定否定式)。简单一句话,必须有一个是真而另一个是假,两项不能都为真也不能都为假。

不相容选言推理有两个有效的形式。

(1) 否定肯定式，其公式为要么 p，要么 q，非 p（或非 q），所以，q（或所以，p）。

(2) 肯定否定式，其公式为要么 p，要么 q，p（或 q），所以，非 q（或所以，非 p）。

例如，这个命题要么是简单命题，要么是复合命题；已知这个命题是简单命题；所以，这个命题不是复合命题。

如果把不相容选言命题的逻辑性质写成逻辑析取形式：$p \dot{\vee} q$ 为真，当且仅当 p、q 只有一个为真，可以写出类似的有效式。

如何区分相容和不相容选言命题是一个重要问题。

(1) 凡是用了"要么"这类联项的选言命题，皆为不相容选言命题。例如，一个整数要么是偶数，要么是奇数。

(2) 对于用了"或者"这类联项的选言命题，要进行具体分析。若各选言支中只能有一个真，则为不相容选言命题；若有两个或两个以上可以同真，则为相容选言命题。

(3) 关于用了"或者……或者……二者兼而有之"这一联项的选言命题。若把它看作由两个选言支构成，则是相容选言命题；若把它看作由三个选言支构成，则是不相容选言命题。

关于选言支是否穷尽的问题，选言支穷尽是指在特定范围内，选言命题反映了对象的全部可能情况；选言支不穷尽是指在特定范围内，选言命题没有反映对象的全部可能情况。选言支穷尽与否与选言命题真假之间的关系是选言支穷尽的选言命题必真；但一个真的选言命题，其选言支未必穷尽。

正确运用选言推理一般要注意以下几点。

(1) 运用否定肯定式选言推理时，大前提的选言支命题必须列举完全，选言支必真；未被列举的选言支命题可能为假。

(2) 运用肯定否定式选言推理时，大前提一般不能是相容的选言命题；否则，推理就会出现错误。

(3) 关于区分两种选言命题的问题：支命题之间的关系逻辑涵义不同，选择适当的逻辑联结词。

(4) 关于区分相容选言命题与联言命题的问题：两种命题具有不同的逻辑涵义，共存关系与选择关系。

3.5.2 联言(合取式)推理

联言命题就是将若干个命题联合起来，表示这些情况同时存在的命题。它反映的是同一对象或不同对象的不同属性的共同性和相容性，是由命题联结词"并且"联结支命题而形成的复合命题，又称合取命题。

联言命题是断定两种或两种以上事物情况同时存在的命题，它反映的是同一对象或不同对象的不同属性的共同性和相容性。例如：错误经不起失败，而真理却不怕失败,断定了两种情况同时存在。

联言命题由若干支命题经一定的联结词联结而成。构成联言命题的支命题称作联言支,一般用 p、q 表示(p、q 是联言支,"并且"是联结词)。联言支可以是两个或多个,联言命题的一般逻辑形式可表示为

$$p \text{ 并且 } q$$

联结词"并且",可用形式语言符号"∧"表示,读作"合取"。因此"p 并且 q"又可表示为

$$p \wedge q$$

$p \wedge q$ 读作"p 合取 q",称为合取式。

联言命题逻辑性质:$p \wedge q$ 为真,当且仅当 p 为真,并且 q 也为真。如表 3.4 所示。

表 3.4　联言命题逻辑性质真值表

p	q	$p \wedge q$
T	T	T
T	F	F
F	T	F
F	F	F

在语义表达中,表达联言命题的联结词还有"和"、"既是,又是"、"不但,而且"、"既要,又要"、"一方面,另一方面"、"虽然,但是"、"不仅,还"等。这些联结词表达的含义虽然不尽相同,但是都表达了几种事物情况同时存在。

联言推理就是前提或结论为联言命题的推理。

联言命题逻辑性质:由于联言命题同时断定了事物的几种情况,由几个简单命题构成,这些构成联言命题的简单命题的真假就决定了联言命题的真假。因此,联言命题的真假取决于联言支的真假。一个联言命题,当且仅当其每个联言支都是真的,这个联言命题才是真的;只要其中有一个联言支假,整个联言命题就是假的。如表 3.4 所示。

在运用联言命题时需要注意几个问题。

(1) 在用语义表达式表达思想、论断时,联言支的前后顺序有时是可以改变的,特别是那些用并列复合句表达的联言命题,有的前后顺序可以颠倒,但在有些场合,却不能任意颠倒,改变语序。如时间上的先后顺序、两个句子有递进关系时,在这两种情况下,任意改变语序,会影响整个命题的恰当性和正确性。

(2) 普通逻辑中的联言命题与数理逻辑中的合取式是有一定区别的。数理逻辑中的合取式,仅要求其支命题同真;普通逻辑的联言命题不仅要求联言支同真,而且要求支命题之间有某种联系,否则就无意义。例如:"$2 \times 2 = 4$,并且雪是白

的。"这个命题尽管支命题都是真的,但却是无意义的。

联言推理的分解式的前提提供了一个综合性的知识,其结论是在具体情况下需要强调的某一方面,而这种推理形式体现了这种过渡的必然性和合理性。

联言推理有两种有效式形式:分解式和组合式。

(1) 分解式。联言推理分解式的前提是一个联言命题,结论是该命题的一个联言支。前提为联言命题的联言推理形式,称为联言推理分解式。其推理有效形式为 p 并且 q,所以,p。

(2) 组合式。联言推理组合式的结论是一个联言命题,前提分别是该联言命题的各个联言支。结论为联言命题的联言推理形式,称为联言推理组合式。其推理有效形式为 p,q,所以,p 并且 q。在形式语言中用"$p \wedge q$"表示。$p \wedge q$ 为真,当且仅当 p 为真,并且 q 为真。

合取命题的逻辑性质:合取命题为真,它的所有合取支为真,或者反过来说,所有合取支为真,合取命题为真。

析取式和合取式它们可以在连接词上区别:析取相当于"并集"而不是"并集",合取相当于"交集"而不是"交集"。

本章讨论的各种演绎推理,无论使用哪一种演绎推理,都是从前提通过推理得出结论。一个命题的证明往往正是为了寻求演绎推理的前提,找出证明的线索,从而进一步分析问题,证明命题、定理。当探索的对象是演绎推理前提时,那么相应的分析称为演绎推理的前提分析。由此可知,演绎推理的前提是由前提分析产生的,因此前提分析是演绎推理前的关键(准备)步骤,是命题、定理证明的重要论证过程。为此,要针对命题、定理给出的条件,根据前提分析出相应的推理证明方法,涉及哪些已知原理、定理、公理、性质、公式、算法、规则、定义,问题中存在哪些事实以及与已知知识之间有什么样的联系等情况进行具体分析。完成前提分析后,通过推理得到结论。如果此结论就是所要证明的命题、定理结论,于是命题、定理证毕;否则,还要继续分析演绎推理所得结论,这被称为结论分析。结论分析有时又蕴涵着新一轮的前提分析及相应的演绎推理。

第 4 章　合情推理和因果关系推理

合情推理包括归纳推理和类比推理,它们是合情推理的两种相对独立的推理形式。

归纳推理是科学研究中的一种由特殊到一般,从而找出一般规律的推理形式。

类比推理是科学研究中的一种由特殊到特殊、一般到一般,从而找出一般规律的推理形式。

在哲学上把现象(事物的变化)和现象之间那种"引起和被引起"的关系,称为因果关系,其中引起某种现象产生的现象叫做原因,被某种现象引起的现象叫做结果。因果推理的前提是事物相继发生的现象,结论是它们有因果联系。

计算机数据库、网络安全、数学理论研究中,掌握归纳推理和类比推理不仅是确定研究课题、子课题、结论,建立理论体系的重要思维过程,而且在具体实施研究的目标中,也要利用归纳推理和类比推理形式对大部分命题、定理、引理、题目和公式的前提条件和结论进行判断、选择和确定,还要利用它们发现证明结论的思路和方法。

4.1　归纳推理概述

所谓归纳推理,就是科学研究人员从若干零散的特殊现象中按照一定的目标,运用归纳推理形式,总结出一个一般规律,是从特殊到一般的推理过程。这里所说的特殊是指若干特殊现象或特例,总结出一个一般规律是指若干特殊现象或特例所遵循的共有的一般规律。

简单地说,从一般性较小的知识推出一般性较大的知识的推理,就是归纳推理。

归纳推理时所考察的对象必须是同类的,必须是科学研究人员所研究的范围之内的,这是必须遵守的一条原则。

例如,直角三角形内角和是180°,钝角三角形内角和是180°,锐角三角形内角和是180°,所以,一切三角形内角和都是180°。这个例子中的三个对象都属于三角形(类)。从直角三角形、锐角三角形和钝角三角形内角和都是180°这些个别性知识,推出了"一切三角形内角和都是180°"这样的一般性结论,就属于归纳推理。

在各种数据库的应用理论研究中,许多命题、定义、定理、引理、算法和公式等都是通过由许多同类的若干实例分析和综合出来的。例如,在关系数据库中的许多函数依赖(平凡函数依赖、部分函数依赖、完全函数依赖等)、各种环(α环、β环、γ环等)的概念,以及所讨论的相关的命题、定理、引理、算法和公式等都是这样得出和确定的。当然,在分析归纳若干特例而不可能穷尽所有特例的情况下,这样得出的前提条件和结论就不可能是百分之百正确的。

归纳推理的前提是其结论的必要条件。①归纳推理的前提必须是真实的,否则,归纳就失去了意义;②归纳推理的前提是真实的,但结论却未必真实,可能为假。

根据前提中是否考察了一类事物的全部对象,把归纳推理分为完全归纳推理和不完全归纳推理。

完全归纳推理是根据某类事物中考察了每一对象都具有某种属性,推出该类事物对象都具有某种属性的推理。由于它穷尽了被研究对象的一切特例以后才做出结果,因而结论是正确可靠的。完全归纳法是一种必然性的推理,可以作为证明的方法。但是,因为要无一遗漏地考察所有特例,这常常是办不到的,所以完全归纳法应用的范围就受到了一定限制。

而根据数学的特点利用归纳法原理产生的数学归纳法,是将一个无穷的归纳过程,根据归纳原理转化成一个有限的特殊演绎(直接验证和演绎推理相结合)过程,所以它有证明的功能。在计算机数据库、网络安全、数学理论证明中经常使用各种数学归纳法。本书后续将给出各种数学归纳法的讨论,并且给出应用证明的实例。

归纳推理有以下特点。

(1) 归纳是依据特殊现象推断一般现象,因而,由归纳所得的结论,超越了前提所包容的范围。

(2) 归纳是依据若干已知的不完全的现象推断尚属未知的现象,只局限于已知的部分,只涉及线性的、简单的和确定性的因果联系,而对非线性因果联系、双向因果联系以及随机性因果联系等复杂的问题,归纳法就显得无能为力了。归纳法是一种或然性推理方法,不太可能做到完全归纳,总有许多对象没有包含在内,因此,结论不一定可靠,因而结论具有猜测的性质。

(3) 归纳的前提是单个的事实、特殊的情况,所以归纳是立足于观察、经验(包括文献和论文)或实验基础上的。

由归纳推理所得的结论虽然未必是可靠的,但它由特殊到一般,由具体到抽象的认识功能,对于科学的发现却是十分有用的。观察,实验,对有限的文献、论文做归纳整理,提出带有规律性的问题、命题或叙述,是科学研究的最基本的方法之一。

有了这个猜测性的结论之后,再去严格证明它。

运用归纳推理时,其一般步骤如下。

(1) 从具体特例(问题)出发,通过观察、分析、比较、联想特例发现某些相似性

(特例的共性或一般规律)。

（2）归纳推理把这种相似性推广为一个明确表述的一般命题(猜测)。

（3）对所得出的一般性命题进行观察、实验、分析和证明检验命题(猜测)的正确性。

（4）再进一步观察、分析、比较、联想其他特例,如果对所有考察的特例,这一猜测都是正确的,我们对猜测的可信度就增强了,每验证一次,我们对它的正确性就增加了一份可信度。

（5）如果出现了不正确的情况,我们就应对原来的猜测进行改进甚至抛弃它,此时,由于已经考察了对象的所有特例,因而完全归纳法发现新命题的可能性是不大的。

4.2 不完全归纳推理和完全归纳推理

4.2.1 不完全归纳推理

不完全归纳推理是根据考察了某类事物中部分对象具有某种属性,推出该类事物对象都具有某种属性的推理。

由于不完全归纳法没有穷尽全部被研究的对象,得出的结论只能算猜测(猜测的结论有可能是不正确的),这种结论的正确与否有待进一步证明、实验或举反例验证结论的正确性。

不完全归纳推理又分为:简单枚举归纳推理和科学归纳推理。

1. 简单枚举归纳推理

简单枚举归纳推理是以经验认识为主要依据,根据列举某类事物中一部分对象具有某种属性并且没有遇到矛盾的情况,从而推出该类全部对象都具有某种属性的推理。简单枚举归纳推理的意义是虽然它的结论是或然的,但不一定是错误的,有的是正确的,但应用方便,也就可以具有发现新知识的功能。在它的结论的基础上,可以继续研究,如果证明是正确的,就得到了新的知识,即使证明是错误的,也从另一方面给了我们新的知识,即证明了是错误的知识。这对科学的发展是有益的。

简单枚举归纳推理逻辑形式为 S_1 是 P, S_2 是 P,…, S_n 是 P,所以,所有的 S 都是 P。P 是推理的结果。作为简单枚举归纳推理结论的判断是不太可靠的,是或然性的。

2. 科学归纳推理

科学归纳推理是归纳推理中的一种类型,是以理性认识,即科学分析为主要依据,列举某类事物中部分对象具有某种属性的情况,并分析出制约对象具有某种属性的原因(部分对象与其属性之间的内在联系),推出该类事物的全部对象都具有某种属性的推理。研究事物现象间的因果联系,是进行科学归纳推理的必要条件,因为科学归纳推理是根据事物现象间的因果联系的分析而做出结论的。

简单枚举归纳推理和科学归纳推理的区别如下。

(1) 它们的根据不同,简单枚举归纳推理是根据经验性的认识,只要没有发现矛盾的情况就可以做出结论,没有遇到矛盾并不等于矛盾不存在,一旦出现矛盾,则原来的结论就会被推翻。所以,简单枚举归纳推理的结论是不太可靠的,是或然性的。而科学归纳推理要根据发现的因果之间的必然联系才能下结论,结论要可靠得多。

(2) 对于科学归纳推理而言,前提数量的多少不起主要作用,只要是真正揭示了事物现象与其属性之间的因果必然联系,尽管前提的数量不多,甚至只考察了一两个典型事例,只要做出科学的分析,找出因果关系,便能得到非常可靠的结论。关于这一点,恩格斯说得好:十万部蒸汽机并不比一部蒸汽机能更多地证明热能转化为机械运动。这一论断,无疑说明了科学归纳推理的科学性质。

特别需要指出的是归纳推理的合理性不仅取决于推理形式,而且取决于前提和结论的内容。

对于科学研究人员以阅读文献、论文为基础的研究过程也遵循这一过程,如图4.1所示。

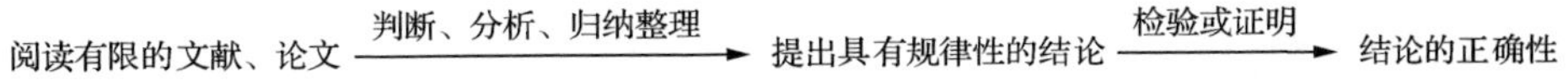

阅读有限的文献、论文 —判断、分析、归纳整理→ 提出具有规律性的结论 —检验或证明→ 结论的正确性

图 4.1　阅读文献研究过程示意图

4.2.2　完全归纳推理

完全归纳推理是以某类中每一对象(或子类)都具有或不具有某一属性为前提,推出以该类对象全部具有或不具有该属性为结论的归纳推理。

完全归纳推理的逻辑形式为 S_1 是(或不是)P,S_2 是(或不是)P,S_3 是(或不是)P,$\cdots$,S_n 是(或不是)P($S_1,S_2,S_3,\cdots,S_n$ 是 S 类的全部对象),所以,所有的 S 都是(或不是)P。上式中的 $S_1,S_2,S_3,\cdots,S_n$,可以表示 S 类的个体对象,也可以表示 S 类的子类。

完全归纳推理的特点:完全归纳推理的前提无一遗漏地考察了一类事物的全部对象,判断了该类中每一对象都具有(或不具有)某种属性,结论判断的是整个这类事物具有(或不具有)该属性。也就是说,前提所判断的知识范围和结论所判断的知识范围完全相同(这一点特别重要,要时刻牢记)。因此,前提与结论之间的联系是必然性的,只要前提真实,逻辑推理形式有效,结论必然真实。完全归纳推理是一种前提蕴涵结论的必然性推理。

完全归纳推理要求：①前提所判断的必须穷尽一类事物的全部对象；②前提中的所有判断都是真实的；③前提中每一判断的主项与结论的主项之间必须都是种属关系。

完全归纳推理的主要作用如下。

（1）具有提供新知识的作用。虽然完全归纳推理的前提所判断的知识范围和结论所判断的知识范围相同，但它仍然可以提供新知识。这是因为它的前提是个别性知识的判断，而结论则是一般性知识的判断。也就是说，完全归纳推理能使认识从个别上升到一般。

（2）具有证明和论证作用。由于完全归纳推理是一种前提蕴涵结论的必然性推理，因而科学研究人员常常用它来证明命题，反驳谬误。

由于其结论必须在考察一类事物的全部对象后才能做出，因而完全归纳推理的适用范围受到局限。主要表现在：①当对某类事物中包含的个体对象的确切数目还不甚明了，或遇到该类事物中包含的个体对象的数目太大，乃至无穷时，人们就无法一一进行考察，要使用完全归纳推理就很不方便或根本不可能；②某类事物中包含的个体对象虽然有限，也能考察穷尽，但不宜确定或考察，这时就不使用完全归纳推理。

4.3 归纳推理和演绎推理

4.3.1 总结出规律和结论的两个阶段

由上节对归纳推理和第3章演绎推理的讨论可知，虽然它们是科学研究的相对独立的两种推理形式和方法，但它们又是密切相关的，它们是由在科学研究中出现的先后次序确定的、不可分割的两个阶段。

（1）先有归纳推理，后有演绎推理。人们先运用归纳的方法，将个别事物概括出一般规律和结论，没有归纳推理推出来的一般规律和结论，演绎推理就没有演绎实施的目标，就无法进行，所以它们出现的先后次序是根据实际推理过程确定下来的。如果只有归纳推理，没有演绎推理，那么归纳推理得到的一般规律和结论就得不到应用和验证，这种规律和结论也就没有任何意义；如果没有归纳推理得到的一般规律和结论，那么就不可能有演绎推理的对象。所以，它们是不可分割、缺一不可的，必须共存于科学推理中。

（2）归纳必须以演绎为指导。归纳推理得到的一般规律和结论并不一定正确，还需要由演绎推理来验证。如果由演绎推理验证得到的一般规律或结论是错误的，这时就需要修改一般规律或结论。于是就进行第二次归纳推理，而这个规律或结论正确性还要在演绎推理中进行验证。所以,利用归纳推理和演绎推理的科学研究过程如图 4.2 所示。

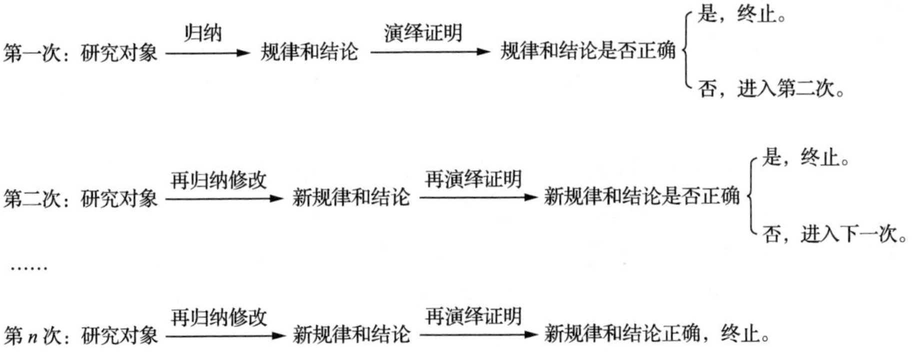

第一次:研究对象 ——归纳—→ 规律和结论 ——演绎证明—→ 规律和结论是否正确 { 是,终止。 / 否,进入第二次。

第二次:研究对象 ——再归纳修改—→ 新规律和结论 ——再演绎证明—→ 新规律和结论是否正确 { 是,终止。 / 否,进入下一次。

……

第 n 次:研究对象 ——再归纳修改—→ 新规律和结论 ——再演绎证明—→ 新规律和结论正确,终止。

图 4.2 归纳推理和演绎推理交替使用过程

归纳推理和演绎推理交替使用呈螺旋式上升,使理论向越来越正确的方向发展。本书第 6 章 6.3.1 节和 6.3.2 节中分别给出了交替使用归纳推理和演绎推理的两种方法,并以具体命题实例进行详细讨论,确定命题的条件和结论。

4.3.2 归纳推理和演绎推理的关系

归纳推理和演绎推理的关系是人们对客观现实的两种对立的认识方法的总结。两者既是对立的,又是统一的,缺少任何一方,都无法认识真理。归纳推理和演绎推理是相辅相成的两种推理形式,实际上在人们的认识过程中,两者是辩证的统一。没有归纳推理就没有演绎推理,因为演绎推理的出发点正是归纳推理的结果,演绎推理必须以可靠的归纳推理为基础。没有演绎推理同样也没有归纳推理,因为归纳推理总是在一般原理、原则或某种假设、猜测的指导下进行的。科学研究人员要善于运用归纳推理和演绎推理的科学思维方式。

1. 归纳推理和演绎推理的区别

(1) 思维进程不同。归纳推理的思维进程是从个别到一般,而演绎推理的思维进程不是从个别到一般的推理,是一个必然地得出规律或结论的思维进程。

应当特别注意的是,归纳推理中的完全归纳推理的思维进程既是从个别到一般,又是必然地得出。而演绎推理的思维进程不是从个别到一般的推理,是一个必然地得出的思维进程,不仅仅是从一般到个别的推理,还可以从一般到一般、从个别到个别、从个别和一般到个别、从个别和一般到一般的推理。

(2) 对前提真实性的要求不同。演绎推理不要求前提必须为真,命题的前提不真不能推理出命题结论正确性,但是它在选择、确定命题前提和结论时起到很大作用,在第 6 章 6.3.1 节中将给出详细讨论。命题的前提为真时,能够推理出给定的结论,这是证明命题结论正确性的合理要求,否则就不可能证明结论的正确性。归纳推理则要求前提必须为真。

(3) 结论所判断的知识范围不同。演绎推理的结论没有超出前提所判断的知识范围。归纳推理除了完全归纳推理外,结论都超出了前提所判断的知识范围。

(4) 前提与结论间的联系程度不同。演绎推理的前提与结论间的联系是必然的,也就是说,前提真实,推理形式正确,结论就必然是真的。归纳推理除了完全归纳推理前提与结论间的联系是必然的,其他种类的归纳推理的前提和结论间的联系都是或然的,也就是说,前提真实,推理形式也正确,但不能必然推出真实的结论。

(5) 在做演绎推理前必须有足够的前提,而演绎推理所需要的前提多数是适用于大多数事物的普遍规律,所以演绎推理又有一定的局限性。归纳推理则正好相反,它的前提比较容易获得,因而归纳推理有着更为广泛的应用。

(6) 演绎推理还有一个局限性,推理结论的可靠性受前提(归纳的结论)的制约,而前提是否正确单靠在演绎范围内演绎是无法解决的。

2. 归纳推理和演绎推理的联系

(1) 演绎推理如果要以一般性知识为前提,则通常要依赖归纳推理来提供一般性知识。

(2) 归纳推理离不开演绎推理。①为了提高归纳推理的可靠程度,需要运用已有的理论知识,对归纳推理的个别前提进行分析,把握其中的因果性、必然性,就要用到演绎推理。②归纳推理依靠演绎推理来验证自己的结论。这在上面的讨论中已经清楚地进行了说明。

计算机数据库、网络安全、数学理论研究中,无论是哪一种数据库的理论出现、发展和理论体系的形成,都体现、实践着归纳推理离不开演绎推理这一联系过程。要想使研究领域的理论得以创新和发展,就要注意并分析它们间的相互联系,它们之间是相互补充的。

(3) 归纳和演绎相互渗透和转化。在对问题和命题的思维过程中,归纳推理和演绎推理并不是绝对分离的,在同一思维过程中,既有归纳推理又有演绎推理,归纳推理与演绎推理相互连接、相互渗透、相互转化。

从特殊现象出发,通过归纳推理得到普遍规律和结论,再以普遍规律和结论为前提,通过演绎推理,得出关于特殊事物的规律和结论。这是科学认识的一般规律。人们对于客观世界的认识总是一步一步进行的,通过在生产实践和社会实践中不断积累,最终抽象出某类事物所具有的共同特征(规律或结论)。通过归纳推理和演绎推理,人们对于客观世界的认识又进了一步。

归纳推理和演绎推理是两个完全相反的过程。它们有以下基本特征。

(1) 演绎推理的基本特征是,当所有前提为真时,结论必然为真。就是说,演绎推理前提的真实性对其结论的真实性提供了完全的支持。演绎推理的前提和结论之间的这种逻辑联系就是所谓的必然性联系或保真性联系,所有演绎推理前提对结论的支持强度是相同的,只要前提正确,结论就一定正确。

与演绎推理不同,归纳推理的基本特征是,当所有前提为真时,其结论为真的可能性增大,但不能排除其结论为假的可能性。这就是说,归纳推理前提的真实性对结论的真实性只提供了部分支持。归纳推理的前提和结论之间的这种逻辑联系就是所谓的"或然性联系"。

(2) 演绎推理结论的内容并没有超出前提的内容,只是将前提的内容具体化,因而是非扩展的;归纳推理结论的内容超出了前提的内容,因而是扩展的。

4.4　类比推理及特点

类比推理是根据两类(个)对象之间的具有某些相似特性和其中一类(个)对象的某些已知特性,推出另一类(个)对象也具有这些特性的推理。简单地说,类比推理是由特殊到特殊、一般到一般的推理。

例如,加法作为一种运算,具有交换律和结合律;乘法作为加法的一种简便运算,也应该具有交换律和结合律。

(1) 类比推理是由特殊到特殊的推理。在关系数据库理论研究中,函数依赖及依赖集的许多理论已经成为关系数据库理论的基础,这是因为函数依赖及依赖集的许多命题已经被证明是正确的命题或定理。由于多值依赖(集)和函数依赖(集)是不同的两类对象,当研究关系数据库多值依赖及依赖集理论,选择确定命题时,就使用了类比推理这种方式。多值依赖(集)和函数依赖(集)类比推理对应关系如表 4.1 所示。

表 4.1　多值依赖(集)和函数依赖(集)类比推理对应关系

依赖类	函数依赖(集)	多值依赖(集)
对应关系	函数依赖定义:$X \to Y$ 函数依赖(集)推理规则 函数依赖(集)推理规则有效性和完备性	多值依赖定义:$X \twoheadrightarrow Y$ 多值依赖(集)推理原则 多值依赖(集)推理规则有效性和完备性?

(2) 类比推理是由一般到一般的推理。值得注意的是,一般到一般是指对不同类事物之间的大的系统。例如,在计算机网络出现的初期,由于没有很有效的网络与信息安全技术可用,无法保证信息在存储和传输过程中不被未授权人查看、修

改、插入和重发。后来,陆续提出了防火墙、身份验证和密码技术等三种传统安全技术,由于网络的广泛应用,网络环境更加复杂,它们无法满足对安全高度敏感部门的需要,入侵检测系统就在这个客观需求的基础上出现了。入侵检测系统是人工免疫理论的一部分,而人工免疫理论是用类比推理的方式,借鉴生物免疫系统的机理解决网络与信息安全问题。需要注意的是,入侵检测系统和生物免疫系统是两种不同类的事物。

类比推理作为一种特殊类型的推理,并非来自人们的自由创造、随意类比,在现实中类比推理存在是有客观基础的,这个基础就是客观事物之间具有的共同性与差异性。也就是说,我们之所以能够进行类比推理,正是由于不同事物之间存在着共同性或相似性,才可以由它们之间的某些属性的相同或相似,自然地推断出它们的另一些属性也相同或相似。

正是由于客观事物之间所具有的这种差异性,使得我们并不能根据它们在某些方面的相同或相似,就必然地推出它们在另一些方面的属性也相同或相似。因此,类比推理是一种或然性推理,也就是说,即使其前提是真的,由于其结论超出了前提所判断的范围,其结论并不必然为真。正是因为它们的这些差异性,类比推理才有意义。

实际上,类比推理是从已经掌握了的旧事物的属性,推测正在研究中的新事物的属性,通过比较不同事物之间的某些方面的属性相同或相似,从而推出其他的属性也相同或相似。它以旧的认识作为基础,类比推理出新的结果。在关系数据库理论研究中,函数依赖(集)就属于已经掌握了的旧事物,表 4.1 中函数依赖(集)下方所列的各项就是旧事物的属性,多值依赖(集)属于正在研究中的新事物。当函数依赖(集)下方所列的各项已经被证明是正确的,多值依赖(集)下方所列的前两项也被证明是正确时,说明了多值依赖(集)的前两项和函数依赖(集)下方所列的前两项是相似的,根据类比推理可以从表 4.1 中函数依赖(集)下方所列的第三项:"函数依赖推理规则有效性和完备性"类推出多值依赖(集)的第三项"多值依赖(集)推理规则有效性和完备性"也可能是存在的。因为类比推理是一种或然性推理,即使其前提是真的,由于其结论超出了前提所判断的范围,其结论并不必然为真,因此,必须通过演绎推理、因果推理或其他证明方法证明它的有效性和完备性是否正确。一般来说,证明的结果必然具有两种可能:正确或不正确。但对于本问题类推所得到的命题经过证明,其结果都是正确的。

相比演绎推理与归纳推理而言,类比推理具有以下显著特点。

(1) 在思维方式上,类比推理是从一种事物的特殊(个别)属性推测另一种事物的特殊(个别)属性的推理,类比推理的结果是猜测性的,不一定可靠,但它却具有发现的功能。类比推理的这一特征明显有别于演绎推理和归纳推理,演绎推理是从一般到个别的推理,归纳推理是从个别到一般的推理。上面讨论的从表 4.1

中函数依赖(集)下方所列的最后一项"函数依赖推理规则有效性和完备性"类推出"多值依赖(集)推理规则有效性和完备性",就是类比推理从一种事物的特殊(个别)属性推测另一种事物的特殊(个别)属性的推理体现。

(2) 在适用范围上,类比推理比演绎推理和归纳推理的应用更广泛。演绎推理和归纳推理虽然在思维方式上截然相反,但就应用范围而言,它们只能适用于同类对象之间。相比之下,类比推理则完全不受这些方面的限制。

① 可以在两个不同的个体事物之间进行类比。例如,多值依赖(集)和函数依赖(集);地球和月球就属于这种类比方式。

② 也可以在两个不同类的事物之间进行类比。计算机网络安全中的人工免疫系统和生物安全中的免疫系统是两种不同类的事物;太阳系与原子内部结构也是两种不同类的事物,属于这种类比方式。

③ 还可以在某类事物的个体与另一类事物之间进行类比。网络安全领域中,入侵检测系统(人工免疫理论一部分)和生物免疫系统之间进行类比,实验对象的老鼠与人类之间进行类比,就属于这种类比方式。

(3) 在前提与结论的关系上,类比推理的结论受前提的制约程度较低。因为,类比推理是从个别到个别或从特殊到特殊的推理。这种推理的前提是为结论提供线索,但不能严格地规定或限制它的指向。所以,尽管类比推理大多缺陷明显,但由于它能够使思维很从容地在不同领域间跳跃,因此,这是一类灵活性极强的推理形式。比较而言,演绎推理是一种必然性推理,其前提完全蕴涵结论,结论受到前提的绝对制约,完全归纳推理也是如此。不完全归纳推理和类比推理有所类似,其结论也超出了前提所判断的范围。不完全归纳推理又明显有别于类比推理,它的结论虽然受前提的制约程度远低于演绎推理,但其结论仍然需要足够的前提和严格的事例作依据;否则,这种推理就很容易犯逻辑错误。

4.5 类比推理的种类及结构

4.5.1 类比推理的种类

类比推理的出发点是不同对象之间的相似性,而相似对象又是具有多种多样的属性,在这些属性之间又有这样和那样的关系,人们对这些关系的认识过程是从简单到复杂的过程。随着对这些关系认识的不断深化,人们所运用的类比推理方法也就出现了不同的类型。

运用类比推理方法的关键是寻找一个合适的类比对象。按照寻找类比对象的角度不同,类比推理的划分有不同标准,种类的划分也不相同。一般而言,类比推理的种类可以分为两大类。

（1）根据两个（或两类）对象在属性上的共同性与差异性进行划分，类比推理可以分为共性类比和异性类比。

（2）根据事物的属性是事物的性质、关系还是事物的运算等分别进行划分，类比推理可以分为性质推理、关系推理和事物的运算推理。

类比推理的结构，主要由两部分组成。

（1）类比推理的推测根据。就是进行比较的两个研究对象或两类研究对象之间的相同点或相似点。

（2）类比推理的推测结论。就是由一个对象或一类对象的已有知识或结论，推测出另一个对象或另一类对象的有关知识或结论。

4.5.2 类比推理的结构

1. 共性类比推理及结构

共性类比推理，即根据两个或两类事物（对象）若干属性（性质）的相同或相似，又知其中某个或某类事物（对象）还有其他某种属性（性质），推测另一个或一类事物（对象）也具有某种属性（性质）的类比推理。共性类比推理结构用公式表示为

推测根据：A 类对象具有属性 a、b、c，又有属性 d。

B 类对象具有属性 a'、b'、c'。

其中，a'、b'、c' 分别与 a、b、c 相同或相似。

类比

推测结论：B 类对象可能也具有 d 属性。

从这个基本公式里可以看出，进行类比的有 A 和 B 两类事物（对象），已知 A 类事物（对象）具有 a、b、c、d 四种属性（性质），B 类事物（对象）具有 a'、b'、c' 三种属性（性质），至于 B 类事物（对象）是否具有 d 属性（性质），事先不知道。在比较了这两类事物（对象）的相同或相似之后，才能推测出结论：B 类事物（对象）可能也具有 d 属性（性质）。

表 4.1 中函数依赖（集）下方所列的前两项和多值依赖（集）下方所列前两项是相似的，而函数依赖（集）下方所列的第三项属性"函数依赖推理规则有效性和完备性"是存在的，可以推测出对多值依赖（集）的第三项"多值依赖（集）推理规则有效性和完备性"也可能是成立的。这是共性类比推理及结构的体现。

由于类比是按两类或两个研究对象的比较而推测出某一类或某一个研究对象推测的结论，所以类比的过程是由特殊到特殊的逻辑推理过程。

2. 异性类比推理及结构

异性类比推理，即根据两个或两类事物若干属性都不相同，又知其中某个或某类事物还具有某种属性，推测另一个或一类事物也没有某种属性的类比推理。异性类比推理结构用公式表示为

推测根据：A 类对象具有属性 a、b、c，又有属性 d。

B 类对象不具有属性 a、b、c。

推测结论：B 类对象不具有属性 d。

从这个基本公式里可以看出，进行类比的有 A 和 B 两类对象（或两个对象），已知 A 类对象具有 a、b、c、d 四种属性，B 类对象不具有 a、b、c 三种属性，至于 B 类对象是否具有 d 属性，事先不知道。在 B 类对象不具有属性 a、b、c 的前提下，才能推测出结论：B 类对象可能不具有 d 属性。

例如，对"月球上是否和地球一样有生命存在"这个问题，科学家们把月球和地球做类比，如表 4.2 所示。地球围绕着太阳运行，月球围绕地球运行；地球有空气、水，月球无空气、水；地球存在生命，月球无生命。

表 4.2　月球和地球属性类比项

对象	地球（A 对象）		月球（B 对象）	
属性类比项	围绕太阳运行	（属性 a）	围绕地球运行	（无属性 a）
	大气层	（属性 b）	无大气层	（无属性 b）
	水	（属性 c）	无水	（无属性 c）
	存在生命	（属性 d）	?	

月球前三项属性和地球前三项属性正好相异，所以根据异性类比推理，第四项也不存在，即月球无生命。

3. 关系类比推理及结构

关系类比推理也称形式类比，它是根据两个或两类对象之间存在某些因果关系或者规律性的相同或相似而进行的类比推理。例如，人们根据光和声在许多性质上的相似，推出光和声一样具有波动性，这属于性质类比推理。但人们通过将光和声在反射定律、折射定律以及强度随距离成平方反比等方面类比，发现了它们的相似性，从而使光的定律借助于声的定律得到解释，这就是关系类比。

关系类比可用公式表示为

推测根据：A 系统具有关系 R_1、R_2、R_3、R_4。

B 系统具有关系 R'_1、R'_2、R'_3、R'_4。

其中，R_1、R_2、R_3 分别与 R'_1、R'_2、R'_3 的因果关系或规律相同或相似。

类比

推测结论：B 系统具有关系 R_4。

在自然界中有许多对象或事物（属性、关系）、现象和过程，都具有很好的相似性。类比方法就是通过两类具有相同或相似特征的对象或事物、现象和过程的对比，从一类事物、现象和过程的某些已知特征去推测另一类事物、现象和过程的相应特征的存在。因此，当发现所研究的对象与另一类事物、现象和过程存在着进行类比的根据，即存在着一些相同的或类似的特征，从而把它们联系起来，这是运用类比方法中首先要重视和解决的问题。

例如，对"火星上是否有生命存在"这个问题，科学家们把火星和地球作类比。如表 4.3 所示。火星与地球都围绕着太阳运行，都绕自身的轴进行自转，都有大气层，一年中都有季节的变更，火星上大部分时间的温度适合地球上某些已知生物的生存等。正是由于有这些相似性，科学家才猜测："火星上也可能有生命存在"。这个猜测就是由科学家对比了火星与地球之间某些相似特征，然后从地球有生命存在这一已知特征出发，猜测火星也可能具有这个特征。

表 4.3　地球和火星关系类比项

对象	地球	火星
关系类比项	围绕太阳运行	围绕太阳运行
	围绕自身的轴进行自转	围绕自身的轴进行自转
	大气层	大气层
	有季节的变更	有季节的变更
	温度适合	温度某种程度适合
	生命存在	可能有生命存在

计算机数据库、网络安全和数学理论研究中，不仅只有归纳推理是确定研究课题、子课题、结论、建立理论体系以及发现命题、定理、引理或结论的证明思路等的重要思维推理过程。许多上述功能的完成，更是缺少不了类比推理，很多时候类比推理显得比归纳推理更重要。这是因为类比推理是不同于演绎或归纳推理的一种独特的推论方法，因此它可以在归纳推理和演绎推理无法进行时，发挥其特有的推理能力（这一点一定要牢记）。这是因为归纳、演绎和类比推理虽然都是推理方法，都是从已知的前提推出结论，而且结论都要在不同程度上受到前提的制约，但是，

结论受前提制约的程度是不同的,其中演绎推理的结论受到前提的制约最大,归纳推理的结论受到前提的限制次之,而类比推理的结论受到前提的限制最小,因此可以说,类比推理在自然科学探索和发现中发挥的作用最大。

4. 数学相似类比推理

自然科学的发展,要求使用定性类比推理和定量类比推理相结合的方法。一般说来,定性类比推理是定量类比推理的前提和条件,定量类比推理则是定性类比推理的发展和提高。自然科学发展首先和定性研究分不开,一个很有成效的定性研究,通常能够为自然科学的进一步发展指出方向,而后又要进行定量研究,才能达到对规律性精确的认识。

数学相似类比推理是定性类比推理和定量类比推理相结合的方法。由于差异是事物发展过程中的差异,因此相似不等于相同,数学相似表现有几何相似、关系相似、结构相似、方法相似、命题相似等多种形式,而数学思维中的联想、类比、归纳、猜测方法,就是运用相似性探求数学规律、发现数学知识的主导方法,是数学创造性思维的重要组成部分。

在计算机数据库、网络安全和数学理论研究中,通过对两个或两类研究对象的属性、方程式或定量计算进行比较,得出它们之间的相同点或相似点的结论。计算机理论研究中的算法时间复杂度大小的预测,就要运用这种类比方法进行推理,预测其时间复杂度是否在可允许的范围之内,又要根据相似算法的相应运算过程对其有定量计算的运算公式预测,根据定性、定量的预测,做相当的结论和计算。一般说来,通过定量计算得到的关于事物规律性的知识,其可靠性程度比较高。同时,数学相似类比推理是一种综合性的类比,它注重从事物的相互联系中去研究事物各种属性之间的关系,不仅能找出它们之间的相同或相似点的结论,还可能找出解决该结论问题的证明思路的猜测,进而达到解决问题的目的。

5. 简化类比推理

1) 降维相似类比推理

在计算机理论研究中,通过对两个或两类研究对象所处的空间维数进行比较,将高维空间中的对象降为三维空间的对象,将三维空间的对象降到二维(或一维)空间中的对象,这种类比方法即为降维类比推理,通过降维后的对象处理结果,得出它们之间是相同或相似的结论。在空间数据库、时空数据库及移动数据库中,降维相似类比推理是研究的重要方法之一。无论是空间数据库、时空数据库,还是移动数据库,许多高维查询如果直接进行是有难度的,都是比较烦琐和消耗大量时间、空间的,通过降维处理后降至二维或一维,利用二维或一维的查询方法进行处理,既降低难度又节省资源。

（1）为了实现在高维空间的近邻查询，必须要使用降维方法和技术将高维空间降为二维来求解。文献（郝忠孝，2010，2011a，2012，2013）中使用了基于空间填充曲线：Z曲线、Gray曲线和Hilbert曲线，依据Z曲线与Gray曲线和Hilbert曲线之间的关系，给出两个转换算法GNN和HNN，求得邻近网格对应的G值和H值，实现在高维空间的近邻查询。

（2）文献（郝忠孝，2010，2011a）中还使用了主成分分析（PCA），它是一种广泛用来将原始空间（高维的）中的点转化到另一个（通常是低维的）空间的方法。它检验数据集中的方差结构并且决定数据展示最高方差的方向。第1个主成分（或维）在数据中占尽可能多的变化性，每一个剩下的主成分占尽可能多的剩余变化性。使用PCA可将原始空间的大部分信息浓缩到数据分布中变化（方差）最大的几维上。

2）原命题和其相似的简单命题的类比

通过简单命题的解决思路和方法的启发，寻求原命题的解决思路与方法。计算机数据库中的空值数据库（不完全信息数据库）相对关系数据库就是原命题，而关系数据库相对空值数据库就是简单命题。根据关系数据库的系统方法、规律、命题、公理、定义和性质等来推测空值数据库中相应的命题，但是推测出的命题不一定都是真命题，有些命题既不是真命题也不在关系数据库成立的前提（条件）下成立。这是因为空值数据库中的最本质特征是空值（不完全信息），因为它和研究实值的关系数据库中的实值无相同之处，空值数据库中许多命题的确定是根据空值特性和使用其他思维方式确定的。依据这种类比形式，许多子命题的发现和确定都是按照共性类比推理及结构进行确定的，如表4.4所示。

表4.4 空值数据库与命题部分类比项

命题类	原命题：空值数据库	简单命题：关系数据库
部分类比项	空值数据库函数依赖的保持条件和性质	函数依赖
	空值数据库函数依赖推理规则	函数依赖推理规则
	空值数据库函数依赖推理规则有效性和完备性	函数依赖推理规则有效性和完备性
	空值数据库多值依赖的保持条件和性质	多值依赖
	空值数据库多值依赖推理规则有效性和完备性	多值依赖推理规则有效性和完备性
	……	……

表4.4中列出了用类比推理所确定的命题的一部分。其中，关系数据库下方所列的各项已经被证明是正确的，而空值数据库下方所列的各项只是通过类比推理发现和确定的子命题，在确定时是否正确是未知的，必须通过演绎推理和其他证明方法根据相应已知的命题进行证明。

6. 模型和原型类比推理

模拟实验是在研究对象为原型时,由于客观条件的限制而不能直接考察被研究对象,就要通过仿真方法建立模型,再对模型依据类比推理,采用间接的模拟实验进行研究。模拟是一种实验方法。我们从类比和模拟的实质来看,这两种研究方法有共同之处,模拟实验是以模型和原型之间的相似性为根据,对模型和原型进行类比。这就是说,模拟实验是以类比推理这种逻辑思维方法为理论根据,而模拟方法是类比方法的运用。类比方法还可为模拟实验提供逻辑基础。在计算机数据库、网络安全理论研究中,模拟实验在验证子系统(子课题)、结论、建立理论体系以及对命题、定理、引理或结论的正确性具有不可忽略的作用,特别是对算法正确性和可终止性的验证更是不能缺少的。

7. 不同领域之间的类比推理

不同领域之间的类比推理作为一种推理方法,它是通过比较不同领域之间的某些属性相似,从而推导出另一属性也相似。它既不同于演绎推理从一般推导到个别,也不同于归纳推理从个别推导到一般,而是从特定的领域推导到另一特定领域的推理方法。作为不同领域之间的类比推理的一种推理形式,有时也称其为一般到一般的推理,就是依据两个领域相似的因果关系或规律性而进行的类比,因此这种类比结论的可靠性程度就能大大地提高。计算机网络安全中的人工免疫系统和生物安全中的免疫系统就是根据两种不同类、不同领域的某一事物的某些属性相似而推导出另一事物的属性也相似的实例。

类比推理的一般步骤如图4.3所示。

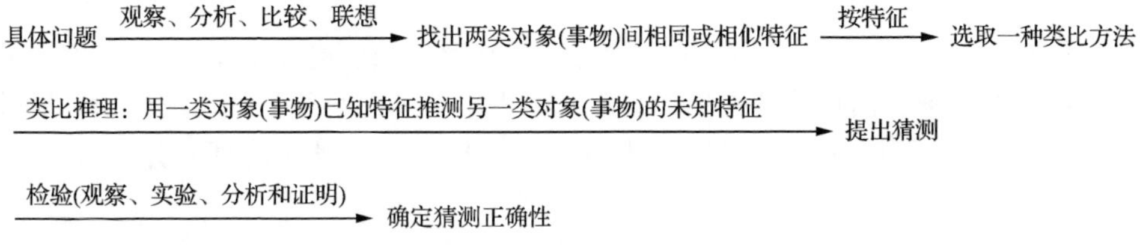

具体问题 —观察、分析、比较、联想→ 找出两类对象(事物)间相同或相似特征 —按特征→ 选取一种类比方法

类比推理:用一类对象(事物)已知特征推测另一类对象(事物)的未知特征 ——→ 提出猜测

检验(观察、实验、分析和证明) ——→ 确定猜测正确性

图 4.3 类比推理的一般步骤

类比推理是一种主观的不充分的近似于真的推理,因此,要确认其猜测的正确性,必须经过严格的检验(观察、实验、分析和证明)。

注意,正确地进行类比推理,要有一个根本的条件:两类事物可作类比的前提是,它们各自的部分之间在其可以清楚定义的一些关系上一致。在此基础上,需要多方面、确切地掌握研究对象和用以做比较对象的知识,抓住事物的相似性,才能进行类比,这不同于比喻。否则,对它们的情况了解得不多、把握不准,勉强地进行类比推理,就很可能出现错误的类比,推理出错误的结果。

要进行正确而有效的类比推理,需要有丰富和明确的知识,这是基础和前提条件。如果仅从个别相似情形就做出类比推理的结论,或然性很大,是很不可靠的。

在数学中,求解立体几何问题往往有赖于平面几何中的类比、向量与数的类比、有限与无限的类比、不等与相等的类比、正数与负数的类比等。

类比推理对于科学理论模型的建立起着重要的作用。应用类比推理的关键在于发现适合于类比推理的两个(事物或对象)模型。如何发现适合于类比推理的模型并没有任何机械的规律可循。善于使用类比推理的人很大程度上得益于他的某种非逻辑思维。非逻辑思维没有确定的模式,而逻辑思维则有确定的模式。

以下两点是需要注意的。

(1) 尽管类比推理可以在某类个体对象与另一类个体对象之间进行,但是类比推理却不能在某类与该类所属的个别对象之间进行。如果以为类比推理是归纳推理和演绎推理的变种或分支那就错了。类比推理只能在两个不同对象或不同领域中进行类比。无论是归纳推理还是类比推理都是已有知识的外推和扩展。但是不能因此而混淆了两种推理方法之间的根本区别:归纳推理是从个别(特殊)概括到一般,而类比推理是从某一特定的对象或领域外推到另一个不同的特定的对象或领域。

(2) 也不能凭主观想象用类比推理的模式去描述一个实际上是演绎的逻辑过程,演绎推理是从一般推出个别(特殊),而类比推理却是从某一特定对象或领域外推到另一个特定对象或领域的,这是不能混淆的根本区别。

在科学发展中,由于类比推理探索性强,在计算机数据库、网络安全、数学理论研究中,对那些资料缺乏的原始创新,类比推理的应用尤其重要。类比推理还常常被用于解释新的理论和定义,它具有帮助发现的作用,当一个新理论在刚提出之时,必须通过类比用人们已熟悉的理论去说明新提出的理论和定义,这就是类比推理有助于发现新提出理论的作用的表现。新提出的理论必须与其他的已知理论进行类比,它才能得以解释。在科学发现中,类比的这种帮助发现作用是不可忽视的。

4.6 归纳和类比推理的联系与区别

由上面的讨论可知,类比推理和归纳推理宏观上都遵循如下过程:从具体问题出发→观察、分析、比较、联想→合情推理→提出猜测→检验(观察、实验、分析和证明)猜测。可见,归纳推理和类比推理都是根据已有的事实,经过观察、分析、比较、联想,再进行归纳、类比推理提出猜测结论,把它们统称为合情推理。合情推理是指"合乎情理"的推理。

合情推理是根据已有的事实和正确的结论(包括已有的定义、公理和已被证明的命题、定理、引理、性质和推论等)、实验和实践的结果,以及个人的经验和直觉等推测某些结果的推理过程。归纳、类比是合情推理常用的思维方法。在解决问题的过程中,合情推理的结论往往超越了前提所包容的范围,具有猜测和发现结论、探索和提供思路的作用,是具有创造性的或然推理。不论是由大量的特例,经过分析、概括,发现规律的归纳推理,还是由两个事物、对象的已知属性(性质),通过比较、联想而发现未知属性(性质)的灵活的类比推理,它们的共同特点是,结论往往超出前提涵盖的范围。所以它们是通过发散型思维、扩展思维等创新思维方式而得到的。也正因为结论超出了前提涵盖的范围,前提就无力保证结论必真,所以归纳推理、类比推理只能是或然性的推理。因此,也说明归纳推理与类比推理得出的结论都不一定可靠。例如,法国数学家费马在研究质数时,当观察到:$2^{2^1}+1=5$,$2^{2^2}+1=17,2^{2^3}+1=257$,他猜想(对于数学中的猜测称为数学猜想)可能任何形如$2^{2^n}+1(n\in N^*)$的数都是质数,这种数称作费马数。但是,经过约半个世纪后,数学家欧拉找到第 5 个费马数 $2^{2^5}+1=4294967297=641\times 6700417$ 不是质数,因为它可以写成两个非 1 数的积,说明费马猜想是错误的,推翻了费马猜想。猜想结论可靠与否必须通过演绎推理、因果推理和其他的方法进行严格地证明。

计算机数据库、网络安全、数学理论研究命题确定时,由归纳推理、类比推理得到一个新结论之前常能帮助我们猜测和发现结论;在证明一个结论之前还常常能为我们提供证明的思路和方向。

归纳推理与类比推理的区别如下。

归纳推理是由某类事物的部分对象具有某些特征,推出这类事物的全部对象都具有这些特征的一种推理形式,它是由特殊到一般、由部分到整体的推理。而类比推理是由两类对象具有某些类似特征和其中一类对象的某些已知特征,推出另一类对象也具有某些已知特征的推理形式。

通过上面的讨论可知,归纳推理通常归纳的个体数目越多,越具有代表性,推出的一般性命题也会越可靠,它是一种发现一般性规律的重要方法。

由两个(两类)对象之间在某些方面的相似或相同,经过类比推理推出它们在其他方面也相似或相同,是由特殊到特殊的推理。

4.7　因果关系推理

有了准确无误的逻辑推理,才能得到正确的推理结论。所以必须掌握和区分逻辑推理中的"条件与结论"与现实中的"原因和结果"的关系。逻辑推理中的演绎推理,条件必然蕴涵结论;但在因果关系推理中,原因并不必然蕴涵结论,而只有在"条件"都已经具备的情况下,原因的出现才引起了结果的发生。这是本节讨论的主要内容。

4.7.1 因果关系及性质

1. 因果关系

哲学上把现象和现象之间那种"引起和被引起"的关系,称为因果关系。

自然界中存在的事物和对象,和哲学中的因果关系类似,如果某个事物和现象的存在必然引起另一个事物和现象发生,那么这两个事物和现象之间就具有因果联系。其中,引起某一事物和现象产生的事物和现象叫做原因,而被某一事物和现象引起的事物和现象叫做结果。

现实中能够用"因为……所以……"表述的关系并不都是因果关系。逻辑推理中的"条件和结论"与现实中的"原因和结果"必须给予严格区分,原因和条件的区别在于出现的时间不同。

由上面的讨论可以得出,原因和结果是揭示客观世界中普遍联系着的事物和现象具有先后相继、彼此制约的一对范畴。原因是指引起一定事物和现象的事物和现象,结果是指由于原因的作用而引起的事物和现象。

内因是根本的、决定性的原因。现实中的因果关系是复杂的,存在"一因一果、一因多果、多因一果、多因多果"等情况。人们还从不同的角度把原因分为"直接-间接、主要-次要、重要-一般、偶然-必然"等等。但是表述越是复杂,越容易出现模糊和混乱,给科学地认识因果关系造成困难。其原因是由于这些划分标准没有给予严格界定,这就引起许多不必要的争议。

区分原因和条件,我们把与结果发生有关的所有先前情况统称为"先前因素",探索因果关系就是要确定哪些(个)先前因素是原因,哪些(个)先前因素是条件。与因果现象实际发生的过程正好相反,人们在探讨因果关系时往往是先知道结果,而后才去探讨其原因,这一过程称为"执果索因"。"执果索因"中必须利用逻辑推理,推断哪些因素可能引起结果的出现。

复杂因果关系是"基本因果关系"的复合,电源、开关、灯泡三个元件串联而成的电路可以作为基本因果关系模型。原因与结果都是动态的,开关的"开"与灯泡的"亮"之间具有因果关系,而不是开关与灯泡具有因果关系。寻找可能的原因(现象)是逻辑推理,可能的原因现象有"并联"和"串联"两类,并联现象中只要有一个发生结果就会发生,串联现象必须全部发生结果才会发生。"时间"参数的有无是因果关系与逻辑推理的根本区别。并联现象中最先"成就"的那一个是结果发生的"原因",而串联现象中最后"成就"的那一个是结果发生的"原因"。原因和条件的区别完全在于出现的时间不同。在此基础上,内部原因和外部原因、主要原因和次要原因、根本原因和一般原因、直接原因和间接原因、偶然原因和必然原因等,都可以做出合理解释。

2. 因果关系的性质

把通常所说的"事物"分解为动态的"事"和静态"物"两类。"物"是哲学研究的主体,"事"则是"物"的动态变化过程,它体现了主体"物"之间的关系。所以,"事"是由"物"参与产生的,而静态的"物"则可以独立存在。静态的"物"叫做"事物",是哲学研究的主体,用 A、B、C 等表示;"事物"的变化叫做"现象",是哲学研究的内容。

1) 因果关系是普遍导致关系

日常生活中最基本的因果关系可以用开关的"开、关"与灯泡的"亮、灭"来表示。用导线把电池、开关、灯泡三个元件串联起来,构成一个简单电路。静态的开关、灯泡、电池、导线就是"事物",开关状态的变化(开和关互变)与灯泡状态的变化(灭和亮互变)就是"现象"。"开关由关到开"与"灯泡由灭到亮"两个现象之间就具有"因果关系"。"串联现象"和"并联现象"是相关现象的两类基本关系。

在一个电路中,串联开关的每一个都必须"由关到开",才会出现灯泡"由灭到亮"的结果,所以对于灯泡"由灭到亮"来说,每一个串联开关"由关到开"的现象就属于"串联现象";类似地,并联开关只要有一个"由关到开",即可出现灯泡"由灭到亮"的结果,所以对于灯泡"由灭到亮"的结果来说,并联开关的每一个"由关到开"的现象,就属于并联现象。"串联现象"和"并联现象"的划分,是在"执果索因"过程中对"可能引起"结果的现象从理论上进行的划分,而现实中究竟是哪个现象"引起"了结果的发生,则必须从其他方面入手解决。为此,我们必须引入时间因素。

对于"串联现象",假设有 n 个"串联现象",我们对它们发生的时间次序进行排列,分别为第 $1、2、3、\cdots、n$ 个现象。由于对结果现象(注意,是对于特定结果)来说,它们中的每一个都是必要的,缺一不可。而直到第 $n-1$ 个现象出现,结果都没有发生,即它们都没有"引起"结果发生,所以都不是结果发生的原因。而第 n 个现象一出现,结果就发生了,根据"因果关系定义",它就应当是结果发生的"原因",其他 $n-1$ 个现象则只是因果关系发生的相关"条件"。

"并联现象"中任何一个现象的出现都足以引起结果的出现,所以并联现象中最先出现的那个现象就"引起"了结果现象的出现,所以它就是结果发生的"原因"。可见,时间因素对于因果关系具有重要意义。可以认为,从逻辑上说,原因和条件并无区别(因为逻辑分析不考虑时间因素)。只是由于它们出现的时间次序不同,才区分出"原因"和"条件"。

事物的现象 P 是现象 Q 的原因,原因总是引起结果。因果关系表示原因先于结果出现、或者至少同时出现。

2) 必要或充分的关系

P 是 Q 的充分条件:有 P 就会产生 Q，即 $P \rightarrow Q$。

P 是 Q 的必要条件:没有 P 就没有 Q，即 $Q \rightarrow P, \neg P \rightarrow \neg Q$。

因果关系不等于条件句的表达，"引起"用"→"表示。

3) 多条件多因素的关系

任何事物都是在一定条件下产生的，所谓 P 是 Q 的充分条件，就是说，P 在一定条件下可以产生 Q，如果用 h, q, k, w 代表条件，即

$$P \rightarrow Q \text{ 其实是} (P + h + q + k + w) \rightarrow Q$$

P 是产生 Q 的一个充分条件组中的必要成分，P 是 Q 的直接"引起"因素。

因果关系推理简称为因果推理。科学定律中的因果规律是自然科学研究中的重要组成部分。怎么确定相继发生的事物不是偶然的，而是有必然的因果关系，这是因果推理的目的和研究问题的所在。

因果推理的前提是事物相继发生的现象，结论是它们有因果联系。从这个前提到这个结论，必须要有充分的具体证明。对于相继或同时发生的事物的现象，根据两个事物同时或者相继存在，不能就此下结论说它们其中一个是另一个的原因。

因果关系论证是排除其他可能的论证，所以，因果推理的准则之一：必须排除其他可能性。

4.7.2 逻辑推理与因果关系的区别

逻辑推理与因果关系的区别主要有以下几点。

（1）逻辑推理与因果关系推理的根本区别是，逻辑推理不考虑时间因素，而因果关系推理却必须考虑时间因素。从理论上讲，任何在时间上发生在结果之前的与结果产生具有同一性的因素都是原因。

例如"父母结合"后"生出子女"，在因果关系中，"父母结合"是原因，"生出子女"是结果，二者不能颠倒。但从逻辑推理上说，男女结合却不一定能够生出子女；反过来说，只要有"子女出生"这一条件，则必然能够推出"父母结合"这一结论，写成逻辑推理形式，就是"因为子女，所以父母"。由于有人把"因为……所以……"表述下的逻辑推理都看作因果关系，结果子女出生反倒成了父母结合的原因。从这一情况可以看出，用"因为……所以……"形式表述的关系，也可能不是因果关系。

（2）逻辑推理的条件是有限的，而在任何一个因果关系中，条件实际上是无限的。在逻辑推理中，有时一个条件即可推出一个结论，有时多个条件才能推出一个结论。但即使多个条件推出一个结论，这些条件的个数也是有限的。但现实中的因果关系却不是，与结果现象有关的条件实际上是无限（多）的，无法把它们穷举出来。在科学研究中，我们只能够限定范围，对那些不言而喻的条件也只能忽略，对

那些超出界限的情况也不再研究。总之，现实中"原因和结果的关系"，要比逻辑推理中的"条件和结论的关系"复杂得多。

(3) 逻辑推理中的演绎推理，条件必然蕴涵结论；但在因果关系推理中，原因并不必然蕴涵结论，而只有在条件都已经具备的情况下，原因的出现才引起了结果的发生。所以现实生活中发生的每一个因果关系都是具体的，都是特定的原因引起了特定的结果。也许只有在实验室中可以严格限定条件，原因和结果的关系才是确定不变的，相同的原因引起相同的结果，不同的原因引起不同的结果。

(4) 因果关系是现实关系，只有在原因现象和结果现象已经发生之后，我们才说，原因 A 和结果 B 之间存在因果关系。而逻辑推理是一种理论推导，它不需要任何现实性做支撑，条件就必然蕴涵结论。演绎推理的逻辑结构是：若 A 包含于 B，并且 B 包含于 C，则 A 包含于 C。但是，因果关系推理却不具有这种传递性，即 A 是 B 的原因，并且 B 是 C 的原因，却不能得出 A 是 C 的原因。正是由于理论必须符合现实，它才能够解释和预测现实。逻辑推理尽管是理论上的，也许正是由于它是理论上的，所以可以用于推测因果关系的可能性，并由现实予以证实其真假。实际上人们也正是这样利用逻辑推理来探索因果关系的。有时科学研究人员经常把因果关系中的"结果"与逻辑推理中的"结论"相混淆，所以我们在分析"因为……所以……"这样的表述时，一定要明确它是逻辑推理，还是因果关系。

研究事物现象间的因果关系，是进行科学归纳推理的必要条件。因为科学归纳推理是根据事物现象间的因果关系的分析而做出结论的。那么，我们首先应该弄清楚的是：什么是因果关系。如果某个现象的存在必然引起另一个现象发生，那么这两个现象之间就具有因果关系，其中，引起某一现象产生的现象叫做原因，而被某一现象引起的现象叫做结果。

因果关系有以下特点。

(1) 原因和结果在时间上是前后相继的，原因在前，结果在后。前后相继是因果关系的一个特征，但不能只是根据两个现象在时间上前后相继，就得出它们具有因果关系的结论，如果这样，就要犯"以先后为因果"的逻辑错误。

(2) 因果关系是确定的。因果关系在一定范围内是确定的，原因就是原因，结果就是结果，不能倒因为果，也不能倒果为因。否则，就会出现"因果倒置"的逻辑错误。

第 5 章　科研课题的选择和确定方法

纵观自然科学发展的现状,有上千个具体学科、专业及分支,源远流长,深邃浩瀚。面对这样宏大的自然科学史,从战略的眼光观察就会发现,整个自然科学的发展过程是由历代科学家们提出了无数个"要解决什么","怎样解决"的问题构成的。

"要解决什么","怎样解决"的问题,是要依靠逻辑和科学思维活动,它们总是体现在一定的活动过程中,主要是问题解决的活动过程中。问题解决是思维活动的普遍形式。问题解决过程是一个发现问题、分析问题,最后导向问题目标与结果的过程。因此,问题解决一般包括发现问题、分析问题、提出假设、检验假设四个基本步骤。

5.1　问题和课题

1. 问题

问题意为"需要研究解决的疑难和矛盾"或"要求解答的题目"等,而不是指个人仅凭经验就可直接加以处理的题目或疑难矛盾。科学研究人员无论以什么方式(实践需求方式、实验方式、资料分析综合方式)进入研究领域,问题研究的一般步骤都如下所示。

1) 发现问题

问题就是矛盾,在自然科学中当某些矛盾反映到意识中时,才发现它是个问题,并要求设法解决它。这就是发现问题的阶段。从问题解决的阶段性看,这是第一阶段,是解决问题的前提。发现问题对创新发明具有重要意义。发现问题之后要确定是否研究该问题,如果是,则进入分析问题。

2) 分析问题

要解决所发现的问题,必须明确问题的性质。也就是弄清有哪些矛盾、矛盾的哪些方面,它们之间有什么关系,以确定解决的问题要达到什么结果,达到这种结果所必须具备的条件。这就需要根据已弄清问题的矛盾方面之间的关系进行分析,已具有哪些条件,还缺少什么条件,从而找出主要矛盾。

3) 提出假设

在分析问题的基础上,根据掌握的材料及用于解决问题的资源,提出解决该问题的假定和设想(解决方案)。其中,包括采取什么原则和具体的途径、方法。问题解决的方案常常是先以假设的方式出现,通过验证逐步完善。假设有多种可能,需要制订几种方案。提出假设是问题解决的关键阶段,正确的假设引导问题顺利得到解决,不正确不恰当的假设则使问题的解决走弯路或导向歧途。

假设的提出依赖于许多条件,已有的知识经验、智力水平、创造想象力、直观的感性形象、尝试性的实际操作、言语表达和创造性构想等对其都有重要影响。

4)检验假设

每次假设只是提出一种可能的解决方案,还不能保证问题必定能获得解决,所以问题解决的最后一步是对假设进行检验。通常有两种检验方法。

(1)理论证明。按照假设(前提条件)进行推理,如果能按照有效的逻辑推理形式推理出预期结果,就算问题初步解决。特别是在假设方案还不能立即实施时,必须采用理论证明。

(2)实践检验。即按假定方案实施,如果成功就证明假设正确,同时问题也得到解决。但必须指出,即使理论证明假设正确,问题的真正解决仍有待实践检验才能证实。不论哪种检验如果未能获得预期结果,必须重新"另提假设"再次检验,直至获得正确结果或最佳结果,问题才算真正解决。

例如,在各类数据库、网络安全理论和它们的工程应用研究中,要想得到问题的正确结果或最佳结果,必须同时使用这两种检验方法。特别在实践检验步中需要通过:①算法程序检验;②工程模拟检验。

5)评估方案实施结果,总结经验

创新始于问题,只有发现并确定研究问题、准确描述问题,才会思考、才有解决问题的方法、才能解决问题。从认知角度看,问题就是客观事物间的矛盾在人们头脑中的反映。在人的认识活动中,问题是由"已知"通向"未知"的桥梁。

2. 课题

科学研究是对未知领域的探索,是不断提出问题、解决问题和认识自然规律的过程。所谓自然科学领域内科研课题,就是针对自然科学领域内具有普遍性、规律性的问题进行研究,并且有明确而集中的研究范围、目标和任务。

简单地说,课题是人们从事研究前还未认识或解决的问题,它具有较为单一而又独立的特征。但是需要注意的是,不能认为课题就是问题,也并不是所有的问题都是课题,课题与问题是有区别的。课题具有如下特征。

(1)课题中的问题必须旨在探索两个或多个变量之间的关系。能够成为课题的问题,不能只含有一个变量,只含有一个变量不能作为研究问题,更不能作为研究课题。

(2)课题中的问题必须明确地陈述出来并需要复杂的研究过程。课题和问题的区分不仅表现在含义上,而且表现在形式上。问题都是问句形式,课题除个别特殊情况下用问句表述，一般都是陈述句式。

（3）小课题研究，必须围绕"问题"这一主线展开。开展小课题研究往往会经历这样一个历程：没有问题→产生问题→提出很多问题→选择有价值的问题→形成小课题→组织实施→解决问题→产生新的问题。

（4）课题中的问题必须是需要探究的、有价值的，并且具有可检验性，课题是专业性的、有价值的、需要探究的问题。

小课题研究一般是研究课题更具体的问题，多个小课题研究汇集成课题研究。只有具备了上述这些特征，提出的问题才能称之为研究问题。

尽管课题和问题虽有内容和形式上的区分，但二者之间也有十分密切的联系。

（1）问题是课题构成的主要因素，是课题的前身，提出问题就是课题研究的开始。

（2）课题来源于问题，课题中含有科学研究性的问题，科学研究课题就是对问题做出科学的判断和回答。

进行科学研究是有目标的，它要追求某种价值的实现。科学研究是否有价值，和研究的问题是否有价值密切相关。并不是所有的问题都需要探究，常规的问题，靠常识和已有经验就能很好解决的就不需要研究，但也有问题是用常识和已有经验解决不了的，就得诉诸科学探究。科学研究是解决问题的一种独特方式。同时，问题又是要研究讨论并加以解决的矛盾、疑难，因此所研究的问题必须要具有可检验性。也就是说，它必须具有利用资料或资源回答问题的可能性。

问题通常分为理论与实践两大类。①理论问题：关于"是什么"、"为什么"的问题。②实践问题：关于"做什么"、"怎么做"的问题。

3. 项目

所谓项目，是由若干个彼此有联系的课题所组成的一个较为复杂的、带有综合性的科研问题。简单地说，指事物分成的门类，课题与项目既有区别又有联系。

（1）课题是科学研究的最基本单元，课题的有机组合形成项目。

（2）课题与项目的划分标准也是相对而言的。对某一个研究者或研究群体来说，也可以从单个的课题入手，不断深入，形成系列的课题，从而组成项目，形成系统性研究；或者承担一个项目后，分成若干个课题逐一进行研究，形成系统性研究，最终取得较大的突破。这是形成系统性研究的两种不同策略和方法，将在后面详细讨论。

5.2 选择课题的原则

5.2.1 选择课题是科学研究的第一步

在自然科学研究活动中,能够正确而及时地提出问题(选择课题),是进行自然科学研究的第一步。

选择的课题是科学研究人员的研究对象。选择的课题是否有理论价值和实际应用价值、社会效益和经济效益是必须首先考虑的事情。

选题的可行性是在选题过程中必须考虑的另一件大事,要考虑科学研究人员所在单位或周围环境是否具备所需要的物质条件、实验设备、完成科学研究所必要的经费,科学研究人员是否具备完成所选课题的足够基础知识。

一般来说一个课题的形成和选择,无论是科学本身发展的要求还是基于工程技术要求都是研究工作中最为复杂的一个阶段,科学研究实践的过程表明,往往是提出课题比解决课题更困难。

(1) 如果是前一课题或科学研究的后继课题,研究人员又是前一课题的研究者或参与者,将会比不是原课题研究者或参与者稍微容易一些。

(2) 如果不是研究者或参与者,必须透彻分析原来的课题或具有相当的足够的知识,才有可能提出能适应原课题和科学研究的后继课题;否则,将是困难的。特别是要提出反映未来发展方向或开拓性的课题更加困难。

(3) 作为一位有经验的科学研究人员,一般最好自己独立选择课题。在独立选择课题的过程中完全掌握课题的实质,对选题有深入了解,在科学研究活动中就变得更加主动。另外,对选题的科学研究的完成更有责任感,会觉得对课题研究成功与否的责任完全在自己身上;对选题具有浓厚的兴趣,就会更加积极分析和思考,提出方案并实施,最终完成选题。

(4) 对于经验不足的青年科学研究人员,最好请教自己的导师或有经验的科学研究人员,在他们所熟悉的研究领域中选择课题。这样不仅能保证选题的理论和应用价值,而且还能得益于他们的指导和关注;研究也可能促进他们的研究工作,具有互补作用。必须指出的是这种依赖式的选题,必须在他们的指导下自己积极独立思考,这样才能集中力量选择更加好的课题,更利于完成课题,以免出现不必要的麻烦和问题。

5.2.2 课题选择的原则

一般来说,课题的选择是有原则的。

1. 选择生产服务的理论和实际相结合的课题

这是因为自然科学的发现和发展一开始就是由生产决定的。人类的认识主要依赖于物质的生产活动，需要逐渐地了解自然现象、性质、规律以及人和自然的关系。所以，生产的发展给自然科学提供了日益丰富的研究材料，开辟了日益广泛的研究领域，出现了许多相关的学科和分支。自然科学必然的要把生产实践的经验加以总结和概括上升为自然科学理论（一般），反过来用理论进一步指导实践（特殊），并为新的实践经验所修正、丰富和发展。无数自然科学研究的事实表明，生产实践的需要是推动自然科学发展的原动力。因此，对自然科学的选题必须面对自然科学发展的基本规律。首先要考虑以生产为基础，以极大的热情研究和解决目前和长远的生产建设中提出的各种生产技术、科学工程和它们所需要的理论问题。科学研究的结果会直接指导实践，提高生产率，增加经济效益。同时，可能对科学理论研究课题的提出获得意想不到的效果。

对于计算机科学的理论研究也是如此，因为它是自然科学研究的一部分。例如，各种数据库及应用理论问题研究中，开始时是简单的分层数据库和网状数据库，由于大型的计算需求出现便产生了关系数据库。

用户对系统的需求比较笼统和抽象，而设计者的设计"自由度"较大，设计者选用当时已有的原理、方法、工具、环境、构件和器件去设计系统。但随着时间的推移，用户对系统的需求越来越细致和具体，但设计者对系统进行修改的"自由度"越来越小，随着时间的推移，原理、方法、工具、环境、构件和器件水平日益提高，设计者使用新技术的"自由度"却受到了限制。因此，系统越大、周期越长，就成了"遗憾工程"。为了解决这种情况，人们通过分析、设计和实现一个系统的方法，以使描述问题和解决问题的方法在结构上尽可能一致，就出现了面向对象数据库。

由于关系数据库的数据库管理系统对时态信息的存储、处理和操作都十分有限，缺乏对时态数据的支持，因而在很多方面产生了很多问题。例如，它把时间数据作为一个字段的值进行存储和管理，只反映了对象某一个时刻或当前时刻的信息和状态，不联系对象的历史、现在和将来，无法将对象的历史、现在和将来作为一个发展过程来看待，而这样做无助于解释事物发展的本质规律。于是，便产生了时态数据库。

由于关系数据库的数据库管理系统和时态数据库，对交通运输、水面渡轮、军舰、飞机乃至航天等，无法很好的及时处理空间、陆地和水面移动对象的航线、位置变化等，因而产生了空间数据库、移动数据库和时空数据库。

从计算机网络进入人们视野的那天起，便伴随着计算机病毒的不断出现、黑客的不时攻击，如何维护网络安全几乎成为网络的第一要务，在这种情况下网络安全技术就进入视线，成为当前研究的热点。

2. 选择理论研究课题

自然科学作为一种认识活动,有自己的发展史,有内部的矛盾和继承积累关系及内部各学科之间相互影响的过程。因此,与直接的生产具有相对独立性。但是,真正具有重大意义并获得迅速发展的研究领域,都是直接或间接与实践的某种需求有密切联系。

1) 基础理论研究课题

基础理论研究课题范围很广,它渗透到各个领域。有些理论概括程度比较高,似乎不直接与某项具体的生产需要发生联系,好像只是为了理论本身、理论的系统化或阐明理论基础的需要,这种看法是错误的。并不能因此就认为这些理论概括工作是与生产实践无关的,因为理论概括的过程是一个通过认识活动内部矛盾而发展的过程,其中包含着新的事实和旧的理论、概念、假设之间的矛盾。理论的发展就是通过这些认识活动的内部矛盾的不断揭示和不断克服来实现的。由于认识活动内部发展的需要,推动了人们去研究那些为现有理论所不能解释的新事实,去发展新的理论解释这些新事实。尽管这些新事实的研究有的并不一定与某些生产需要相联系,但它往往是认识内部矛盾的关键,解决这个矛盾就能够把认识大大的向前推动一步,从而对生产实践产生普遍指导意义。它可以为今天或明天的生产开辟出更新的途径,形成更新的"尖端"部门。如原子物理、核物理、相对论等,这些研究在当时看来与生产实践并不存在直接联系,但它们的研究揭示了物质结构和微观粒子的性质和运动规律。只有对它们的基本性质与规律进行逐步探索并达到成熟阶段,才会使人类对自然界的认识提高一大步,对自然的控制和改造能力提高一大步,就会对更高级的生产活动发挥巨大的推动作用。由于对物质结构和微观粒子的性质和运动规律探索达到了成熟阶段,为后来人类利用原子能,如在国防方面的原子弹、氢弹、中子弹、核潜艇、核动力航母和民用的清洁能源核电站等,提供了坚实的理论和实验基础,得到了广泛的应用。

今天的基础理论选题和过去前人的选题一样,过去的某些基础理论研究课题和研究成果也为今天的研究开辟了新的途径,形成了今天蓬勃发展的若干科学技术学科。

2) 应用理论研究课题

应用理论研究课题属于理论研究范畴,实际上它的理论研究成果可以直接工程化。计算机数据库理论研究、网络安全理论研究就属于应用理论研究范畴。

当一个新的数据库理论形成并完成它的研究之后,就能建造一个新的数据库系统,直接服务于生产、科学研究。如最早期的数据库是基于分层理论,当70年代出现关系数据库理论并得以发展成熟之后,便出现了关系数据库;当面向对象数据库理论研究成熟之后,又出现了面向对象数据库;……;当空间数据库的某些理论比较成熟时,利用这些理论便构成了 GPS 系统;当一个新的网络安全理论出现后,并使之工程化便可以进一步推动网络的安全。

3) 边缘学科的研究课题

边缘学科课题的研究,是解释不同事实间的理论、概念之间矛盾发展起来的学科,这种课题的研究在人类科学技术发展的今天,是极有发展前途的领域,是开拓新的理论与应用分支的摇篮,是各学科之间相互渗透、相互交叉、互相依存的趋势所造成的。许多课题都带有综合性,往往涉及若干学科。维纳所创立的控制论和冯·诺依曼的二进制电子计算机、麦克卡洛和匹茨的神经控制论、人工智能和利用生物模拟而研究的网络安全技术等都是这样获得的。在选择课题时,人们很容易把两个或多个学科的结合自觉或不自觉地推给其他学科,认为不是自己学科的研究范围,成为无人问津的"空白"区。

5.2.3 选题的可行性原则

1. 遵循基本的科学原理

按照上面讨论的原则,并在讨论的类型范围内选择课题是可以保证所选课题的理论价值和实际应用价值。如果选题确实具有很大的价值,但是选题如果违背了最基本的科学原理,这样的选题不仅没有实现的可能性,而且永远是徒劳的。例如,科学研究的历史上曾出现的"永动机"的选题就是这样,就是有些人凭主观臆想的一种工作机,幻想它在运行起来后不需要任何外加的动力,也能够运转不息的一直工作下去。而意大利科学家达·芬奇就总结过这一失败教训,得出了永动机不可能实现的结论,因为它违背了"能量守恒"定律,永动机是不可能造出来的。20世纪 90 年代,有的科学研究人员提出了"水变油"的课题,水(H_2O)再怎么分解再怎么合成也不会产生油的主要成分碳(C)元素,违背了物质不灭定律。

一旦课题的选择违背了最基本的科学原理,研究人员的本事再大也是徒劳的。这就是科学无禁区,选题有所忌。

2. 继承前人的相关科学成果

选择的课题是在总结和发展过去有关科学领域的科学理论与实验成果的基础上,通过分析、综合、归纳和类比确定的,没有这个基础,任何重大发现都是不可能的。这就要求选题时,必须了解和确切掌握当前国内外科学技术发展过程中,是否有人已经或正在研究类似的课题。对于与课题相关的文献资料要认真精读、深入思考、彻底消化、及时掌握类似课题情况,以此决定取舍。从理论本身完备性角度、实验角度进行批判性的分析和吸收,继承有用的东西,摒弃无用的东西,提炼出自己的观点和方法,确定自己的研究课题。

这不是说前人没有考虑或没有做过的任何开拓性的新学科和分支都不能做。但是不可否认的是，任何脱离开科学技术发展历史和现实状况的科研工作很少有取得成功的可能性。这是因为科学上的任何重大发现，尤其是现代科学技术上新成果的取得，都不可能割断历史，不依靠前人及同时代其他人的工作，而由某一个科学研究人员独创出来。这就是说，在科学上的任何重大发现和科学研究成果，几乎都是科学家们在前人工作成就的基础上逐步取得的。不过有的成果使科学前进的步伐大，有的成果使科学前进的步伐小。牛顿是国际上最有名的科学巨人之一，他曾经说过："如果说我看得远，那是因为我站在巨人们的肩上"。

选题时要考虑到可实现的可能性，要考虑实现课题的主客观条件。

主观条件就是研究团队中人员的专业知识、基础理论、技能素质、各方面人员的配合情况等。如果研究团队中积累了某个课题或项目的大量资料，已经具备了研究它们的规律的客观条件，但是由于缺乏理论思维的才能，使之不能从自己积累的资料中做出应有的正确判断和结论，这就要求团队中应当有具备理论思维才能的人员。

客观条件也是多方面的，必须做到心中有数。如果仅有理论思维能力的人而缺乏选题所需要的资料、实现的实验设备和实验技术，要想取得成功也是不可能的。

5.3 选题的禁忌

1）扬长避短和正确定位

选题过程是一个综合的复杂的科学活动过程。它可以体现出一个科学研究人员的业务水平，是否有远见卓识，而且还可以表现出对自己的学识和业务能力是否有正确的评估和定位。一般来说，有的人长于从事理论研究工作，就不要非选择实验课题；反之亦然。这就是说，要扬长避短。在考虑选题的科学价值的同时，还应当选择科研工作者考虑最久、兴趣最浓、理论基础或实验研究最扎实的课题。在已有的坚实的研究基础上，最容易发挥创造力和丰富的想象力。因此在选题时一定要扬长避短和正确定位。

2）切忌好高骛远而要踏踏实实

一个科学研究者的科研工作之所以失败，原因很多，其中之一就是所选的课题没抓对、没抓准、没有把自己的学识、经验和精力用到最适合自己的课题上。科学研究的选题有很多，可以这样说，通过深思熟虑的科学选题，绝大多数都可能是很有科研价值的，也是可行的。对具体某个人来说，可能大部分课题是不可行的，因为每一个科学研究人员自身的学识、经验和精力毕竟是有限的。有的对别人是可行的，但对你却是不可行的，这是正常的。切忌好高骛远，不踏踏实实，既浪费了精力,又浪费了时间,不可能得出一个有意义的系统成果,甚至一事无成,最后成为科学研究的失败者。

3) 切忌孤芳自赏而要左顾右盼

科学研究人员失败的一个原因,就是不用科学的选题原则去选题,这样所选择的课题往往没有理论价值也不会有应用价值,一味的自信、孤芳自赏、不考虑所选课题的客观性。

科学的选题一定要左顾右盼,要多查一些资料,要看一看选择的课题是否已经有人早就研究完或正在研究,不要做重复工作,不要跟在别人的后面跑,挤热门。因为热门题目,国内外集中的人力多,要做到知己知彼,要深刻认识到自己的优势在哪里,如果确实比其他人有优势,就可以选题进行研究;否则,可能是不幸的。冷门题目,国内外集中的人力少,对这种有价值的课题确有兴趣、优势的话,可以打一场攻坚战,这就是"科学道路有险阻,无人迹处有奇观"。

4) 抓住机遇穷追猛攻

对于理论研究的课题,什么时候提出来能够得到较大的成果,也要看与它有关的实验、理论、逻辑分析、数学工具等方面的发展程度,这方面的条件接近或成熟了才能取得成果。但是,一旦成熟了,有了成功的可能,很多人会一拥而上。如果抓不住机遇,过早了攻不下来,徒劳无益;过晚了,就会跟在别人后面跑,处于被动局面。这对任何一个科学研究人员来说,都是不希望出现的局面。

5) 切忌粗心和僵化

(1) 对于已被选定、列入的课题来说,往往是被人们重视的。但是在具体的研究过程中,又往往会出现松一口气,粗心的现象,无论是对实验还是对理论研究都是可怕的。粗心就是马虎,将会导致后面的实验或理论分析推导出现错误的结果,造成"差之毫厘,谬之千里"的结果。僵化就是模仿别人,不做有针对性的思考是不会做出创新成果的,会使创新毁于一旦。粗心和僵化都是科学研究的大敌。

(2) 对于已选课题的理论研究过程中,有时会发现新的理论和公式,这些理论及公式是预料之外的,对有些人来说是排斥的,出现这种排斥情况是错误的,其实对这种意外的发现应该感到惊喜。

6) 切忌朝三暮四

科学研究人员失败的另一个原因,就是不用科学的选题原则去选题,而是出于某种目的、不考虑个人所具有的知识基础和诸多客观性,总觉得别人研究的东西好,今天研究张三的课题,明天研究李四的课题。要知道对于每个人来说精力都是有限的,盲目的跟在别人后面跑,赶时髦,"朝三暮四乱弹琴",最终的后果是什么都研究不透,研究不深,很难研究出创新性的成果,结果是可悲的。

5.4 科学分析问题

科学分析就是使用科学思维方式对问题进行分析。假设的提出是从科学分析问题开始,在科学分析问题的基础上,根据问题的性质、问题解决的一般规律及个人的知识经验,在头脑中进行推测、预想和推论,然后有指向、有选择地提出解决问题的建议和假设(研究方案)。

1. 分析问题依赖的条件

所谓分析问题就是明确问题,抓住问题的核心与关键,找出主要矛盾的过程,要明确问题依赖的两个条件。

(1) 依赖于是否全面系统地掌握感性材料。问题总是在具体事实上表现出来的,只有当具体事实的感性材料十分丰富且符合实际时,才能通过分析、综合、比较等,使矛盾充分暴露并找出主要矛盾。这是明确问题的关键。在各类数据库和网络安全的理论、工程实现研究、实施中的模拟实验和工程实验中就可能产生一些不理想,甚至是无法预知的情况,就要通过分析、综合、比较等,使矛盾充分暴露并找出主要矛盾,进而对假设进行修正。

(2) 依赖于已有的知识和经验。人们所掌握的理论知识、阅读相关资料获得的知识以及人们用来解决问题的方法等知识和经验越丰富,分析问题就越容易抓住主要矛盾,越容易对问题进行归类,使思考具有方向性,便于有选择地应用原有知识和经验来解决当前的问题。

2. 分析问题的思维方式

分析问题的思维方式包括:分析与综合、比较与分类、抽象与概括、具体化与系统化等。

1) 分析与综合

分析与综合是思维过程的基本环节,一切思维活动,从简单到复杂,从概念形成到创新性思维,都离不开头脑的分析与综合。

分析是在头脑中把事物的整体分解成各个部分、方面或个别特征的思维过程。例如,我们把数据库的基本数据结构分为集合、栈、队列、树、图;把算法的检验分为理论证明和实例实验检验;还可以把算法的理论证明分为算法的正确性、可终止性和算法的复杂性分析,这些都属于分析过程。

综合是在头脑里把事物的各个部分、方面、各种特征结合起来进行考虑的思维过程。例如,把集合、栈、队列、树、图构成基本数据结构;把理论证明和实例实验检验构成完整的算法检验;把算法的正确性、可终止性和算法的复杂性分析等方面组合起来构成算法的理论证明等都属于综合过程。

分析与综合在人的认识过程中有不同作用。通过分析，人可以进一步认识事物的基本结构、属性和特征，可以分出事物的表面特性和本质特性，使认识深化，便于解决分析问题；通过综合，人可以完整、全面地认识事物及事物间的联系和规律，整体地把握问题的条件与任务的关系，提高解决问题的技巧。

分析与综合是同一思维过程中彼此相反而又紧密联系的过程，是相互依赖、互为条件的。分析是以事物综合体为前提的，没有事物综合体，就无从分析。综合是以对事物的分析为基础的，分析越细致，综合越全面；分析越准确，综合越完善。对事物只有分析而没有综合，只能形成片面的、支离破碎的认识；只有综合没有分析，只能形成表面的认识。分析与综合是辩证统一的，只有把分析与综合有机地结合在一起，才能发现事物的联系和关系，才能更好地认识事物。

分析与综合可以在不同的层面上进行。例如，硬件组装构成的硬件系统和软件结构设计构成的软件系统都是在模块情况下进行的分析与综合；在某个软件系统上的应用也要进行问题的实例与软件系统结合的分析与综合；在应用理论研究的层面上，任何一个命题的条件和结论也是利用分析与综合的方式最终产生的；就连最底层的算法设计方法的选择也是分析与综合的结果。这将在后面的章节中进行详细的讨论。

2）比较与分类

比较是在头脑中把各种事物或现象加以对比，确定它们之间异同点的思维过程。人们认识事物，把握事物的属性、特征和相互关系，都是通过比较来进行的。只有经过比较，区分事物间的异同点，才能更好地识别事物。例如，教师要讲清"思维"这个概念，必须与相近的"思想"这个概念相比较，找出它们的共同点和差异点。二者的共同点是它们都是理性认识；差异点在于思想是理性认识的内容，思维是理性认识的形式，通过比较，对思维这一概念的认识就更加准确了。

比较与分析、综合是紧密联系的。比较是对事物的各部分、各种属性或特性的鉴别与区分，因此没有分析就谈不上比较，分析是比较的前提。然而，比较的目的是确定事物间的异同，因此比较也离不开综合。要比较事物，既要对事物进行分析，又要对事物进行综合，离开分析与综合，比较难以进行。

比较既可以是同中求异，也可以是异中求同。例如，在解决问题的某个实例时，可能分析参考文献中的多个类似实例，就把这个实例与它十分相似的各种实例进行比较，找出它们的不同点；又把这个实例与它差异很大的某个实例进行比较，找出它们的相同点，这样，就容易地明确某个实例的本质特征。

分类是在头脑中根据事物或现象的共同点和差异点，把它们区分为不同种类的思维过程。分类是在比较的基础上，将有共同点的事物划分为一类，再根据更小的差异将它们划分为同一类中不同的属，以揭示事物的一定从属关系和等级系统。

例如数的概念,把数分为实数和虚数;又把实数分为有理数和无理数;有理数又可分为整数、小数和分数等。

3) 抽象与概括

抽象是在头脑中把同类事物或现象共同的、本质的特征抽取出来,并舍弃个别的、非本质特征的思维过程。例如,各种数据库均有各自的独立特性或属性,但是,通过分析、比较,抽出数据库具有的共同的、本质的特性或属性,即都有数据组织和结构、物理结构、逻辑结构、查询和优化等,把各种数据库中的独立特性或属性舍弃,这就是抽象过程。

概括是在头脑中把抽象出来的事物的共同的、本质的特征综合起来并推广到同类事物中去,使之普遍化的思维过程。例如,有数据组织和结构、物理结构、逻辑结构、查询和优化等这些本质的特征就称其为数据库,这就是概括。

抽象与概括的关系十分密切。如果不能抽出一类事物的本质属性,就无法对这类事物进行概括。如果没有概括性的思维,就抽不出一类事物的本质属性。抽象与概括是相互依存、相辅相成的。抽象是高级的分析,概括是高级的综合。抽象、概括都是建立在比较的基础上的,任何概念、原理和理论都是抽象与概括的结果。

4) 具体化与系统化

具体化是指在头脑里把抽象、概括出来的一般概念、原理与具体事物联系起来的思维过程,也就是用一般原理去解决实际问题,用理论指导实际活动的过程。具体化是把理论与实践结合起来,把一般与个别结合起来,把抽象与具体结合起来,可以使人更好地理解知识、检验知识,使认识不断深化。例如,分层数据库、网状数据库、关系数据库、时态数据库、空间数据库、时空数据库、移动数据库等,它们就是根据数据库的一般原理,有针对性的解决某类性质的问题(当然涉及较广的范围及应用领域)而设计的数据库。对数据库系统来说,每种数据库就是数据库系统这一问题的实例,又如,利用移动数据库解决某个应用问题(实例),就是一个问题的具体化,而解决某一个实例的算法就更是一个具体化。

系统化是指在头脑里把学到的知识分门别类地按一定程序组成层次分明的整体系统的过程。例如,数据库中按分层、网状、关系、时态、空间、时空、移动等把所有的数据库分类,并揭示了各类数据库间的关系和联系,它们以共有的数据库本质的特征:数据组织和结构、物理结构、逻辑结构、查询和优化等联系起来组成了数据库系统,这就是人脑中对数据库系统化的过程。又如,掌握数的概念,在掌握整数、分数、小数的知识之后,可以概括归纳为有理数;当数的概念扩大,学习了无理数之后,又可把有理数和无理数概括为实数;掌握了虚数之后,又可把实数和虚数概括为数,从而系统地掌握了数的知识。系统化是在分析、综合、比较和分类的基础上实现的。

5.5 提出科学假设的意义及方法

假设的意思,指科学研究上对客观事物的假定说明。科学假设就是利用科学思维方式、方法对客观事物的假定说明。

无论所选择的课题属于哪一种,一旦选定之后就应该进入分析阶段,在分析问题的基础上,根据掌握的已有的事实材料、资料和科学原理为依据,对未知事物及其规律所做的一种假定性的解释和说明。简单地说,假设就是一种有根据的推测,它是多种思维方式的综合运用,提出解决该问题的假设,即可采用的解决方案。假设经过理论证明和实践检验是正确的,便成为能够解决问题的假设。如果给出的假设都经过检验,则对不正确的假设舍弃,在剩下的正确假设中,选取一个最优者作为解决该问题的方案。

无论是大到科学的假设创立、研究课题的确定,还是小到具体的某一个研究题目(提出一个结论或一个命题)的确定,几乎都要应用类比推理、归纳推理、科学思维方式。特别需要指出的是,科学思维方式在科学的假设创立,研究课题的确定以及在具体实施创新性研究中具有不可替代的作用。

科学假设是科学研究人员对自然规律猜测性的解释,而自然界中的普遍性形式就是规律。科学研究人员在研究过程中,往往把在特殊情况下已经证明无误的规律,提高到一般情况下也可能成立。这种方法是创立新假设和提出新课题和新题目的重要方法,其实这种方法是哲学方法的一部分,是指导自然科学创立假设和提出新课题和新题目的一种体现。无论是对新假设还是对提出的新课题和新题目的理论研究中都要明确证明命题或对象。

5.5.1 提出科学假设的意义

1. 假设在科学研究中的地位和作用

一个科学研究人员在阅读文献、选择课题、调查研究之后,需要做到以下两点。

(1) 确定研究工作的技术路线并寻找突破口。科学研究人员经过大量的调查研究,根据出现的新事实与原有理论基本原则的冲突,冲破传统观念的束缚,从而提出与原有理论基本原则不同的,甚至是对立的新假设。从实践到理论,根据新事实提出新假设,是认识发展的一般规律。

(2) 从这种新的假设出发,设计实验进行深入研究,以便验证和修改假设,直到达到预定的目的或者找出对象或事物的本质性规律并上升为正确的理论。

2. 科学假设与客观事实及知识的关系

科学研究活动是人类众多活动中的一个组成部分。科学研究活动并不是简单、消极地取决于调查研究中所获得的资料，而是一种积极能动的创新性过程。科学研究人员在确切知道如何解决课题和新题目之前，要预先做出关于解决课题和题目的猜测或者关于新对象或事物的预言。因为在研究的开始是不可能完全准确地知道应该如何解决的，但是可以根据自己的科学研究知识和经验以及通过调查研究有关资料之后，在头脑中形成一个解决问题的初步猜测或设想，凡是以客观的事实和科学知识为基础，能够揭开课题和题目之奥秘的猜想就是科学假设。

3. 科学假设符合的条件

科学假设必须符合下述条件。

(1) 科学假设必须以客观事实和科学知识为基础。科学假设是以真实的客观事实材料为基础的，是人类智慧洞察自然能力的高度表观，因此，科学的假设与迷信无知的胡说或主观臆造的瞎说是根本不同的。例如，有人利用玛雅人说："2012年12月21日的黑夜降临后，12月22日的黎明永远不到来的世界末日论"，就是一种迷信无知的说法。

(2) 科学假设应该是原则上可以检验的，即用逻辑演绎从假设中得出的结论应当经受实验的检验，符合或满足实验观察的结果和现有的实际材料相一致。

(3) 科学假设应该具有足够的共同性和预言能力，即不仅能解释用它研究的这些现象，同时能解释所有和这些现象有关的现象。此外，它还应当是引出关于还不了解的现象的结论的基础。

(4) 科学假设在逻辑上不应当是矛盾的。根据逻辑规则，由矛盾的假设可以引出任何可以检验的结果，也可以引出与之相反的结果。矛盾的假设显然失去了认知的意义。

(5) 假设是使人们的认识接近客观真理的一种方式。尽管对于未知事实的假设解释是否把握了客观真理还尚属疑问，但是从发展的角度看，假设的不断修正、补充和更新，会更多、更正确地反映客观现实的某些方面。所以，它是人们的认识向客观真理接近的方式。

科学研究活动中，假设的主要作用在于提出了新实验或新的观测。绝大多数的实验以及许多的观测都是以验证假设为明确目的来进行的。在理论研究的科学研究活动中，也往往是首先提出一个假设构思（假设），然后，再通过实验来检验或修正这个假设。

假设的另一个作用，是帮助人们认识一个对象或事物的重要意义。如果没有假设，这一对象或事物往往就不能说明什么问题，或者不能引起人们的注意；如果没有假设，一个实验往往是盲目的。如果事先有了假设形成的理论观念，则可以帮助我们了解它们的意义，并能促使我们做出许多更重要的观测和分析。

还应当指出的是，假设是揭示新事实的工具，不应将其视为自身的终结。假设的价值就在于以假设为基点,将研究的课题向各个不同方向展开,如果假设运用于各种情况,则可以上升到理论范畴,如果深度足够,甚至可以上升为"定律"。假设是已知和未知之间联系的纽带,是发展新对象或新事物并且形成新理论的桥梁。

5.5.2 科学假设产生的客观基础

人们的认识过程,是从生动的直观到达抽象的思维。科学研究的过程,是从收集感性认识的事实材料开始,然后到达理论的思维,揭露现象之间、事实之间的规律性联系,是理论思维的一种形式或途径。在科学研究中,科学研究人员经过实际的现场观测、实验、文献阅读积累了一定的现象和事实材料,然后进行研究。利用某种推理建立假设或构思,形成理论观念,以说明各种现象、事实及它们之间的联系,并且从假设中引申出许多结果来和客观实际做对照。在检验假设的实践过程中,又可能引起并发现新的现象、新的事实材料的积累。新的现象、事实的发现,或者是证实原有的假设,或者是推翻原有的假设且重新提出另一个新假设,或者是仅仅证实了原有假设的一部分内容,这时就必须修正原有的假设,而不是不加考虑的抛弃,如此循环往复,最后就促使科学定律或可靠理论或理论系统的建立。

一个正确的假设,引出符合真理的结果或理论,给出正确的预言或新发现,这是不容怀疑的。一个不容否认的事实是,有时一个错误的假设,也往往会导致非常富有成效地发现,这种例子在科学研究中也是存在的。尽管在过去、现在和将来都可能有错误的假设导致某些新发现,但是我们并不应该认为这是研究假设的目的,因为正确的假设比错误的假设更容易收到成效。错误的假设有时也有用处这一事实,并不能削弱力求得到正确假设的重要性。

任何一个假设产生的基础,都是经过分析和总结一定的相关资料、实验现象和结果、现场事实得到的材料和科学研究人员所掌握的科学知识而产生的。如何认识和对待这些材料和理论知识,便成为能否提出科学假设的关键。一个科学研究人员,必须做到:①以批判的态度认识原有理论的适用限度;②以批判的态度对待原有理论,一种理论的发展总是经历无数次的修正,是一个渐进的过程,作为一个科学研究人员应当牢牢记住这一点;③以批判的态度、认真细致的分析阅读相关资料,牢牢掌握那些有益资料的来龙去脉和关键点,对那些无益的资料暂时弃之。

5.5.3 要发现和认识冲突与矛盾

实验与理论发生矛盾有两种可能情况。

(1) 一般情况,不是原有理论的基本原则出了问题,而只是原有理论显得不够了。为了解决说明新事实的问题,必须提出一些新假设,它们正好去补充、完善原有理论。这是实验与理论矛盾的一般情况,解决这种矛盾的办法是补充、完善原有理论,是理论发展的一种渐进形式。

(2) 特殊情况，新的实验结果与原有理论的推测冲突，说明原有理论的基本原则出了问题，只靠补充、完善原有理论是解决不了问题的，必须修改原有理论的一些基本原则，才能解决问题，这是实验与理论发生冲突的特殊情况。解决办法是抛弃原有理论的一些基本原则，确定一些新的基本原则，因而是理论发展的一种飞跃形式，标志着原有理论到了它的适用性限度，因此必须以批判的、发展的态度去对待它。

只有清楚地认识一般矛盾与冲突这两种情况的重大差别，才能用不同的办法去解决不同的问题，才能自觉地意识到发生第二种情况的必然性。

应当特别指出的是，在自然科学向前发展的过程中，产生新事实与原有理论基本原则的冲突有其必然性，因为自然界本身是辩证的。它遵循辩证法的量变质变规律，作为反映自然规律的自然科学理论，必然会达到它的适用性限度，超过这个限度，量变引起质变，科学理论也要飞跃，进入到新的理论层次。这里说的"理论飞跃"是指从一个理论体系向另一个或几个理论体系的过渡，从一个传统理论向一个或几个崭新理论的过渡，从一个低级近似的理论向一个高级近似理论的过渡，或者说，从一个理论的层次向另一个或几个理论层次的过渡。例如，计算机数据库理论的发展就是这样一个过程，从分层和网状数据库到关系数据库，再由关系数据库到空值数据库和面向对象数据库，再由关系数据库到空间数据库、移动数据库及时空数据库等，都是从一个关系数据库理论层次向另一个或几个理论层次的过渡。

既然揭示新事实与原有理论基本原则的冲突对创立假设如此重要，那么怎样去发现这种冲突，也就是怎样去找到原有理论的适用性限度，这就要求科学研究人员必须：①熟悉出现在有关领域里的系统中的实验结果；②掌握有关领域里原有的基本理论，并能推导出一些结果；③能把实验与理论两方面结合起来，或者将实验结果用原有理论的原则表达出来，或者能用原有理论推导出的结果与实验结果相比较；④掌握自然辩证法知识。

5.5.4 以批判的精神冲破传统观念的束缚

发现认识冲突和矛盾，目的是为了解决冲突和矛盾，找出原有理论的适用性限度，提出科学的新假设，简单地说就是还需要创新。

(1) 提出新假设补充、完善原有理论，以适应新情况，解释新事实。这是科学研究人员的习惯做法。

(2) 提出新假设是为了解决新事实与原有理论的冲突和矛盾，因此必须否定原有理论的某些基本原则，找出能够说明新事实的一些新的基本原则，这样做并不是轻而易举的。因为抛弃旧原则，创立新原则，既要克服传统观念的束缚，又要实现感性到理性的重大突破和飞跃，或者说，既要克服思想里的"惯性"，又要发挥思维的巨大创造性。因此,必须具有极大的主观能动性,以创新精神冲破传统观念的束缚。

为了做到这一点,要求一个科学研究人员具备以下素质。

(1) 要尊重事实。任何一位有成就的科学家都能够冲破传统观念提出科学的假设,首先就是要尊重事实,使理论符合事实。这就是要坚持唯物论的反映论。

(2) 要有怀疑与批判的精神。要敢于怀疑和批判原有理论,不把它们偶像化、神圣化,只要它们与事实不符,就要敢于触动它,敢于标新立异。

(3) 要掌握自然辩证法。因为唯物辩证法强调批判与创新精神,掌握唯物辩证法就能自觉地冲破传统观念的束缚。自觉还是不自觉的冲破传统观念的束缚在实际科学研究工作过程中的效果是不一样的,这就是主动与被动的问题。

(4) 要敢为天下先。要对前三条讨论的要求付诸实施,不空谈,就要有科学的胆识,敢想敢干,毫不犹豫地按照前三条进行。

科学假设的提出,解决了新事实(实验)与原来理论的冲突,但由于新假设包含了一些违背原有理论的基本原则,因而又造成了整个理论内部的矛盾,这是自然科学发展中的一种矛盾转移现象。矛盾转移了,科学研究的方向也要变化。实际上,这里还涉及两对矛盾:实验与理论的矛盾,理论内部矛盾之间的相互作用与相互转化问题。这个问题对于研究自然科学的发展规律十分重要。

5.5.5 产生科学假设的环境

任何科学假设都是从一定的事实材料和科学知识出发,总结感性材料和知识以形成理论观念。因此,科学研究人员必须从整理和分析材料中做出推测。同时,又反过来对事实材料给予解释,甚至预言新的事实。科学研究过程中,在不同的场合下,产生的假设也不同,这取决于产生新假设的环境。

1) 进行技术研究的场合提出假设

在科学研究中,为了解决技术应用问题时,科学研究者总是通过现场调查研究、资料调查研究,分析有关技术资料,针对所要解决的具体问题,通过科学思维方法,提出某些设想或设计构思,这些设想和构思就是假设。这种假设一般来说,开始没有对现存的理论体系提出异议,恰恰相反,它是完全以现有理论体系和所搜集到的实际材料为依据的。当然,在通过实验来检验这些设想或构思时,有时也会发现新的现象,暴露出原有理论体系的缺陷和不足。在此基础上提出新假设,进行新的设想或构思,或者用新的实验来发展原有的理论体系,这种情况在工程技术的科学研究中是常见的。

2) 现有理论体系有某些缺陷时创立假设

当现有理论体系不够完善,需要开辟某些新的局部理论时,可以通过假设来尝试解决,这些新的局部理论尽管在原来的理论体系中是没有的,但它与原有的理论体系相一致,并暂时被纳入原有的理论体系中。这种情况,在大多数的学术研究中也是出现的比较多的。

3) 开辟新领域的科学研究时创立假设

在人类自然科学研究活动中,科学研究者对大自然的观察和科学实验活动的不断发展,逐步的扩大认识领域,尽管这些领域是客观存在的,但对科学研究者已有的科学知识来说,这些领域尚未触及,或者触及得很少。对于这种新的研究领域所积累的有限的事实,必须进行研究工作,创立假设,对有限的或更多的事实给予解释。

在这种场合下创立假设,其特点是自成一个相对独立的理论体系,可能体系的规模较小。而这个体系,恰恰可能就是科学发展某一个特殊新兴学科的萌芽。这种情况下,创立假设往往多是那些有丰富科学研究的科学家,一般来说这种假设的创立是困难的。

4) 已有的理论与事实相矛盾或相冲突时创立假设

随着科学实验的不断深入,原有的理论体系与科学实验中出现的现象发生矛盾或冲突时,原有的理论体系出现了某些缺陷和不足,人们对原有理论体系的认识就开始动摇。在这种情况下,就必须创立新的假设,这种新假设可能成为原有理论体系的一部分,甚至可能与原有理论体系恰好相反。这种假设的创立与第3)条中创立的环境不同,这种假设往往可能使科学取得极大的进展。

以上讨论了建立假设的环境,科学的新假设是在一定场合下创立的,有其创立的客观必要性和条件。

假设具有如下几方面的特征。

(1) 假设是以一定的事实材料、科学知识和相关文献资料为根据的,不是毫无根据地胡乱提出,它与主观的假想有着本质的区别。

(2) 假设是对未知事物和现象及其规律性的推测,还有待于进一步验证,它不是确实可靠的知识,不同于已被证实的科学理论,假设具有推测的性质。

(3) 假设的目的是为了解释某一客观事物或现象的原因及其规律性。

(4) 假设是一种复杂的思维活动,是各种思维方式、推理形式和逻辑方法的综合运用。任何科学假设都有一个发展过程,这个过程有两个基本阶段,即假设的形成阶段和假设的验证阶段。

① 假设的形成阶段,也叫假设的提出阶段。研究者根据已有的事实材料、科学原理和相关的文献资料,运用逻辑推理(类比推理、归纳推理)和科学思维方式、方法提出初步的假定。在假设的形成阶段,有时还运用逆向回溯推理。

② 假设的验证阶段。假设的真理性并不取决于假设自身如何自圆其说,也不取决于赞成假设的人有多少,而是取决于它能否经得起实践的检验,这就包括前面已讨论的理论证明、实验验证。理论证明,分为证实和证伪两种情况,证实假设使

用的推理形式通常是逆向回溯推理；证伪运用的是充分条件假言推理，若这个结论是必然的，它表明了该假设不能成立。

假设在转化为科学理论的过程中，要注意推翻同一问题的其他对立假设。

5.5.6 产生科学假设的方法

上面讨论了建立假设的环境，现在来讨论在上述环境下用什么样的方法创立新假设。这些创立假设的方法主要是前面已经讨论过的类比推理、归纳推理、科学思维方式和方法，它们是自然科学中最重要的提出假设的推理形式。演绎推理可以通过演绎直接推理出假设，例如，爱因斯坦提出相对论假设，就运用了演绎推理，他根据力学和电动力学的几个基本原理，推演出一套完整的理论体系。但是，利用演绎推理推演出一套完整的理论体系是不多见的。

类比推理、归纳推理、演绎推理和科学思维方式均在前几章做了详细地讨论，故不再赘述。

移植方法是类比推理的重要体现之一。在现代自然科学的发展过程中，一个重要的特点是各学科之间的互相渗透已经成为科学发展的主流。在自然科学研究中，移植方法的基本思想来自于移植其他科学领域里发现的新原理或新技术。这就是说，一门学科所取得的重要成果可以迅速的移植到其他学科中去，从而促进和带动其他学科发展，这称为科学研究中的"移植法"。这种方法也是科学研究中最有效、最简单的方法之一，尤其在应用理论和应用工程研究中的运用更为普遍。

移植其他学科的理论和方法来研究自然科学中某一门学科是有其内在客观依据的，无论哪一门学科的研究对象无不存在于物质世界的统一性之中。例如，网络安全的研究，由于计算机病毒对计算机有效性的干扰、黑客对网络的攻击等，使计算机和计算机网络处于瘫痪状态。这和人体生病需要及时诊断和治疗一样，网络安全技术就是一种对网络攻击的诊断过程和预防攻击的技术和理论。网络安全技术中的"人工免疫系统"就是基于人类和生物免疫系统的功能、原理、基本特征和相应的免疫学理论而建立的，用于解决各种复杂问题的计算机系统。生物免疫系统本身蕴涵着免疫识别、免疫记忆、免疫相容、免疫调节、免疫监控等功能特征，为人工免疫系统的研究提供了类比推理的机制。它提供的类比推理的对应关系如下：生物免疫系统中抗体的多样性机理为人工免疫系统设计搜索优化算法提供了类比推理对象；生物免疫系统对抗元的快速反应和稳定的免疫反馈机理为人工免疫系统设计有效的反馈控制系统提供了类比推理对象；生物免疫系统的免疫耐受机理为人工免疫系统设计容错和故障诊断算法提供了类比推理对象；生物免疫系统的各种免疫网络原理，如独特性网络原理、互联耦合网络、免疫反应网络等，为人工免疫系统设计人工免疫网络模型等提供了类比推理对象；生物免疫系统中的否定选择、克隆选择等机理为建立智能算法和智能系统等提供了类比推理对象。随着生物学和网络技术的不断深入研究和发展,一定会有许多新的生物机理为人工免疫系统设计提供类比推理对象。

在现代的自然科学研究中,无论是理论研究、现代工程技术设计研究,还是计算机的应用研究等,都离不开移植法。

除了前面讨论的方法外,还有三种方法。

1) 经验公式法

在现代自然科学研究中,对于实验数据运用数学方法进行处理后,可以找出经验公式,这种经验公式是根据有限次的实验取得的,因而有很大的局限性。但是,可以在此基础上提出假设,以便为进一步的实验研究或实践检验提供新的线索并发展成为完整的理论。在计算机科学的工程应用中,有时要运用这种方法。天文学中行星第三定律,原子物理研究中的氢原子光谱等都是根据经验公式得出的。

2) 逆向回溯推理

运用探求因果联系的逻辑方法提出假设,这在前面已经讨论,不再赘述。

3) 对称类比推理

有时还可以运用事物、现象和过程的对称性提出假设。在自然界中的事物、现象和过程不仅有些具有相似性,而且有些还具有很好的对称性。如正电、负电,正反馈、负反馈,计算机空间、时空,移动数据库中的最近邻、反向最近邻等均是对称的两个方面。如果已知对称的一面的某个结论是正确的,那么对称的另一面的类似结论也可能成立。这样一来,科学研究工作者也可以用类比的方法提出假设。要注意,可能成立并不等于都成立。

如果科学研究人员对所研究的工作很陌生,就希望用熟悉的事物、过程和规律来和它做类比,许多虽然在本质上不同的现象,只要它们符合相似的规律,就往往可以通过类比的方法提出假设,并进行深入研究,结果可能得到很好、很重要的发现,甚至后来还可能成功地应用于其他科学分支。

5.5.7 建立形式不同但本质相同的理论体系

对于同一种自然现象、实验事实,从不同的角度或侧面出发,或由于深入分析本质的程度不同,提出形式不同的新假设,建立起形式不同但本质相同的理论体系是可能的。几个科学研究人员从相同的事实中或者不完全相同的事实中,独立地完成并提出形式不同的假设,建立一些形式不同但本质相同的理论体系,这种情况在科学史中并不少见。

微积分概念的提出是一个典型的例子。莱布尼茨研究和总结了笛卡尔等人的成果,由曲线的切线出发得出了微积分的概念,并于1684年发表了他的微积分著作。而牛顿则直接从变速运动的物理模型中抽象出微积分概念,1736年出版了他的微积分著作。

这个例子说明科学原理的发现或科学理论的创立,是可以通过不同的道路和途径获得不同形式的理论,认识到这一点对于在学术领域中贯彻百家争鸣是极为重要的,对科学理论的发展是极其有利的。

第6章 系统思维产生子系统和命题

对某一个研究者或研究群体来说，当对一个规模很大且功能很多的大型课题进行研究时，首先要对它进行划分，形成若干相关的子课题，以便逐一进行研究或将划分后的子课题分配给不同的研究小组。

下面就讨论如何划分课题。需要说明的是对项目、课题进行划分所使用的策略和方法是相同的。因此，下面讨论的划分策略和方法对每个项目与课题都是可用的，本章仅对课题进行讨论。在命题的产生与确定过程中，这种划分策略和方法也是可参考的，是有效的。

任何一个课题研究都要达到一定目标，并且这个目标对一个课题来说是终极的。对于一个科学研究人员来说课题的选择是极其重要的，选择了课题也就选择和确定了研究目标。当研究人员因为能力不足而不能完成课题达不到目标时，并不等于课题没有目标。

为了将一个规模很大且功能很多的大型课题划分成若干相关的子课题，首先，必须将它看作一个系统，然后，以它的终极目标为起点，使用逆向推理的方法实现有效划分。这就需要我们深入了解系统的相关知识和理论。

在计算机数据库系统理论研究中，数据库系统是由以下各部分组成。

(1) 数据库(DB)：数据库是与一个特定组织的各项应用相关的全部数据的汇集。它由两个部分组成：①有关应用所需要的工作数据的集合，称为物理数据库，是数据库主体；②关于各级数据结构的描述，称为描述数据库，由一个数据字典系统管理。

(2) 硬件支持系统：包括中央处理机、主存储器、外部存储器、数据通道等硬件设备。

(3) 软件支持系统：包括操作系统、编译系统和各种宿主语言等。

(4) 数据库管理员：用户、应用程序员和系统分析员等。

数据库系统研究有两个特点。①具有很强的应用性：它与工程技术、管理、气象、环境科学、国防等方面联系密切；②它的理论基础不仅与现代一些数学分支学科、物理、系统论有密切关系，而且还依赖于有关的专门学科。正因为如此，人们一般认为数据库系统研究，是指研究系统的数学模型、系统的结构设计、理论研究方法的系统科学方法。这些特点完全符合系统特征，所以应用系统科学研究方法对数据库研究是恰当的。

6.1　系统思维的特点和原则

6.1.1　产生子系统的思维特点和原则

系统是指它由若干局部组成，具有特定结构和功能的有机整体。系统的整体不等于其局部的简单相加。这一概念揭示了客观世界的某种本质属性，有丰富的内涵和外延要加以描述。系统思维将大型课题规划视为系统，是大型课题规划实施所要遵循的重要原则之一。

在关系数据库设计理论中，它所使用的数据模型是关系模型。一个关系模型包括外延和内涵两方面内容。关系模型的外延就是通常说的关系、实例或当前值，外延是与时间有关的，即随着时间的推移在不断变化的，这主要是由于元组的插入、删除、修改引起的。内涵是与时间独立的，它包括关系、属性、域的一些定义说明，还有各种数据完整性约束。这种约束分两大类，一类是静态约束，它包括各种数据之间的联系，称为数据依赖，如主关键字设计、关系值的各种限制等；另一类是动态的完整性约束，要定义各种操作诸方面的影响。我们一般把关系模型的内涵称为关系模式，所以应包括上面这些关系模型内涵的内容。

系统科学探索系统存在方式和运动变化规律，其范围很广。当将一个大型课题(也称为总课题)视为一个系统(也称为总系统)，就可以按照系统方法、系统科学的观点和理论，来解决认识和实践中的各种问题。把研究对象放在普遍的联系中，把想要达到的目标、实现该目标的手段和过程、过程优化以及对未来的影响等一系列问题作为一个整体系统进行研究。

子系统是根据系统的特点和原则而产生的。一般来说，研究人员称自己负责研究的子系统为课题或子课题，稍大一点的也称为项目或子项目。

在计算机数据库、网络安全、数学理论研究中，不仅应用系统思维方式产生、确定子课题、命题，而且对产生的子课题、命题的进一步深入研究中，也都离不开系统思维方式。系统方法要求把相互联系的部分(课题、命题)构成的系统看作一个整体。课题、命题之间的联系构成一个网状模型而非树形结构。

下面讨论一个总课题，通过系统思维方式产生、确定 n 个子课题(子课题 1，子课题 2，…，子课题 n)，各子课题间存在互相联系。子课题 1 又可以产生子课题 11，子课题 12，子课题 13；子课题 11 与子课题 12 存在同层联系，而子课题 12 与子课题 13 存在递进联系。图 6.1 所示为把它们的各个部分的普遍联系和不断的提升与变化看成一个总体过程。

(1) 视为系统的大型课题都由各部分(子项目，子课题)构成。

(2) 全面把握所研究的视为系统的大型课题的各个部分，把握它们之间的相

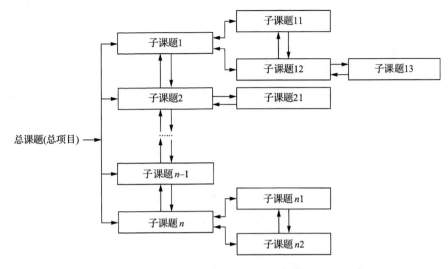

图 6.1　总课题(总项目)网状模型

互关系。

(3) 无论哪一种类型的视为系统的大型课题,它们的构成都是由为实现它们的系统功能的各个子功能部分(子系统)构成的功能结构模型所体现的,各子功能部分(子系统)都可以确定为子课题。

(4) 若干子课题又可以依据它们之间联系紧密性和关系的制约性构成项目。

(5) 如果确定为子课题的功能部分或子系统所涵盖的功能比较多,对这种子课题还可进一步划分,直到认为合适为止,如图 6.2 所示。

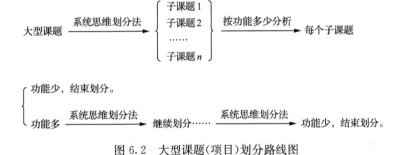

图 6.2　大型课题(项目)划分路线图

综合探索系统中部分与部分、部分与总系统的相互作用和变化规律,有效认识和完善视为系统的大型课题(项目)系统。系统中部分的变化都可能影响和改变系统的特性。

6.1.2　系统的整体性特点和原则

系统的整体性特点和原则，是系统科学方法的首要特点和原则，也是视为系统大型课题规划、实施所要遵循的重要原则之一。

所谓整体性特点和原则，是指把研究对象作为一个有机的整体去看待。虽然系统中每一个不可缺的部分（简称为"部分"），就其单独功能而言是有限的，但却是系统所必备的部分，也可以说是实现整体目标的必要条件。就整体系统而言，缺少任何一个部分都难以实现整个系统的功能。这要求人们在对任何视为系统大型课题的规划中，特别是在动态规划中，对部分与部分的相干性、协同性关系要进行深入准确的研究，必须从整体出发，立足于整体进行分析。

（1）在系统思维中必须明确任何一种视为系统的大型课题都是由若干部分构成的系统。

（2）在系统思维过程中必须把每一个具体的系统放在更大的系统之内来考察。每个具体的系统体现在满足和实现整体视为系统的大型课题目标的各部分的功能、结构中。

坚持系统思维方式的整体性，还必须把整体作为认识的出发点和落脚点。就是说，在对整体情况充分理解和把握的基础上提出整体目标，然后提出满足和实现整体目标的各部分功能、结构，再针对各部分功能、结构，提出各种可供选择的方案，最后选择最优方案来实现。在这个过程中，提出整体目标，是从整体出发进行综合的产物；提出部分功能、结构，是在实现整体目标的情况下，分析系统各部分及其相互关系；系统方案的提出和优选，是在系统分析的基础上重新进行系统综合的结果。

作为总系统的功能，实际上就是最终要实现整体目标（有时也称为终极目标）。为此，自然是要实现各部分功能，并且由各部分的结构来保障实现各部分功能。各部分功能和结构分析必须遵循下列原则：

（1）各部分的功能、结构是相对独立的；

（2）各部分的功能、结构是相互联系的，既有单向联系，又可能有双向和多维联系；

（3）各部分的功能、结构存在相互制约关系，既有单向制约关系，又可能有双向和多维制约关系，系统的各层次和各部分之间构成一个网状模型。如图 6.1 所示。

研究人员一定要尽可能地做到各部分功能清晰，才能够明确产生子课题，否则无法确定子课题。如果勉强产生确定子课题，将会产生子课题之间的矛盾和子课题组之间的矛盾，会产生功能的遗漏，使实现整体目标受到极大的影响，甚至无法实现。在这种情况下，为了求得系统的全局目标，必须从大局出发来调整或是改变系统内各部分的功能,可能是使局部或所有部分都有所变动,其结果是得不偿失的。这也是我们强调一定要尽可能地做到各部分功能清晰的原因。

6.1.3 系统的综合性特点和原则

系统的综合性特点和原则,是系统科学方法的重要特点和原则,也是视为系统大型课题规划、实施设计所要遵循的重要原则之一。

系统的综合性特点和原则就是指对任何客观事物和具体系统(课题)的研究,从它的组成部分、结构、功能及环境的相互联系、相互作用和相互制约的诸方面进行的综合研究。

综合是思维的一个方面,任何思维过程都包含着综合的因素。系统思维方式的综合性,有两方面的含义。

(1) 任何系统整体都是某些部分为特定目标而构成的综合体。

(2) 任何系统整体的研究,都必须对它的部分、层次、功能、结构、内外联系方式的多维网络做全面的综合考察,才能从多侧面、多因果、多功能上把握系统整体。系统思维方式的综合是非线性的综合,是从"部分相加等于整体"上升到"整体大于部分相加之和"的综合,它对于分析复杂系统的整体是行之有效的。

系统思维方式的综合,要求人们在考察对象时,要从它纵横交错的各个方面的关系和联系出发,从整体上综合地把握对象。综合——分析——综合,相互之间存在着反馈,是双向思维。它要求从整体出发,逻辑起点是综合,要把综合贯穿于思维逻辑进程的始终,要在综合的指导下进行分析,然后再通过逐级综合而达到总体综合。要使分析和综合相互渗透同步进行,每一步分析都要顾及综合、映现系统整体,这样才能站在全局的高度上,系统地、综合地研究事物,着眼于全局来认识和处理各种矛盾问题,达到完成总体终极目标的目的。

6.1.4 系统的结构性特点和优化原则

系统的结构性,就是从系统的结构去认识系统的整体功能,并从中寻找系统最优结构,进而获得最佳系统功能。而系统的最优化目标就是根据系统科学方法对研究对象进行综合分析和研究的结果来确定的。系统的结构性也是视为系统大型课题规划、实施设计所要遵循的重要原则之一。

系统结构是与系统功能紧密相连的,结构是系统功能的内部表征,功能是系统结构的外部表现,结构是系统功能的保障,没有合理的结构就不可能实现相应的功能。视为系统的大型课题系统中结构和功能的关系主要表现为系统的结构决定系统的功能,在一定的前提下,有什么样的结构就有什么样的功能。

尽管有了合理的结构能够保证功能的实现,但是不一定能保证功能以最佳状态来实现。只有在结构优化的前提下才能在最佳状态下实现功能;否则,不能产生最佳功能。因此,要努力建立、优化结构,实现系统最佳功能,这也是视为系统大型课题规划、实施设计所要遵循的重要原则之一。这在各种数据库系统理论研究中是至关重要的,在对它们的各部分研究中,对于能够体现其功能的每个部分,在开始规划和设计时对于没有完全掌握相应优化结构的技术人员来说,虽然未能及时考虑它们各部分功能的优化,也即未能实现他们相应结构的优化,但是最终都必须考虑结构优化问题。对任何一个能够用计算机解决的问题,要逐步考虑和实施它们各部分结构的优化,以达到总体结构优化的目标。不仅如此,还要考虑实施方法的优化,如数据库的数据组织(结构选择)逻辑优化、数据存储物理优化、算法设计思想优化、算法逻辑结构优化、计算方法优化、查询方法和技术优化等。这些也正是计算机数据库、网络安全理论和计算机其他分支理论研究中的重要动因,也是它们的主要内容。

系统的子系统和结构对功能的作用是非常重要的。子系统是功能的基础,而结构是从子系统到功能的必经中间环节,在相同的子系统情况下,针对功能、结构起着决定性的作用。

视为系统的大型课题由各部分组成,部分与部分之间组合是否合理,对系统有很大影响,这就是系统中的结构问题。好的结构,是指组成系统的各部分间组织合理,有机的联系。从结构的方面着手是研究问题的根本,能使思维清晰、有条不紊,在这个过程中也能尽量避免错误。因为结构决定功能,所以是研究和学习计算机数据库必须要掌握数据结构的原因之一,是本书作者研究和出版《数据库数据组织无环性理论》的主要原因,也是本书作者在时态数据库、空间数据库、时空数据库和移动数据库相关书籍中强调结构优化的原因之一。

在考察子系统和功能的关系、结构和功能的关系时,必须把重点放在结构上。在视为系统大型课题追求优化结构时,必须全力找出对整个系统起核心作用的核心子系统,作为结构的支撑点,形成结构中心网络。在此基础上,再考察核心子系统与其他子系统的联系,形成系统的优化结构。

在关系数据库设计理论研究中,如果把数据依赖理论研究视为系统大型项目,作为一个总目标,其中,包括函数依赖理论研究、多值依赖理论研究、连接依赖理论研究等,那么它们中的函数依赖理论研究是对整个系统起核心作用的核心子系统,可作为结构的支撑点。在此基础上,再考察函数依赖理论研究系统与多值依赖理论研究、连接依赖理论研究子系统的联系,形成系统的优化结构。

在计算机数据库系统理论研究中,必须进行各子系统部分结构优化、总体系统结构优化。只有保证各子系统部分结构优化,才有可能保证总体系统结构优化。

6.1.5 系统的动态性特点和原则

无论哪一种系统的稳定性都是相对的。任何系统无论是在工程实践还是理论研究中,都不断地吸取相关的信息,不断地修改和提升,都有自己的发展过程。因此,系统内部的部分与部分、部分与大系统、子系统与大系统的相互制约关系,各部分之间的联系及系统与外部环境之间的联系都不是静态的,都与时间密切相关,并随时间不断地变化。在计算机数据库系统理论研究中这种变化主要表现在两个方面:①系统内部各部分或子系统的结构不是固定不变的,而是随时间不断变化的;②系统具有开放性,总是与人机界面进行信息的交互活动,总是需要不断地提升。因此,在研究系统时,应当把系统发展的各个阶段统一加以研究,以把握其过程和未来趋势,并且要预留相应数量的嵌入式接口,实现模块化设计,利于动态的修改和提升系统的性能。这也是视为系统的大型课题规划、实施设计所要遵循的重要原则之一。

系统的动态原则对于思维方式的作用是不可低估的。系统思维方式的动态性正是系统动态性的反映。

在计算机数据库系统理论研究中,不但要求人们从多方面寻找解决问题的办法,还要不断地找出多种数据组织、存储、查询、优化等方法,找出更加优秀的算法。随着计算机数据需求的不断扩大,在原有系统理论的基础上,需要创新出和原系统不同的新数据库系统的各部分,进而构建一个新系统。这种系统创新可能有多个方向,在数据库系统的发展中,以关系数据库系统为基础的空间数据库、移动数据库、时空数据库等都属于这个范畴,它们分别具有不同的核心部分。系统演化的可能方向是网型或网型和树型的混合型,而不是直线型,对于系统演化状态的可能方向,有多种方向可以选择。要把事物的发展放在多种可能、多种方向、多种方法和多种途径的选择上,而不要把希望寄托于某一种可能、方向、方法和途径上。

6.1.6 系统的多维思维特点和原则

系统多维思维方式,它以纵横交错的现代科学知识为思维参照系,使思维对象处于纵横交错的交叉点上,也是视为系统大型课题规划、实施设计所要遵循的重要原则之一。

在思维的具体过程中,把计算机数据库系统作为系统整体来思考,既要注意进行纵向比较,又要注意进行横向比较;既要注意了解数据库系统与其他数据库系统的横向联系,又能认识数据库系统的纵向发展,从而全面准确地把握数据库系统的规律性。客观事实是纵向和横向的统一,这也是整体思维的一种具体体现。任何一个数据库系统,既是由若干个子系统构成的系统,又是另一个更大系统中的子系统。作为一个独立的系统,它的发展是纵向的;作为一个子系统,它与其他子系统之间的联系是横向的。这样一个具体系统的本质,不仅取决于该系统内部各子系统之间的结构形式,还取决于人机界面之间的联系形式。所以,多维思维,就是指在认识数据库系统时要注意纵向层次和横向部分的有机耦合,时间和空间的辩证统一,在思维中把握数据库系统的层次、结构和总体功能。运用多维思维研究数据库系统的空间位置时,要考虑其时间关系,如时空数据库系统,离不开动态思维方式;而研究对象运动的时间关系时,要考察其空间位置,如移动数据库系统。多维思维是纵横辩证综合思维。

在多维思维中,纵向思维和横向思维不再是各自独立的两种思维方式,而是有机地统一在一起,形成一种互为基础、互相补充的关系。纵向思维和横向思维是互为基础的,就是说,要在横向比较中进行纵向思维,而且只有经过横向比较之后才能准确地确定纵向思维目标,反过来,有效的横向思维必须以对事物的纵向的深刻认识为前提。

6.1.7 系统的模型化特点和原则

在考察比较大且复杂的系统时,因为复杂系统因素众多,关系复杂,一时难以把所有因素和关系都完全搞清楚,因为有的因素是在研究过程中发现的,甚至有的因素也没有必要完全弄清楚。而开始研究和处理问题时又往往要求进行定量分析,这就需要建立数学模型,将系统抽象为理想模型,如理论模型、数学模型、符号模型等,使模型的形式有利于研究或实验,达到较好地解决实际问题或理论问题的目的。

科学研究人员运用科学思维,把研究对象置于比较理想的纯粹的状态下,从复杂因素中找出主要因素,忽略偶然因素,撇开次要因素,利用科学抽象使理想模型代替实在的客体进行科学研究。在科学研究中,人们不仅在实验室内创造各种人工条件,使研究对象简化、纯化,而且常常运用科学思维的抽象,对研究对象或事物的各种因素和现象进行去粗取精、去伪存真的取舍工作,把自然过程进一步加以简化、纯化,让研究对象表现为理想纯化状态,以利于研究。

这些理想模型,是现实世界中找不到的东西,是某种抽象的产物。例如,数学中的点、线、面等,都是经过高度抽象的理想客体;关系数据库系统理论研究中,是以二维表作为数据模型的,是对众多具有关系的实例抽象出来的理想客体,它们不能为感觉所直接感知,在实验室中最多也只能近似地接近这种理想情况。作为抽象思维的结果,这些理想客体都是对客观对象或事物的一种反映。不仅如此,这些模型下的理论研究结果往往能应用于许多领域,关系数据库理论成果几乎应用于各种数据库的研究与发展中。

6.2 系统思维划分产生课题

把研究对象放在普遍的联系中,是把要达到的目标(功能或结论)、实现该目标的过程、过程优化以及对未来的影响等一系列问题作为一个整体系统进行研究。

本节所指的"目标"是指课题实施完成的功能或得到的结论。

6.2.1 目标逆向推理划分策略

目标逆向推理划分策略是研究人员根据解决研究对象（课题）的问题的需要进行划分，划分时要做到：

（1）围绕终极目标，并以它的终极目标为起点，以逆向思维方式和逆向推理方法实现有效划分，寻找实现目标的子目标，这种方法称为目标逆向推理划分法；

（2）又以子目标作为新的目标，实施划分这些子目标，……，直到课题可以被一人或一部分人的研究所接受，并且找出具体的解决方案和研究实施方法。

因此，目标逆向推理划分法实际上是对课题进行划分的方法。因为人们解决课题活动总是表现为由一系列的措施、环节、步骤组成的过程。逆向推理划分法就是帮助我们在思维中对这个过程分解，从而使之成为可以由一人或一部分人解决的对象。

我们可以看出，这种方法总是表现为把一个大问题，分解（划分）为若干个小问题，然后再对这些小问题进行分解（划分），直到找出具体的可操作的手段、措施。正因为如此，目标划分法是划分课题并解决课题的基本方法。

根据总目标与子目标之间的关系，可以把目标逆向推理划分法分为横向分析法、纵向分析法和混合分析法三种。

1）横向分析法

采用横向思维方式把总目标分为互相并列的若干子目标，各个子目标都代表总目标的一个侧面。关系数据库数据依赖理论的研究是一个总目标，函数依赖理论研究、多值依赖理论研究和连接依赖理论研究是它的子目标，如图6.3所示。

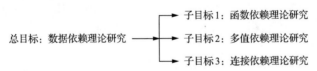

图 6.3 横向分析法示意图

它们中的每一个子目标都共存于数据依赖理论研究这个总目标中，每一个子目标都代表总目标（数据依赖理论研究）的一个侧面。

2）纵向分析法

采用纵向思维方式把总目标分为互相衔接的各个子目标，每个子目标都代表着总目标实现过程的一个阶段或步骤。对于纵向分析法的每一步，都要分析每个子目标和终极目标之间的差异。为了消除或缩小和终极目标的差异，便产生了下一个子目标；还要分析下一个子目标和终极目标之间的差异；为了消除或缩小和终极目标的这个差异，又产生新的下一个子目标，……。利用这种互相衔接的子目标的解决达到实现终极目标的目的,就是纵向分析法。例如,关系数据库函数依赖理论的发展就是纵向分析法的体现。总目标为函数依赖理论研究,依据互相衔接的联系和制约关系有以下各子目标,子目标1:函数依赖定义;子目标2:逻辑蕴涵;子目标3:FD和键的联系;子目标4:FD基本推理规则;子目标5:扩展规则;子目标6:属性集闭包;子目标7:FD推理规则有效性和完备性;子目标8:闭包的计算;子目标9:FD集的等价与覆盖。图6.4所示为采用纵向思维方式把总目标分为互相衔接的各个子目标。

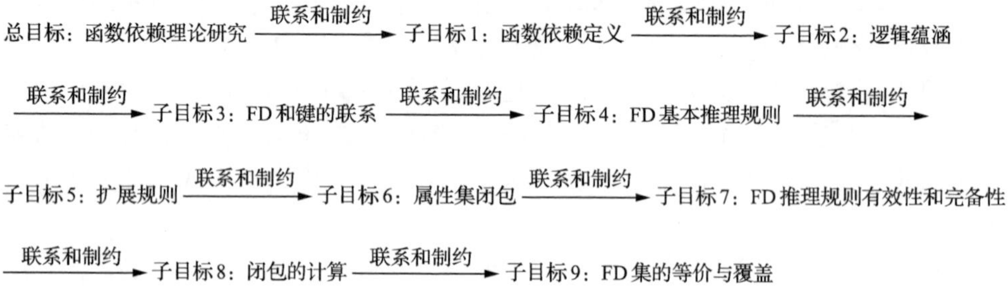

总目标:函数依赖理论研究 —联系和制约→ 子目标1:函数依赖定义 —联系和制约→ 子目标2:逻辑蕴涵

—联系和制约→ 子目标3:FD和键的联系 —联系和制约→ 子目标4:FD基本推理规则 —联系和制约→

子目标5:扩展规则 —联系和制约→ 子目标6:属性集闭包 —联系和制约→ 子目标7:FD推理规则有效性和完备性

—联系和制约→ 子目标8:闭包的计算 —联系和制约→ 子目标9:FD集的等价与覆盖

图6.4 纵向分析法示意图

3) 横向和纵向混合分析法

对于大型的比较复杂的研究对象(课题)来说,单纯使用一种分析法不足以表达它们规划的课题目标、子课题子目标,往往需要交叉和混合使用它们。所谓交叉使用就是指横向分析、纵向分析交替使用;而混合使用就是根据研究对象的具体情况两种分析方法都使用,但不一定交替。

特别需要指出的是,无论是横向分析法还是纵向分析法对研究对象的目标来说都是相对的。因为各目标之间有时是相互联系、相互制约的,所以在使用分析法时要时刻考虑它们之间的关系,也是我们说其为相对的,不是绝对的原因。

6.2.2 目标逆向静态分析和动态分析

根据课题的时态目标逆向推理划分又可以分为静态分析法和动态分析法。

1) 静态分析法

静态分析是指人们在课题实施前,采用逆向思维方式把课题进行划分分析,制定出解决问题的规划、方案,以对整个解决问题的过程进行规范、指导,使其能合理的划分、互相衔接。如果是课题组多人进行研究时,就可以初步达到合理的分工。

运用静态分析法,在划分课题以及在解决问题的逆向思维中出现的是一个不断的过程(终极目标),即目标 A_1 实现 —→ 目标 A_2 实现 —→ 目标 A_3 实现 —→ …… —→ 目标 A_{n-1} 实现 —→ 目标 A_n 实现。

这实际上是形成了解决问题的初步方案。有了这样的方案,就可以将课题划

分为 n 个子课题。根据课题组人员的综合情况,扬长避短地合理分配下去。在各自的研究完成后,依据各自子课题间的衔接顺序进行综合。

如果是研究人员独自一人进行研究时,不仅给出了各目标间的衔接,而且还给出了各个研究对象要达到的目标。在这种情况下,首先要实现最低层次的目标,实现了具体目标以后,研究人员便可以按照方案所揭示的目标与相应的目标之间的联系,继续实施上一层次的目标,……,直到终极目标(总目标)的实现。在实施解决问题过程中,就出现了一个不断的过程(终极目标),即目标 A_n 实现——→目标 A_{n-1} 实现——→……——→目标 A_3 实现——→目标 A_2 实现——→目标 A_1 实现。

其实,这个过程对终极目标而言是一个正向不断顺推的过程。静态分析法可以帮助人们在解决问题之前进行周密的分析,以制定出解决问题的完整的初步方案,完成课题的划分,利于科研分工,增强整个课题的合理划分、解决问题过程的规划性、系统性。

这个实施解决问题的过程也正是课题组人员所要使用的正向不断顺推的过程,这里不再重复描述。

2) 动态分析法

在提出研究方案和解决问题的过程中不难发现,课题并不是运用静态分析法就可以在解决问题之前制定出完整的解决方案、完成课题的划分的。有些问题,是在不断的实施研究、探索过程中才得以发现和解决的。因此,这时的目标逆向推理划分只能在研究、探索的过程中进行,即每前进一步,都要根据当前目标与终极目标之间的差异来确定下一步的目标,并围绕这个目标来分析寻找实现目标的方法,这就是所谓的动态分析法。在对课题划分、解决问题的方案实施过程中,不断进行目标逆向推理划分、分析,直到问题最终得到解决。利用动态分析法进行动态划分,在研究过程中远比静态分析法使用得要多。

以下三点需要注意。

(1) 要始终考虑终极目标与当前目标之间的差异。任何问题都是因为当前目标与终极目标之间存在差异而产生的。没有差异就没有所谓的问题,也没有所谓的问题的目标。因此,在进行目标逆向推理划分、分析时,要时刻考虑终极目标与当前目标之间的差异,并围绕这个差异去寻找消除差异的目标和途径。否则,目标的选择、确定就失去了方向。只有始终考虑到差异,才能保证解决问题的思路始终紧紧围绕着终极目标而展开。

(2) 要根据实现目标的要求,考虑是否有实现条件,如果能实现说明目标可以达到;否则,这个目标必须舍弃。在这种情况下,要不断运用目标逆向推理划分方法,根据目标要求和现实条件的可能,进行恰当的分析,区分哪些目标是可行的,哪些是不可行的。在可行的目标中,哪些是最优的,哪些是次优的,进行取舍或选择。

(3) 运用目标逆向推理划分方法,要注意规划、解决问题的可能性和动态调节性。静态分析法有助于增强解决问题过程的规划性,而动态分析法可以使人们在动态过程中获得对整个课题的划分、得到解决问题的途径。在实际的解决问题过程中,这两个方面往往是联系在一起的。也就是说,在对整个课题的划分、解决问题时,我们既要注意整个过程的规划性,又要注意过程的动态调节性。利用动态分析法将进一步加强对整个课题的规划,使解决问题的准确性和整个规划得到进一步完善。

对整个课题的划分、解决问题的过程是一个复杂的过程。

(1) 以终极目标为起点通往目标的路径往往不是直线型的,而是迂回曲折的,到达目标的路径往往不是只有一条,而是多个目标的综合调整。

(2) 整个课题的终极目标与当前目标之间的差异往往不是一个方面,例如,前面的分析中给出了关系数据库数据依赖理论研究是一个总目标,函数依赖理论研究、多值依赖理论研究和连接依赖理论研究,单独完成哪一种研究都不能完成总目标,关系数据库数据依赖理论研究,是多种差异的综合。因此,在解决问题时不能只考虑某一个方面,而要统筹兼顾。由于差异和差异之间可能存在直接或间接的联系,处理不好就会出现当人们解决第二个方面的差异时,第一个方面的差异又出现了。

(3) 每一层次的目标往往都可以通过若干种途径实现,但其中有的途径对于本层次的目标是可行的,但往前就走不通了。因此,这种复杂性就要求我们在运用目标逆向推理划分方法时,要注意整个课题的划分、解决问题过程的规划性和动态调节性。这就是说,开始前要围绕终极目标拟定规划、方案(静态方法划分和解决它),而且还要在实施过程中不断根据反馈信息修正调整原定规划、方案,以保证划分、解决问题过程有规划有步骤地在动态调节过程中进行,直到终极目标的最后实现。

在数据库系统理论研究中,用系统思维方式划分课题产生子课题,对理论的进一步深入研究中,也离不开系统思维方式,系统方法要求把相互联系的部分构成的数据库系统看作一个整体,看作网状模型而非树形结构,如图6.1把数据库各个部分的普遍联系和不断地提升和变化看成一个总体过程,全面把握数据库各个部分。数据库系统由各个部分构成,无论哪一种类型的数据库系统,它们都是由实现系统功能的各子功能或子系统部分构成的功能结构模型。各个子功能部分或子系统都可以确定为子课题,但是,如果确定为子课题的功能部分或子系统所涵盖的功能比较多,对这种子课题还可细分,直到认为合适为止。

综合探索系统中部分与部分、部分与总系统、子系统与总系统的相互作用和变化规律,可以有效认识和完善数据库系统,利于研究。数据库系统中部分的变化都可能影响和改变系统的特性。

6.3 系统思维产生命题

系统思维方法是产生命题的基本方法。

利用系统划分方法确定课题后,接下来就要实施课题,也就是真正地进入课题研究的具体阶段。在这一阶段很大程度上使用逻辑思维的方式。往往一个好的研究方法和结果,并不是单纯的由创新思维和灵感所带来的,创新思维和灵感是大量的分析综合等逻辑思维的结果,如果没有这些作为基础,创新思维和灵感也只能是意象。

设计实施这一阶段以逻辑思维为主,很多问题的解决是按照流程来进行的,对于一些特殊的问题还需要大胆地运用科学、创新思维方式。这是因为科学、创新思维方式的使用对解决问题更直接更适用。

逻辑思维方法是一个整体,它是由一系列既相区别又相联系的方法所组成的,其中主要包括:归纳和演绎的方法、分析和综合的方法、从具体到抽象和从抽象上升到具体的方法以及类比推理方法。逻辑思维方法是最重要的进行科学研究、逻辑论证的方法。没有逻辑论证过程的大多数问题,就不会有命题、定理等的正确性证明。

对于计算机数据库、网络安全和数学理论研究课题在具体实施过程中,仍然需要用科学系统思维和规划方法来确定研究课题的每一个研究题目,即确定、提出一个结论或一个命题,几乎都要应用到上述方法。

如何通过科学思维和科学方法来确定它们,是科学研究人员必须做到的。以下考虑和推理的方法往往是有效的。

如果证明原命题结论是正确的,说明原命题结论只有在原命题设定的前提条件下证明才能成立。如果原命题结论不成立,如何处理原命题设定的前提条件和结论有两种方法:增强原命题前提条件限制法和削弱原命题前提条件限制法。这两个方法是根据 3.1.2 节"推理的逻辑性和结论正确的条件"和 4.3.1 节"总结出规律和结论的两个阶段"的思想提出的。

6.3.1 演绎中增强条件限制确定命题

增强原命题前提条件限制法:在原命题设定的前提条件下,不能证明原命题结论成立时,增加一个或几个(猜测)条件,在增加新的条件下看原命题结论是否成立的方法。

使用增强原命题前提条件限制法有两种可能的结果。

(1) 如果在原命题设定的前提条件下推理证明不出原命题结论是正确的,就要对原命题设定的前提条件逐步增加一个或几个(猜测)条件,看原命题结论是否成立,如果证明原命题结论成立,则原命题设定的前提条件和逐步增加的一个或几个(猜测)条件合在一起,就是证明原命题结论成立的条件。

(2) 如果在原命题设定的前提条件的基础上增加一些(猜测)条件,仍然不能推理证明原命题结论成立,说明原命题的结论错误。此时应该将原命题设定的前提条件连同增加的条件应用有效推理规则推导出新的结论,即产生了一个新命题,它也可能是一种有用的创新。

6.3.2 演绎中削弱条件限制确定命题

削弱原命题前提条件限制法:在原命题设定的前提条件下,不能证明原命题结论成立时,削减一个或几个(猜测)条件,在削减后的条件下看原命题结论是否成立的方法。

使用削弱原命题前提条件限制法有两种可能的结果。

(1) 如果在原命题设定的前提条件下证明不出原命题结论是正确的,就要对原命题设定的前提条件逐步削减(一个或几个(猜测)条件),应用有效的演绎推理规则看原命题结论是否成立。如果证明原命题结论成立,则原命题设定的条件中减去一个或几个(猜测)条件后所剩的条件,就是证明原命题结论成立的条件。

(2) 如果在原命题设定的前提条件的基础上削弱一些(猜测)条件,仍然不能推理证明原命题结论成立,说明原命题的结论错误。此时应该将原命题设定的前提条件中减去削弱的一个或几个(猜测)条件后所剩的条件,应用有效的演绎推理规则推导出新的结论,即产生一个新命题,它也可能是有用的一种创新。

在增强或削弱一个或几个(猜测)条件的情况下,考虑在某一或某几个条件下某个命题结论是否成立,并用演绎推理或其他方法对这个命题结论进行严格无误的证明。

图 6.5 所示为原命题结论成立与否以及如何处理原命题设定的前提条件和结论。不妨做如下设定。

令原条件集合为 $L = \{L1, L2, L3, L4\}$,增强的条件集合为 $C = \{C1, C2, C3\}$,P 为命题。

(1) 如果原条件集合 L 有效推理证明命题 P 成立,则原条件集合 L 为有效条件,如图 6.5(a)所示。

(2) 如果原命题条件集合 L 有效推理证明原命题不成立,则用 $L + C = \{L1, L2, L3, L4, C1, C2, C3\}$ 有效推理证明命题 P 成立,如图 6.5(b)所示。

(3) 如果原命题条件集合 L 有效推理证明原命题 P 不成立,则用 $L + C = \{L1, L2, L3, L4, C1, C2, C3\}$ 通过有效推理证明命题 P' 成立,如图 6.5(c)所示。

(4) 如果原命题条件集合 L 推理证明原命题 P 不成立,则用 $L - \{L1, L2\} = \{L3, L4\}$ 有效推理证明原命题 P 成立,如图 6.5(d)所示。

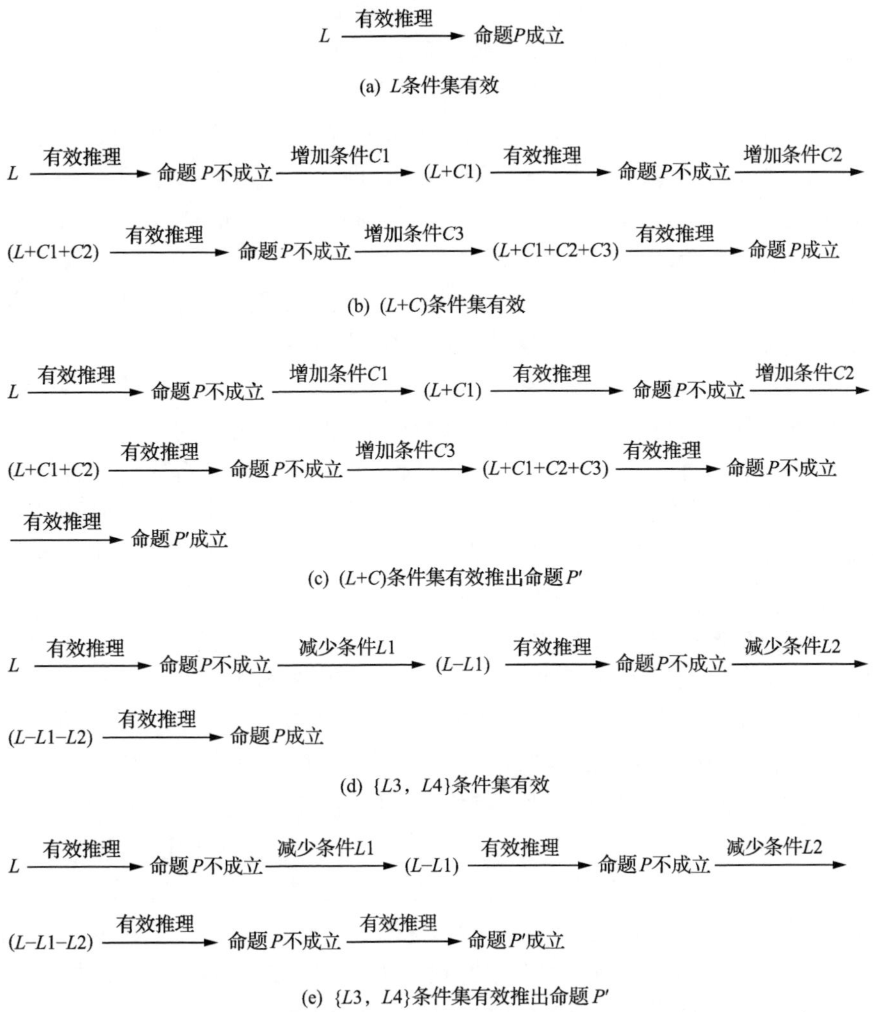

第6章 系统思维产生子系统和命题

```
L ──有效推理──→ 命题P成立
```
(a) L条件集有效

```
L ──有效推理──→ 命题P不成立 ──增加条件C1──→ (L+C1) ──有效推理──→ 命题P不成立 ──增加条件C2──→
(L+C1+C2) ──有效推理──→ 命题P不成立 ──增加条件C3──→ (L+C1+C2+C3) ──有效推理──→ 命题P成立
```
(b) (L+C)条件集有效

```
L ──有效推理──→ 命题P不成立 ──增加条件C1──→ (L+C1) ──有效推理──→ 命题P不成立 ──增加条件C2──→
(L+C1+C2) ──有效推理──→ 命题P不成立 ──增加条件C3──→ (L+C1+C2+C3) ──有效推理──→ 命题P不成立
──有效推理──→ 命题P'成立
```
(c) (L+C)条件集有效推出命题P'

```
L ──有效推理──→ 命题P不成立 ──减少条件L1──→ (L−L1) ──有效推理──→ 命题P不成立 ──减少条件L2──→
(L−L1−L2) ──有效推理──→ 命题P成立
```
(d) {L3, L4}条件集有效

```
L ──有效推理──→ 命题P不成立 ──减少条件L1──→ (L−L1) ──有效推理──→ 命题P不成立 ──减少条件L2──→
(L−L1−L2) ──有效推理──→ 命题P不成立 ──有效推理──→ 命题P'成立
```
(e) {L3, L4}条件集有效推出命题P'

图 6.5 处理原命题设定的前提条件和结论示意图

(5) 如果原命题条件集合 L 有效推理证明原命题 P 不成立,用 $L-\{L1,L2\}=\{L3,L4\}$ 推理证明原命题 P 也不成立,则用 $L-\{L1,L2\}=\{L3,L4\}$ 通过有效推理命题 P' 成立,如图 6.5(e)所示。

在关系数据库设计理论中,主要包括三个方面的内容:数据依赖、范式、模式设计方法,其中数据依赖起着核心作用。函数依赖是数据依赖的一部分,是核心中最重要的部分(核心中的核心)。

为了证明和判定两个函数依赖集的等价性,需要考察函数依赖集 F 中的每一个 FD: $X \rightarrow Y$,看 Y 是否属于 X_G^+,为此需要确定并证明如下命题(厄尔曼,1988)。

命题"每个函数依赖集 F,都可由右部只有单属性的函数依赖集 G 所覆盖"。

这个命题是通过不完全归纳法而得出的。下面给出它的证明。

证明 对于 F^+ 中的任意一个函数依赖 FD：$X \to Y$，设 $Y = A_1, A_2, \cdots, A_n$，用 $X \to A_i (i=1,2,\cdots,n)$ 来代替 $X \to Y$，即可得到 G。

(1) 证明 G 与 F 等价：根据函数依赖推理分解规则，由 $X \to Y$ 可以导出 $X \to A_i (i=1,2,\cdots,n)$，所以 $G \subseteq F^+$；由函数依赖推理合并规则可知，由 $X \to A_i (i=1,2,\cdots,n)$，可以导出 $X \to Y$，所以 $F \subseteq G^+$。根据命题 8.2 可知，若 $G \subseteq F^+, F \subseteq G^+$，则 $F \equiv G$，证明本命题成立。证毕。

该命题中的条件"右部只有单属性的函数依赖集 G"证明的结果(结论)为"每个函数依赖集 F 为 G 所覆盖"，说明原结论、命题在原条件下成立。

(2) 如果证明的结果(结论)是不正确的，说明在原条件下，推导不出原结论、命题或定理，说明条件过于严苛。在这种情况下，为了得出正确的条件，必须采用"削弱条件限制法"逐步减少条件，证明原结论、命题或定理是否成立。若结论、命题或定理成立，证明终止；若不成立，再减少相应的条件证明原结论、命题或定理是否成立，……，直到原结论、命题或定理成立为止；最后一组使结论成立的条件，便是保证结论、命题或定理成立的条件。例如，如果给出命题满足下面①，②，③三个条件，求证"每个函数依赖集 F，都可由右部只有单属性的函数依赖集 G 所覆盖"。在满足这三个条件情况下只能推导出每个函数依赖集 F 等价于一个最小的 $F_{\min}$。函数依赖集 F 和最小的 $F_{\min}$ 的关系是 $F_{\min} \subseteq F$，因此对集 $\{F - F_{\min}\}$ 中的每个函数依赖就不能覆盖，在这种情况下必须采用"削弱条件限制法"，逐步减少条件，如果条件减为"右部只有单属性的函数依赖集 G"时，便可以得到"由右部只有单属性的函数依赖集 G 所覆盖"的结论成立。该命题的正确性已被(1)中证明是正确的。

在第 3 章和第 4 章的讨论中，我们曾经给出过这样的判断："演绎推理有一定的局限性，演绎推理起到整理事实的作用，它对计算机的数据库、网络安全、数学理论研究中的发现的作用不是太大"，但并没有说明它不具有创新性。例如，上面讨论的命题"每个函数依赖集 F，都可由右部只有单属性的函数依赖集 G 所覆盖"，如果对命题的条件"右部只有单属性的函数依赖集 G"采用增强条件限制(增加一个或几个(猜测)条件)，使其条件成为：① F 中的每个依赖的右端是单个属性；②对于 F 中的任何一个 $X \to A$，集合 $F - \{X \to A\}$ 不等价于 F；③对于 F 中的任何一个 $X \to A$ 和 X 的任何真子集 Z，集 $F - \{X \to A\} \cup \{Z \to A\}$ 不等价于 F。

直观上看，条件①保证了右端只有一个属性，条件②保证了 F 中没有多余的依赖，条件③保证了 F 中没有多余属性。

在增强条件限制(增加一个或几个(猜测)条件)的情况下，便得到了一个新的命题"每个函数依赖集 F 等价于一个最小的 $F_{\min}$"。这个命题说明了在增强条件(三个条件)限制后命题的结论也发生了改变，产生了新的命题。这个命题已经被(本书第 9 章中使用构造证明法)证明是正确的。而该命题在数据库模式设计中是一个重要的命题,为数据库模式设计及理论研究扫清了一个障碍,说明具有一定的创新性。

注意,当使用增强条件限制法或削弱条件限制法,增强或削弱一个或几个(猜测)条件是逐步实施的,每实施一步如果尚不能得到结论成立的所有条件,但它们可能推理出不同于原结论的新结论,这个新结论也可能是有用的。

6.3.3 具体到抽象的方法确定命题

对于理论研究课题,从掌握的大量例子中,可以通过归纳推理、分析和综合、从具体到抽象推测出可能得到的某个结论、命题或定理。上面给出的命题就是通过不完全归纳推理、分析和综合、从具体到抽象推测出的。命题的前提是关于个别性知识的,命题结论是关于一般性知识的结论。不完全归纳推理的命题结论一般具有或然性,用在具体课题、命题和题目的猜测(猜想)和确定上;再根据它们从抽象上升到具体的方法设计出各类例子,通过这些例子,再进一步修正命题或定理,直到最后证明相应的命题或定理正确时为止。

另一种情况是将在特殊情况下已经证明无误的结论、命题或定理提高到在一般情况下原结论、命题或定理成立的方法的体现,完全是在由归纳推理、具体到抽象和抽象到具体的方法、演绎推理和其相关推理方法的指导下完成的。

由特殊到一般的归纳推理、具体到抽象方法是确定新题目、命题或定理的结论和条件的重要方法。

在计算机数据库、网络安全和数学理论研究中,大多数的定义、公理、假设、定理、规则、公式、算法、推论、定律、原理等的确定就是科学研究人员通过归纳推理、分析和综合、从具体到抽象以及判断和推理的方法得出的,就连需要证明的命题等的证明思维推理过程也不例外。这里不再赘述。

6.3.4 类比推理的方法确定命题

类比推理是根据两类(个)对象之间具有某些相似特性和其中一类(个)对象的某些已知特性,推出另一类对象也具有这些特性的推理,是由特殊到特殊、一般到一般的推理。

无论大到科学的假设创立、研究课题的确定,还是小到具体的某一个研究题目(提出一个结论或一个命题)的确定,几乎都要用到类比推理这种特殊到特殊或个别到个别、一般到一般的推理形式,尽管它不是要使用的推理方式的全部。类比推理命题结论一般也具有或然性,在某种情况下,可以猜测出它的证明方法。

在数据库系统领域中,关系数据库是处理常规数据的数据库系统。当人们需要既处理常规数据,又处理空值(缺省值)时,显然用关系数据库处理是无法完成的,其根本原因是两类数据的本质不同。在这种情况下,产生了空值数据库理论。

从大的系统看,它们应该是功能方面相似的,因此就具有可类比性。又由于空值与常规数据的差异性,即本质不同,因此,在保证实现功能的结构上也有很大的差异性。宏观上,从关系数据库到空值数据库就是利用类比推理的一般到一般的推理;具体上,从各部分功能、功能实现的结构、理论研究上(结论、命题、定理等)仍然使用类比推理产生空值数据库的理论系统,……,直到最基础的结论、命题、定理等。当然,不只是仅使用类比就可以做到,还要考虑空值与常规数据的质的差异性,这种差异性对各个结论、命题、定理等,对各部分功能、实现结构以及整个系统都有影响,必须通过分析和综合、从具体到抽象推测出可能得到的某个结论、命题或定理。

正是由于空值与常规数据所具有的这种差异性,使得我们并不能根据它们在某些方面的相同或相似,就必然地推出它们在另一些方面的属性也相同或相似。因此,类比推理是一种或然性推理,也就是说,即使其前提是真的,由于结论超出了前提所判断的常规数据范围,则结论并不必然为真。正是因为它们的这些差异性,所以说,类比推理在实质上只能是一种或然性推理。而空值数据库理论系统和关系数据库的理论系统相比较,几乎是面目全非。

第7章 文献研究确定课题和命题

7.1 文献研究的基本知识

1) 文献

文献是用文字、图形、符号、声频、视频等技术手段记录人类知识的一种载体，或理解为固化在一定物质载体上的知识。现在通常理解为图书、期刊等各种出版物的总和。

文献作为人类知识或信息的载体，主要由四个基本要素（信息内容、载体材料、信息符号和记录方式）构成。

(1) 信息内容是文献的内容。

(2) 载体材料是文献的物质实体，如以现代的纸张、胶片、胶卷、磁带、磁盘等显示的图书、期刊、报纸和其他物质实体。

(3) 信息符号是表达信息内容所使用的符号，如中文、外文、数字、图形等。

(4) 记录方式是产生文献的手段，如以文字、数字、图形、符号、声频和视频等方式书写、印刷、复制、录音、录像等。

参考文献是在学术研究过程中，对某一著作或论文的整体的参考或借鉴。

2) 论文

论文是综合运用所学知识进行学术研究的有效手段，对所研究的题目有一定的心得体会和创新，论文题目的范围不宜过宽，一般选择本学科某一重要问题的一个侧面。通过对相关领域理论、观点与现实问题结合，用分析、综合、归纳、抽象和类比推理方法进行学术研究，发现客观世界存在、尚未解决的问题，提出解决方案，并用科学方法进行研究和描述其研究结果的文章。

3) 重点著作

著作有多种，专著是其中最重要的一种。专著通常汇集了最近5～10年的主要研究内容和结果，读者通过阅读可以对这个领域发展历史和近期状况有全面的了解。本书参考文献中的专著中大多是3～10年的最新成果，并且在由本书作者所著的每本专著的各章小结中，作者根据研究的体会给出了可能做进一步研究的题目和方向，这对读者起到启示作用，是有益的。

4) 文献研究法

文献研究法主要指搜集、鉴别、整理文献，并通过对文献的研究形成对事实的科学认识的方法。

文献研究法是一种古老而又富有生命力的科学研究方法。对现状的研究,不可能全部通过观察与调查,还需要对与现状有关的多种文献做出分析。文献研究法属于非接触性的研究方法。如果没有继承和借鉴,科学就不能得到迅速的发展,这就决定了科学研究人员在进行科学研究中,必须研究以前的历史事实时,需要借助于文献的记载,需要继承文献中的优秀成果。现代科学研究不仅需要以科学研究人员之间的协作为条件,同样需要以利用前人的研究成果为条件。利用科学文献是实现利用前人成果的重要措施和方法,也是促进和实现协作的条件和基础。

文献研究法,是根据一定的研究课题,通过阅读文献来获得全面地、正确地了解、掌握所要研究问题的一种方法。

文献研究法被广泛用于各学科的学术研究中,能了解有关问题的历史和现状,在研究分析综合的基础上帮助确定研究课题和命题,在理论证明中有时能够提供思路或方法。

一般来说,科学研究需要进行充分地文献调研,以便掌握有关的科研动态、前沿和进展,了解前人已取得的成果、研究的现状等,这是科学、有效地进行任何科学研究工作的必经阶段。从自然科学的各学科、各类型数据库和网络安全理论等研究的全过程来看,文献研究法在科学研究的准备阶段和实施过程中,经常被使用,没有一项科学研究是不需要查阅文献的。

5) 文献综述的特征和意义

文献综述是文献综合评述的简称,指在全面搜集有关文献的基础上,经过归纳整理、分析鉴别,对一定时期内某个学科或专题的研究成果和进展进行系统、全面的叙述和评论,包括主要学术观点、前人研究成果和研究水平、争论焦点、问题存在的可能原因、未来的发展方向,并提出自己的观点、建议和研究思路。

综述分为综合性和专题性两种形式。综合性的综述是针对某个学科或专业的;而专题性的综述则是针对某个研究问题或研究方法、手段的。

文献综述的特征是依据对过去和现在研究成果的深入分析,指出目前的水平、动态、应当解决的问题和未来的发展方向,提出自己的观点、意见和建议,并依据有关理论、研究条件和客观需要等对各种研究成果进行评述,为当前的研究提供基础或条件。对于具体科研工作而言,一个成功的文献综述,能够以其严密的分析评价和有根据的趋势预测,为新课题、新题目或命题的确立提供强有力的支持和论证。在某种意义上,它起着总结过去、指导提出新课题、题目或命题的研究思路,推动理论新发展与工程实践的进行。

文献研究含文献检索、文献阅读和文献综述三个要素。

做文献研究的主要目的就是让科学研究人员通过文献研究熟悉该研究领域,熟悉研究发展的脉络,然后在这个脉络上开展研究,把自己的研究植入知识发展的长河之中。

文献研究和文献综述不同。文献研究是科学研究人员根据个人兴趣和研究方向，对所有可能涉及的文献进行研究，以期对研究领域和研究问题有系统深入的了解。文献研究是持续的，贯穿于课题、题目或命题的确立和具体研究思路中；文献综述是向读者交代与研究有关的文献的情况，不过是个人学术研究中的某个阶段的一个结果。

7.2 阅读文献打好研究基础

前面讨论过，自然科学的各学科、各类型数据库、网络安全和计算机各分支等科学理论研究是必须要阅读文献、论文的。不仅在文献、论文研究法确定课题和命题时是这样，而且在科学研究的全过程都离不开阅读文献、论文。

一位致力于科学研究的科学研究人员，无论是在准备科学研究阶段、立题阶段，还是深入研究阶段都必须不停地阅读文献、论文，不断地学习，扩展知识面，跟上知识的更新与发展，不断积累相关的大量知识。文献是人类储存知识的宝库，阅读文献是获得和聚积知识的主要途径。

阅读的对象：①重点著作；②文献、论文。

阅读的方法分两类：粗读和精读。

粗读是粗略阅读文献、论文的方法，是对研究对象确定需要阅读的文献，按照要求对其大体了解。

精读是在文献粗读的基础上达到充分理解阅读文献的方法。

1）阅读顺序

无论阅读重点著作，还是文献和论文，阅读的顺序和方法都是相同的。下面将讨论如何阅读。

（1）根据阅读目的选择合适的顺序。看论文的一般顺序是摘要、引言（前言）、结合图表看论文正文的分析讨论、结果和整篇论文的结束语（结论）。

（2）先看中文综述，然后看中文期刊文献，再看英文综述，最后是看英文期刊文献。这样做的好处是，通过中文综述可以首先了解所研究领域的基本名词，基本表述方法。如果直接从英文入手的话，一些基本名词如果简单的"想当然"翻译，往往会将读者引入误区或造成歧义。同时，中文综述里包含了大量的英文参考文献，为后续的查找文献打下一个基础。

粗读是相对精读而言的，粗读文献也是必要的。

（1）积累知识。通过粗读，了解文献基本内容和主要观点，可以学习和增长知识。

（2）为精读提供参考。通过粗读，在了解文献、论文基本内容和主要观点的基础上,鉴别与研究课题有重要参考价值的文献、一般参考价值的文献和暂不需要的文献,为精读的内容提供参考。

(3) 节约时间。通过对文献的粗读,减少了不需要精读所花的时间,从而提高阅读、研究效率。

粗读的基本要求是了解全文概要。阅读文献时,概略读文大意及主要论点。阅读一本著作,包括浏览前言(或序言、导言)、目录、后记和参考文献及索引,了解其内容结构、编撰目的和读者对象,对所读书的内容有大体了解,以便确定是否有参考价值。

精读即细读、深读。一般适用于重要著作和与所研究课题或题目直接或间接相关的、重要的、信息量丰富且价值较高的文献和论文。

(1) 精读是重要的环节,帮助研究人员了解和学习文献和论文的基本内容、主要观点和研究方法;通过精读更重要的有助于启发科学研究人员对所研究课题的研究方法和对课题研究的切入点。

(2) 有利于加深对文献和论文的基本理论与方法的理解、记忆和掌握。

(3) 能培养研究人员的钻研精神,提高思维能力与创新能力;也有利于培养阅读文献的兴趣、毅力、习惯,优化学习、研究方法。

2) 精读的基本要求

(1) 选择精读文献。选择与所研究课题或题目直接或间接相关的、重要的、信息量丰富且价值较高和创新性强的文献和论文。

(2) 通读把握体系。通读文献和论文全篇,了解该文的体系、结构、层次及主要观点,确定和选择精读的内容、重点和方法。

(3) 分读了解重点。在通读的基础上,分部分认真细读,学习和掌握各部分的重点、难点。对熟悉的或较容易的内容,做一次细读;对不熟悉的或较难的内容,可以做多次细读。分读时,可以采用标记符号、眉批旁注、读书笔记等方法,理解内容及其重点、难点,明确需要借鉴或引用的内容。

(4) 合读揭示实质。合读要熟读即反复读,最后达到熟练程度;从文献和论文的全文出发,依次将各部分有机联系起来深思、系统分析全文,理解全文基本内容的实质。通过对文献的精读,把握其实质和精华,为己所用。

3) 阅读文献和论文内容

(1) 阅读摘要。摘要可以说是论文的窗口,主要介绍这篇文章做了哪些工作。快速浏览一遍,也许不好理解,因为摘要给出的是提纲,写得很简洁,省略了很多前提和条件,不可能深入地理解,看不懂是正常的,等看完整篇文章也许就能理解了。

(2) 阅读引言(前言)。先介绍主题的一般知识,再转向主题特定领域的研究现状,再提出自己要解决的问题,强调一下问题解决方法、重要性,以及研究结论。当了解了研究领域的一些情况,看引言应该是一件重要的事情,因为引言会提供所读文章的动机、要解决的问题。读者能够加深对文章内容的理解，初步知道正文中讨论的核心内容。

(3) 结合图表阅读论文正文的分析与讨论。这是一篇文章的重点，因为作者的思路、解决问题的方法和判断的细节都出现在论文的正文部分，这部分包含各种数量及逻辑关系。阅读这部分也是最花时间的，重点看正文的分析讨论过程和结果或结论，因为这部分主要针对引言中提出的问题来回答，其主要内容是对结果进行解释和论证，描述和分析创新点，讨论和论证（论证的方法有结合图表陈述、理论证明、引用参考文献、实验和图表等）结果或结论的准确性、可靠性、创新性、重要性。要仔细体会作者观点并要思考，若想要得到同样的结论，怎么进行分析与讨论；若是得出这些结果，怎么写这部分分析与讨论。当然有时候别人的观点比较新，分析比较深刻，偶尔看不懂也是情理之中。当看的多了，自己的想法也会越来越多。

(4) 阅读实验环境及试验。①看实验环境（设备和材料）和实验方法，作者如何操作、试验；②看实验结果，且一定要结合图和表，这样看的效率高，主要看懂实验的结果，体会作者的表达方法。

(5) 阅读结束语（结论）。未来需要研究的工作可能会出现在论文的结束部分。

看文献的时间越分散，浪费的时间越多。集中时间看更容易把所阅读的各部分联系起来，形成整体印象。看文献并不是一遍就可以，在研究课题和对具体问题分析与讨论的过程中遇到困难时，找到类似的文献重新阅读可能会带来启发和惊喜。

请记住，①没有积累，就没有创新，看文献过程中要将对文献、论文阅读中随时出现的闪光点或灵感记录下来；②大的创新点是要靠小的创新点集成起来的。

科学著作，特别是文献、论文是非常广泛的，有些是与所研究的学科、课题乃至题目相近的，有些是较近的，更多的是没有多大关联的。例如计算机数据库和红楼梦著作、红楼梦方面的研究论文是没有多大关联的，可以不读它们，除非用计算机研究红楼梦方面的个别问题。对与研究的学科、课题乃至题目相近的、较近的大多数著作、文献、论文只需粗读，只有对那些相近的、较近的和自己感兴趣且可能有所补益的文献、论文才去精读。

4) 缺乏经验又接触不到大量文献的科学研究人员的做法

(1) 请教导师或研究团队中经验丰富的成员，请他们指导要阅读哪些著作、文献、论文。

(2) 应当查阅期刊文摘，从中选择所需要的文献、论文；尽管期刊文摘比原期刊滞后一段时间，限制了它的作用和价值，但期刊文摘能使科学研究人员了解各种不同的文献、论文内容，这对接触不到大量期刊的科学研究人员来说是尤为可贵的,可以通过索引期刊和目录查找所需要的参考文献。

5) 必须明确阅读目的

(1) 无论是粗读还是精读都是为了逐步深入了解自己感兴趣的与所研究的学科、课题乃至题目直接或间接相关的知识。

(2) 通过阅读启发学术研究思想,同时积极地从事所进行的科学研究活动,积极地拿出解决科研课题乃至题目的思路和方法,摆脱所阅读著作、文献、论文的思考、分析的束缚,避免墨守成规。完全照搬文献的研究思想和研究方法,绝大多数情况下是不能很好地解决科研课题乃至题目的。但对缺少经验的科技工作者,有时还是需要借鉴文献的研究思路和研究方法。要有选择性地对重要的文献、论文,创新性强的论文或专著,逐项、认真地学习和研究,将各个文献对比优选,借鉴提出问题、分析问题和解决问题的方法。

(3) 通过对文献、论文的阅读和研究,找出该文献、论文的内容还存在什么问题,有哪些问题需要进一步讨论,并审视今后理论发展的趋势,影响发展的因素等。这是提出具体科研课题或一个具体题目的好机会。不要认为文献中没有解决或完善的问题,你也不能解决和进一步完善,这是不思进取的表现。本书作者在五十年的教学和科学研究中经历过很多这种情况。例如在空值数据库研究初期,有人说这个问题很难,有人劝说,搞不好一生将一事无成。作者对这个项目进行了近十年的研究,形成了一个如何处理空值问题的完整体系,终于在1996年出版了作者的第一部专著《空值环境下数据库导论》。

(4) 当研究一个科研课题或一个具体题目时,只有通过阅读大量的著作、文献、论文,才能了解国内外的科学研究人员已经解决到什么程度,尚待解决的问题。只有这样才能抓住课题或具体题目的主要矛盾,避免不必要的重复,避免浪费大量的人力、财力和时间。

7.3 批判地阅读和吸收

一个科学研究人员掌握正确阅读和吸收的思想和方法是至关重要的,只有这样才能在科学研究中走进去、走得远。

1) 批判地阅读和吸收

世界上的一切对象或事物都是一分为二的,前人的学术成果也不例外,有正确的一面,也有片面的或错误的一面;有它在某些条件下解决问题的一面,也有由于它的局限性而解决不了的一面。许多科学研究限于时代科学研究环境(理论、实验环境)是无法完成的,随着研究环境的进步和改善才能被揭示出来。因此,在阅读著作、文献、论文或其他资料时应当批判地阅读。这对开始从事研究工作的科学研究人员来说,有时是做不到的。因为他们很迷信前人得出的结论和解决问题的方法,他们不懂得批判地阅读和吸收。要想真正取得科研方面的突破,必须在阅读过程中通过演绎推理、归纳推理、类比推理、运用创新思维和科学思维方式探索并找出不同于已有成果的结论。对于阅读著作、文献、论文或其他资料中片面、不足甚至是错误的地方,要找出它们的原因。

(1) 这是因为提供这些著作、文献、论文或其他资料的作者由于疏忽或水平原因造成的,在这种情况下,读者或科学研究人员要认真地接受前人的教训,探索并找出解决问题的方法以解决前人相应的问题。

(2) 这是因为提供这些著作、文献、论文或其他资料的作者所处的时代或其他原因导致的,有些科学规律、原理还未被发现,才出现局限性、不足甚至是错误的地方。因此,需要读者(研究者)要敢于怀疑和批判,敢于运用已证明的科学原理对这些问题提出质疑。在此基础上,探索并找出简单的解决问题的方法以解决前人相应的问题,并随着科学的发展而更新、提升。

例如,爱因斯坦是二十世纪最伟大的科学家,他提出了"宇称守恒定律"、"统一场论"。1957年,华人科学家李政道和杨振宁合作进行了科学实验,推翻了爱因斯坦的"宇称守恒定律",获得诺贝尔物理奖。这表明理论正确的标准是实验结果的验证,而不是权威。

批判地阅读和吸收,并不等于完全否定前人的工作,像爱因斯坦这样伟大的科学家尽管出现过错误,但他却提出了"宇称守恒定律"这样的研究课题。本书前面曾经指出"往往是提出课题比解决课题更困难"的论述,这一点对于年轻的科学研究人员一定要把握好。没有前人的工作就不会有今天科学研究人员的工作。任何一项新的科研成果都是在前人研究创新的基础上发展起来的。如果前人的科研成果已经完美无缺的达到顶峰,今天的科学研究者们就没有科研可搞,自然科学也就不能发展。只要人类存在,科学研究总是遵循着:未知→已知→未知→……发展下去,是永无止境的。

在已知基础上发现问题,才能提出问题并解决问题。学习就是提出问题并解决问题的过程。思维活动产生于问题,提出问题之后,就产生求知欲,要寻求解决问题的一定知识,分析与问题之间的关联,解决问题而获取新的知识。这有利于开拓思路,激发学习的积极性、主动性,通过提出问题和解决问题的思维过程而更好地理解、掌握和运用知识。

2) 问题阅读法的基本要求

(1) 要带着问题阅读。根据学习和研究的任务,在一般阅读的基础上,还要带着问题即重点、难点有的放矢地去学习。文献中的重点、难点,是学习、理解和把握全文的关键,需要认真思考,刻苦钻研。

(2) 要善于提出问题。在对文献认真阅读的基础上要质疑发问,提出需要进一步学习和研究的问题,"学贵有疑",提出一个问题往往比解决一个问题更重要。

因为提出新问题,是从新的角度去看问题,不仅需要创造性的思维和想象力,而且标志着科学的真正进步。提出的问题本身就是必须解决的矛盾,于是获得解决未知问题的知识。提出问题有几种情况:①提出在文献中不理解的内容、观点、概念和方法等;②提出对文献中有关内容、观点、概念和方法等不同认识的问题;③在归纳分析或类比推理或在创新思维过程中提出文献中未涉及的相关问题,提供选择课题的机会。

(3) 要认真解决问题。阅读文献提出问题之后,需要在进一步深入学习研究或通过讨论去解决问题。解决问题同样是深层次的研究过程,依据问题的性质、内容,需要认真思考解决问题所需要的条件、方法和思维方式,有针对性地解决问题,以便使研究人员在对课题的研究过程中获得新的认识和知识。

发现新问题,往往是从怀疑开始的。在积累知识的基础上,善于思考,才能发现新问题,产生科学研究的目标,再选择或创新科学方法对其进行研究,这样才能有新发现、发明和创新。

3) 批判"错误"结论要实事求是

本书作者经历过这样一件事情:本人曾经发表的文章被一位同行阅读,但是他并没有读懂这篇论文的内容,就给发表该论文的编辑部说要驳斥论文的结论,说他的研究结论是正确的(和我的结论恰好相反),编辑部的同志来信说:"你们可以争论!",于是我又特别慎重地重新分析和推导了我的论文的结论,对同行的结论也做了深入的分析和推导,并给出了一个反例,推翻了他的结论。编辑部接到我的信后转寄给该同行,他便不再提出进行驳斥了。

(1) 批判别人的结论或其他错误时,首先要深入研究和读懂所读的论文,当有十足把握时完全可以进行争论。批判错误可促进问题的解决,推进科研的发展。我们必须要批判错误结论和寻找知识无人区。要批判那些确实有根据证明是错误的结论,不能建立在没有完全理解别人的结论或一知半解的基础上就贸然否定别人的结论。这种做法一是否定了科学研究的科学性、严肃性;二是否定了自己,百害而无一益。

(2) 要以平常心正确对待那些批判的人,不管他的批判是否正确,特别是对批判错了的人。反过来,要以平常心正确对待论文出现片面、不足甚至是错误的作者。无论哪一方都应该认识到科学研究的目的是为了真正的解决所研究的问题,取得正确的结果,促进科学研究的发展,所以一定要明白,科学研究不是个人追名逐利的场所。上面的经历对我的触动也很大,尽管我的结论是正确的,但也使得我的后续研究更加一丝不苟、更加严谨。

在阅读过程中,要进行批判地阅读,力求保持独立的思考能力,利用阅读来启发思想。对于普遍的规律要具有清晰的概念和理解,而不能把他们看作一成不变的法则,更不能用一大堆杂乱无章的文献、论文和专著的内容消极地充斥头脑,应当积极地分析研究，寻找现有知识上的无人区。

钱学森也说过："在科学工作中要有严格的自我批判的精神，有实事求是的精神，这是青年从事科学研究工作的第一关"。

当研究一个科研课题或一个具体题目时，要吸收那些与自己的研究课题或问题相近的著作、文献、论文的观点及解决问题的方法。在这种情况下，还没有解决研究的问题时，有时也要吸收那些较近的，不太相关的著作、文献、论文提出并使用的方法。有时对解决自己的课题或一个具体题目也是有益的，甚至可能启发解决自己的问题的新方法。

一般来说，一个成功的科学家往往是兴趣广泛的人，他们的独创精神往往来自于博学，在博学的基础上把原来就已存在，但没有想到的有关联的观点联系起来，产生新的观点和方法。

因此，阅读著作、文献、论文不应该局限于正在研究的问题或学科领域上，不要认为和自己专业无关的就不关心。例如，搞计算机的人不仅要阅读学科领域中的各种著作、文献、论文，还要阅读一些生物学、神经学、遗传学、数学、航天等方面的书籍、著作、文献与论文，是极其有益的。这是因为它们中的许多方法和思路是和计算机科学研究相通的。例如，计算机网络安全理论研究中，就直接要用到生物学、神经学、遗传学和数学，没有这些学科领域上比较厚实的基础知识是很难有所突破的。对于那些进行工程应用的研究人员来说，必须认真学习工程应用对象的相关知识，否则是很难成功的。

对于年轻的科学研究人员要多阅读一些和自己科研课题相近的著作、文献、论文，对科研课题的实施是很有益处的。

对于高等学校的教师，特别是青年教师多读几门和研究的学科相近学科的课程教材或多教几门自己学科的课也是特别有益的。这样将会有广泛的基础理论知识，多占有几个分支，并在几个分支中跟上分支的进展，达到分支的前沿，会使科研方面有更广阔的选择空间和切入点。因为教师在备课过程中只有深入体会所教的内容、才能很好的传授给学生。特别当把自己科研的成果融汇到授课中时，才能传授给学生内容更宽泛、更深入的知识，才能取得更好的教学效果。

凡在科学研究中取得一定成绩的科学研究人员，他们严密、敏锐的思维，很大程度上是在年轻时就已经培养和训练出来的。由于科学研究工作是一项极其严谨且具有创新性的工作，必须逐层深入，一步一个脚印地走。每一点成果都是在前一步的基础上取得的，如果前一步没走好，将会影响下一步；如果前一步出现错误，后一步就无法走向正确，这就是"一步走错，全盘皆输"的道理。

对于创新性思维来说，见林比见树更重要，只见树不见林是危险的。一个头脑成熟、思维敏捷、对科学对象或事物有深思熟虑的科学研究人员，不仅要掌握研究细节，而且还必须掌握足以见林的全局观。

7.4 阅读坚持的原则和课题及命题选择

7.4.1 阅读文献和论文时的原则及方法

1) 有目标

文献种类很多,同一专业、同一学科、同一课题相关的专著、论文,也是多种多样的。阅读不能盲目,不能有什么学什么,不能简单机械地重复阅读,一定要有一个明确的阅读目标。根据研究课题或问题的内容与要求确定阅读的目标,既有阅读文献的总目标,也有阅读每个文献的具体目标。

2) 做"文摘"和笔记

(1) 做文摘是粗读的主要手段,在记录纸上把与研究工作有关的文献、论文,做出简明的、按要点的有机联系,形成一个完整体系的摘要。对于文献、论文全貌有所了解后,可以回到那些认为有意义的章节、段落进行重新阅读并做笔记。

(2) 在精读的过程中,做好文摘同时还要做好笔记,尤其是阅读文献、论文中所遇到的重要公式、定理要亲自推导证明一遍。只有这样才能知道一个公式、定理的来龙去脉。对于理解和记忆公式和定理的内容、含义和用法,了解产生它的前提条件和前提条件是如何产生的都是非常重要的。

3) 全文与摘要相结合

阅读过程中,对需要的阅文,都要阅读专著、论文的摘要和简介,从中发现有重要参考价值的,再阅读文献、论文的全文。一般来说,大量的文献、论文是阅读摘要,少量的文献、论文是阅读全文。阅读文献、论文全文时,要把握全文的主题、结构、论点、论据、创新内容、研究方法及可借鉴的内容和需要讨论的论点。对文中需要进一步研究的问题,还可以遵循其参考文献的索引,查阅相关文献、论文,以求深入研究。

4) 一般与前沿相结合

对文献、论文的阅读,在于了解学科或所研究课题的发展现状、前沿水平及其发展过程、发展原因,从中寻找和认识发展规律。阅读过程中,在一般文献、论文阅读的基础上,要重视追踪学术前沿、相关的学术问题,达到当前的国内或国际水平。前沿学术问题,是需要认真学习的内容,也是需要进一步研究的新起点。在学术前沿问题上的继续攀登,才能促进课题、题目研究的进展和解决。

5) 从薄到厚

最初阅读文献、论文时往往感到吃力,特别对那些创新性强的文献、论文,遇到这种情况就要反复读、反复思考。在读不懂的地方做个记号,等到全部读完之后,再回来重读。一般来说,不需要查看文献后面列出的参考文献,多读几遍,边读边理解，直到彻底弄通为止。如果通过多遍阅读还是弄不懂，就需要查看列在后面的参考文献加以补充阅读。根据所阅读文献的需要，可对参考文献粗读，也可对参考文献精读，直到把所读的论文弄懂为止。

往往感到吃力的问题，其实所需的时间不会太长，特别值得注意的是在阅读过程中要发现对于读者来说的新问题，并思考解决问题的思路。所说"从薄到厚"就是在阅读文献和资料时，一旦深入下去，就会发现新问题越来越多，越来越复杂，不似最初估计的那么简单，要弄懂的问题越来越多，感到自己知识不够用，需要一个一个的去思考和研究解决它。

6）从厚到薄

阅读文献、论文的过程也是人们对所研究课题的初步认识过程。因此，在阅读过程中，必须做到既阅读又研究，阅读中见思维。就是说，必须运用自己的思维能力，把阅读取得的各种材料，加以去粗取精、去伪存真、由此及彼、由表及里的思考，最后形成对问题的发现、确定和解决它的某种观点、思路和方法。这个过程就是从厚到薄的过程。

7）发现问题和解决问题

在阅读过程中发现问题、解决问题，是科学研究人员要阅读文献、论文的主要目的。只有这样，才能把要学的知识学到。不单单是了解别人做了什么，还要考虑别人没做什么，或者别人的实验能不能和结论吻合，数据可不可靠等。

8）多问几个为什么

在阅读过程中，需要多问几个为什么。基本概念是什么？基本理论是什么？派生的理论是什么？各个概念之间的关系是什么？哪些（个）是主要概念？哪些（个）是次要的？每个概念的来源或实际含义是什么？它与事实的关系如何？在什么条件下能够代表这个事实？在什么条件下又不能代表这个事实？从而明确一个概念的局限性。

9）熟能生巧

对于要精读的文献，需要反复的多次阅读。反复阅读的过程是逐步深入理解、思考的过程。要对其基本内容掌握得非常熟练，读得多、读得熟，通过反复思考，从中提炼出最基本、最核心的概念。在牢固掌握它们之后，才能跳出大量的具体而烦琐的计算、证明，才能站得更高，有利于解决所研究的问题，也就是"熟能生巧"。"巧"是一种创新性的活动，"巧"是在熟的基础上才能实现的。反复阅读，一般来说，每读一遍都会有新的体会和发现。"熟能生巧"这种活动是以客观对象或事物的规律性知识为基础，也就是以读者所读的文献、论文中的知识的掌握、积累为前提。同时，它也揭示了这样一个道理：对对象或事物规律性的认识必然在"熟"的基础上才能达到。必须指出的是，"熟"是研究所读的对象或事物读懂和深入理解的基础上的熟，否则，巧是生不出来的。

10) 脱开读文和理清思路

阅读时，每读一段，就应该脱开被读的文献、论文，把自己的思路整理一下，如果走不出来再去阅读，反思一下自己为什么走不出来，为什么文献、论文的作者能走通，这样亲自做一下，可以发现自己的弱点，学到别人的长处，更重要的是变成自己的知识。特别要强调的是对已读的文献、论文要把原作者的思路变成自己的思路，并把它用自己熟知的语言整理、记录出来。记录的过程中可以加进自己的观点或见解，写成记录文摘，成为新问题研究的基础和积累，有时是形成新的科研课题或一个具体题目，甚至是形成科学新发现和技术新发明的雏形。

11) 比较阅读

比较阅读是通过对比阅读文献、论文的方法。比较是认识客观事物的一种方法，是将两种或多种相关的事物从不同的方面进行对比，找出异同，分析差异及其原因，从而认识事物发展的原因、关系、趋势和规律。比较阅读是将相关的两部分或多部分内容对照阅读，分析其相同点和不同点及其差异的原因，为归纳推理和类比推理提供推理前提条件和环境。同时，可以进一步认识和把握文献、论文的中心思想、内容结构、基本观点、研究方法和需要研究的问题等，以培养创新性思维，提高科学研究的能力。比较阅读分两种情况。

（1）观点相反的论文可以参照来读，考虑一下双方的观点，其中一个必然是错误的或者两个都错。要注意，在阅读文献时，对于不同的学术观点应该抱有客观的严肃认真的态度，在没有足够根据的情况下，对于别人的观点和论点不能轻易地否定，即使是在激烈的争论过程中，对于和自己完全不同的观点和论点，也应该认真地研究别人提出的问题的前提和论点的根据，应当持一种公正和理性的态度，不能意气用事。必须认识到，不仅仅是那些正确的观点和论点对科学研究人员是有益的，而那些已经知道是错了的观点和论点，要认真分析错在什么地方，往往也是有益的。无论是理论的文献、论文还是实验文献、论文在阅读时都应当做出客观的分析和评价。

（2）解决同一类问题的文献或论文可能有多篇，就需要采用比较性阅读，比较它们解决问题手段的差异，思路和具体实施方法的过程差异、实验差异。要将这些文献或论文中所讲的观点与自己的知识、经验相比较，找出有意义的相似之处与不同点，分析综合、归纳推理确定课题或命题，对各篇论文做出优劣的判断，明确自己吸收或采纳的思想，并把这些分析研究中发现的新线索作为实施研究的突破口。

12) 心无旁骛全力以赴

阅读文献和读书一样，要沉下心来，专心致志思考，要做到思而有据，据而有理，理而有论，论而有践。如果心不在焉，不能深入思考，是绝对掌握不了所读文献、论文提供的对象或事物的规律及知识的。

13) 理解是记忆的基础

阅读文献、论文，要在理解的基础上加强记忆。反之，没有记忆，也就没有思维和理解。理解和记忆是相互促进、相互制约、相辅相成的。要想得到牢靠的记忆，就必须把前面阅读的已知知识与未知内容联系起来，加以比较，便可以借助于已知知识来消化未知内容，能够进一步认识它们之间的联系，并将其条理化，使之变成自己的东西。

14）继承是创新的基础

阅读文献、论文的目的是继承前人和他人的科学研究成果。继承的目的是为了科学创新，就是在已有知识的基础上，为了研究前人或他人没有做过的研究新课题和问题，对未知领域进行探索并获取新的知识和成果。继承是科学创新的基础，没有继承是不会有创新的，在批判继承的基础上勇于创新，没有创新，科学就不会发展，创新比继承更重要。

为了做前人或他人没有做过的新课题，就必须进行科学思维、创新思维，创新出对新课题和问题研究的新思路、新理论、新实验和新科学方法。这就促使科学研究人员认真总结前人或他人的研究成果、成功的经验、失败的教训和存在的问题。继承研究成果、成功的经验固然可贵，但是失败的教训和存在的问题对科学研究人员更可贵。经验值得吸取，教训值得警惕。

15）分析和整理

将不了解或不甚了解的千头万绪的课题进行系统化、条理化。这样处理的作用是，原本抓不住关键，不知从何入手的问题，就可以逐步明确，找出问题的核心，确定主攻方向，初步地形成解决问题的方法和技术路线。这样既可以吸取别人的经验，继承别人的研究成果，避免重复别人的劳动，也可以从中接受别人的教训，少走弯路，防止重蹈别人的覆辙，避免失败。

16）读文调查

阅读文献、论文实际上也是一种调查的方式。在阅读文献、论文时，必须把文献、论文报道中的实验结果、数据和文献、论文作者对结果的解释区别开来。文献、论文作者对实验结果的解释不一定是全对的，科学研究人员必须独立思考，多问几个为什么，多解决几个为什么。

阅读文献、论文时，如果不假思索地相信文献、论文所记录下来的结果及其解释，就会产生错误的观念，在这种观念下产生的就是错误的线索或突破口，继续研究下去将不会有正确的结果。

7.4.2 学术论文评价与课题及命题选择

（1）论文提出的假设或实验构想是什么？解决方法是如何实现的，用以推理的依据、解决问题的手段是什么？在阅读过程中发现哪个部分使人困惑或难以理解，就应该积极地尝试理解它。

（2）论文继承了过去理论的哪些部分？肯定和否定了哪些部分（肯定的论点

是什么？否定的论点是什么？)？新的思想是什么？贡献是什么？得出了什么样的理论成果？论文的成果使人明确了该项研究工作的精髓。

（3）论文提出的新理论，能否说明原有的理论不能说明的事实或现象。如果能说明，要弄清原来存在的矛盾是如何解决的；否则，说明这种理论存在着局限性。

（4）找出并弄清楚这一理论的局限性，为什么具有这种局限性？这对读者来说是一种挑战，这也是提供选择、确定新研究课题或题目的一个机会。

（5）新的理论能够预见什么新的事实和现象？这些新的事实和现象能否用实验加以证实？如果进行实验不能证实这些新的事实和现象，这也是提供选择、确定新研究课题或题目的一个机会。

（6）该项研究的未来发展方向是什么？不仅是论文作者所指出的未来发展方向，还包括读者在阅读论文过程中产生的一些想法或假设，为选择、确定新的研究课题或题目提供了一次机会。

按照上述说明阅读、思考和分析一篇论文，科学研究人员就不会受论文本身观点的束缚，可以启发创新精神。

一旦科研课题选定后，在正式开始研究工作之前，首先要做的就是调查研究，并在此基础上选择突破口制订科学研究方案。

一个科学研究课题选题就像是一个需要侦破的案件，这个课题的研究人员，既是一个侦察员又是一个法官。

7.4.3 专著与课题选择

科学研究课题选题要从专著开始，找到科学研究人员最感兴趣的问题，查找相关综述，会发现书上一些所谓的成熟观点，在综述中是"推测"，然后找原始文献，会发现有许多理论论证是由于原作者在某种程度上没有掌握恰当的证明方法或其他方面知识的欠缺，使论证不太完善。如果发现这样的问题，就可以选择这个题目或课题。

（1）要弄清原题目的假设、条件、结论是什么？在不改变原题目的情况下，读者要另辟蹊径去进行理论论证，如果证明是正确的，就应该和原作者的结论对比，看读者的结论是否比原作者的更好。这在计算机数据库、网络安全理论、数学和计算机其他分支理论研究的算法设计中是经常出现的事。

（2）如果有许多实验证据是在当时条件不够的情况下初步探索的，就要弄清原题目的假设、条件、结论是什么，在不改变原题目的情况下，用最新技术验证一个正确的观点，给它提供新证据。

（3）如果发现前人的观点或结论有错误，科学研究人员就找到一个将来的科研方向，将其选为课题，继续研究下去。

科学研究工作一开始，就像侦破案件工作一样，科学研究人员要像侦察员一样搜集所需要的材料,要阅读有关文献、论文,寻找与课题破解(案件侦破)相关的线索。最初他们得到的材料可能是支离破碎、不连贯的,表面看来是毫不相关的。但是经过科学思维和创新思维活动,以科学研究人员有效的想象力将所有阅读过的相关文献、论文全部联系贯通起来,经过分析研究,最后做出正确的判断。

其实对于阅读有关文献、论文,不仅是在研究工作之前进行,就是在选题之前和整个课题研究工作的过程中,也时时离不开阅读有关文献、论文。

7.5 阅文整理和科研方案的制订

经过广泛深入的阅读文献、论文后,科学研究人员已经掌握了大量的有关文献、论文,又经过分析思考,就应该把大量的文献、论文加以整理,弄清文献、论文之间的相互联系,找出存在的问题和矛盾,以便形成自己的观念。

在搜集了大量文献、论文的基础上,经过整理,最好以写出每份文献、论文评论的形式来结束初步的阅读研究。这样不仅使科学研究人员进一步加深对文献、论文的理解,发现尚未注意到的问题,帮助记忆,而且还可以使调查到的结果更加系统化和条理化,从而弄清课题和题目的突破口应该选在什么地方,从何处入手,以及如何选择研究工作的技术路线等。

课题的科学研究必须制订一个全盘的规划和方案,"凡事预则立,不预则废"。没有事先的规划或方案,就不能顺利完成科研课题研究工作。

科学研究规划或方案的制订,是根据大量广泛而深入的调查研究所取得的文献、论文,经过对它们的整理和分析,吸取前人成功的经验、接受前人失败的教训,消化吸收和自己课题有益的观念和思想,分析所研究课题的矛盾,找出要解决的问题,选择突破口,初步安排工作任务进程,确定切实可行的技术路线。

为了把突破口选得准确、技术路线切实可行,就必须对研究目标中的关键技术问题进行综合研究,抽象出本质问题。在此过程中,科学研究人员要竭尽全力找出问题的核心,即主要矛盾,集中力量解决它;对于次要的问题,即次要矛盾,不妨暂时搁置起来,以求日后再解决。有时,主要矛盾解决了,次要矛盾可能会迎刃而解,或者至少为解决次要矛盾准备了解决的条件,打下了基础。

作为课题和题目研究者,对课题的认识正是逐渐由面到线,由线到点的过程,这个点就是突破口,正是上述讨论的思想写照。

在确定技术路线时,可以根据整理出来的文献、论文,在明确总课题之后,将总课题划分为若干个关键性子课题,然后精心研究子课题的题目、命题和实验,如果是理论课题,则应该根据客观需求、归纳分析、类比推理和科学思维等方式和方法,精心设计出理论研究的大致过程和方案,一个有丰富经验的科学研究人员可能划分得更符合科学研究的实际。

为了解释整理出来的文献、论文呈现出来的现象或规律性,如果是理论的话,就要通过相应的定义、公理,定理、引理证明、公式和算法推出相应的结论的正确性,以求得到初步的结果。

特别值得注意的是,科学研究方案不要订的过死、过细。对于一个方案来说,应该看成是暂时的,可能随着科学研究工作的逐步深入、发展而变动。这是因为在按方案进行科学研究的过程中,有许多情况在制订方案时是估计不到的,许多新理论的发现往往都不是预料之中的。有时,在长时间进行集中的脑力劳动之后,会产生出新的设想。在这种情况下,识别和抓住预期之外的新思想、新发现,并进行深入的追踪研究是十分重要的。如果忽视了这一点,僵硬死板的遵循最初的方案走下去,就可能失去最重要的、甚至是重大发现的机会。因此,既要制订出尽量符合客观实际的科学研究方案,但又不能被方案束缚的过死。

当然,如果一个科学研究课题是由多个科学研究人员来共同完成,则科学研究方案必须在课题负责人的主持下,发扬学术民主,经所有参加研究的人员共同讨论,在争论过程中来制订。争论过程中要相互尊重,为争论中坚持正确观点不放弃的人而鼓掌,最后由课题负责人按照各组的优劣,按照扬长避短的原则,使每个研究人员(组)分别负责某一方面的子课题。在制订过程中,工作必须充分协调,使每个成员不仅了解自己负责的子课题部分,而且还要掌握全局。如果其中个别成员遇到或发现了方案外的重要线索,则应当向课题负责人和集体报告,并提出讨论,以便决定追踪这个新线索是否有益和必要。

第8章 命题证明基础

8.1 概　念

　　自然界中的每一种事物,总是具有多种属性与属性、事物与属性之间的联系。但是一些属性所处的重要性不一定相同,有些属性属于本质的,有些属性则是由某些本质属性派生的。对于隐含在自然界的事物中并且决定其他属性的根本属性,称其为本质属性,简称为本质。在进行科学抽象时,要努力把这种本质属性"抽象"出来。

　　由于本质属性隐含在自然界的事物中,比较难以把握和确定,必须运用分析和综合的逻辑思维,借助推理的方式和方法,才能确定出来。而派生的其他属性则很容易确定,如通过分析属性之间的关系或实验方法便可以直接得出。

　　科学抽象的结果是要形成概念,概念是反映事物本质属性的思维形式,在科学抽象中,只有形成科学概念才能把握和确定事物的本质和规律。科学研究成果,是通过各种概念描述出来的,只有形成科学的概念,才有助于更好地进行判断和推理。这是因为概念、判断和推理是理性认识自然界事物的三种思维形式。每一门自然科学都有它自己的一系列科学概念。

　　从事科学技术工作的人都十分清楚,开始时概念的建立和假设以及假定非常艰难(这里的假设是指大范围的,假定是指小范围的事物),所以,科学本身的原始概念的确定,对世界上任何一位顶尖的科学家都是困难的,所以,给出科学的基本定义需要胆识。

　　为了说明和讨论概念的思维形式,必须首先明确对象、属性、特有属性和本质属性的含义。对象:自然界的各种事物。属性:事物的性质,以及事物之间的关系。特有属性:只为该事物独有,而其他事物不具有的属性。本质属性:决定一个事物之所以成为该事物并区别于其他事物的属性。

　　1) 概念的涵义

　　概念是反映对象特有属性或本质属性的思维形式。

　　2) 概念与词语之间的联系

　　概念是词语的思想内容,概念的存在需要依赖于词语,词语是概念的表现形式,同一个概念可以用不同的词语表达。

3) 概念的内涵与外延

（1）内涵。反映在概念中概括的思维对象的特有属性或本质属性的总和，就是回答事物是什么样的。例如，数据库系统这一概念的内涵包括它是计算机存储记录的系统，也即它是一个计算机系统，该系统的目标是存储信息并支持用户检索（查询）和更新所需要的信息（数据）。它由四个部分组成：数据、硬件、软件和用户。

（2）外延。具有概念所反映的特有属性或本质属性的概括思维对象数量或者范围，就是回答这类事物有哪些。例如，数据库系统的外延就是指所有的一切的数据库系统，如关系数据库系统、空值数据库系统、时态数据库系统、空间数据库系统、时空数据库系统、移动数据库系统和不完全信息下 XML 数据库系统和分布式数据库系统等。

4) 概念的分类

（1）根据概念外延数量的多少，可以把概念分为专有概念和普通概念。①专有概念。外延只有一个对象的概念。例如，关系数据库、第三范式、BC 范式、第四范式等。②普遍概念。外延有两个或两个以上对象的概念。例如，计算机。

（2）根据概念所反映的对象是否为同一事物个体组成的群体，可以把概念分为集合概念和非集合概念。①集合概念。是以事物的群体为反映对象的概念。例如，数据结构中的集合、森林等。②非集合概念。是不以事物的群体为反映对象的概念。例如，数据结构中的树。

（3）根据概念所反映的对象是否具有某种属性，可以把概念分为肯定属性概念和否定属性概念。①肯定属性概念。反映事物具有某种属性。例如，某个元素 a 具有属性 A。②否定属性概念。反映事物不具有某种属性。例如，某个元素 a 不具有属性 A。

5) 概念间的关系

根据概念外延之间有无重合的部分，把两个概念具有的关系分为全同关系、真包含关系、真包含于关系、相交关系、全异关系。

（1）全同关系。两个概念的外延完全重合。例如，集合 A＝集合 B，这两个概念集合 A 和集合 B 完全重合。

（2）真包含和真包含于关系。一个概念的部分外延与另一个概念的全部外延重合的关系或一个概念的全部外延与另一个概念的部分外延重合的关系。例如，概念 B＝{对象1,对象2,对象3,对象4}，概念 A＝{对象1,对象2}，则有概念 $A \subset$ 概念 B，称概念 B 真包含概念 A 或概念 A 真包含于概念 B。真包含关系和真包含于关系统称为属种关系，其中外延大的叫属概念，外延小的叫种概念。

（3）相交关系。一个概念的部分外延与另一个概念的部分外延重合的关系。例如，概念 A＝{对象1,对象2,对象3}，概念 B＝{对象0,对象1,对象2,对象3,对象4}，则有 $A \cap B$＝{对象1,对象2,对象3}，称概念 A 与概念 B 相交。该例也满足真包含关系。

（4）全异关系。两个概念的外延没有任何的重合。例如概念 $A=\{$对象 0, 对象 1, 对象 $2\}$，概念 $B=\{$对象 3, 对象 $4\}$ 没有任何的重合，则有 $A\cap B=\varnothing$，称概念 A 与概念 B 为全异关系，简称为全异。

8.2 命　　题

8.2.1 命题及真假性

判断一件事情的语句，叫做命题。命题由前提（题设）和结论两部分组成。前提是已知事项，结论是由已知事项推出的事项。命题常可以写成"如果……那么……"的形式，这个"如果"后面的部分叫前提，"那么"后面的部分叫结论。如果前提成立，那么结论一定成立，像这样的命题叫做真命题。如果前提成立，不能保证结论一定成立，像这样的命题叫做假命题。

一般来说，在计算机数据库、网络安全理论和数学理论研究领域，甚至一些其他自然科学领域理论研究中，把用语言、符号或式子表达的，可以判定真假的陈述句称为命题。其中，判断为真（正确的）的语句称为真命题，判断为假（错误的）的语句称为假命题。

判断一个语句是否是命题，就要看它是否符合"是陈述句"和"可以判断真假"这两个条件。

判断一个语句是否是一个真命题或假命题，首先要判断这个语句是否是陈述句，如果是陈述句，则看它是否可以判断真假；如果这个语句不是陈述句，则肯定不是命题，自然就不会是"真命题或假命题"，如"一个二次函数有极值吗？"这个语句就不是一个陈述句，当然不会是命题。如果这个语句是陈述句，但它不能判断出真假，所以它也不是命题，如一个"二次函数 $f(x)\geqslant 10$。"是一个陈述句，但因为无法判断它的真假，所以它也不是命题。

命题的一般表示为"若 p，则 q"。

通常把这种形式的命题中的 p 称为命题的前提条件，q 称为命题的结论。

如果两个命题 p 和命题 q 进行联结，经常使用的联结词是简单的逻辑联结词："或"、"且"、"非"。一般来说，分别使用逻辑联结词"且"、"或"可以把命题 p 和命题 q 联结起来而得到一个新命题。

（1）使用逻辑联结词"且"，把命题 p 和命题 q 联结起来而得到一个新命题，记作 $p\wedge q$，读作"p 且 q"。

对于命题的真假性，可用如下方法进行确定。

当 p,q 都是真命题时，$p\wedge q$ 是真命题；当 p,q 两个命题中有一个命题是假命题时,$p \wedge q$ 是假命题。例如,p 为平行四边形的对角线互相平分,q 为平行四边形的对角线相等,因为 p 是真命题,而 q 是假命题,所以 $p \wedge q$ 是假命题。又例如,p 为菱形的对角线互相垂直,q 为菱形的对角线互相平分,因为 p 是真命题,而 q 也是真命题,所以 $p \wedge q$ 是真命题。

简单地说,命题 $p \wedge q$ 的逻辑性质:一假必假。例如,p 为 35 是 15 的倍数,q 为 35 是 7 的倍数,因为 p 是假命题,而 q 是真命题,所以 $p \wedge q$ 是假命题。

对于逻辑联结词"且"有时也用"与"。

(2) 使用逻辑联结词"或",把命题 p 和命题 q 联结起来而得到一个新命题,记作 $p \vee q$,读作"p 或 q"。

对于命题的真假性,可用如下方法进行确定。

当 p,q 两个命题有一个命题是真命题时,$p \vee q$ 是真命题;当 p,q 两个命题都是假命题时,则 $p \vee q$ 是假命题。简单地说,命题 $p \vee q$ 的逻辑性质:一真必真。例如,命题"$a \leqslant a$"是由命题 $p:2=2;q:2<2$ 用"或"联结后形成的新命题,即 $p \vee q$,因为 p 是真命题,所以 $p \vee q$ 是真命题。例如,命题"集合 A 是 $A \cap B$ 的子集或是 $A \cup B$ 的子集"是由命题 p:集合 A 是 $A \cap B$ 的子集;q:集合 A 是 $A \cup B$ 的子集,用"或"逻辑联结词联结起来而得到一个新命题 $p \vee q$,因为 q 是真命题,所以 $p \vee q$ 是真命题。例如,命题"周长相等的两个三角形全等或面积相等的两个三角形全等"是由命题 p:周长相等的两个三角形全等;q:面积相等的两个三角形全等,用"或"逻辑联结词联结起来而得到一个新命题 $p \vee q$,因为 p,q 都是假命题,所以 $p \vee q$ 是假命题。

(3) 一般来说,使用逻辑联结词"非"可以对一个命题 p 进行全盘否定,而得到一个新命题,记作 $\neg p$,读作"非 p"。

对于命题的真假性,可用如下方法进行确定。

若 p 是真命题,则 $\neg p$ 必然是假命题;若 p 是假命题,则 $\neg p$ 一定是真命题。简单地说,命题 $\neg p$ 的逻辑性质:命题 p 和命题 $\neg p$ 真假相对。例如,命题 $p:3<2$,命题 p 是假命题,$\neg p:3 \geqslant 2$ 是真命题。又例如,命题 p:空集是集合 A 的子集,命题 p 是真命题,$\neg p$ 是假命题。

由上可以看出,命题不是指判断语句是否是陈述句本身,而是指所表达的语义,是可以被定义并观察的现象。

判定一个命题是假命题,只要举出一个反例即可,也就是说,所举命题符合命题的题设,但不满足结论。

8.2.2 命题的种类和逻辑性

1. 命题的种类

除了前面讨论的命题(原命题)之外,还有由原命题变形而产生的以下几种基本命题。

1）逆命题

对于两个命题,如果其中一个命题的前提（条件）和结论分别是另一个命题的结论和前提（条件）,那么这两个命题被称为互逆命题。其中一个命题称为原命题,另一个则称为原命题的逆命题,即"若 p,则 q",那么它的逆命题为"若 q,则 p"。这样将一个已知命题的前提（条件）和结论互换,就可以得到一个新的命题,这个新命题便是已知命题的逆命题。

2）否命题

对于两个命题,如果一个命题的前提（条件）和结论正好是另一个命题的前提（条件）的否定和结论的否定,那么这样的两个命题被称为互否命题。如果把其中一个命题称为原命题,另一个则称为原命题的否命题,即"若 p,则 q",那么它的否命题为"若$\neg p$,则$\neg q$"。

3）逆否命题

对于两个命题,如果其中一个命题的前提（条件）和结论恰好是另一个命题的结论否定和前提（条件）否定,那么这样的两个命题被称为互为逆否命题。其中一个命题称为原命题,另一个则称为原命题的逆否命题,即"若 p,则 q",那么它的逆否命题为"若$\neg q$,则$\neg p$"。

以上也给出了各命题之间的关系。

2. 命题的逻辑性

以上命题的真假性,有且只有四种情况,如表 8.1 所示。

表 8.1 命题的逻辑性

真假 \ 类别	原命题	逆命题	否命题	逆否命题
①	T	T	T	T
②	T	F	F	T
③	F	T	T	F
④	F	F	F	F

由于逆命题和否命题也是相互为逆否命题,因此这四种命题的真假性之间的关系为:①两个命题互为逆否命题,它们有相同的真假性;②两个命题互为逆命题或互为否命题,它们的真假性没有关系。

因为原命题和它的逆否命题有相同的真假性,所以当研究人员在直接证明某一个命题为真命题有困难时,可以通过证明它的逆否命题为真命题,来间接地证明原命题为真命题。反证法在计算机数据库、网络安全理论和数学理论研究领域,甚至一些其他的自然科学领域理论证明研究中是最重要的间接的证明方法之一。

一个命题的否命题用得较少。命题是否成立,与它的否命题是否成立,两者没有关系。得到一个问题的否命题很容易,把限定词前提(条件)、结论全部否定就可以了。

8.2.3 集合论中的"交""并""补"与逻辑联结词的对应关系

因为在自然科学中,许多学科及其分支的问题的研究中,集合论中的许多知识都是用作研究的手段和工具,所以下面讨论集合论中简单的"交","并"," 补"与逻辑联结词的对应关系。

(1) 一般来说,根据上面的讨论知道,对于逻辑联结词"且"有如下的规定:若 p,q 都是真命题,则 $p \wedge q$ 是真命题;若 p,q 中有假命题,则 $p \wedge q$ 是假命题。

对于集合的"交"有下面的规定:若 $a \in P, a \in Q$,则 $a \in P \cap Q$;若 $a \notin P$ 或 $a \notin Q$,则 $a \notin P \cap Q$。将命题 p,q 分别对应于集合 P,Q;"真","假","$\wedge$"分别对应于"$\in$","$\notin$","$\cap$",那么上述关于"且"与"交"的规定就具有一致性。具体地说,就是"p 是真命题"对应于"$a \in P$";"q 是真命题"对应于"$a \in Q$";"$p \wedge q$ 是真命题"对应于"$a \in P \cap Q$";"$p \wedge q$ 是假命题"对应于"$a \notin P \cap Q$"。

(2) 一般来说,根据上面的讨论知道,对于逻辑联结词"或"有如下规定:若 p,q 两个命题中有一个命题是真命题,则 $p \vee q$ 是真命题;若 p,q 两个命题都是假命题,则 $p \vee q$ 是假命题。

对于集合的"并"有下面的规定:若 $a \in P$ 或 $a \in Q$,则 $a \in P \cup Q$;若 $a \notin P$, $a \notin Q$,则 $a \notin P \cup Q$。将命题 p,q 分别对应于集合 P,Q;"真","假","$\vee$"分别对应于"$\in$","$\notin$","$\cup$",那么上述关于"或"与"并"的规定就具有一致性。具体地说,就是"p,q 两个命题中有一个命题是真命题"对应于"$a \in P \cup Q$","p,q 两个命题都是假命题"对应于"$a \notin P \cup Q$"。

(3) 一般来说,根据上面的讨论知道,对于逻辑联结词"非"有如下的规定:若 p 是真命题,则 $\neg p$ 必然是假命题;若 p 是假命题,则 $\neg p$ 一定是真命题。

(4) 一般来说,对于集合的"补"有下面的规定:设 U 为全集,$P \subseteq U$,若 $a \in P$,则 $a \notin C_U P$;若 $a \notin P, a \in C_U P$。

将命题 p 对应于集合 P;"真","假","$\neg$"分别对应于"$\in$","$\notin$","C_U",那么上述关于"或"与"并"的规定就具有一致性。

在这样的对应下,逻辑联结词与集合的运算具有一致性,命题的"且""或""非"恰好分别对应集合的"交""并""补",所以在讨论命题的证明或运算中可以使用它们。

8.2.4 全称命题和特称命题

1. 全称命题

全称量词表示该命题陈述了主项所指称对象的全部,即陈述了主项的全部外延。

对于语句"$2x+1$ 是整数"含有变量 x,因为不知道变量 x 代表什么数,无法判断语句的真假,所以不是命题。如果对变量 x 进行限定,使其成为"对于任意一个 $x \in Z, 2x+1$ 是整数"语句,从而它是可以进行真假判断的语句,因此该语句是命题。

对于语句"$x>1$",含有变量 x,因为不知道变量 x 代表什么数,无法判断语句的真假,所以不是命题。如果对变量 x 进行限定,使其成为"对所有的 $x \in R, x>1$"语句,从而它是可以进行真假判断的语句,因此该语句是命题。

短语"任意一个"、"所有的"、"任何"、"凡"等,在逻辑中一般称为全称量词。全称量词表示该命题陈述了所指称对象的全部,用符号"$\forall$"表示。含有全称量词的命题,称为全称命题。全称量词可以省略,省略关联词后,其含义不会改变。

通常,将含有变量 x 的语句用 $p(x), q(x), \cdots$ 表示,变量 x 的取值范围用 M, $N, R, Z, T, \cdots$ 表示。如全称命题"对 M 中任意一个 x,有 $p(x)$ 成立",可以用符号简记为 $\forall x \in M, p(x)$。

2. 特称命题

特称量词表示该命题至少陈述了主项所指称对象中的一个,即对主项做了陈述,但未陈述主项的全部外延。

对于语句"$2x+1=5$"含有变量 x,因为不知道变量 x 代表什么数,无法判断语句的真假,所以不是命题。如果对变量 x 进行限定,使其成为"存在一个 $x_0 \in R$,使 $2x+1=5$"语句,从而它是可以进行真假判断的语句,因此该语句是命题。

对于语句"x 能被 3 和 5 整除"含有变量 x,因为不知道变量 x 代表什么数,无法判断语句的真假,所以不是命题。如果对变量 x 进行限定,使其成为"至少有一个 $x_0 \in Z$,使 x_0 能被 3 和 5 整除"语句,从而它是可以进行真假判断的语句,因此该语句是命题。

短语"存在一个"、"至少有一个"在逻辑中一般称为存在量词(特称量词),用符号"$\exists$"表示。含有存在量词的命题,称为特称命题。特称量词表示该命题至少陈述了所指称对象中的一个。表示特称量词的词语通常有"有的"、"有些"、"有"等。应当特别说明的是,特称量词"有的"等不能省略。

8.2.5 含有一个量词的命题的否定

(1) 一般来说,对于含有一个量词的全称命题的否定有如下结论。

对于全称命题 $p: \forall x \in M, p(x)$,其否定命题 $\neg p: \exists x_0 \in M, \neg p(x_0)$。全称命题的否定是特称命题。例如,命题 p:每一个素数都是奇数,它的否定是"并非每一个素数都是奇数",即存在一个素数不是奇数。从命题形式上看,这个全称命题的否定变成了特称命题。

(2) 一般来说,对于含有一个量词的特称命题的否定有如下结论。

对于特称命题 $p: \exists x_0 \in M, p(x_0)$,其否定命题 $\neg p: \forall x \in M, \neg p(x)$。特称命题的否定是全称命题。例如,命题 p:有些实数的绝对值是正数,即具有形式"$\exists x_0 \in M, p(x_0)$"。其否定命题是"不存在一个实数,它的绝对值是正数",即所有实数的绝对值都不是正数。从命题形式上看,这个特称命题的否定变成了全称命题。

8.3 几种不同的命题

8.3.1 定义

1) 定义的概念

定义是对于一种对象或事物的本质特征或一个概念的内涵和外延,使用判断或命题的语言所做的确切而简要的表述。定义一定是真命题,是一类特殊的真命题。一般情况下,定义是不加证明的。

但是,在计算机数据库和计算机其他分支领域理论的进一步研究中,有时为了研究讨论的便利,对于一种对象或事物的定义表述采用几种表述方式,在这种情况下,就必须对它们是否描述同一种对象或事物的本质特征进行等价性证明。如果证明不是等价的,则不能作为等价的定义来使用;如果证明是等价的,哪一个定义使用更为方便,就使用哪一个。

例如,对于一个现实问题,它有一个属性集 U,其中每个属性 A_i 对应一个值域 $DOM(A_i)$,不同的属性可以有相同的值域。把现实问题的所有属性组成一个关系模式,记为 $R(U)$,它由属性集 U 和 U 上成立的数据完整性约束集组成。关系 r 是关系模式 $R(U)$ 的当前值,是一个元组的集合。这里的关系模式和关系一般称为泛关系模式和泛关系。但是对许多现实问题,往往 $R(U)$ 不是恰当的形式,而必须用一个关系模式的集合 $\rho = \{R_1, R_2, \cdots, R_n\}$ 来代替 $R(U)$。其中每个 $R_i(1 \leqslant i \leqslant n)$ 的属性是 U 的子集,这里 ρ 称为数据库模式。对数据库模式的每一个关系模式赋予一个当前值,就得到一个数据库实例,也简称为数据库。根据关系数据库设计理论,把泛关系模式分解成规范的数据库模式,因而数据也不是存储在泛关系中,而是存储在数据库实例中。为了消除数据库的数据冗余和操作异常,必须研究关系数据库的规范化(范式)理论,根据数据库模式消除异常和冗余的程度,可以分为各种不同等级的范式。

定义 8.1 设 R 是一个关系模式,对于任意的属性都是原子属性,即属性值域中的每一个值都是不可分的最小数据单位,则称 R 属于第一范式(1NF),记作 $R(U,F) \in 1NF$。

如果某个数据库模式的每一个关系模式均属于第一范式,则称该数据库模式属于第一范式。

定义 8.2 设 $R(U,F)$ 是一个关系模式,F 是属性集 U 上的一个函数依赖集,函数依赖 $X \to Y \in F^+$。如果存在 X 的真子集 $X' \subset X$,使 $X' \to Y \in F^+$,称 Y 部分依赖于 X,记作 $X \xrightarrow{p} Y$;若不存在这样的真子集 X',则称 Y 完全依赖于 X,记作 $X \xrightarrow{f} Y$。

定义 8.3 设 $R(U,F)$ 是一个关系模式,F 是属性集 U 上的一个函数依赖集,A 是 U 中的某个单属性,若存在 U 的某个候选关键字 K 包含了 A,则称 A 为 U 关于 F 的主属性,否则 A 为 U 关于 F 的非主属性。

定义 8.4 设 $R(U,F)$ 是一个关系模式,如果 $R_i \in 1NF$,且 $R(U,F)$ 中的任何一个非主属性都完全函数依赖于它的候选关键字,则称 $R(U,F)$ 属于第二范式(2NF),记作 $R(U,F) \in 2NF$。

如果某个数据库模式的每一个关系模式均属于第二范式,则称该数据库模式属于第二范式。

定义 8.5 设 $R(U,F)$ 是一个关系模式,F 是属性集 U 上的一个函数依赖集,设 X 为 $R(U,F)$ 的一个子集,A 为 U 中的一个属性。如果存在 $Y \subseteq R$,使 $X \to Y$,$Y \to X, Y \to A$ 成立,且 $A \notin XY$,称 A 属性传递依赖于 X,记作 $X \xrightarrow{t} A$。

定义 8.6 设 $R(U,F)$ 是一个关系模式,如果 $R_i \in 1NF$,且不存在非主属性传递依赖于候选关键字,称 R_i 是一个第三范式,记为 3NF。一个数据库模式 $R = \{R_1, R_2, \cdots, R_n\}$,若 R 模式中的每一个关系模式 $R_i(i = 1,2,\cdots,n)$ 都是第三范式,则称该数据库模式 R 为第三范式(3NF),即 $R(U,F)$ 中不存在任何非主属性传递函数依赖于 $R(U,F)$ 的某个候选关键字,则称 $R(U,F)$ 属于第三范式(3NF),记作 $R(U,F) \in 3NF$。

如果某个数据模式的每一个关系模式都是 3NF 的,则称该数据库模式属于第三范式。需要指出的是,2NF 和 3NF 首先必须是 1NF,这是对数据库模式的最基本要求。

定义 8.7 (基于判定的 BC 范式)设 $R(U,F)$ 是一个关系模式,$R_i \in 1NF$,F 为关系模式 R 上的 FD 集,如果 F 的闭包 F^+ 中的每一个 $X \to A(A \nsubseteq X)$ 的左部都

包含了关系模式 R_i 的候选关键字,则称 R_i 为 BC 范式,记作 $R_i \in$ BCNF。一个数据库模式 $R = \{R_1, R_2, \cdots, R_n\}$,若每一个 $R_i(i=1,2,\cdots,n)$ 都是 BC 范式,则称该 R 是 BC 范式,记作 $R(U,F) \in$ BCNF。

如果某个数据库模式的每一个关系模式都属于 BCNF,则称该数据库模式属于 BC 范式。

该定义的实质是一个模式是否为 BCNF 的判定方法,因此,该定义从判定角度给出了定义。

为了下面的讨论,给出它的另一种等价定义。

定义 8.8 (基于内涵的 BC 范式)设 $R(U,F)$ 是一个关系模式,$R_i \in$ 1NF,且 R_i 中不存在任何属性 A(A 可以是主属性)传递函数依赖于 R_i 的一个关键字,则称 R_i 属于 BC 范式(BCNF),记作 $R_i \in$ BCNF。如果某个数据库模式的每一个关系模式都属于 BCNF,则称该数据库模式属于 BC 范式,记作 $R(U,F) \in$ BCNF。

使用定义 8.8 证明命题:属于 BC 范式的关系模式必然属于第三范式,比起用定义 8.7 证明这个命题结论是否成立要简单得多,但是必须证明定义 8.8 和定义 8.7 是等价的。

命题 8.1 定义 8.8 和定义 8.7 是等价的。

证明 要证明两个定义的等价性,必须从两个方面证明,既要证明定义 8.7 可以推导出定义 8.8,又要证明定义 8.8 可以推导出定义 8.7。

(1) 证明定义 8.7 可以推导出定义 8.8。根据定义 8.7,若 R_i 关系模式上的 F^+ 中的每一个函数依赖 $X \to A(A \not\subseteq X)$,其左部都包含有候选关键字,则 R_i 中不存在属性 A 传递依赖于 R_i 的候选关键字。

我们证明此命题的逆否命题:若 R_i 中存在属性 A 传递依赖于 R_i 的候选关键字,则 R_i 关系模式上的 FD 集 F 的闭包 F^+ 中存在一个函数依赖 $Y \to A(A \not\subseteq Y)$,其左部不包含候选关键字。

假设 R_i 中存在属性 A 传递依赖于 X 候选关键字,则有 $X \to Y, Y \to A \in F^+$,且 $Y \not\to X$,由传递依赖定义,$A \notin X, Y$。因为 $Y \to A \in F^+$,可知 Y 中不含候选关键字,因为若含候选关键字,必有 $Y \to X$,这与 $Y \not\to X$ 相矛盾,故 Y 不含候选关键字。这就证明了定义 8.7 可以推导出定义 8.8。

(2) 再证明定义 8.8 可以推导出定义 8.7。若 R_i 不存在属性 A 传递依赖于 R_i 中的候选关键字,则 F^+ 中每一个函数依赖 $Y \to A(A \not\subseteq Y)$,其左部都包含有候选关键字。

仍然证明此命题的逆否命题:若 F^+ 中存在函数依赖 $Y \to A \in F^+, A \notin Y$,其中 Y 不含候选关键字,则 R_i 中存在属性 A 传递依赖于 R_i 中的候选关键字。

根据定义 8.8,设 R_i 的候选关键字为 X,由于 Y 中不含候选关键字,可知 $X \to Y$,且 $Y \not\to X$,由假设 $Y \to A, A \notin Y$,所以 A 属性对候选关键字有传递依赖。证毕。

现在已经具备证明命题 8.2 的基本知识。

命题 8.2 属于 BC 范式的关系模式必然属于第三范式。

证明 我们证明该命题的逆否命题：若一个关系模式 R_i 不是 3NF，则其一定不是 BCNF。假设 R_i 不是 3NF，则存在非主属性 A 对候选关键字 X 的传递依赖，即有 $X \to Y, Y \to A$，且 $Y \not\to X, A \not\subseteq X, Y$。由于 $Y \to A$，显然 Y 不含候选关键字，否则有 $Y \to X$ 成立，与假设矛盾，所以关系模式 R_i 不是 BCNF，定理得证。证毕。

已经证明，在 FD 环境下，BC 范式是数据库模式可能规范化到的最高范式。

定义是揭示概念内涵的逻辑方式，是用简洁的词语揭示概念反映的对象的特有属性和本质属性。定义的基本方法是"种差"加最邻近的"属"概念。

2）定义的规则

（1）定义概念与被定义概念的外延相同。

（2）定义不能用否定形式。

（3）定义不能用比喻。

（4）定义不能循环定义。

定义是人们使用判断或命题的语言逻辑形式，也是人们确定一个认识对象或事物在有关对象或事物的综合分类系统中的位置和界限，使这个认识对象或事物从有关事物的综合分类系统中彰显出来的认识行为。简单地说，是揭示概念内涵的逻辑方法。

划分是明确概念全部外延的逻辑方法，是将"属"概念按一定标准分为若干种概念。

3）划分的逻辑规则

（1）子项外延之和等于母项的外延。

（2）一个划分过程只能有一个标准。

（3）划分出的子项必须全部列出。

（4）划分必须按属种关系分层逐级进行，不可以越级。

4）定义组成结构

定义由被定义项、定义项、定义联项三部分组成。

被定义项：被定义的事物或者对象叫做被定义项，通过定义来揭示其内涵的概念。

定义项：揭示被定义项内涵的定义词组。

定义联项：联结被定义项和定义项的概念。

5）必须给出定义的原因

在计算机数据库、网络安全和数学理论研究过程中必须给出定义的原因如下。

（1）人们为了相互交流必须对某些名称和术语有共同的认识才能进行。为此，就要对名称和术语的含义加以描述，做出明确的规定，也就是给出它们的定义。

否则,将会一片混乱,无法交流和讨论,一个无定义的世界将会是一个混沌的世界。

(2) 对于一个科学研究人员来说,研究某一个问题或某一个系统的较大问题也必须对某些名称和术语有共同的认识才能进行。否则,将会一片混乱且要多次重复描述认识对象或事物具有的确定的含义、时间、位置、界限、相互之间关系和规定,形成多次重复描述的浪费。

定义除了内涵定义、外延定义还有递归定义。

递归定义是使用有意义的方式用一个词来定义这个词本身。一般来说包括两个步骤:首先一个或数个特定的事物属于被定义项的集合 X;其次所有与 X 中的元素有一定关系的事物,而且只有与 X 中的元素有这个关系的事物也属于 X。在做递归定义时要小心避免循环定义。例如,首先 1 是一个自然数,其次比自然数大 1 的数也是自然数,所有其他数都不是自然数。

6) 注意

(1) 由于定义是认识主体使用判断或命题的语言逻辑形式,确定一个认识对象或事物在有关事物的综合分类系统中的位置和界限,使这个认识对象或事物从有关事物的综合分类系统中彰显出来的认识行为。因此人们在相互交流中,必须对某些名称和术语有共同的认识才能进行。为此,就要对名称和术语的含义加以描述,做出明确的规定,也就是给出它们的定义。这也是人们研究定义的原因之一。

(2) 必须理解定义的概念内涵,要特别注意将毫无本质特征的一堆描述语言作为一个定义是十分不妥的。这也是人们在确定定义中最容易犯的错误之一。

(3) 对于定义来说要有编号(如按章、节或其他标志),除此之外,对于有些重要的定义,还需要按能够体现其本质特征给出定义的简化名。

定义 8.9 (数依赖集 F 的闭包)设 F 是 U 上的函数依赖集,由 F 经过阿姆斯特朗公理推导出的全体函数依赖集称为 F 的闭包,记为 F^+。其中本质特征为由 F 经过阿姆斯特朗公理推导出的全体函数依赖集。

定义 8.10 (覆盖或等价)设 F 和 G 是 U 上的两个函数依赖集,若 $F^+ = G^+$,则称函数依赖集 F 和 G 等价,记为 $F \equiv G$,也称为 F 覆盖 G 或 G 覆盖 F。其中本质特征为 $F^+ = G^+$。

8.3.2 公理

公理是不需要证明的,而定理是经过证明的真命题。公理与定理都是命题且是真命题。公理可以作为判断其他命题真假的根据。

公理经过人们长期反复的实践检验是真实的,不需要由其他判断加以证明,同时也无法去证明的共同遵循的客观规律,已经被大家所广泛接受的真命题。例如,如果 $A=B,B=C$,则 $A=C$。

公理是某个演绎系统的初始命题,这样的命题在该系统内是不需要利用其他命题加以证明的,并且它们是推出该系统内其他命题的基本命题,对这种命题也称为公理系统中的核心公理。

为了更好地应用这些核心公理,一般情况下需要以核心公理为基础,对其进行扩展,而扩展产生的公理规则,是要通过核心公理部分推导出来的,即扩展后的公理规则是需要证明的。

在关系数据库中确定关键字和弄清函数依赖中的逻辑蕴涵时,要求由 F 计算 F^+,或者至少要对给定的函数依赖集 F 和函数依赖 $X \to Y$ 能确定 $X \to Y$ 是否在 F^+ 中。为此,需要有关于从一个或多个函数依赖导出其他函数依赖的推导规则。实际上,还能做得更多。如果能给出一组完备的推导规则,就是说,给定一个函数依赖集 F,能利用这组规则导出 F^+ 中的所有函数依赖。不仅如此,这组规则还是有效(亦称正确)的,也就是利用它们不会由函数依赖集 F 导出不在 F^+ 中的函数依赖。

通常称这组规则为阿姆斯特朗公理(实际上是阿姆斯特朗推理规则,后面的讨论仍称阿姆斯特朗公理)。虽然我们即将给出的某些规则与阿姆斯特朗给出的有些不同,是在原公理上的改进,但仍称作阿姆斯特朗公理。

为了给出关系数据库中的函数依赖公理系统,需要做如下假设,给定一个关系模式 $R(U,F)$,U 是它的全部属性的集合(即全属性集),F 是一组函数依赖,它只涉及 U 中的属性。如计算机数据库中的阿姆斯特朗公理系统的核心公理有三条。

A_1. 自反律:若 $Y \subseteq X \subseteq U$,则 $X \to Y$ 被 F 逻辑蕴涵。

注意,本规则只给出平凡依赖集,即左部包含右部的那些函数依赖。这一规则的使用与 F 无关。

A_2. 增广律:若 $X \to Y$ 且 $Z \subseteq U$,则 $XZ \to YZ$。

注意,这里的 X,Y 和 Z 是属性集合,而 XZ 是 $X \cup Z$ 的简写。还有,给定的函数依赖 $X \to Y$ 可能是 F 集中的,也可能是由 F 集中的函数依赖利用我们正在描述的公理导出的。

A_3. 传递律:若 $X \to Y$ 且 $Y \to Z$,则 $X \to Z$。

从阿姆斯特朗公理能导出若干其他推导规则。引理 8.1 给出其中的三个。

扩展产生的公理 (A_4, A_5, A_6) 是要通过核心公理部分推导出的,即扩展的公理是需要证明的,既然已经说明了 A_1、A_2 和 A_3 的有效性,因此在证明 A_4、A_5 和 A_6 的正确性时将有权利用它们。

引理 8.1

A_4. 合并律:若 $X \to Y$ 且 $X \to Z$,则 $X \to YZ$。

A_5. 伪传递律:若 $X \to Y$ 且 $WY \to Z$,则 $XW \to Z$。

A_6. 分解律:若 $X \to Y$ 且 $Z \subseteq Y$,则 $X \to Z$。

证明

  A_4. 由 $X \to Y$ 利用增广律 $X \to XY$,由 $X \to Z$ 利用增广律得 $XY \to YZ$,再用传递律,由 $X \to XY$ 和 $XY \to YZ$ 推出 $X \to YZ$。

  A_5. 由 $X \to Y$ 和增广律得 $WX \to WY$,但已知 $WY \to Z$,故按传递律有 $WX \to Z$。

  A_6. 由 A_1 和 A_3 立即可得分解律。

  证毕。

8.3.3 公理系统的有效性和完备性证明

  公理系统是公理的集合,从这些公理可以逻辑地导出所有定理。也可以说,公理系统是形式逻辑的一个完整体现。计算机数据库、网络安全和数学研究理论体系由相应的公理系统和所有它导出的相应定理、定律组成。

  本节所使用的证明方法是公理演绎法,它的特点是大前提是依据公理(或规则)进行推理。

  前面已经讨论了公理系统是公理的集合,从这些公理可以逻辑地导出所有的定理,公理系统是形式逻辑的一个完整体现,是由相应的公理系统和所有它导出的定理组成的。

  由于公理系统可以建造一个完整、无矛盾、满足一致性的理论体系,所以大部分的计算机、数学理论研究领域,甚至一些其他科学领域也采用了公理化体系来研究它们的理论体系。关系数据库中的数据依赖的函数依赖和多值依赖相关的命题及理论系统分别是由函数依赖公理系统和多值依赖公理系统推演出来的,就是基于这样的一个认识。

  如何确保能够由相关的公理系统导出所有的定理和其相关的真命题,而构成一个相应的学科分支的理论体系就是本节所讨论的问题。问题的核心是相关的公理系统是否是有效性的、完备的。如果是,这意味着公理系统是正确的并且不再需要其他规则。

  有效性一般被认为是对有价值的演绎系统的最小要求。这是因为如果演绎系统不具备有效性,在这个系统中可以被推导或证明的命题或结论是不可靠的。而完备性告诉我们希望能被推导或证明的所有东西都可以被推导出来,但是,不是所有有效的演绎系统都是完备的。

  公理系统的有效性、完备性的证明并不是针对公理系统中每个公理的正确性的证明,而是对公理系统能否完成产生新的理论体系能力的准确判定。

  下面讨论阿姆斯特朗公理的有效性和完备性的证明问题。为了证明原命题阿姆斯特朗公理是有效的和完备的,首先要对这一原命题进行分析,其前提条件是阿姆斯特朗公理中的三个基本规则(自反律 A_1,增广律 A_2,传递律 A_3),其原命题的结论是两个:有效性和完备性。根据分析的结果可知,要完成该结论是否正确的证明,必须证明它的两个子命题(子命题1:阿姆斯特朗公理是有效的,子命题2:阿姆斯特朗公理是完备的)是否正确。因为子命题1,子命题2是命题的子命题,所以根据定理和引理的概念可知,子命题1的证明应当由引理的证明完成。

依据证明先易后难的理念,我们首先证明阿姆斯特朗公理的有效性问题。首先,证明子命题1:阿姆斯特朗公理的有效性,即它们只导出真的结果,其证明比较容易,证明思路比较清晰,过程也比较简单。

引理 8.2 阿姆斯特朗公理是有效的。换句话说,若 $X \to Y$ 能从 F 集利用公理推出,则在 F 集为真的任何关系里,$X \to Y$ 也真。

证明 对于自反律 A_1:如果 $Y \subseteq X \subseteq U$,则 $X \to Y$ 被 F 集逻辑蕴涵。因为不可能有一个关系 r,它的某两个元组在 X 上相同而在 X 的某个子集上不相同,所以自反律 A_1 是有效的。

对于增广律 A_2:若 $X \to Y$ 且 $Z \subseteq U$,则 $XZ \to YZ$。假设有一关系 r,它满足 $X \to Y$,且有两个元组 t 和 u,它们在属性 XZ 上相同,但在 YZ 上不同。既然它们不可能在 Z 上不同,t 和 u 一定是在 Y 的某属性上不同。但 t 和 u 在 X 上相同而在 Y 上不相同,这种结果与在 r 上成立 $X \to Y$ 的假设相矛盾,所以增广律 A_2 是有效的。

对于传递律 A_3:若 $X \to Y$ 且 $Y \to Z$,则 $X \to Z$。设有关系 r 满足 $X \to Y$ 和 $Y \to Z$,根据函数依赖 FD 的定义,对于任意两个元组 $t, s \in r$,如果 s 和 t 在 X 上的属性相同,由于 r 满足 $X \to Y$,所以 s 和 t 在 Y 上的属性必然相同,又因为 r 满足 $Y \to Z$,所以 s 和 t 在 Z 上的属性必然相同。这个证明过程可以看出,对于任意的两个元组 $t, s \in r$,如果 s 和 t 在 X 上的属性相同,则必有 s 和 t 在 Z 上的属性相同,即 $X \to Z$ 在 r 中成立。证毕。

传递律 A_3 的有效性的实质是前面关于 $A \to B$ 和 $B \to C$ 逻辑蕴涵 $A \to C$ 的论证的简单推广。

证明阿姆斯特朗公理的完备性,即能用阿姆斯特朗公理导出关于依赖性的每个正确推断。由于需要证明 F^+ 等于 F 所逻辑蕴涵的所有函数依赖,一种直观简单的思路是将 F^+ 中所有函数依赖全部列出,逐一考察它们是否被 F 所逻辑蕴涵,这是一种穷举的方法。然而,列出 F^+ 有两种可能情况:一种情况是函数依赖集很小,F^+ 可能很庞大;第二种是函数依赖集很大,F^+ 也可能很大到不能求解。这就是说,我们不可能穷举所有的由函数依赖集 F 逻辑蕴涵的函数依赖 f。这就是为什么在分析完备性概念的涵义和数据依赖的关系的基础上,为了解决完备性问题的证明之前,我们需要先定义一个属性集相对于一组函数依赖而言的属性集闭包的原因。

定义 8.11 (属性集闭包)设给定一个关系模式 $R(U, F)$,$U = \{A_1, A_2, \cdots, A_n\}$,$F$ 是属性集 U 上的一组函数依赖,X 是 U 的子集。只要 $X \to A_i$ 能从 F 借助于阿姆斯特朗公理导出,所有这样的依赖的右部属性集称为 X 关于 F 集的属性闭包,

记为 X_F^+。

属性集闭包的主要作用是,它使我们能一看便知一个给定的函数依赖是否能借助阿姆斯特朗公理从 F 集导出。

根据前面讨论的命题的逆否命题与原命题的逻辑关系可知,任何命题的逆否命题与原命题是等价的。因此,证明原命题的逆否命题的正确性是证明原命题正确性的一个可能的证明思路。

所以证明子命题 2:阿姆斯特朗公理是完备的需求,必须证明子命题 3:$X \to Y$ 能由阿姆斯特朗公理导出,当且仅当 $Y \subseteq X_F^+$。由于证明子命题 3 是证明原命题的一部分,缺少了它,很难继续证明并且它的证明比较简单,所以,给出引理 8.3,而且是一个充要条件命题。

引理 8.3 $X \to Y$ 能由阿姆斯特朗公理导出,当且仅当 $Y \subseteq X_F^+$。

证明 充分性:假设 Y 是属性集合,并且 $Y = A_1 A_2 \cdots A_n$,其中,$A_1, \cdots, A_n$ 是属性。如果 $Y \subseteq X_F^+$,即 $A_i \in X^+$ ($i = 1, 2, \cdots, n$)。按照属性闭包的定义,对于每个 i,$X \to A_i$ 由公理导出,利用合并律,有 $X \to Y$。

必要性:设 $X \to Y$ 能由公理导出,并且 $Y = A_1 A_2 \cdots A_n$,其中,$A_1, \cdots, A_n$ 是属性。利用分解律,知 $X \to A_i$ 成立,$i = 1, \cdots, n$。根据属性闭包的定义,于是 $Y \subseteq X_F^+$。证毕。

现在我们来证明阿姆斯特朗公理的完备性。为此只需证明(原命题的)逆否命题:如果 F 是一组给定的函数依赖,$X \to Y$ 不能用公理由 F 导出,则一定存在一个关系 r,它使 F 集中的所有函数依赖都成立,但 $X \to Y$ 不成立,而这意味着 F 并不逻辑蕴涵 $X \to Y$。

定理 8.1 阿姆斯特朗公理是有效的和完备的。

证明 有效性已在引理 8.2 给出。我们只需证明完备性。

设 F 是在属性集 U 上的一组函数依赖,并假设 $X \to Y$ 不能用公理由 F 导出。考虑图 8.1 中给出的关系 r,它有两个元组。

图 8.1 表示 F 不逻辑蕴涵 $X \to Y$ 的关系 r

(1) 证明 r 满足 F 中的全部依赖。假设 $V \to W$ 属于 F,但不被 r 满足。那么必有 $V \subseteq X_F^+$,因为如果不然,r 的两元组将在 V 的某属性上不同,而我们并不关心这样的 V。同样地,W 不能是 X_F^+ 的子集,否则 r 就满足 $V \to W$ 了。令 A 是 W 中但不在 X_F^+ 中的一个属性,既然 $V \subseteq X_F^+$,根据引理 8.3,$X \to V$ 能由公理导出,又因 $V \to W$ 在 F 中,按照传递律有 $X \to W$。由自反律知 $W \to A$,从而再用传递律可导出 $X \to A$。

这意味着 A 在 X_F^+ 中，与关于 A 的假设矛盾。于是，证明了在 F 中的任何 $V \to W$ 一定被 r 满足。

(2) 需要证明的是 $X \to Y$ 不被 r 满足。假设不然，即假设 r 满足 $X \to Y$。显然 $X \subseteq X_F^+$，从而知 $Y \subseteq X_F^+$，否则 r 的两个元组就在 X 上相同而在 Y 上不同了。于是根据引理 8.3，$X \to Y$ 将能由公理导出，这与假设矛盾。因此，$X \to Y$ 不为 r 所满足，虽然 F 中的每一依赖均被 r 满足。根据(1)，(2) 的证明，由此我们推出：只要 $X \to Y$ 不能由 F 用阿姆斯特朗公理导出，则 F 必不逻辑蕴涵 $X \to Y$。这表明阿姆斯特朗公理是完备的。证毕。

以上的引理和定理的证明是根据对阿姆斯特朗公理能否由 F 逻辑蕴涵每一个函数依赖的预先分析而得出的。引理 8.2 作为定理 8.1 的一部分是专用于定理 8.1 的；而引理 8.3 除了在证明阿姆斯特朗公理完备性以外，还可以应用于其他的某些理论证明中。

在数学中，所有的定理都必须给予严格的证明，但公理却是不必证明的。因为公理是人们为了方便研究(某些方面也只有有了一个标准才能进行更深层的研究，这个标准就是公理)而人为设定的。

几何学的公理化方法是从少数原始概念和公理出发，遵循逻辑原则建立几何学演绎体系的方法。用公理化方法建立的数学学科体系一般由四个部分组成：①原始概念的列举；②定义的陈述；③公理的列举；④定理陈述和证明。

这四个组成部分不是独立地一部分一部分的陈述和展开，而是相互交叉、相互渗透、相互依赖地按照逻辑推理原则演绎和展开。一般来说，用公理化方法建立的几何学演绎体系总是由抽象内容和逻辑结构构成的统一体。决定几何体系的基础是原始概念和公理，不同的基础决定不同的几何体系，例如欧氏几何、罗氏几何、黎曼几何、拓扑学等。

几何体系的逻辑结构，主要取决于公理提出的先后次序，同一种几何体系由于公理系统的编排次序不同，可以产生不同的逻辑结构。就是同一欧氏几何也可以有多种逻辑结构，一个几何命题的证法不是通用的，它在这一逻辑结构中适用，但在另一个结构里可能不适用。

8.3.4 定律和原理

1. 定律

定律是被实践和事实所证明，反映事物在一定条件下发展变化的客观规律的论断。例如，在数学运算范围内的加法定律、减法定律、乘法定律、除法定律、交换律、分配律，在经典物理学范围内的牛顿运动定律、能量守恒定律、欧姆定律等。

定律是一种理论模型，它用以描述特定情况、特定范围内的现实世界，在其他范围内可能会失效或者不准确。没有任何一种理论可以描述宇宙当中的所有情况,也没有任何一种理论可能完全正确,因为任何一种理论随着科学研究的不断进步,也都不断地提升。

2. 原理

一般在大多数情况下,原理是在现实生活当中,公认的总结出来的并加以实践出的结果。当然这是人类认识、实践的结果,以及总结的经验。因此原理是会变化的,人类认识的不断前进会推翻一些以前的错误认识。对人类而言,只有暂时的正确的原理,而绝对的正确的原理肯定是不存在的。因为对于宇宙,人类很无知,很渺小,说不定两点之间直线最短这个我们公认的公理就是错误的,因为也许还有人类不曾知道的其他维度的空间。对于原理肯定是建立在前人研究的经验以及实践之后的结果上,所以它有一定的规律性,很多东西是可以遵循的,除非有一天有人发现了原理的错误。

8.3.5 定理

定理、引理和逆定理都是必须经过证明的真命题,它们都属于定理范畴,故可以总称为定理。

1. 定理

定理是已经证明具有正确的、可以作为原则或规律的命题或公式。

具体地说,定理是从真命题(已知的定义、定律、原理、公理或其他已被证明的定理、引理、公式以及推论等)出发,经过正确的逻辑推理,证明为正确的命题或公式,即另一个真命题。例如,"平行四边形的对边相等"就是平面几何中的一个定理。

一般来说,在数学中,只有重要的真命题(陈述)才叫定理。证明定理是数学的中心活动。相信为真但未被证明的数学命题(陈述)为猜想,当它被证明为真后便是定理。它是定理的来源,但并非唯一来源。一个从其他定理引申出来的命题或公式叙述,可以不经过证明猜想的过程成为定理。定理都是真命题,但真命题不一定都是定理。一般选择一些最基本、最重要和最常用的真命题作为定理,以它们为论据(根据)推证其他命题。

如上所述,定理需要某些逻辑框架,继而形成一套公理(公理系统)。同时,一个推理的过程,允许从公理中引出新定理和其他之前发现的定理。根据已知的真命题确定某个命题真假的过程叫证明。

在命题逻辑中,所有已证明为真的命题都称为定理。

定理结构一般由两部分组成:

(1) 假设(若干个条件)。

(2) 结论(一个或几个)。它是在条件成立下成立的数学命题。一般情况下记作"若条件成立,则结论成立",或有时用逻辑符号记为:条件→结论。而定理证明不纳入定理的成分。计算机数据库、网络安全和计算机一些其他分支领域理论研究中对命题和定理的证明也是基于数学理论的认识。

2. 引理

引理是为了取得某个更好的结论而作为步骤被证明为真的命题,其意义并不在于自身被证明,而在于为达到最终目的所起的作用。

著名的引理可用于证明多个结论。数学中存在很多著名的引理,这些引理可能对很多问题的解决有帮助,例如,欧几里得引理,高斯引理,……,庞加莱引理等。

引理和定理没有严格的区分。定理和引理在逻辑上都是等价的,它们都是定律、原理、公理经过逻辑推理推导出来的结论为真的命题。

但是,引理是专门为了证明定理所需要的一些已经证明了的称为引理的定理,即引理是针对一个定理的前提定理。如果一个定理证明比较复杂,需要很多并且是有限的多个大步骤的证明才能得到最终的正确结论,如果把它们放在定理里面,会使定理的证明过程变得冗长,甚至很不清晰。为此,为了清晰起见,将有限个大步骤中的一(或几)个大步骤作为一个引理而提前进行证明,对于这个引理,一般来说是专门为了证明这个定理的。例如,前面讨论的引理 8.2、引理 8.3 就是为证明定理 8.1 而给出的,是定理 8.1 不可缺的一部分。但是,有时利用引理 8.2 也可能证明其他定理,这种情况并不多见;而引理 8.3 是可用于证明其他定理的,这在关系数据库理论证明中是使用得很多的一个引理。

引理就好像一个软件所必需的一个插件一样,插件本身也是程序,但它是专门为了服务软件程序的。

3. 逆定理

(1) 若存在某命题为 $A \to B$,其逆命题就是 $B \to A$。

(2) 逆命题成立的情况是 $A \leftrightarrow B$,否则,通常都是倒果为因,不合常理。如果命题是定理,其成立的逆命题就是逆定理。

若某命题和其逆命题都为真,条件必要且充分;若某命题为真,其逆命题为假,条件充分;若某命题为假,其逆命题为真,条件必要。

定理是用逻辑的方法判定为正确并作为推理根据的真命题,也就是说定理一定要是正确的。不是每个定理的逆定理都是正确的。所有的定理都是真命题,定理自然是命题,但所有的命题都是定理却是错误的。

上面已经说明定理包含两个部分,从静态划分一个定理包含假设(若干个条件)和结论(一个或几个)两部分。但是,定理必须进行动态的演绎推理证明,演绎推导过程是连接条件和结论的桥梁。

4. 推论

推论一般是不加证明的。推论一般是对定理的补充和完善。推论为命题,当然也必须为真命题。"推论"、"定理"、"命题"等术语的使用区别往往是比较主观的,一般来说,定理必须是经过逻辑证明判断为真的命题,但对于在某些条件下明显成立的定理,由于证明简单而不需要写出它的证明过程,但它又不是公理。当然,推论一般被认为不如定理重要,但它是由相关定理和引理推理出来的,并且常常是很有用的。

在数学上,推论(也称为系)是指能够简单明了地从前述命题推出的结论性陈述。推论往往在定理和引理后出现。如果命题 B 能够被简单明了的从命题 A 推导出,则称 B 为 A 的推论。

第 9 章　证明方法和实验

9.1　证　　明

9.1.1　证明概述

　　证明通常包括逻辑证明(理论证明)和实验、实践证明,这是由计算机数据库、网络安全、数学理论的特征所决定的。在它们的理论研究中,命题、定理结论的正确性必须通过逻辑证明来保证,即在前提(条件)正确的基础上,通过使用有效的推理规则得出结论。但是,又由于计算机科学理论的应用性,特别是算法的正确性、可终止性和复杂性的逻辑证明和分析尚需进行实验验证,即使实验验证是正确的,如果针对某一工程应用时,多数情况下还是不能完全达到预期的目标。在这种情况下,还需要按照回溯方法由果索因的推理形式探寻不能完全达到预期目标的原因,找到原因后进行修正或补充,如此反复,直到完全达到预期目标为止。

　　对数学来说,由于数学的特征,数学结论的正确性,大多数题目或命题无法用实验与实践来证明,只能依靠逻辑证明结论的正确性。计算机理论和数学研究的命题证明都是用一些真实的命题来确定某一命题正确的一种思维形式。数学证明要在公理系统中进行。而计算机理论研究的证明中有一部分是这样,另一部分却不一定是这样。

　　由推理的意义可知,依据一个或一些真实的判断,进而断定另一个判断为真实的推理,就叫做论证。

　　推理与论证有以下区别与联系。

　　(1) 它们之间的区别。根据前提(条件)推出未知结论称为推理;而根据真实的论据(条件)证明一个事物的存在与否称为论证。

　　(2) 它们之间的联系。设一个事物的存在是依据客观规律的,那么不是该事物的其他事物的存在也是依据客观规律的。不属于该事物的存在与其他事物之间存在的规律可以被表明的,那么也就证明被设的这个事物如果是客观存在的,该事物与其他事物之间也是存在规律的。则证明其他不属于该事物的客观事物的存在也就给出了该事物的存在。否则该事物不属于客观规律,那么就是不存在的。推理就是能够推出该事物与其他事物之间异同、联系,论证则是证明该事物存在与否。

　　论据(条件)是指被用来作为证明命题正确与否的理由。论据(条件)一般来自两个方面:

(1) 该系统中已经承认了其正确性的真实命题,如定义、原理和公理;

(2) 该系统中已经证明了的真实命题,如定理、引理、推论、公式、性质和规则等。

论证就是证明的过程,证明的过程其实就是推理的过程,即把论据(条件)作为推理的前提(条件),应用有效的推理形式推出正确命题的过程。一个论证可以只包含一个推理,也可以包含一连串推理,可以只用演绎推理,或只用完全归纳推理与数学归纳法。有时,也要用因果推理等。对于大多数较为复杂的命题,使用多种推理方式才能证明它的正确性,即可以演绎推理与完全归纳推理或数学归纳法并用,还可以在证明过程中的不同部分使用不同的证明方法,如运用反证法、同一法、构造法进行证明。

要证明某个命题成立,可以直接从原命题入手,也可以间接的从它的等价命题(如逆否命题)作为出发点。因此,证明的方法可分为直接证明与间接证明(反证法、同一法)。

具体地说,证明是用已知为真的事实(定义、公理、假设、定理、规则、公式、算法、推论、定律、原理和性质等)或可以接受的理由确定某一命题或结论真实性(为真)的推理过程。简单地说,证明就是用已知的一个(或一些)为真的命题确定另一命题为真的推理过程。

要证明一个命题,就是要由前提(条件)及已有的真实命题出发,逐步进行推理,不断得出互相联结的新命题,一直推出所证命题的结论为止。

计算机数据库、网络安全、数学和计算机一些其他分支领域理论的推理过程都是由一系列的推理构成的。每个推理是由命题有序排列而成的,而一个证明又是由若干推理有序排列构成,如图 9.1 所示。

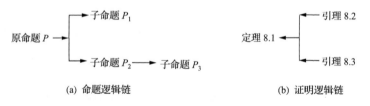

(a) 命题逻辑链　　　　　　　　　　(b) 证明逻辑链

图 9.1　逻辑链

图 9.1(a) 中子命题 P_3 是子命题 P_2 的一个子命题,它属于子命题 P_2 的下一层,它是为了证明命题 P_2 的结论而产生的命题,是隐含在 P_2 中的。在许多命题中都存在同类情况,有的命题可能比这种命题还要复杂。图 9.1(b) 中引理 8.2、引理 8.3 构成了定理 8.1 的一个证明逻辑链。

根据命题和命题之间的联系,也就是被证明是正确的命题的定理与定理之间的联系,在后面的定理证明过程中,用前面的定理(引理)作为演绎推理的前提(条件),例如,引理 8.2、引理 8.3 就是证明定理 8.1 的前提(条件);非演绎推理在单个定理的证明中也是分成几段逐步进行的,各段的结论是由上而下相互联系的,或由演绎推理推出,或由非演绎推理(主要是指归纳推理)推出。这些推出各段结论的演绎推理可分为两类,一类是由已知的前提(条件)演绎推理推出结论;另一类的前提(条件)主要是由非演绎推理提供的,由提供的前提(条件)演绎推理出结论,这就是用非演绎推理支持演绎推理,如图 9.2 所示。

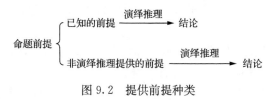

图 9.2 提供前提种类

前一类演绎推理比较简单,后一类相对来说则比较困难。这里的简单、困难都是针对获得前提(条件)而言的,其中的困难是由于非演绎推理与证明方法有密切联系的原因。对于非演绎推理,构成非演绎推理的命题序列的每一个命题或是由简单的演绎推理推出,或是由非演绎推理的基本类型推出。

证明定理的关键在于证明方法,但实现方法需要运用推理。从以上讨论可以看出定理中的证明都有一系列的推理,但却不全是演绎推理,而是有演绎推理,也有非演绎推理;并且既有后者支持前者,也有前者支持后者的情况。因此,非演绎推理也是一种基本推理,而且是计算机数据库、网络安全、数学领域理论证明中本已存在但却尚未认知的基本推理。非演绎推理是它们证明的重要组成部分,也是实现证明方法的重要手段。

9.1.2 证明和推理的联系与区别

1. 构成命题证明的三要素

任何一个命题的真实性证明都是由命题论据(条件)、命题结论和论证方法三个要素构成的。

1) 论据(条件)

论据(条件)也称理由或根据,用来确定被证命题真实性已知为真的命题(公理、定理、规则、公式、算法、推论、定律、原理和性质),它成为被证命题成立并使人信服的理由或根据,它所回答的是"用什么来证明"的问题。可作为论据(条件)的命题一般有两类:

(1) 已被确认的关于事实的命题,可以举出具体的事实,称为事实论据;

(2) 表述科学原理的判断(已知的定义、公理、条件、定理、规则、公式、算法、推论、定律、原理和性质等)也称为理论论据(条件)。

有些证明过程是需要分层次的,在证明某一被证命题为真的过程中,如果引用的论据(条件)(第一层论据(条件))本身还不足以明显证明被证命题的真实性,或其本身还不足以有明确的真实性,就需要引用其他命题(第二层论据(条件))对这些论据(条件)(第一层论据(条件))进行证明。以此类推,还可以有第三层论据(条件)、……、第 n 层论据(条件)等。在一个证明中,只能有一个被证命题,过渡性命题可以有多个,但必须是有限的。图 9.1(a)中的子命题 P_1、子命题 P_2 属于第一层论据(条件),而子命题 P_3 就是第二层论据(条件),它是过渡性命题。

2) 命题结论

命题结论又称论题,是通过证明来确定其为真的命题结论,它所要回答的是"证明什么"的问题。命题结论一般有三类。

(1) 科学上已被证明的命题(定理),但是这种命题可能不是最优的,为了克服它的某些或某个方面的不足而需要证明的新命题(发展性或改造性命题)。对于这类证明,其目的在于已被证明的命题(定理)质量存在的问题(并不表明它一定是错误的),证明的新命题相对原已被证明的命题(定理)一定是较优的,否则将是毫无意义的。① 在计算机数据库、网络安全理论和计算机一些其他分支领域算法的研究中,总是不断地研究解决某种问题比已存在算法更优的算法,这一类问题将在第 10 章和第 11 章详细讨论;② 在关系数据库模式分解规范化理论研究中,在函数依赖环境下的 1NF→2NF→3NF→BCNF 就是一个逐次优化的过程;③ 在计算机所有工程应用中总是寻找最优解决方案也是基于这种思想。

(2) 为了最终证明某个被证命题的结论为真,往往会出现一些在证明过程中需要证明为真的过渡性命题,如图 9.1(a)中子命题 P_3 就是要证明子命题 P_2 为真的过渡性命题,这种命题会成为被证命题的论据(条件)或论据(条件)之一。

(3) 在科学上尚待证明的科学假设、前人没有提出过的新观点而形成的命题。对这类命题的论证,其目的在于探索命题的真实性。

3) 证明方法

也称为证明方式,是指证明中论据(条件)和命题结论之间的联系方式,即用论据(条件)证明命题结论时的证明过程所运用的推理形式,它所回答的是"怎样用论据(条件)证明命题结论"的问题。一个证明过程可以只包含一个推理,也可以包含多个(有限的)一系列推理,而推理有演绎推理和非演绎推理以及联合使用等多种形式。

2. 证明和推理的联系

(1) 任何证明都是一个推理的过程,证明是推理的实际运用,推理是证明的工具。

(2) 证明方法和推理形式都是命题(判断)之间的逻辑推导过程。

(3) 证明的结构与推理形式的组成部分之间具有相关性:论据(条件)——前

提,结论——命题结论,证明方法——推理形式。

数据库、网络安全和数学领域理论的证明,由结论或求证、假设或已知、证明过程三部分组成。其中,假设或已知是命题给定已知条件及已知为正确的定义、公理、定理、规则、公式、算法、推论、定律、原理和性质等,就是论据(条件);结论或求证就是命题结论;证明过程就是推理过程。

3. 证明和推理的区别

(1) 目的要求不同。证明是先有结论后找论据(条件),推理是先有前提后得结论。

(2) 认识过程不同。证明要求论据(条件)为真,推理形式并不要求前提为真。

(3) 逻辑结构不同。证明通常比推理复杂。

根据所用的推理形式不同,产生的证明方法也不同,可将证明方法进行分类:演绎证明方法,归纳证明方法等。

根据论据(条件)与命题结论之间是否直接发生联系的情况,证明方法分为直接证明方法和间接证明方法。间接证明方法包括:演绎证明方法,归纳证明方法。

(1) 演绎证明方法是用演绎推理的形式作为证明方式所进行的证明,是用陈述一般原理、原则的命题(定义、公理、假设、定理、规则、公式、算法、推论、定律、原理和性质等)证明某一特殊事实(某一特殊命题(定理或规则或算法或推导公式))为真。

演绎证明方法的特点是:论据(条件)包含了关于一般性知识的命题。演绎证明方法推出的结论最可靠有效。

(2) 归纳证明方法是运用归纳推理的形式作为证明方式所进行的证明,是陈述特殊事实的命题,证明一般原理或带有概括性的判断为真。

完全归纳法证明(数学归纳法)具有必然性。这种方法是常用的证明方法。

9.1.3 证明的规则和步骤

1. 证明的规则

严格地说,从命题的论据或题设条件出发,经过逐步正确地推理,来判断命题结论是否正确的过程,叫做证明。

要正确地运用证明,必须遵守证明的有效逻辑推理规则,它是证明有说服力的必不可少的条件。

因为证明是由命题的结论、论据(条件)和论证方式组成的,所以证明的规则就包括命题结论的规则、论据(条件)的规则和证明方式的规则这三个方面的内容。下面分别加以讨论。

1) 命题论据(条件)的规则以及违反命题论据(条件)规则的逻辑错误

命题论据(条件)的规则也有两条。

(1) 命题的论据(条件)必须真实或有可接受的理由。违反这条规则,就要犯"虚假理由"或"预期理由"的逻辑错误。以完全虚假命题的论据(条件)作为论据(条件)来证明命题结论的真实性是错误的,这也是强调证明中论据(条件)必须为真的理由。凡是用了未经证明真实性的论据(条件)来证明命题结论的,叫预期理由,"预期理由"的错误是"想当然"的错误。

(2) 命题论据(条件)真实性不能依赖于命题的结论,论据(条件)不能靠命题的结论来证明或推出(当然由结论出发使用目标逆向推理划分法猜测和确定论据除外,因为它不是证明(见第7章))。①如果违反这条规则,就会犯"窃取命题的结论"或"循环证明"的逻辑错误。②以真实性尚待证明的命题作为论据(条件)来证明命题结论的真实性也是错误的。③循环证明是和预期理由相类似的一种逻辑错误。如果这种未经证明的论据(条件)还需要由命题的结论来加以证明的话,那就是循环证明。

为什么循环证明是错误的呢?这是因为命题的结论是从论据(条件)中推导出来的,是靠论据(条件)来证明的,如果论据(条件)的真实性还要靠命题结论来证明的话,那就会出现这样的情况:命题的结论靠论据(条件)来证明,论据(条件)又要靠命题的结论来证明,这样就形成一个闭环,谁都得不到证明。这也是在计算机数据库理论中,研究数据组织无环性理论的理由之一。

2) 命题结论的规则以及违反命题结论规则的逻辑错误

命题结论的规则有两条。

(1) 命题的结论必须清楚、明确,不能含混不清。

(2) 命题的结论必须始终保持同一律,不得偷换命题的结论或转移命题的结论。

如果违反这两条规则,就会犯"命题结论不清"和"偷换命题结论"或"转移命题结论"的逻辑错误。

3) 证明方式

证明方式的规则只有一条。命题的结论必须是从论据(条件)中由有效推理规则逻辑地推导出来,即必须遵守各种推理形式的逻辑规则。如果违反这条原则,就会在证明过程中,使论据(条件)与命题结论之间不存在推理关系,就会犯"不能推理出来或无中生有"的逻辑错误。主要表现在以下几个方面。

(1) 表现为命题的结论和论据(条件)毫不相干。也就是说,论据(条件)可能是真实的,但论据(条件)的真实性与命题结论的真实性没有关系,二者风马牛不相及。

(2) 表现为论据(条件)不足的逻辑错误。也就是说,所提的论据(条件)对于证明命题结论的真实性来说是必要的,但不是充分的。

(3) 证明中的每一步推理都要有根据,不能"想当然"。论据(条件)必须是真命题,例如,定义、公理、已知的定理和命题中设定的条件等必须为真。

(4) 表现为"以人为据"的逻辑错误。要证明某一命题是正确的,不是用论据(条件)去证明这一命题如何符合实际,而只是说这一命题是某个权威人物说的。例如,法国数学家费马在对质数研究时,提出了费马数。但是,经过约半个世纪后,数学家欧拉证明费马猜想是错误的,推翻了费马猜想;像爱因斯坦这样伟大的科学家提出的"宇称守恒定律"后来也被证明是错误的。

在数学上,证明是在一个特定的公理系统中,根据一定的规则或标准,由公理、已知的定理和命题设定的条件推导出某些命题结论的过程。数学证明一般依靠演绎推理,而不是依靠自然归纳和经验性的论据,这样推导出来的命题也叫做该系统中的定理。

数学证明建立在逻辑之上,但通常会包含自然语言,因此可能会产生一些模棱两可的部分。实际上,若证明的大部分内容用文字形式写成,可以视为非形式逻辑的应用。在证明论的范畴内,只考虑用纯形式化的语言写出的证明。

要证明一个命题是真命题,就是证明凡符合题设的所有情况,都能得出结论。要证明一个命题是假命题,只需举出一个反例说明命题不能成立。

例如,判断命题:如果函数 $f(x)$ 在点 x_0 处可导,则函数在该点必连续;反之,函数 $f(x)$ 在点 x_0 处连续,则函数在该点 x_0 处也可导。

我们可以给出一个反例:函数 $f(x)=|x|$。因为 $\Delta y = f(0+\Delta x) - f(0) = |0+\Delta x| - |0| = \Delta x$,所以 $\lim_{\Delta x \to 0} \Delta y = \lim_{n \to 0} |\Delta x| = 0$,即 $y=|x|$ 在 $x=0$ 处是连续的。但是,

$$f'_+(0) = \lim_{n \to 0^+} \frac{f(x+\Delta x) - f(0)}{\Delta x} = \lim_{n \to 0^+} \frac{\Delta x - 0}{\Delta x} = 1$$

$$f'_-(0) = \lim_{n \to 0^-} \frac{f(x+\Delta x) - f(0)}{\Delta x} = \lim_{n \to 0^-} \frac{-\Delta x - 0}{\Delta x} = -1$$

因为 $f'_+(0) \neq f'_-(0)$,所以 $f(x)$ 在点 $x=0$ 处不可导。这就证明函数 $f(x)$ 在点 x_0 处连续,但函数在该点 x_0 处不可导。说明该命题是一个假命题。

理论上的证明根据形式化程度不同包括以下几种。

(1) 非形式化证明。一种用严格的自然语言证明某个定理或论断的表达式。由于这种证明依赖于证明者所使用的语言,因此,证明的严密性将取决于语言本身以及读者对语言的理解。对非形式化证明的研究主要应用在讲课中。

(2) 形式化证明。在形式逻辑中,形式化证明并不是用自然语言书写,而是以形式化的语言书写,这种语言是由一个固定的字母表中的字符所构成的字符串组成的。而证明则是以形式化语言表达的有限长度的序列,使得形式化证明不具有

任何逻辑上的模糊之处。对形式化证明的研究,主要应用在广泛意义上可证明的性质,或说明某些命题的不可证明性等。

另外还有一种上述两种证明方式的混合使用证明的方式:半形式化证明。

(3) 半形式化证明。在证明过程中以形式化证明为主,同时又伴以严密的自然语言表达方式。自然语言表达式必须能严密表达它要表示的以形式化语言表达的有限长度的部分序列(理论上来说,每个非形式化的证明都可以转为形式化证明)。这种证明形式主要应用于自然科学的应用理论研究,如计算机数据库、网络安全理论和计算机一些其他分支领域理论研究中,无论是定理类的理论证明,还是算法证明多采用此类证明。

2. 证明的步骤

根据以上讨论,可以给出一个一般性证明步骤,它是不同证明方法共有的部分和步骤。对于使用不同的证明方法,具体证明过程和步骤均有很大不同。在本书后面的讨论中将有所体现。

一般性证明步骤如下。

(1) 必须清楚、明确对于要证明命题的结论。首先要判定其是否是一个假命题,判定一个命题是假命题,只要举出一个反例即可,也就是说所举的命题符合命题的题设条件,但不满足结论。

(2) 对于论据(条件)为已知的定义、公理、定理、规则、公式、算法、推论、定律、原理和性质等必须真实。仔细分析每个已知的概念或命题的关系,它们分别和被证明的命题结论之间的联系、相互作用和相互制约的关系。否则,将无法选择采用推理形式和证明方法。

(3) 选择推理形式和证明方法。科学研究人员必须深入掌握各种推理形式、证明方法的特点,根据被证明的命题结论和论据(条件)之间的联系,根据各种推理形式和证明方法的特点,恰当地选择推理形式和证明方法。

(4) 粗略描述出证明的步骤。将用准确的文字语言表述的概念和命题,转化为符号语言来表示和(或)转换出图形或图示。结合图形或图示写出论据(条件)和被证明的命题(结论)。这种转换不是唯一的,要根据个人的使用习惯和方便而定。对于证明比较复杂和证明过程较长的命题,最好这样做。因为它可以使证明过程思路清晰、不易遗漏和省时省力。

(5) 一般通过图形或图示易于分析由已知论据(条件)为真的命题逻辑推理,找出推导或证明被证明的命题结论的途径。有时在分析过程中需要将相应的图示转换成用准确的语言表述。

(6) 写出推理或证明过程,需要进行调整(如用分析法进行分析,然后用综合写出)时,必须进行调整,完成最后的被证明的命题结论。

9.2 综合法和分析法

要证明某个命题成立,可以直接从原命题入手,也可以间接的从它的等价命题开始。因此,证明的方法可分为直接证明与间接证明。

直接证明就是用真实的论据(条件)直接证明命题的真实性,即从命题的论据(条件)出发,为命题的真实性提供直接的理由和根据。综合法和分析法是直接证明法中最基本的两种证明方法。

在计算机数据库、网络安全、数学理论和计算机一些其他分支领域理论的证明方法中,综合法和分析法是指从原命题所给出为正确的已知的定义、公理、定理、规则、公式、算法、推论、定律、原理、性质和命题假设的条件,直接通过一系列的正确的逻辑推理,一直推导出需要证明的命题结论真假的方法。

这两种方法是常用的思维和推理方式,简称综合法和分析法。它们以三段论的演绎推理、因果推理形式为指导,是演绎推理、因果推理两种推理形式应用的具体方法。

直接证明的形式为结论:A;论据(条件):B,C,……;论证方式:B 和 C,……符合推理规则推出 A。

综合法是"由因导果",即从原命题所给的条件(原因)出发,推导出所要证明的命题结论(由原因产生的结果)。因此,综合法又叫做顺推证法或由因导果法。综合法证明步骤是从原命题所给的条件出发,顺着推证,由"已知推导出未知",逐步推出求证命题的结论,这就是顺推法的步骤。

分析法是从原命题所要证明的命题结论或需求问题出发,一步步地逆推(回溯)探索下去寻求上一步成立的充分条件,……,最后达到原命题的已知条件(由结果找到产生的原因)。因此,分析法又叫做逆向推证或执果索因法。分析法证明步骤与综合法正好相反,它是从待求证的结论出发,逆向分析,由未知逐渐靠近已知(已知条件,定义、公理、定理、规则、公式、算法、推论、定律、原理、性质和命题给出的条件等)。这种证明方法的关键在于必须保证分析过程的每一步都是可以逆推(回溯)的。

9.2.1 综合法

综合法是计算机数据库、网络安全和数学领域理论的证明方法中一种常用方法,它是一种从已知到未知(从命题的论据(条件)到结论)的逻辑推理方法,即从命题的论据(条件)中设定的已知条件或已证为真的命题出发,经过一系列正确的推理,最后导出所要求证命题的结论为真。简言之,综合法是一种由因索果的证明方法,其逻辑依据也是三段论式的演绎推理、因果推理形式。

为了描述简洁、方便,设需要证明的原命题的结论 $Q=\{$命题、定理、引理、算法、公式和性质$\}$,论据(条件)$P=\{$已有的公认的事实、定义、公理、引理、定理、推论、算法、法则、公式性质和命题设定的条件$\}$。

在证明中,经常从论据(条件)P 出发,运用一系列有效的逻辑推理直接导出需要证明的原命题的结论 Q,这种证明方法称为综合法。

用综合法直接证明原命题的结论 Q 时,从原命题已有的论据(条件)P 出发,经过逐步的逻辑推理直接推导出结论 Q_1,Q_1 即作为由 P 逻辑推理推导出的第一个结论,Q_1 可能是最终结论 Q,作为一个较明晰和较简单的结论这完全是可能的;如果 Q 是一个证明较为复杂的结论,则结论 Q_1 是最终逻辑推理推导出结论 Q 的证明链条中的一个中间结点,为了继续逻辑推理推导出最终原命题结论 Q,此时 Q_1 便成为继续逻辑推理推导原命题结论 Q 的条件。由$(P+Q_1)$条件和论据出发,利用逻辑推理直接推导出结论 Q_2,Q_2 是最终逻辑推理推导出结论 Q 的证明链条中的又一个中间结点;再由$(P+Q_1+Q_2)$条件和论据出发,利用逻辑推理直接推导出结论 Q_3;……;再由$(P+Q_1+Q_2+Q_3+\cdots+Q_n)$条件和论据出发,这样,至少可以找到一条由原命题已有论据(条件)P,利用逻辑推理直接推导出原命题结论 Q 的思路,有时也可能找到几条思路。在这种情形下,需要进行多方面的比较,以谋取最简便的证明思路。

综合法的每步逻辑推理都是寻找必要条件。综合法借助于一些中间量、式子、已知的结论、定理、公理最终转化到所要证明的结论。

用综合法直接证明结论成立的过程如图 9.3 所示。

$$P \Rightarrow Q_1, 若 Q_1 = Q, 则证毕。否则$$
$$(P+Q_1) \Rightarrow Q_2, 若 Q_2 = Q 则证毕。否则$$
$$(P+Q_1+Q_2) \Rightarrow Q_3, 若 Q_3 = Q 则证毕。否则$$
$$\cdots\cdots$$
$$(P+Q_1+Q_2+Q_3+\cdots+Q_n) \Rightarrow Q。则证毕。$$

图 9.3 综合法直接证明过程

显然,P 为结论(对象)Q 成立的必要条件。

9.2.2 分析法

分析法是计算机数据库、网络安全和数学领域理论证明中常用的另一种直接证明方法。就证明步骤来讲,它是一种从未知到已知(从结论到论据(条件))的逻辑推理方法,具体地说,即先假定所要证明命题的结论是正确的,由此逐步推出保证此结论成立的必需的命题论据(条件),而当这些判断恰恰都是已证的命题(定义、公理、定理、法则、公式等）或要证命题设定的已知条件时，命题得证（应该强调的一点，它不是由命题的结论去证明论据（条件），而是去寻找命题结论成立时的条件）。因此，分析法是一种执果索因的证明方法，这种证明方法的逻辑依据也是三段论的演绎推理、因果推理方法。

用分析法证题，是寻求命题结论成立的充分条件而不是必要条件。

就人们认识客观世界的方法来说，总是从特殊到一般，再从一般到特殊，也就是先从个别的事物出发，经过分析归纳，从而得到一般性的结论，并加以证明。然后，用所得到的一般性的理论指导我们对具体问题进行分析和解决。

（1）当要论证一个一般性问题时，可以先分析几个简单的特殊情况，便可从中总结出证明一般问题的途径。

（2）当要探求一个问题的规律时，常常可以先从少数特殊的事例入手，从中摸索出规律来，再从理论上加以证明，这就是归纳的方法。

（3）当有时需要证明某个命题不真时，可以通过举出一个具体的反例来证明，这是往往容易被人们忽视的方法。

总之，这种从特殊到一般，再化一般为特殊的方法是一种十分重要的方法，它可以把复杂的问题化简，把抽象的问题化为具体的问题，它能帮助我们思考和解决问题。分析法在计算机数据库、网络安全、数学和计算机其他分支领域的理论研究中是经常使用的方法。

将一般情形化为几种特殊情形逐一讨论的这种方法可以把比较广泛和复杂的问题化为比较单一的具体的几种情况分别加以论证。这在讨论课题的划分与确定、命题的确定和算法设计中是非常重要的方法。但是，在划分时要特别注意遵循把问题分成几个互不重复又不遗漏的原则。

在解决理论的问题时，往往要先做语言的转换。如把文字语言转换成符号语言或把符号语言转换成图形语言等，还要通过认真而细致的分析，把其中的隐含条件明确表示出来。

在理论的证明中，需要证明的命题结论 Q 成立。当所证命题的结论 Q 与论据（条件）P 间联系不明确，直接用综合方法去证明有些时候很麻烦甚至很难达到时，则需要从要证明的结论 Q 出发，反推回去，探索保证 Q 成立的条件。即先找到 Q 成立的充分条件 P_1，为了证明 P_1 成立，再去寻找 P_1 成立的充分条件 P_2；为了证明 P_2 成立，再去寻找 P_2 成立的充分条件 P_3；……；直到找到一个明显成立的论据（条件）P 为止。

一般地，分析法从要证明的命题结论 Q 出发，逐步寻求使它成立的充分条件，直到最后，把要证明的结论 Q 归结为判定一个明显成立的条件 P 为止。

如果用 P 表示已存在的条件和论据，Q 表示需要证明的结论，则用分析法直接证明结论成立的过程如图 9.4 所示。

$$Q \Rightarrow P_1, 若 P_1 = P, 则证毕。否则$$
$$(Q+P_1) \Rightarrow P_2, 若 P_2 = P 则证毕。否则$$
$$(Q+P_1+P_2) \Rightarrow P_3, 若 P_3 = P 则证毕。否则$$
$$\cdots\cdots$$
$$(Q+P_1+P_2+P_3+\cdots+P_n) \Rightarrow P。则证毕。$$

图 9.4 分析法证明结论成立的过程

用分析法如此逐层回溯,直至与已知条件 P 存在明显联系。这样,至少可以找到一条由要证明的结论 Q 到已知条件 P 的通路,得到一个明显成立的条件。由此得到

$$Q \Leftarrow P_1 \Leftarrow P_2 \Leftarrow \cdots P_n \Leftarrow P$$

这一证明思路。推理证明可以到此为止,证明完毕,这时也还可以用综合法写出。在上述分析过程中,有时还可能发现其他证明思路,在这种情形下,需要进行多方面的比较,以便获得最简便的证明思路。

分析法就推理顺序来讲,是一种从未知到已知(从结论到题设)的逻辑推理方法。

分析法并不是把所要求证的结论当作已知条件来推理,而是寻求使结论成立的充分条件。

分析法和综合法是对立统一的两种方法。分析法的证明过程,恰好是综合法的分析和思考的逆过程。同时,综合法是分析法分析和思考的逆过程。

事实上,在要解决的问题比较复杂时,经常把综合法和分析法结合起来使用。

(1) 以分析法寻找证明思路,而用综合法叙述表达整个证明过程。

(2) 往往把综合法与分析法结合起来使用,在分析的基础上综合,在综合的指导下分析,再综合,从而找到证题的途径。在证明过程中常采用"前后夹击":同时从已知和结论出发,逐步分别进行推理和追溯,直到推得的中间结论与追溯的条件相同时为止,这种方法也叫分析综合法。

根据条件的结构特点去转化结论,得到中间结论 Q';根据结论的结构特点去转化条件,得到中间结论 P'。若由 P' 推出 Q' 成立,就可以证明结论成立。分析法和综合法结合起来证明的过程,如图 9.5 所示。

$$P \Rightarrow \cdots \Rightarrow Q'$$
$$P' \Leftarrow \cdots \Leftarrow Q$$
$$P' \Rightarrow Q' 或 P' = Q'$$
$$所以,P \Rightarrow Q 成立。$$

图 9.5 分析法综合法前后夹击

9.2.3 综合法和分析法的特点

分析法的特点是从未知看需知,利用逻辑推理(逆推或执果索因)逐步趋向已知。综合法的特点是从已知看可知,利用逻辑推理(顺推或由因导果)逐步推出未知。

综合法和分析法各有优缺点。

(1) 分析法思考起来比较自然,容易找到解题的思路和方法,缺点是思路逆行,叙述较繁。

(2) 综合法从条件推出结论,较简捷地解决问题,但不便于思考。

利用综合法从条件推出结论时,要把产生某结果的具体原因写完整,不可遗漏。否则,将会出现已知条件不足的错误。

分析法的格式:如要证……,只要证……,因为(已知,已证……)其中显然成立,所以证明原结论成立。证毕。其中的关联词语不能省略。

根据综合法与分析法的思考过程、特点以及它们的优缺点,再根据问题的特点,选择适当的证明方法或把不同的证明方法结合使用,是解决计算机数据库、网络安全和数学理论问题证明的重要思想方法。

实际上,证明较为复杂的命题、定理、引理、算法、公式(结论)的真假时,视问题的情况和要求,选择运用合适的证明方法。

(1) 当所证命题的结论与所给条件间联系不明确,直接用综合方法去证明有些时候很难达到目的,在没有特别要求使用什么方法证明结论真假情况下,就首先用分析法从要证明的命题 Q 出发,逐步寻求使它成立的充分条件,直到最后把要证明的结论归结为判定一个明显成立的条件。

(2) 在没有特别要求使用什么方法证明结论真假时,当所证的命题 Q 的结论与相应论据(条件)P 有直接联系时,常常采用综合法证明。

(3) 在证明命题结论真假时,常常把分析法和综合法结合起来使用,最后用综合法叙述出来。

综合法与分析法的推理过程不是合情推理而是演绎推理。因为综合法与分析法的每一步推理都是严密的合乎逻辑的推理,从而得到的每一个结论都是正确的,不同于合情推理中的"猜测"或数学中的"猜想"。对于分析法并不是把所要求证的结论当作已知条件来推理,而是寻求使结论成立的充分条件,这一点必须明确。

综合法与分析法是证明命题结论成立与否的两种最基本最常用的方法,综合法与分析法的区别是:用这两种方法证明命题的思路截然相反。

总结上述讨论可得到如下结论:综合法是利用命题的已知条件和某些定义、定理、引理、算法、公式(结论)等,经过一系列的合乎逻辑的推理论证(即三段论的演绎推理、因果推理),最后推导出所要证明命题的结论成立。分析法则是从要证明的命题结论出发,逐步寻求使它成立的充分条件,直至最后,把要证明命题的结论归结为判定一个明显成立的条件;综合法"由因导果",而分析法是"执果索因"。在条件比较充足并且与结论有明显直接联系时,一般首选的方法是综合法。如果命题的结论比较复杂而条件看起来与结论联系相对不太明显,则首选分析法。而在实际应用中,综合法(由因导果)与分析法(执果索因)总是不断交替地出现在思维过程中,经常需要把它们结合起来使用。

综合法与分析法是两种最基本的演绎证明方法。综合法与分析法不仅只用于命题证明中,综合与分析的思想还构成了解决问题的两种不同策略。上文对它们的推理思维方式给出了比较深入的讨论,在此不再赘述。下面给出说明这两种策略的应用例子。在第8章8.3节中讨论了关系数据库的范式理论中部分问题,本节将讨论使用解决问题的两种不同策略解决范式的分解问题。

为了讨论关系数据库模式分解问题,给出如下讨论。

定义 9.1 设 $R(U,F)$ 是一个关系模式,$\rho=\{R_1(U_1,F_1), R_2(U_2,F_2), \cdots, R_n(U_n,F_n)\}$ 是一个关系模式的集合。如果 $U_1 \cup U_2 \cup \cdots \cup U_n = U$,则称 ρ 是 $R(U,F)$ 的一个分解,也称为数据库模式。

第8章中讨论过 $R(U)$ 称为泛关系模式,它对应的当前值称为泛关系。数据库模式 ρ 对应的当前值称为数据库实例,记为 σ,它由数据库模式的每一个关系模式的当前值组成,用 $\sigma=\langle r_1, r_2, \cdots, r_n \rangle$ 表示,如图 9.6 所示。

```
    泛关系模式              数据库模式
    R(U)         ⇒     ρ = {R₁, R₂, ···, Rₙ}
      ⋮                        ⋮
      r           ···    σ = ⟨r₁, r₂, ···, rₙ⟩
    泛关系                 数据库实例
```

图 9.6 分解 ρ 示意图

泛关系模式分解成 ρ 的目的是为了消除数据冗余和操作异常,自然地要考虑 r 和 σ 是否表示同一个数据库。如果两者表示的内容不同,这种分解是没有意义的。无论用什么方法进行分解,其结果都必须考虑以下两点。①r 和 σ 是否等价,即是否表示同样的数据。这个问题用分解的无损连接性表示,应当满足定义 9.2。②在关系模式 $R(U,F)$ 上有一个 FD 集 F,在 ρ 的每一个关系模式 $R_i(1 \leqslant i \leqslant n)$ 上有一个 FD 集 F_i,那么 F 与 $\{F_1, F_2, \cdots, F_n\}$ 是否等价。这个问题用分解的保持依赖特性表示,应当满足定义 9.3。

定义 9.2 (无损连接)设 $R(U,F)$ 是一个关系模式,F 是 FD 集,$\rho\{R_1(U_1,F_1), R_2(U_2,F_2), \cdots, R_n(U_n,F_n)\}$ 是关系模式的一个分解,如果对于 $R(U,F)$ 中满足 F 的每一个 r 都有下式成立,即

$$r = \bowtie_{i=1}^{n} \prod R_i(r) = \pi R_1(r) \bowtie \pi R_2(r) \bowtie \cdots \bowtie \pi R_n(r)$$

则称这个分解 ρ 相对于 F 是一个具有无损连接性的分解。有时,也称作无损连接。

定义 9.3 (保持 FD)设 $R(U,F)$ 是一个关系模式,F 是 FD 集,ρ 是该关系模式的一个分解,$\rho\{R_1(U_1,F_1),R_2(U_2,F_2),\cdots,R_n(U_n,F_n)\}$ 称 $\pi R_i(F)\{X \to Y | X \to Y \in F^+$ 且 $XY \subseteq R_i\}$ 为 F 到 R_i 上的投影,如果 $(\bigcup_{i=1}^{k} \pi R_i(F)) = F$,则称 ρ 是保持 FD 集 F 的。简称保持 FD。

1. 用综合法实现规范化要点

(1) 对于给定的泛关系模式 $R(U,F)$ 直接对 F 进行综合,生成一个数据库模式 $\rho\{R_1(U_1,F_1),R_2(U_2,F_2),\cdots,R_n(U_n,F_n)\}$,使之满足 $\rho \in x\text{NF}(x=2,3,4,5)$。

(2) ρ 保持 FD。

(3) ρ 保持无损连接。

(4) ρ 在所有满足上述条件的数据库模式中所含的关系模式的个数最少。

在规范化中,对有些关系模式进行分解或综合可能使范式的级别提高,得到一个性能较好的数据库模式设计。但是,还必须考虑另外一个至关重要的因素:所产生的规范化结果与原模式等价。

2. 用分解法实现规范化要点

(1) 构造一个泛关系模式(1NF),根据泛关系模式的全部属性的固有语义联系找出该模式上的全部 FD 的集合。

(2) 设该关系模式为 R,如果 $R \in x\text{NF}$($x\text{NF}$ 为最终要达到的规范化结果范式),则将其输出。否则,按照一定的原则和步骤进行分解,将分解后的子关系模式集合中属于 $x\text{NF}$ 的子关系模式输出。

(3) 将不属于 $x\text{NF}$ 的子关系模式继续分解,直到所有的子关系模式属于 $x\text{NF}$ 为止。

规范化之后:①应能通过自然连接恢复出来,满足定义 9.2;②原有的 FD 集在分解后的数据库模式中能完全保持不变,满足定义 9.3。

9.3 条件关系证明法

第 3 章已经讨论了演绎推理和条件关系推理,本节将讨论这种条件关系推理在命题证明的具体条件关系证明方法中的应用。条件关系证明方法的原理是条件关系推理,反过来说条件关系推理是条件关系证明方法的工具。条件关系证明方法包括充分条件证明方法、必要条件证明方法、充分且必要条件证明方法。

1. 逻辑学中的条件关系定义

逻辑学中的条件关系指假言判断所反映的某种事物赖以产生的情况,常用有三种:充分条件、必要条件、充分且必要条件。

注意,每一个条件都是对应一个事物的某种情况。

1) 充分条件

如果有事物情况 A,则必然有事物情况 B;如果没有事物情况 A 而未必没有事物情况 B,A 就是 B 的充分而不必要条件,简称充分条件。陈述某一事物情况是另一件事物情况的充分条件的假言命题叫做充分条件假言命题。

充分条件假言命题的一般形式是:如果 p,那么 q。符号为:$p \Rightarrow q$(读作"p 蕴涵 q")。根据充分条件假言命题的逻辑性质进行的推理叫充分条件假言推理。

2) 必要条件

如果没有事物情况 A,则必然没有事物情况 B;如果有事物情况 A 而未必有事物情况 B,A 就是 B 的必要而不充分的条件,简称必要条件。陈述某一事物情况是另一件事物情况的必要条件的假言命题叫做必要条件假言命题。

必要条件假言命题的一般形式是:只有 p,才 q。符号为:$p \Leftarrow q$(读作"p 逆蕴涵 q")。根据必要条件假言命题的逻辑性质进行的推理叫必要条件假言推理。

3) 充分且必要条件

如果有事物情况 A,则必然有事物情况 B;如果没有事物情况 A,则必然没有事物情况 B,A 就是 B 的充分且必要条件(简称:充要条件)。

充分且必要条件假言命题的一般形式是:p 当且仅当 q。符号为:$p \Leftrightarrow q$(读作"p 等值 q")。例如,"三角形等边当且仅当三角形等角"是一个充分且必要条件假言命题。根据充分且必要条件假言命题的逻辑性质进行的推理称为充分且必要条件假言推理。在逻辑学和数学中一般用"当且仅当"或直接表述为"充分必要"来表示充分必要条件。

充分条件,就是说只要有这个条件,就可以完全反映出某对应事物的某种情况。经由某个条件,可以完全推断出某个结论,那么这个条件就是这个结论的充分条件。命题的条件 A 和结论 B 之间存在因果关系。

必要条件,经由某个结论(或者说是事物的某个情况),必定会使某些条件成立,那这个条件就是这个结论(或者说是事物的这个情况)的必要条件。

充分性:由条件 A 能得出 B 结论;必要性:若要得出 B 结论必须条件 A。

例如,若△ABC 中的三边满足条件 $a^2+b^2=c^2$ 可得出△ABC 是直角三角形,若要使△ABC 是直角三角形,则必须具备三边满足条件 $a^2+b^2=c^2$,所以 $a^2+b^2=c^2$ 是△ABC 为直角三角形的充分且必要条件。再例如,对顶角是两角相等的充分条件,但两角相等没有必须要求两角是对顶角,所以,对顶角不是两角相等的必要条件。因此，对顶角是两角相等的充分条件，但不是必要条件。

2. 构成命题条件的讨论

第 8 章 8.2 节较为详细地讨论了命题及其真假性、命题的种类和逻辑性构成命题条件。

在下面的讨论中要使用如下几种符号。除了第 3 章给出的符号"⇒"或"⇐"和"⇔"外，还需要使用"⇏"或"⇍"，其含义为由左（或右）不能推出右（或左）。也表示"不蕴涵"。

一般来说，"若 p，则 q"形式的命题，其中有的命题为真，有的命题为假。

(1) "若 p，则 q"为真命题，是指由 p 通过推理可以得出 q，此时就称由 p 可推出 q。也就是说，如果 p 成立，那么 q 一定成立，记作 $p \Rightarrow q$ 或 $q \Leftarrow p$，并且称 p 是 q 的充分条件，q 是 p 的必要条件。

(2) "若 p，则 q"为假命题，是指由 p 通过推理推不出 q。此时就称由 p 不能推出 q。也就是说，如果 p 成立，那么 q 不一定成立，记作 $p \not\Rightarrow q$ 或 $q \not\Leftarrow p$，则称 p 不是 q 的充分条件，q 也不是 p 的必要条件。

(3) 上面已经讨论，若 $p \Rightarrow q$，则称 p 是 q 的充分条件，q 是 p 的必要条件。另一方面，若 $q \Rightarrow p$，则称 p 是 q 的必要条件，q 也是 p 的充分条件。一般的，如果既有 $p \Rightarrow q$，又有 $q \Rightarrow p$，记作 $p \Leftrightarrow q$，此时，就说 p 是 q 的充分且必要条件，简称为充要条件。显然，如果 p 是 q 的充要条件，那么 q 也是 p 的充分且必要条件。就是说，如果 $p \Leftrightarrow q$，那么 p 与 q 互为充分且必要条件。

例如，$\lim\limits_{x \to \infty} f(x) = A$ 的充分且必要条件是 $\lim\limits_{x \to -\infty} f(x) = \lim\limits_{x \to +\infty} f(x) = A$，则 $\lim\limits_{x \to \infty} f(x) = A$ 是 $\lim\limits_{x \to -\infty} f(x) = \lim\limits_{x \to +\infty} f(x) = A$ 的充分条件，即 $\lim\limits_{x \to \infty} f(x) = A \Rightarrow \lim\limits_{x \to -\infty} f(x) = \lim\limits_{x \to +\infty} f(x) = A$；而 $\lim\limits_{x \to -\infty} f(x) = \lim\limits_{x \to +\infty} f(x) = A$ 则是 $\lim\limits_{x \to \infty} f(x) = A$ 的必要条件，即 $\lim\limits_{x \to -\infty} f(x) = \lim\limits_{x \to +\infty} f(x) = A \Rightarrow \lim\limits_{x \to \infty} f(x) = A$，亦即 $\lim\limits_{x \to \infty} f(x) = A \Leftrightarrow \lim\limits_{x \to -\infty} f(x) = \lim\limits_{x \to +\infty} f(x) = A$。

3. 命题条件的判断

计算机数据库、网络安全和数学领域理论证明中的充分条件、必要条件和充分且必要条件主要讨论命题的论据（条件）和结论之间的关系，是理解掌握一个命题的论据（条件）和结论关系以及一个命题与其他命题之间关系的重要工具。掌握了它，能够知道如何去分析判别两个命题之间的关系。这个概念隐含着充分且必要条件成立的证明方法，并给出明确的证明步骤，这一点不仅给出解决问题的思路，并且给出分析问题，探索解决方案的能力。

充分条件、必要条件和充分且必要条件是重要的数学概念，主要用来讨论和区

分命题的题设条件 p 和命题结论 q 之间的关系。

(1) 从命题的题设条件 p 和命题结论 q 之间的关系直接利用定义判断：

① 若 $p \Rightarrow q$，但 $q \not\Rightarrow p$，则 p 是 q 的充分而不必要条件；

② 若 $q \Rightarrow p$，但 $p \not\Rightarrow q$，则 p 是 q 的必要而不充分条件；

③ 若 $p \Rightarrow q$，且 $q \Rightarrow p$，则 p 是 q 的充分且必要条件；

④ 若 $p \not\Rightarrow q$，且 $q \not\Rightarrow p$，则 p 既不是 q 的充分条件也不是 q 的必要条件。

(2) 假设 A 是条件，B 是结论，从集合与集合之间关系判断：

① 若 $A \subseteq B$，则 A 是 B 的充分条件；

② 若 $A \supseteq B$，则 A 是 B 的必要条件；

③ 若 $A = B$，则 A 是 B 的充分且必要条件；

④ 若 $A \not\subseteq B$ 且 $B \not\subseteq A$，则 A 既不是 B 的充分条件，也不是 B 的必要条件。

(3) 利用逆否命题判断。根据"$p \Rightarrow q$"的逆定理、否命题与逆否命题的关系来判断是什么条件。

$p \Rightarrow q$ 的逆命题是 $q \Rightarrow p$，否命题是 $\neg p \Rightarrow \neg q$，逆否命题是 $\neg q \Rightarrow \neg p$，根据原命题与其逆否命题是等价命题，否命题与逆命题是等价命题可知，有时直接判断 p 是 q 的什么条件比较困难时，可以通过判断其逆否命题而达到目标。

(4) 如果 $A \Rightarrow B \Leftrightarrow C$，那么 A、B、C 之间有什么关系？

$A \Rightarrow B$ 说明 A 是 B 的充分条件，$B \Leftrightarrow C$ 说明 B 与 C 互为充分且必要条件，又由 $A \Rightarrow B \Leftrightarrow C$ 知 $A \Rightarrow C$，即 A 是 C 的充分条件。

应用充分条件、必要条件和充分且必要条件时应注意以下两点。

(1) 充分而不必要条件、必要而不充分条件、充分且必要条件、既不充分也不必要条件反映了条件 p 和结论 q 之间的因果关系，在结合具体问题进行判断时，要注意以下几点：①确定条件和结论是什么；②尝试从条件推出结论，结论推出条件；③确定条件是结论的什么条件；④要证明命题的条件是充分且必要的，就是既要证明原命题成立，又要证明它的逆命题成立，证明原命题即证明条件的充分性，证明逆命题即证明条件的必要性。

需要进一步说明的是，一个用充分且必要条件叙述的命题，实际上是包含着两个互逆的命题，只有当它们都真时，该充分且必要条件的命题才为真。因此，充分且必要条件命题的证明必须是双向的，既要证明原命题（或其等价命题）为真（充分性），又要证明逆命题（或其等价命题）为真（必要性）。那么在具体问题中是先证充分性还是先证必要性，原则上讲，"先证"与"后证"是无关紧要的，也就是说一般情况对先后顺序不做要求。

(2) 对于充分且必要条件，要熟悉它的同义词语。在解题时常常遇到与充分且必要条件同义的词语，如"当且仅当"、"充分且必要"、"必须且只需"、"等价于"、……、"反过来也成立"。准确地理解和使用数学语言，对理解和把握这些知识是十分重要的。

4. 充分和必要条件关系证明方法

通过判断分清什么情况下是充分条件,什么情况下是必要条件,什么情况下是充要条件,在证明中按不同的条件关系分别做如下证明。

(1) 证明充分条件。在证明充分条件时,要用命题题设条件去证明命题结论。

(2) 证明必要条件。在证明必要条件时,要用命题结论去证明命题题设条件。

(3) 证明充分且必要条件。在证明充分且必要条件时,要用题设条件去证明命题结论,还要用命题结论去证明命题题设条件。

(4) 在前面讨论命题条件判断方法时,曾经讨论过:根据原命题与其逆否命题是等价命题,否命题与逆命题是等价命题可知,有时直接判断 p 是 q 的什么条件比较困难时,可以通过判断其逆否命题而达到目的。不仅如此,有时直接证明 $p \Rightarrow q$ 比较困难时,也要通过证明其逆否命题而达到目的。

在命题证明的过程中有可能要用到反证法、数学归纳法、构造证明法和其他一些证明方法和推理形式。

当条件关系证明方法满足:命题的条件为真(正确);证明过程正确,即推理形式有效,它也是一种演绎推理。

下面给出三个例子(命题 9.1,命题 9.2,命题 9.3)来解析充分且必要条件的证明方法。命题 9.1 是简单的(当且仅当)隐含式证法。命题 9.2 是直接证明原命题的条件和结论之间存在的充分且必要条件。命题 9.3 是利用原命题与其逆否命题的等价特性来间接证明原命题的条件和结论之间存在的充要条件。

(1) 简单的(当且仅当)隐含式证法。

命题 9.1 设 R 是一关系模式,$\rho=(R_1,R_2)$ 是 R 的一个分解。设定 D 是一组在 R 的属性集合上的函数和多值依赖,那么,分解 ρ 有无损连接的充分和必要条件是 $R_1 \cap R_2 \twoheadrightarrow R_1-R_2$ 或等价地,$R_1 \cap R_2 \twoheadrightarrow R_2-R_1$。

证明 ρ 有无损连接的充分必要条件是:对于任何满足依赖的 D 的关系 r 和 r 的任何两个元组 t 和 s,元组 u(其中 $u[R_1]=t[R_1]$ 和 $u[R_2]=s[R_2]$)也在 r 中,如果它存在,而 u 存在,当且仅当 $t[R_1 \cap R_2]=s[R_1 \cap R_2]$,于是,$u$ 总是在 r 中的条件正是 $R_1 \cap R_2 \twoheadrightarrow R_1-R_2$ 或者 $R_1 \cap R_2 \twoheadrightarrow R_2-R_1$ 成立的条件。证毕。

(2) 直接证明原命题的条件和结论之间存在的充分且必要条件。

命题 9.2 设 F 和 G 是两个函数依赖集,F^+ 和 G^+ 是 F 和 G 的闭包。$F^+=G^+$ 的充要条件是 $F \subseteq G^+$ 且 $G \subseteq F^+$。

这显然是一个要证明命题的题设条件:"$F \subseteq G^+$ 且 $G \subseteq F^+$"和结论"$F^+=G^+$"之间的充要条件。条件是结论的充分条件,而结论是条件的必要条件。

证明 (充分性)如果 $F \subseteq G^+$ 且 $G \subseteq F^+$,则 $F^+ \subseteq G^+$。

① 对于任意的 $X \rightarrow Y \in F^+$，则 $X \rightarrow Y$ 一定在 G^+ 中。任取 $X \rightarrow Y \in F^+$，如果 $F \subseteq G^+$，于是有 $X_F^+ \subseteq (X_G^+)^+$。我们有 $Y \subseteq (X_G^+)^+$，故 $X \rightarrow Y \subseteq (G^+)^+ = G^+$，即 $F^+ \subseteq G^+$ 成立。

② 与①类似，如果 $G \subseteq F^+$，有 $X_G \subseteq (X_F^+)^+$，如果 $G \subseteq F^+$，则 $G^+ \subseteq F^+$。

综合①，②可知，若 $F \subseteq G^+$ 且 $G \subseteq F^+$，则 $F^+ = G^+$。

（必要性）因为 $F \subseteq F^+$，$F^+ = G^+$，所以，$F \subseteq G^+$。同理可证 $G \subseteq F^+$。证毕。

(3) 利用原命题与其逆否命题是等价的特性来间接证明原命题的条件和结论之间存在的充要条件。

命题 9.3 阿姆斯特朗公理是有效的和完备的。

为了节省讨论的篇幅，仍用第 8 章定理 8.1 的阿姆斯特朗公理是有效的和完备的例子。以其中的一部分完备性证明为例讨论：利用原命题与其逆否命题是等价的特性来间接证明原命题的条件和结论之间存在的充要条件。

为了证明阿姆斯特朗公理的完备性，在确定其证明思路和方法时，曾经描述过"为此只需证明（原命题的）逆否命题：如果 F 是一组给定的函数依赖，$X \rightarrow Y$ 不能用公理由它导出，则一定存在一个关系 r，它使 F 中的所有函数依赖都成立，但 $X \rightarrow Y$ 不成立，而这意味着 F 并不逻辑蕴涵 $X \rightarrow Y$。为什么要去证明和它等价的（原命题的）逆否命题呢？这是因为如果按照原命题直接证明它的完备性，必然要证明：F 逻辑蕴涵的每一个函数依赖必须可由函数依赖集 F 经过阿姆斯特朗公理推导出来。由于这里要证明的是"每一个函数依赖"，不可能穷举出所有的 F 逻辑蕴涵的依赖，这就是换个角度，要证明和它等价的（原命题的）逆否命题的原因。

为了证明它的逆否命题，设 $X,Y \subseteq U$，并且 $X \rightarrow Y$ 不能由 F 经过阿姆斯特朗公理导出，需要根据构造证明方法构造一个 U 上的关系实例，如第 8 章图 8.1 所示，接下来便可完成该定理的完备性证明。

此命题的证明不仅使用了充分和必要条件的关系命题证明方法，而且在证明过程中还使用了构造证明方法，这是比较典型的混合式证明方法。

9.4 反证法和同一法

9.4.1 间接证明方法种类

当直接证明一个计算机数据库、网络安全和数学领域理论研究中的命题有困难时，可以使用间接证法。

证明一个命题正确性时，如果不能使用直接证明法证明原命题的真实性，就需要通过证明原命题的否定命题不真，或者证明原命题的等效命题成立，从而断定原命题真实性的证明方法，称为间接证明方法或简称为间接证法。

反证法和同一法都是间接证明方法。这种间接证明是相对演绎方法而言的，演绎证明方法是根据命题的论据(条件)演绎推理出命题的结论。

假设命题的结论不成立(即命题结论的否定成立)，从命题的条件和命题否定的结论出发，进行推理得出与已知命题的条件或否定结论相矛盾的结果，根据排中律，最后断定原命题成立。这种驳倒反面的证法，称为反证法。

(1) 反证法。根据命题结论的否定情况是否唯一又可分为以下两种。

① 归谬法。当命题结论的否定只有一种情况时，只要把这一情况推翻，根据排中律，即可证得原命题的结论是正确的。这种单纯的反证法，叫做归谬法。但归谬法还不能称作完全意义上的反证法。后面我们将要讨论它和反证法的区别。

② 穷举法。当命题结论的否定不止一种情况，就必须将否定后的各种情况无一漏掉的一一驳倒，根据排中律，最后才能断定命题结论成立，这种反证法称为穷举法。

(2) 同一法。一般情况下，原命题与逆命题不具有等效关系。但是，当命题的条件与结论所确定的对象都唯一存在，即它们所指的是同一概念时，这个命题与它的逆命题等效，这一原理称为同一原理。通过证明原命题的等价逆命题而间接证明原命题的方法，称为同一法。后面将详细讨论。

间接证明法主要是反证法和同一法。在证明一个计算机数据库、网络安全和计算机其他分支领域理论研究的证明命题中，反证法在间接证明法中是最重要的。下面详细讨论反证法。

9.4.2 反证法

反证法是间接证明方法的一种，这种方法和演绎推理、归纳推理一样，也是逻辑推理的一种方法。

具体地讲，反证法就是从否定原命题的结论入手，并把对原命题结论的否定作为推理的已知条件，进行正确的逻辑推理，使之得到与已知条件矛盾或与假设矛盾或与定义、公理、引理、定理、推论、法则、性质或者已经证明为正确的命题等相矛盾，矛盾的原因是假设不成立，所以肯定了原命题的结论，从而使命题获得了证明。不是直接证明命题结论的正确性，而是以否定结论为条件通过逻辑推理得出与已知条件矛盾的一种间接证明法。一个命题与它的否定形式是完全对立的，两者之间有且只有一个成立。

简单地说，首先假定在原命题论据(条件)下，结论不成立，然后推理出明显矛盾的结果，从而判断原假定不成立，命题得证。

要特别注意，命题的否定只否定该命题的结论，而否命题则否定原命题的条件和结论，这一点尤为重要。在应用反证法证题时，一定要用到"反设"，否则就不是反证法。

反证法的一般形式是"若 p 则 q",先肯定命题的条件 p,并否定命题的结论 q,根据矛盾律和排中律,两个互相矛盾的判断,不能同假,必有一真,由此肯定命题"若 p 则 q"为真。

反证法依据的是逻辑思维规律中的"矛盾律"和"排中律"。在同一思维过程中,两个互相矛盾的判断不能同时都为真,至少有一个是假的,这就是逻辑思维中的"矛盾律";两个互相矛盾的判断不能同时都假,简单地说"A 或者非 A",这就是逻辑思维中的"排中律"。反证法在其证明过程中,得到矛盾的判断,根据"矛盾律",这些矛盾的判断不能同时为真,必有一假,而已知条件、公理、定理、法则或者已经证明为正确的命题都是真的,所以"否定的结论"必为假。再根据"排中律",结论与"否定的结论,即一个命题与它的否定形式是完全对立的",这一对立的互相否定的判断不能同时为假,必有一真,于是我们得到原结论必为真。所以反证法是以逻辑思维的基本规律和理论为依据的,反证法是可信的。一个命题与它的否定形式是完全对立的,两者之间有且只有一个成立。

反证法通常是解决某些疑难问题的有力工具。反证法的关键是在正确的推理下得出矛盾,常见的主要矛盾有三类:①与已知条件矛盾;②与假设矛盾(自相矛盾);③与定义、定理、引理、性质、公理和事实等矛盾。

适宜于反证法证明问题的范围:①难于直接使用已知条件导出结论的命题、定理、引理和性质;②使用已知条件导出结论的唯一性命题、定理和性质;③"至多"或"至少"性命题、定理、引理和性质;④否定性或肯定性命题、定理、引理和性质;⑤某些命题结论的反面比结论具体、明确,或结论的反面更容易证明,对于这种情况则不需要考虑其他证明方法。

值得注意的是:①分清命题论据(条件)和结论;②周密考察原命题结论的否定事项,防止否定不当或有所遗漏,命题的否定只否定该命题的结论,而否命题则否定原命题的条件和结论;③推理必须是有效推理,推理过程必须完整,否则不能说明命题的真假性;④在推理过程中,要充分使用论据(条件),否则,推导不出矛盾,或者不能断定推出的结果是错误的。

反证法的命题模式可以简要的概括为:否定→推理→否定,即从否定命题结论开始,经过正确无误的逻辑推理导致逻辑矛盾,达到新的否定。可以认为反证法的基本思想就是"否定之否定"。其过程为

$$\text{否定命题结论} \xrightarrow{\text{推导出矛盾}} \text{否定否定命题结论} \xrightarrow{\text{证明}} \text{命题结论成立}$$

用反证法证明问题的一般步骤如下。

(1) 分清命题的论据(条件)和结论,求证 p 结论正确。

(2) 假定所要证的结论不成立,做出与命题结论 p 相矛盾的假定(否定命题非 p)结论正确。

(3) 证明将"反设"作为条件,如果非 p,应用正确的推理方式推出结果是 q。

(4) 因为导出产生矛盾结果(与已知公理矛盾、与已知定义矛盾、与已知定理矛盾、与已知条件矛盾、与临时假定条件矛盾以及自相矛盾等各种情况)的原因,在于开始所做的假定(非 p)不成立,所以结果 q 错误。

(5) 因此,与命题结论 p 相矛盾的假设错误,从而肯定了结论 p 成立。

简单地说,证明基本步骤:假设原命题的结论不成立→从假设出发,经推理论证得到矛盾→矛盾的原因是假设不成立,从而原命题的结论成立。

证明的关键是在正确的推理下得出与命题设定的已知条件(或)与已被证明是正确的定义、公理、引理、定理、推论、法则、公式、性质和事实等矛盾。

矛盾律和排中律是反证法的逻辑基础。反证法的好处是在反过来假设该命题为真的同时,等于多了一个已知条件,这样对题目的证明有帮助。

例如,证明 $\sqrt{2}$ 是无理数。要直接证明一个数是无理数是极其困难的,因此,要换种方法证明它,采用反证法。首先假设 $\sqrt{2}$ 不是无理数,则它必然是有理数,对于任何一个有理数都可以写成形如 $m/n(m,n$ 互质,$m\in Z,n\in N^*)$ 的形式,即使 $\sqrt{2}=m/n$。则有 $m=\sqrt{2}n$,因此 $m^2=2n^2$,所以 m 为偶数。于是可以设 $m=2k(k$ 是正整数),从而有 $4k^2=2n^2$,所以 n 也为偶数。因此,m,n 不互质,和 m,n 互质相矛盾。

由上面的例子可以看出,反证法的关键是在正确的推理下得出矛盾。

一般说来,凡能用直接法证明的命题,一定可以用反证法来证明,反过来也是如此。因此,我们应当注意将归谬法与反证法区别开,这对于更好地把握归谬法与反证法也是很有必要的。

归谬法是运用充分条件假言推理否定式进行反驳的一种论证方法。它以被反驳判断作为充分条件假言判断的前件,然后通过否定由该前件合理引出来的虚假或荒谬的后件,从而否定反驳判断。

反证法的实质是一种间接证明方法,即肯定命题的论据(条件)而否定其结论,然后从被否定的结论出发通过推理导出矛盾,进而间接地证明原命题正确。

第 8 章的命题 8.2"属于 BC 范式的关系模式必然属于第三范式。"应用了反证法。本章不再举例和分析。

从对反证法的讨论可知,其最大特点就是采用逆向思维方式,不直接证明结论,而是间接地去否定与事物相反的一面,从而得出事物真实的一面,是一种间接的证明方法。

9.4.3 同一法

上面给出了同一原理:当一个命题的论据(条件)和结论都唯一存在,它们所指的概念是同一概念，这个命题与它的逆命题等效，这个原理叫做同一原理。

我们已经知道，两个互逆命题不一定是等价（同真同假）的，只有当命题的条件和结论所确定的对象是唯一存在的情况下，也就是一个命题的条件和结论所指的概念同一的情况下，该命题与其逆命题才能等价，这是我们称这一命题符合同一原理的原因。

对于符合同一原理的命题当直接证明有困难时，可以改证和它等效的逆命题，这种证明方法叫做同一证明法（简称同一法）。同一法常用于证明符合同一原理的命题。

它在初等几何（如平面几何，立体几何等）的证明题中经常使用，而且是很有效的方法。例如，命题"等腰三角形底边的中线是顶角的平分线"其条件"等腰三角形底边的中线"与结论"等腰三角形顶角的平分线"所确定的对象都是同一线段，故它的逆命题："等腰三角形顶角的平分线是底边的中线"与原命题等效。

对符合同一原理的命题，通过证明它的逆命题成立，从而断定原命题成立。应用同一法证明初等几何命题时，往往先做出一个满足命题结论的图形，然后证明图形符合命题已知条件，确定所做图形与题设条件所指的图形相同，从而证得命题成立。

必须指出的是，同一法与反证法都是用间接的方法证明结论，但同一法只适用于证明符合同一原理的命题，反证法则普遍适用于能用间接方法证明的命题。能用同一法证明命题，一般也可用反证法证明，只需在证明时先将结论否定，在最后不指出图形重合，仅指出"根据唯一性，出现两个性质相同的不同图形是矛盾的"即可。

在一般情况下，原命题与逆命题不一定等价，同一法是无效的。

需要指出的是，同一法和反证法的适用范围是不同的，同一法有较大的局限性，通常只适用于符合同一原理的命题，反证法则普遍适用，对于能够用同一法证明的命题一般都能用反证法证明。

在计算机数据库、网络安全的理论证明中，一般很少使用同一法。

9.5 构造性证明法和存在性证明法

在计算机数据库、数学领域理论研究中，对命题"存在 x，使得命题 $P(x)$ 成立"的证明，有两种证明法：构造性证明与存在性证明。

所谓可构造性是指能具体地给出某一对象或者能给出某一对象的计算方法。即当我们把能证实"存在一个 x 满足性质 A"的证明称为构造性的，是指能从这个证明中具体地给出满足性质 A 的一个 x；或者能从此证明中得到一个机械的方法，使其经过有限步骤后即能确定满足性质 A 的这个 x。

9.5.1 构造性证明法

有些问题的证明,要先构造一个函数或一个算式,甚至一个辅助命题才能完成,我们把这种运用构造法的证明称为构造性证明。

构造法一般用于证明存在性定理。构造证明法大体上分为两类:一类是直接构造证明法;另一类是间接构造证明法。

(1) 直接构造证明法。具体是指构造一个带有命题(结论)里所要求的特定性质的实例,以显示具有该性质的物体或概念的存在性。证明某些命题或结论的存在性,也可以构造一个反例,来证明命题(结论)是错误的。这种方法在某些命题(结论)的选取、确定过程中是经常使用的方法。

(2) 间接构造证明法。有些构造证明中并不直接构造满足命题要求的例子,而是构造某些辅助性的工具或对象,使得命题证明更容易解决。如许多初等几何证明题中常常用到的添加辅助线或辅助图形的办法。

例如,证明命题"2 的质数次幂减 1 后不总是质数"便可用构造法,只需证明存在某个质数 p,使得 2 的 p 次幂减 1 后不是质数。为此,考察质数 2 的 11 次幂减 1 等于 2047。2047=23×89 不是质数。因此命题得证。

下面给出在数据库理论中一个较为重要的定理构造证明法。为此首先给出函数依赖和函数依赖集的极小函数依赖集概念。

定义 9.4 (函数依赖集的最(极)小函数依赖集)一个函数依赖集被称为最(极)小函数依赖(均记为 $F_{\min}$),它必须满足以下三个条件:

(1) 对于 $F_{\min}$ 中的任意一个函数依赖,其右部为单属性;

(2) $F_{\min}$ 中不存在这样的函数依赖 $f:X \to Y$ 使 $F_{\min} = F_{\min} - [f:X \to Y]$;

(3) $F_{\min}$ 中不存在这样的函数依赖 $f:X \to A$,使 $F_{\min} - [f:X \to A] \cup [Z \to A] \equiv F$,注意,其中 Z 是 X 的任意真子集。

命题 9.4 每个函数依赖集 F,都可由右部只有单属性的函数依赖集 G 所覆盖。

证明 对于 F^+ 中的任意一个函数依赖 $f:X \to Y$,令 $Y=A_1,A_2,\cdots,A_n$,用 $f_i:X \to A_i$(为右部单属性函数)替代 $f:X \to Y$。

命题 9.5 每个函数依赖集 F,都一定等价于一个最(极)小函数依赖集 $F_{\min}$。

证明 (构造性证明)

第一步:逐个检查 F 中的每个函数依赖 $f:X \to Y$,设 $Y=A_1,A_2,\cdots,A_k$(其中,A_i 为单属性且 $k \geqslant 2$),则 $f_i:X \to A_i$ 为右部单属性函数。用 $\{f_i:X \to A_i | i=1,2,\cdots\}$ 来代替 $f:X \to Y$。由引理 8.1 可知替代后的结果与 F 等价,此结果满足函数依赖集的最(极)小函数依赖集定义中的条件(1)。

第二步:逐一检查 F 中的每个函数依赖 $f:X \to A$,记 $G=F-\{X \to A\}$,若 $A \in$

X_G^+,则用 G 替代 F(若 $A \in X_G^+$,则说明属性 A 不必由 $X \to A$ 推出,即 $X \to A$ 是 F 中多余的函数依赖,可以省略,省略后得到的 G 与 F 是等价的),以满足最(极)小函数依赖定义中的条件(2)。

第三步:逐一检查 F 中的每个函数依赖 $X \to A$,设 $X = B_1, B_2, \cdots, B_l$,其中,$B_1, B_2, \cdots, B_l$ 分别为单个的属性且 $i \geqslant 2$,逐一检查每个 $B_i(i=1,2,\cdots,l)$,若有 $A \in (X-B_i)_F^+$,则用 $X \to B_i$ 取代 X,这是因为 F 与 $(F-\{X \to A\}) \bigcup \{Z-A\}$ 等价的必要条件是 $A \in (X-B_i)_F^+$。直观地说,即 B_i 为 X 中多余的属性,为满足最(极)小函数依赖定义中的条件(3),B_i 被删掉。

由此,在整个构造过程中,每一步替代都保证了前后两个函数依赖集的等价,最后的结果即为 F_{min}。证毕。

之所以做等价的函数依赖集 F,还是出于对命题结论的分析。对照函数依赖集的最(极)小函数依赖集结论要求的三个条件为目标,自然想到:①要保证 F_{min} 中的每个函数依赖其右部为单属性;②保证 F_{min} 中不存在多余的函数依赖;③保证函数依赖的左部不存在多余的属性。

特别要指出的是,对于任意的函数依赖集 F,经过逐步构造与它等价的函数依赖集,才能构造出所求的 F_{min},否则将使构造证明失败。

在证明过程中具有鲜明的"构造性"或"可操作性"。构造性证明所得到的结果是通过一步步构造出命题结论所描述的对象。构造性证明多数都是直接证明。

构造性证明也是分析性证明,不同的是技巧性比较高,要对相关知识和方法的掌握运用比较熟练才能做到。如果说分析性证明是很基本的,那么构造性证明则是在关键步骤有了一个"飞跃性的创造",构造一个新的函数、算式或辅助性命题,作为解决问题的桥梁。一般说来,构造性证明都是较难的,正因为这样,我们把它从分析性证明中区分出来,以便给以充分的注意。这说明了构造性证明是进行创造性工作的重要方法。在计算机数据库、网络安全理论、数学和计算机其他分支领域理论的研究中的一些重大突破或开拓性工作常常都要使用构造性方法。

通过上面的例子可以看出,构造性证明就是通过有限步的推导或计算,构造出具体对象;存在性证明则是从逻辑上证明所述具体对象确实存在,但具体是什么,并不一定知道。因此,构造性证明不仅要证明所述对象的存在,而且要具体地求出对象是什么,而存在性证明则只需要证明该对象存在即可。

9.5.2 存在性证明法

存在性证明则从逻辑上证明所述对象 x 确实存在,但 x 具体是多少,在哪里,并不一定知道。应该说存在性证明源于经典数学的"公理化"(一般性真理)思想,总是试图将一切知识体系建立在一个相对比较精炼的理论基础和一套严谨的逻辑推理规则上，欧几里得的《几何原本》就是这方面的代表作，它创造了一套用定义、公理、定理构成的逻辑演绎体系。

存在性命题证明的关键是证明其存在性，它与构造性证明不同，当相应命题所述对象不可构造或不易构造，一般只能从逻辑和理论上证明所述对象确实存在，但不能具体求出。因此，其证明常常表现为间接证明，即假定所述对象不存在，就会导致矛盾，有时候必须依靠一种紧密联系的"逻辑链"才能说明其存在性。

例如，微分中的三条中值定理：罗尔中值定理、拉格朗日中值定理和柯西中值定理都属于存在性命题。证明罗尔定理的依据是最大值最小值定理，对拉格朗日中值定理和柯西中值定理的证明则是构造辅助函数，把问题转化为利用罗尔定理的结论上来。

存在性证明是表述存在性命题或定理的一种证明方式，很多时候依赖于排中律。这种逻辑上的极强依赖性，很好地体现了公理化方法的特色。

存在性证明那种"非常简单，在逻辑上不可抗拒"，雄辩地让人无可辩驳的"理性的承认"确实体现了人类理性思维的威力。如微分中值定理使我们确实相信"中值"的存在。其关键是证明其"确实存在"，并没有回答"等于多少"或"在什么位置"，甚至在多数情况下，最终也无法回答这个问题，但丝毫不影响对命题结论可靠性的信服和运用。例如，数学分析中有理函数的不定积分（其积分结果＋C（常数））可以说是解决得十分完善，也是得益于这一结果。

在计算机数据库、网络安全和计算机其他分支领域理论的算法复杂性分析中，对每个算法复杂性（空间复杂性或时间复杂性）分析时，如果分析的结果是多项式阶的，只是说明它是哪一阶的，在同一阶中的复杂性有很多种，很难精确地确定出它的复杂性究竟是哪一种。所以说复杂性分析的过程就是存在性证明的过程。

存在性证明与构造性证明常常是紧密相依、相辅相成、互为补充的。

（1）在一定意义上，构造性证明中已经包含了"存在"，不但存在，而且已经找出。

（2）存在性证明往往也需构造，如上述的微分三条中值定理的存在性，也是用构造法证明的。

（3）有些存在性命题也能够具体的求出结果，从而转化为构造性命题，如我们熟知的数列极限、函数极限的"$\varepsilon\text{-}N$"、"$\varepsilon\text{-}\delta$"定义，本身显然是存在性命题，但对于具体的问题和给定的具体 ε，如果需要的话，也可以求出相应的 N 和 δ。所以可以说"构造中蕴涵着存在，有存在才可能构造"。

与构造法证明相对的是非构造性证明，即不给出具体的构造而证明命题要求的对象的存在性证明方法。

初等数学中的一个命题：存在两个无理数 x 和 y，使得 x^y 是有理数。

证明：考虑$\sqrt{2}^{\sqrt{2}}$，若它是有理数，则命题得证。若$\sqrt{2}^{\sqrt{2}}$不是有理数，则一定是无理数。考虑它的$\sqrt{2}$次幂为：$(\sqrt{2}^{\sqrt{2}})^{\sqrt{2}}=\sqrt{2}^{\sqrt{2}\times\sqrt{2}}=\sqrt{2}^2=2$为有理数，命题仍然正确。于是无论如何，都存在满足命题要求的无理数。

高等数学积分法中的换元与分部乃至特殊函数的积分，也体现出明显的构造性，具有很强的可操作性。中值定理和区间套定理这两组重要定理，可以说是存在性证明的典型例子。

综上所述，存在性证明与构造性证明之间有紧密的相互依赖关系，二者是互为补充而不是互相对立、互不兼容的关系。

9.6 数学归纳法

前面讨论了用归纳法观察一类事物的个别对象具有某一属性，从而得出一类事物的所有对象都具有这一属性的推理形式。这种归纳推理是有说服力的，但它与用严格的逻辑或数学证明定理在性质上却不同。数学归纳法采用了另外一种证明手段，使它能用来证明有关无限序列的数学命题的正确性，当之无愧地成为一种演绎方法。数学归纳法具有证明的功能，它将无穷的归纳过程根据归纳公理转化为有限的特殊演绎（直接验证和演绎推理相结合）过程。数学归纳法既不是直接证明也不是间接证明。它的原理是和前面归纳推理相通的，但不是相同的，这是因为数学归纳法既要应用归纳推理又要使用演绎推理。

根据归纳推理不同前提对结论的支持强度不同，具体的利用归纳推理形式的归纳方法有多种，在计算机数据库、网络安全和数学理论研究中常用的有完全数学归纳法、不完全数学归纳法等。

9.6.1 完全数学归纳法

完全数学归纳法是完全归纳法的一种。根据归纳推理形式和数学理论研究的特点，即主要用于研究与正整数有关的数学问题的证明方法，是一种特殊的归纳证明方法，将在下面讨论它。

例如，对于数列$\{a_n\}$，$a_1=1$，$a_{n+1}=\dfrac{a_n}{1+a_n}$ $(n=1,2,3,\cdots)$，通过对$n=1,2,3,4$前4项的归纳，就已猜出其通项公式$a_n=\dfrac{1}{n}$，但是我们只能肯定这个猜想对前4项成立，而不敢肯定它对后续的项成立，这个猜想需要证明。自然地，会想到从$n=5$开始往下验证，一般来说，凡与正整数n有关的命题的证明问题，当n比较小时可以逐个验证，但当n较大时，验证起来会比较麻烦。特别是证明n取所有正整数都成立的命题时逐一验证是不可能的，因此，从$n=5$开始逐个往下验证的想法的价值是不大的,必须另辟蹊径寻找新的方法,通过有限步骤的推理,证明 n 取所有正整数都成立。

(1) 第一数学归纳法。一般地,证明一个与正整数 n 有关的命题 $P(n)$,按如下步骤进行,若

① 归纳基础(简记为基础):证明当 n 取第一个值 n_0,即 $n=n_0(n_0\in N^*)$ 时命题 $P(n_0)$ 成立;

② 归纳递推(简记为归纳):假设 $n=k(k\geqslant n_0,k\in N^*)$ 时命题 $P(k)$ 成立,证明当 $n=k+1$ 时命题 $P(k+1)$ 也成立。

只要完成这二步,就可以断定命题 $P(n)$ 从 n_0 开始的所有正整数 n 都成立。这样对于一切自然数,命题都正确。原因是,由 $n=1$ 时命题 $P(n)$ 成立,可以推得 $n=2$ 时命题 $P(n)$ 成立,由 $n=2$ 时命题 $P(n)$ 成立,可以推得 $n=3$ 时命题 $P(n)$ 成立,以此类推。即

验证 $n=n_0$ 时命题成立,

$\Downarrow$(归纳基础)

命题对从 n_0 开始对所有正整数 n 都成立。

如果 $n=k(k\geqslant n_0,k\in N^*)$ 时命题成立,

$\Downarrow$(归纳递推)

证明当 $n=k+1$ 时命题也成立。缺一不可。

推论 9.1 对于归纳基础,若证明当 n 取第一个值 n_j,即 $n=n_j(n_j\in N^*)$ 时命题 $P(n_j)$ 成立,则归纳递推出 $P(n)$ 对 $n\geqslant j$ 的情况成立。

推论 9.2 对于归纳基础,$n=1,2,\cdots,m$,由 $P(k)$ 成立,归纳递推出 $P(k+m)$ 成立,则归纳递推出对于所有自然数成立的情况。

数学归纳法有不少变体。

(2) 第二数学归纳法。对于某个与自然数有关的命题 $P(n)$,若

① 归纳基础:$P(n)$ 在 $n=n_0$ 时命题 $P(n_0)$ 成立;

② 归纳递推:在 $P(n)(n_0\leqslant n\leqslant k,k$ 为任意自然数)命题成立的假定下,可以推出 $P(k+1)$ 成立,则综合(1)和(2),对一切自然数 $n(\geqslant n_0)$,命题 $P(n)$ 都成立。

(3) 反向归纳法(倒推归纳法)。设 $P(n)$ 表示一个与自然数 n 有关的命题,若

① 归纳基础:$P(n)$ 对无数多个自然数 n 都成立;

② 归纳递推:假设 $P(k+1)$ 成立,可以推出 $P(k)$ 也成立,则 $P(n)$ 对一切自然数 n 都成立。

这样对于一切自然数,命题都正确了。1 可以推得 2,2 可以推得 3,以此类推,这样就形成了一个无穷的递推,从而命题对于 $n\geqslant 1$ 的自然数都成立。

根据数学归纳法的定义,利用数学归纳法证题时,上述两步骤缺一不可。如果只有第一步没有第二步的证明,则它是属于不完全归纳法,做出的结论就不一定真

实可靠,而有了第二步的证明,在数学归纳原理的保证下,才使得到的结论是完全可靠的。

值得注意的是:①仅有第二步而无第一步的证明,结论也不一定是真实的;②数学归纳法有别于上节提到的完全归纳法和不完全归纳法,它是根据归纳原理综合运用归纳、演绎推理的一种特殊数学证明方法。

下面给出算法 9.1。

算法 9.1 计算一属性集关于一组函数依赖的闭包。

输入:有限的属性集合 U,它的函数依赖集 F 和 U 的一个子集 X。

输出:X 关于 F 的闭包 X_F^+。

begin
    $X^{(0)} := X$;
    $X^{(1)} := \varnothing$;
    $i := 0$;
    while $(X^{(i)} \neq X^{(i+1)})$ **do**
      for 依次检查 F 中的每一个函数依赖 $Y \rightarrow Z$ **do**
        if $(A \in Z)$ and $(Y \subseteq X^{(i)})$ **then**
          $X^{(i+1)} := X^{(i)} \bigcup \{A\}$;
    $i + 1$;
    $X_F^+ := X^{(i+1)}$;
    return(X_F^+);
end.

根据算法 9.1,属性序列 $X^{(0)}, X^{(1)}, \cdots$ 是按如下思路进行计算的。

当 $X^{(0)}$ 置为 X 时,$X^{(i+1)}$ 是 X 加上所有这样的属性 A,只要 F 中存在某个函数依赖 $Y \rightarrow Z$,使得 $A \in Z$ 且 $Y \subseteq X^{(i)}$。既然有 $X = X^{(0)} \subseteq \cdots \subseteq X^{(i)} \subseteq \cdots \subseteq U$,而 U 是有限的,我们终究会在某个 i 达到 $X^{(i)} = X^{(i+1)}$ 时,有 $X^{(i)} = X^{(i+1)} = X^{(i+2)} = \cdots$。一旦发现 $X^{(i)} = X^{(i+1)}$,则无需再计算 $X^{(i+2)}, \cdots$。弄清楚它的思路之后可以证明,对于这个 i 的 $X^{(i)}$ 即是所要求的 X_F^+。

命题 9.6 算法 9.1 正确的计算了 X_F^+。

证明

(1) 用对 j 的归纳法证明,A 若在 $X^{(j)}$ 中,则也必在 X_F^+ 中。

基础:$j = 0$。这时 A 在 X 中,自然有 $X \rightarrow A$。

归纳:设 $j > 0$。$X^{(j-1)}$ 中的属性均在 X_F^+ 中。假设 A 属于 Z,函数依赖 $Y \rightarrow Z$ 属于 F,$Y \subseteq X^{(j-1)}$,从而 A 将被置于 $X^{(j)}$ 中。因 $Y \subseteq X^{(j-1)}$,故按归纳假设有 $Y \subseteq X_F^+$。从而由引理 8.3 知函数依赖 $X \rightarrow Y$。但 $Y \rightarrow Z$,故由传递定律知函数依赖 $X \rightarrow Z$。又由自反律知函数依赖 $Z \rightarrow A$,再由传递律知函数依赖 $X \rightarrow A$。于是,A 在 X^+ 中。

现在证明相反的方向,即如果 A 在 X_F^+ 中,则 A 必在某个 $X^{(j)}$ 中。算法 9.1 是否在计算 $X^{(j)}$ 前结束并不要紧,因为如果它在 $X^{(i)}=X^{(i+1)}$ 时结束,这里 i 是某个小于 j 的数,则可知 $X^{(i)}=X^{(j)}$。因此最后得到 X_F^+,即 $X^{(i)}$ 包含 A。我们实际要证明的是,如果某个函数依赖 $X\to Y$ 是由 F 用阿姆斯特朗公理推导出的,则 Y 的某个属性必在某个 $X^{(j)}$ 中。证明按照由公理导出函数依赖 $X\to Y$ 的步数归纳法进行,这里每一步是一个函数依赖,该函数依赖要么是 F 中的,要么是由自反律导出的或者根据前面一步或几步中的依赖由增广律或传递律导出的,最后一步将是函数依赖 $X\to Y$。

(2) 现在我们用由 F 导出函数依赖 $X\to A$ 的步数的归纳法证明 A 在某个 $X^{(i)}$ 中。

基础:这时,函数依赖 $X\to Y$ 要么是按自反律得到的,要么本身就在 F 中。在前一情形,显然有 $Y\subseteq X^{(0)}$;而在后一情形则有 $Y\subseteq X^{(1)}$。

归纳:假设我们的断言对少于 p 步的导出是真的,而函数依赖 $X\to Y$ 是经过 p 步导出的。如果函数依赖 $X\to Y$ 在 F 中,或者是按自反律导出的,则情况与上述相同。现在设函数依赖 $X\to Y$ 是由前面导出过程的某两步如函数依赖 $X\to Z$ 和函数依赖 $Z\to Y$ 用传递律得到的。由于函数依赖 $X\to Z$ 和函数依赖 $Z\to Y$ 的导出都少于 p 步,按归纳假设,存在某个 $X^{(j)}$ 使得 $Z\subseteq X^{(j)}$。而且,若代替 X 对 Z 应用算法 9.1,由归纳假设知,在某个 k 有 $Z\subseteq X^{(k)}$。用 Z 作 X_1,用 $X^{(j)}$ 作 X_2,可知 $X^{(j+k)}$ 包含了 Y 的每个属性。

剩下要考虑的是函数依赖 $X\to Y$ 由前面某步如函数依赖 $V\to W$ 利用增广律导出的,设增大因子为 Z,则有 $VZ=X,WZ=Y$。既然函数依赖 $V\to W$ 的导出少于 p 步,按归纳假设,如果对 V 应用算法 9.1,将在某个 j 有 $W\subseteq V^{(j)}$。如果对 $X=VZ$ 也用算法 9.1,我们推出 $W\subseteq X^{(j)}$。既然 $Z\subseteq X$,自然 $Z\subseteq X^{(j)}$,于是 $Y=WZ$ 是 $X^{(j)}$ 的子集。归纳毕。

根据命题 9.4,若 A 在 X_F^+ 中,则函数依赖 $X\to A$ 能用公理从 F 导出。从而按上述归纳过程,可知 A 在某个 $X^{(j)}$ 中,因此 A 也在由算法 9.1 生成的结果集合中。这表明,算法 9.1 所导致的集合不大不小,恰是 X_F^+。证毕。

9.6.2 不完全数学归纳法

不完全归纳法是从一个或几个(但不是全部)特殊情况得出一般性结论的归纳推理。不完全归纳法又叫做普通归纳法。它是科学归纳推理的一种应用,是科学归纳推理形式在数学和数学相关领域,如计算机数据库、网络安全理论和自然科学的相对独立的学科理论研究证明中的一种体现。

例如,求多边形内角和的公式时,先通过求四、五、六边形的内角和去寻找规律。从每个多边形的一个顶点引出所有的对角线,这样,四边形被分成 2 个三角形,五边形被分成 3 个三角形,六边形被分成 4 个三角形。由此,可以发现所分得的三角形的个数总比它的边数少 2。而每个三角形的内角和是 180°,因此,归纳出 n 边形的内角和为 $(n-2)\times 180°$。这种归纳法是以一定数量的事实作为基础,进行分析研究,找出规律。但是,由于不完全归纳法是以有限数量的事实作为基础而得出的一般性结论,这样得出的结论有时可能不正确。例如,在 $y=x^2+x+41$ 这个函数式中,当自变量 x 取 $0,1,2,3,\cdots,38,39$ 时,得出 y 的值为 $41,43,47,53$, $\cdots,1601$,这些数都是质数,如果由此得出"无论 x 取任何非负整数,y 都是质数"的结论,那么这个结论就不对了。因为当 $x=40$ 时,则 $y=40^2+40+41=40\times(40+1)+41=41\times(40+1)=41^2$,可以看出,$y$ 的值不是质数了,而是合数。

虽然不完全归纳法的结论有时可能不正确,但它仍是一种重要的推理方法。不完全归纳法只能证明 n 取其中某些数字时命题正确,没有证明对于所有的自然数都正确。不完全归纳法可以获得相应的猜想,它在命题的猜测或猜想中发挥很大的作用。

在实施命题证明中,无论使用哪一种从命题前提(条件)到命题结论的有效逻辑推理形式都是必需的;在充分理解逻辑推理并熟练掌握它的情况下,显然又是简单的。因此,推理论证过程的思路必须清晰,但在描述命题证明的论证过程中又常常被省略,或只做简单提示。

9.7 因果证明

由第 4 章讨论因果推理可知,在自然科学中,各种事物现象之间是普遍联系的,因果联系是现象之间普遍联系的表现形式之一。

因果联系是普遍的必然的联系,没有一个现象不是由一定的原因引发的,而当原因和一切必要条件都存在时,结果就必然产生。

所谓原因,是指产生某一现象并先于某一现象的现象;所谓结果,是指原因发生作用的后果。原因与结果具有时间上的先后关系,但具有时间先后关系的现象并非都是因果关系。除了时间的先后关系之外,因果关系还必须具备一个条件,即结果是由于原因的作用所引起的。

在计算机数据库、网络安全理论和自然科学相对独立的学科理论研究中,给出的比较客观的命题和论据(条件)之间都存在这种普遍的必然的因果联系的规律性,通过明确的原因来证明结果,就是因果证明。宏观上说,论据(条件)就是产生命题(结果)的原因。

运用因果证明,不能停在一因一果的层次上,而要善于多角度地分析原因和结果,比如,要分析一果多因、一因多果,还要分析同因异果、异因同果以及互为因果。在数据库、网络安全理论研究中,大多数情况下原因命题主要包括定义、公理、假设、定理、规则、公式、算法、推论、定律、原理等,而需要证明的命题主要包括定理、引理、规则、公式、算法和定律等,而公理、假设、推论和原理本身是不需要证明的。一般来说,在因果证明中要重视以下的因果分析。

(1) 分析引起和产生命题的主要原因。有时某种命题是由一般原理、多种原因的命题引起的,这时就必须分析命题的产生分别和哪些原因命题直接或间接相关,根据不同联系的紧密程度去证明命题,最终达到所要证明的命题为真的目的。

与命题关系最密切的原因,指的是主要原因。它是证明相关命题为真的不可替代的原因。应当根据各种原因与命题之间的关系,着重分析主要原因来证明命题,这在证明过程中是绝对不能忽略的。对其他次要原因(有时称其为条件),应根据它们所起的作用以及与命题的关系,有所区别地对待,比较重要的次要原因做简要分析,不重要的原因,也必须做出提示。这样,证明过程就能有主有次,有详有略,既准确又精炼。

(2) 分析引起和产生命题的其他原因。引起和产生命题的其他原因有时是多步的,有些原因的命题看起来似乎是引起产生命题的原因,但在它们背后,却还有产生它们的原因。对于多重原因的命题,如果只停留在其中的某个步上,把它当成产生命题的原因的最终因素,命题就可能不深刻,甚至证明不了它的正确性、证明不出所要证明的命题结论。对于这种情况,应当一步一步地追究下去,一直到给出最终的原因为止。

(3) 特别值得注意的是,许多时候成为原因的子命题就是得出命题为真的原因或原因(条件)之一。

因果推理的形式是因为原因之一(命题条件一),原因之二(命题条件二),……,所以……,命题结论成立。

9.8 计算机理论研究中的科学实验

科学实验、生产实践和社会实践并称为人类的三大实践活动。实践不仅是理论的源泉,也是检验理论正确与否的唯一标准。科学实验就是自然科学理论的源泉和检验标准。在现代自然科学研究中,任何新发现、新发明和新理论的提出都必须以能够重现的实验结果为依据,否则,其他人是不会接受或承认的。对于一个自然科学理论研究工作者,在学习和研究最基本的经典理论时,也必须掌握它的实验结果。因此,科学实验方法是自然科学发展中重要的研究方法。

9.8.1 计算机科学理论实验的作用

1. 探索计算机算法理论奥秘和创新的必由之路

人们对计算机数据库、网络安全及自然科学的各门独立学科理论认识的不断深化过程,实际是由人们知识创新的长河构成。计算机数据库算法实验是获取新的、第一手科研资料的重要手段。通过实验可确定部分命题的正确性以及全部算法的正确性、可终止性和是否在有限的合理的时间、空间内完成算法;在计算机应用于工程而设计的系统,也必须做仿真实验,验证其正确性,确定该工程系统是否能完成设计的目标。这说明科学实验,是探索计算机科学理论、应用于工程设计系统的理论奥秘和创新的必由之路。

计算机算法实验是检验计算机科学理论正确与否的唯一标准。例如,上面讨论的算法验证和工程应用系统的验证,足以说明这一点。这表明算法理论是否正确的标准是实验结果的验证,而不是其他。

2. 发现理论与问题矛盾的必要途径

发现理论与所研究问题的矛盾有三个途径:
(1) 通过推理发现原有理论已经不能解决所研究的问题;
(2) 通过对算法的仿真实验确定是否能有效地解决所研究的问题;
(3) 通过实验验证新事实与理论发生矛盾。
对于情况(3)可能有两种情况。

① 不是原有理论的基本原则出了问题,而只是原有理论具有局限性,用原来的原理说明不了新事实的问题。为了解决说明新事实的问题,必须提出一些新假设,它们正好去补充、完善原有理论。这是实验与理论矛盾的一般情况,解决这种矛盾的办法是补充、完善原有理论,是理论发展的一种渐进形式。数据库的发展过程就是如此,利用关系数据库的查询算法去实现具有空值特性的对象查询时,通过实验表明是无法完成的。究其原因是,由于具有空值特性的对象,其本身的"空值"在关系数据库原有设计的基本原则中没有包含处理空值的原则。在这种情况下,就必须提出能够处理空值的新原则(新假设),去补充、完善原有理论,于是便产生了空值数据库。

② 新的实验结果与原有理论的推测冲突,说明原有理论的基本原则出了问题,只靠补充、完善原有理论是解决不了问题的。必须修改原有理论的一些基本原则,才能解决问题,这是实验与理论发生冲突的特殊情况。解决办法是抛弃原有理论的一些基本原则,确定一些新的基本原则,因而是理论发展的一种飞跃形式。标志着原有理论到了它的适用性限度,因此必须以批判、发展的态度去对待它。只有清楚地认识矛盾与冲突两种情况的重大差别,才能用不同的办法去解决不同的问题,才能自觉地意识到发生第(3)种情况的必然性。

应该特别指出的是,在自然科学向前发展的过程中,产生新事实与原有理论基本原则的冲突有其必然性,因为自然界本身是辩证的。它遵循辩证法的量变质变规律,作为反映自然规律的自然科学理论,必然会达到它的适用性限度,超过这个限度,量变引起质变,科学理论也要飞跃,进入到新的理论层次。这里说的"理论飞跃"是指从一个理论体系向另一个或几个理论体系的过渡,从一个传统理论向一个或几个崭新理论的过渡,从一个低级近似的理论向一个高级近似理论过渡,或者说,从一个理论的层次向另一个或几个理论层次的过渡。计算机数据库理论的发展就是这样一个过程,从分层和网状数据库到关系数据库,再由关系数据库到空值数据库和面向对象数据库,再由关系数据库到时态数据库、空间数据库、移动数据库、时空数据库和 XML 数据库等,都是从一个关系数据库理论层次向另一个或几个理论层次的过渡。

既然揭示新事实与原有理论基本原则的冲突对创立假设如此重要,这就要求科学研究人员必须:①熟悉出现在有关领域里的系统中的实验结果;②掌握有关领域里原有的基本理论,并能推导出一些有关结果;③能把实验与理论两方面结合起来,或者将实验结果用原有理论的原则表达出来,或者能用原有理论推导出的结果与实验结果相比较;④掌握一定的自然辩证法知识。

近代自然科学的最大特点,是系统引入了科学实验方法。从整理过的实验或经验出发,由此抽取原理,然后再由确立的原理进行新的实验,概括地说,通过直接的、经常的、仔细的观察来确立事实,并把这些事实一一对照加以反复检验,这些事实就将是科研工作者研究问题和命题的前提。

9.8.2　计算机理论研究中实验的种类

1. 根据科学实验的作用分类

从不同的角度对科学实验的分类是不同的。如果从科学实验的作用出发可以分为两类。

1) 探索性实验

计算机原始创新的各种算法的实验是前人从来没有做过或还没有完成的研究工作所接下来继续完成的实验,是为了探索解决问题的规律、探究和验证新的理论、新发现的实验。

对于原始创新的各种算法的实验,必须在相应的实验环境下,在算法运行的部分数据上(模拟)进行有效性功能实验。例如,各种排序、交换、循环、查询等算法实验。

2) 学习性实验

对于继承改进型(创新)算法中,对先人或他人已有的功能目标相对应的最好的算法进行分析和学习,掌握已有的科学知识所进行的实验。其目的是为了对这一类算法的构成思想和编程技巧进行学习和验证。然后,将这种实验结果和自己提出的功能相同的算法在相同的实验环境下,对所做的实验结果相比较,根据判定标准比较哪一种算法更优秀,优秀的算法说明具有一定的创新性。不仅是从理论上分析它,而且还必须在同一实验环境下进行实验,以最终确定所提出算法的好坏。

2. 根据科学实验的特性分类

如果从科学实验的特性出发,可以将科学实验分为七类,但在计算机科学理论研究中经常使用如下几类实验。

1) 判决性实验

前一章用较大的篇幅讨论了科学假设。假设的正确与否呢?

这种实验是为验证科学假设、科学理论和工程设计方案等是否正确而设计的一种实验。其目的非常明确,就是对科学假设、科学理论做出最后的正确判断,对工程设计方案做出最后的正确选择。

这种类型的实验几乎涵盖了自然科学发展的整个历史进程。在计算机科学理论研究中,无论是数据库和网络安全理论还是其他计算机科学理论的算法的正确性证明中,无论是原始创新算法,还是继承改进型(创新)算法,它们都可能是有问题的算法,这些算法的有效性(完成算法设计达到功能的目标)、可终止性(在可允许的有限时间内运行终止)、(时间和(或)空间)复杂性分析,在实验检验之前可能是有问题的。

对算法的有效性,科学研究人员必须做如下工作。

(1) 必须验证这些算法是否能完全完成算法设计要达到的功能的目标,如果完全完成了要达到的目标,说明设计达到了有效性;如果部分完成了要达到的目标,则说明该算法设计中出现了问题,必须执行(2),……,直到要达到功能的目标满意为止。

(2) 必须从两方面检查。①算法设计思想(理论)出了问题,从设计思想上或从各部分的连接上检查它;②是否用计算机语言写实验程序时出了问题。

(3) 在理论上重新设计修改后再继续实验,继续重复(1)过程,直到要达到的目标满意为止。同时,需要继续做可终止性、(时间和(或)空间)复杂性分析实验。可终止性和复杂性分析实验属于定性实验。

2) 定性实验

这种实验是研究事物的性质、性能、成分或结构的实验。定性实验是判定研究事物是否具有某种性质、性能、成分,或某种结构是否存在的实验。一般来说,要求这种实验给出肯定或否定的答案。

对算法的可终止性,科学研究人员必须做到:计算机算法正确性证明中,无论是原始创新算法,还是继承改进型(创新)算法,在预判全部完成了要达到的目标之后必须对算法的可终止性进行实验。

必须验证这些算法是否能在有限的时间内完成算法设计要达到的目标。

(1) 如果在有限的时间内达到目标,则同时需要继续做定量实验,其目的是区分算法的优劣。

(2) 如果在有限的时间内达不到目标,则说明该算法设计中出现了问题。此时,必须从两方面检查它。①算法设计思想(理论)出了问题,从设计思想上或从各部分的连接上检查它;②是否用计算机语言写实验程序时出了问题。

在理论上重新设计修改后再继续实验,继续重复(1),(2)过程,直到在有限的时间内终止。最后,完成算法证明的时间复杂度分析。关于复杂性分析,本书将在后面几章中详细讨论。

定性实验多用于某个探索性实验的初级阶段,在了解事物的本质特性之后,才能确定是否进行定量研究。因此,它是定量实验研究的基础和前提。

3) 定量实验

在计算机科学理论算法的复杂度分析中,分两种情况进行讨论。

(1) 如果是原始创新算法,在完成算法的有限时间内终止这一定性实验之后,必须继续完成算法证明的时间复杂度分析,时间复杂性分析就是定量实验。通过定量分析在相应的坐标系中用实验平面曲线或平面直方图表示出来,获得实验结果。

(2) 如果是继承改进(创新)型算法,则重复(1);此外,还必须对先人或他人已有的完成同一目标功能相对应的最好的算法在相同的实验环境下(同型号计算机硬件,同型编译软件,同一型的编程语言),在相同的数据上进行重复实验,其输出结果要和继承改进(创新)型算法输出结果表示方式相同,将这种实验结果和自己提出的功能相同的算法所做的输出实验结果表示形式相比较,两个算法根据判定标准做相对比较,看哪一个算法更好。比较可能有三种结果:①比已有的算法好;②比已有的算法差;③和已有的算法属于同一数量级。如果比较的结果属于第①种情况,说明该算法是好的,达到了设计目标,该算法可用;如果比较的结果属于第②种情况,说明该算法是差的,没有达到设计目标,该算法不可用,需要重新设计;如果比较的结果属于第③种情况,说明该算法和已有的算法都可用。

这种实验是研究算法数量关系的实验。它侧重于研究算法各部分之间执行的数量关系,有时需要给出相应的数学计算公式。这种实验方法主要是采用根据算法设计思想并用计算机语言编写的程序在计算机上运行的,初始数据是定量实验的核心部分。一般而言,计算机算法定量实验是定性实验的继续,是为了对算法各部分之间的性质、功能、结构的进一步深入研究所要采取的步骤和手段。算法分析给出算法好与不好的最终结果。

4) 析因实验

这种实验是为了由已知的结果去寻求产生这种结果的原因而设计进行的实验。实验的目的是很明确的,出现这种结果的原因可能有多个,这时必须用一个一个排除的方法排除非原因的因素。经过排除后如果可能是双原因,则再用比较实验法去确定哪一个是产生已知结果的真正原因或主要原因。

这种实验无论是在计算机硬件系统还是软件系统的故障排除中,是经常使用的。例如,由多个计算机软件模块构成的待达到某一目标的系统,当它达不到预定目标时,需要查找达不到目标的原因,出现这种结果的原因可能有多个,这时必须用一个一个排除的方法排除非原因的因素。

实验的环境,也称为实验的基本构成要素,包括实验对象、实验仪器、实验者,其中实验者起到核心和能动的作用。

特别重要的是实验要有一个适当的目标,在计算机科学理论的算法实验中始终要以算法证明中的正确性、可终止性、时间复杂性分析作为整个探索过程的向导。

让我们感兴趣的是,即使是与预期不一致的实验结果,对科学来说也是十分宝贵的。对这种不一致实验结果分析,可以查出错误原因,使我们在后继研究和其他研究中吸取教训,避免犯同类错误。

自然界的事物和自然现象构成错综复杂的自然界。因此在探索自然规律时,往往会因为各种因素纠缠在一起而难以分辨。科学实验的特殊作用之一是它可以人为地控制研究对象,使研究对象达到简化和纯化的作用。科学实验可以为生产实践提供新理论、新技术、新方法、新材料、新工艺等。众所周知,一般新的工业产品在批量生产前都是在实验室中通过科学实验制成的。

在算法设计中,一个高质量算法在逻辑上是很严谨的,由多种语句构成,各语句之间是相互联系且相互制约的。如果在实验中已经验证算法的时间复杂度不好,是指数阶的,尽管已经证明算法是有效的,也要千方百计将其设计成多项式级。通过验证,往往可以决定算法功能目标是否能很好地实现,起关键作用的是算法的核心操作。例如,循环、条件和分支语句对多数算法有决定性的作用。

科学实验就是自然科学研究中的实践活动,尊重科学实验事实,在实验结果中弄虚作假是不道德的,最终必然导致失败。任何自然科学理论都必须以丰富的实验结果中的真实信息为基础,经过分析、归纳,从而抽象出科学假设和科学理论。而这些假设和理论又为新的更多的实验所证实,在此基础上用这些假设和理论去进一步指导后继的科学研究。

一个科学研究人员必须脚踏实地,这个脚踏实地就是科学实验及其结果,因此,唯物主义思想是每一个自然科学研究人员都应该具备的基本素质之一。

9.8.3 科学模拟实验

根据相似的理论,首先设计与自然事物、自然现象及其发展变化过程相似的模型,然后通过对模型的实验和研究,间接地去实验和研究原型的性质和规律性,这种间接的实验方法称为模拟方法,又称模拟实验。

模拟方法一般是在对原型的因果关系尚未认识或未充分认识的情况下,在实验室内用模型去模拟原型的复杂变化过程,一般来说它不是对原型的各种影响因素的纯化和简化,而是尽量对原型的复杂因素进行全面的模拟和研究。例如,我国在2013年6月11日17时38分在酒泉卫星发射中心发射神舟十号宇宙飞船,它是中国第五艘搭载太空人的飞船。飞船由推进舱、返回舱、轨道舱和附加段组成。飞船升空后再和目标飞行器天宫一号对接。在宇宙飞船升空前的几年前,航天员必须在地面上进行模拟试验,这个实验器就是神舟十号宇宙飞船模型。

在计算机的理论与工程研究中,这种模拟方法是经常使用的。模拟方法是由于人类在生产实践和自然科学研究过程中的需要而产生和发展的。

人类在对自然界的观察、研究和探索过程中,往往不能对某些事物和对象进行直接实验。因此在这种情况下,提出了数学模拟方法。数学模拟是在模型和原型之间在数学形式上相似的基础上进行的一种模拟方法。根据数学形式的同一性导出相似的标准,而不是根据共同的物理规律,模型和原型在物理的固有本质上是不同的。将研究事物和对象抽象成数学模型,再利用计算机对客体进行仿真,这就出现了计算机仿真。例如在大型的工业生产,大型工程设计和机电设备的研制中,都使用计算机进行数学模拟,提高设计质量和速度。这种模拟方法通用性强,使用方便。

由于本书经常用到观察这一概念,下面简单加以说明。

所说的"观察"是"科学的观察"的简称,一般人们把外界的自然信息通过感官输入大脑,经过大脑的处理,形成对外界的感知,就是观察。然而,盲目的、被动的感受过程不是科学的观察。科学的观察是在一定的思想或理论指导下,在自然发生(不干预自然现象)的条件下进行,但是是有目的的、主动的观察。科学的观察往往不是单纯地靠五官去感受自然界所给予的刺激,而要借助一定的科学仪器去考察,描述和确认某些自然现象的发生。

观察要遵循客观性原则,对客观存在的现象应如实观察。如果观察失真,便不能得到真实可靠的结论。但是,观察要遵循客观性原则,并不是说在观察时不带有任何理论观点,理论总是不同程度地渗透在观察之中。

观察方法有一定局限性,观察只能使我们看到现象,却看不到本质。现象是事物的外部联系和表面特征,是事物的外在表现。本质是事物的内部联系,是事物内部所包含的一系列必然性、规律性的综合。

严格意义上说,当观察被条理化和被控制时,就是实验。

9.8.4 整理经验材料的方法

通过观察,实验等方法得到的经验材料,需要经过加工整理,才能形成科学的结论。整理经验材料的方法有比较、分类、分析与综合以及抽象与概括等。

1) 比较

比较是确定对象共同点和差异点的方法。通过比较,既可以认识对象之间的相似性,也可以了解对象之间的差异性,从而为进一步的科学分类提供基础。运用比较方法重要的是在表面上差异极大的对象中识"同",或在表面上相同或相似的对象中辨"异"。关键是要能看出"异中之同"和"同中之异"。

进行比较时必须注意以下几点。

(1) 要在同一关系下进行比较。也就是说,对象之间是可比的。如果拿不能相比的东西来勉强相比,就会犯错误。比如,空间的长度和时间的长度二者不能比长短。

(2) 选择与制定比较标准。在计算机的算法中始终要以算法证明中的正确性、可终止性为标准。时间复杂性分析则要以是否为多项式级为标准。当然,对时间复杂性分析还可以给出更精确的标准。

(3) 要在对象的实质方面进行比较。例如,对于两个完成同一功能目标的算法比较哪一个更优,就要重点比较两个算法的时间复杂性。

2) 分类

分类是通过观察,实验等方法得到的经验材料,根据对象的共同点和差异点,把对象按类区分开来的方法。通过分类,可以使杂乱无章的现象条理化,使大量的事实材料系统化。分类是在比较的基础上进行的。通过比较,找出事物间的相同点和差异点。然后,把具有相同点的事实材料归为同一类,把具有差异点的事实材料分成不同的类。通过分类可以从中找出某些规律,或者做出对未来事实的预言,提出相应的假设。

在科学研究活动中,科学研究人员经常把调查研究中搜集到的文献、论文等,按照本质特征,即按照那些与近邻类有显著界限的特征运用排列的原则(并列与从属)来进行分类。分类的目的是通过归纳(分类归纳法)发现规律、提出假设。分类是人类认识自然活动的基本因素。分类归纳法是一般和特殊,本质和现象的辩证的特殊形式,是科学研究活动中的又一重要方法。对于计算机算法的复杂性,目前,按照它们的可执行程度做比较标准可分为多项式阶和指数阶两类。

最典型的事例是门捷列夫于十九世纪六十年代,在当时人们已知的 63 种元素的基础上,在研究前人的50余种分类方法的基础上进行的工作。他按照原子量和元素特性间的关系进行分类,得出了各种元素的性质是按照原子量的变化而周期变化这一规律,发现了科学上的重大规律。门捷列夫在排列元素时,不仅按照元素的原子量,而且更强调遵照元素特性以及这个元素与其他元素的联系。一个元素的排列位置不仅对应着一个数值的量,而且还包含着丰富的内容的质。因此,元素的这种排列位置,反过来又成了门捷列夫重新审核和订正许多元素原子量的根据。门捷列夫在把元素按照原子量递增的顺序排列时,在元素化学性质递变过程发生中断的地方,把行、列断开留出空位,给尚未发现的化学元素留下位置,他不仅预言了在当时尚未发现的元素,而且也预测了当时未发现的元素的性质。后来的发现证实了门捷列夫的预言是完全正确的、预测几乎是完全吻合的。2012年国际纯粹与应用化学联合会(IUPAC)正式宣布了114号元素Fl和116号元素Lv。

3) 分析与综合

分析就是将事物"分解成简单要素",综合就是"组合、结合、聚合在一起"。也就是说,将事物分解成组成部分、要素,研究清楚了再聚合起来,将事物以新的形象展示出来。分析与综合在认识方向上是相反的,但它们又是密切结合,相辅相成的。一方面,分析是综合的基础;另一方面,分析也依赖于综合,没有一定的综合为指导,就无从对事物做深入分析。

4) 抽象与概括

抽象是人们在研究活动中,应用思维能力,排除对象次要的非本质的因素,抽出其主要的本质的因素,从而达到认识对象本质的方法。

概括是在思维中把对象本质的规律性的认识,推广到所有同类的其他事物上的方法。

第 10 章　算法复杂性

10.1　类 PASCAL 语言

由于程序都是依据算法而写的，并且是在计算机上执行的，而且算法(过程)的复杂性也是按照它的算法步骤进行分析的，所以本书为了描述算法并且便于表达算法所具有的特性，必须选定一种描述算法的语言，该语言既要便于翻译成程序在计算机上执行，又要充分独立于计算机。

算法和程序不同，算法是对解决问题的基本思路和基本执行步骤的描述。在这方面，无论是广泛使用的自然语言，还是抽象的记号，都被实践证明是不可取的。所以算法不可能用某种具体程序设计语言来描述，也不可能完全用自然语言去表述。PASCAL 语言是一种结构性语言，它的出现是出于算法描述，同时又能在计算机上运行而研制的，在算法设计和复杂性分析中用结构设计语言优于非结构设计语言，但是 PASCAL 语言的有些语句也比较精细，不利于算法过程思想和基本执行步骤的清晰描述，所以本书使用了利于算法描述的、在 PASCAL 语言基础上改造后的"类 PASCAL 语言"。

这种语言的基本数据类型包括整型、实型、布尔型和字符型。变量只能存放单一类型的数值，它可以使用下列形式说明变量的类型，即

$$\text{integer } m, n; \text{ real } a, b; \text{ boolean } c, d; \text{ char } e, f$$

这种语言的每一个语句必须具有唯一的含义。而且这种语言尽可能地贴近具体的程序设计语言的语句，因为程序就是用程序设计语言所表示的算法，这种语言能容易地用人工或机器翻译成其他实际使用的程序设计语言。本书中出现的过程、子算法这些术语，有时也作为程序的同义词。同时，我们希望选用的语言简明、够用，能够清晰地写出算法并且便于阅读。因此，本书使用类 PASCAL 语言，凡是掌握了一门高级程序设计语言的人都能很快看懂并掌握它。

但由于描述算法的便利和算法层次的清晰，本书还要对局部变量、全程变量和形式参数进行说明，其说明形式如下：

局部变量用符号 local 进行说明：local t, u;

全程变量用符号 global 进行说明：global v, w;

形式参数用符号 formal 进行说明：formal x, y;

要特别注意，形式参数是参数表中的一个标识符，它本身永远不含值，因此它

已不是一个变量,只有在过程运行时它由过程中的调用语句对应位置的实在参数所代换。

在类 PASCAL 语言中,有特殊含义的标识符作为"保留字"来考虑,用黑体字表示。给变量命名的规则是,以字母起头,不允许使用特殊字符,且不要太长,不允许与任何保留字重复,一行可以有数条语句,但语句间要用分号隔开。在类 PASCAL 语言中,允许使用下列语句。

1. 赋值语句

完成对变量赋值的是赋值语句,即
$$\langle 变量 \rangle := \langle 表达式 \rangle$$
表示把右边的值赋给左边的变量。其时间消耗主要是计算表达式的值的时间消耗与赋值的时间消耗总和。

2. 布尔值

有两个布尔值,即 **true**, **false**,为产生这两个布尔值,设置了三个逻辑运算符:**and**, **or**, **not** 和六个关系运算符:$<, \leqslant, =, \neq, \geqslant, >$。

3. 数组结构

类 PASCAL 语言中,可以使用带有任意整数下界和上界的多维数组。例如,一个 n 维数组可用以下形式说明:$A(l_1:u_1,\cdots,l_n:u_n)$,其下界是 l_i,上界是 u_i,$1 \leqslant i \leqslant n$,$l_i$ 和 u_i 都是整数。为了保持类 PASCAL 语法的简明性,只使用数组作为基本结构单元来构造所有数据对象,而没有引进记录等结构类型。

4. 条件语句

条件语句的形式为

   if *cond* **then** S_1 或 **if** *cond* **then** S_1
   else S_2

其中,*cond* 是一个布尔表达式,S_1, S_2 是任意语句组。条件语句的流程图由图 10.1 给出。

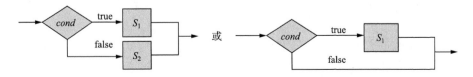

图 10.1 条件语句

假定布尔表达式按"开关"方式求值,对给出的布尔表达式($cond_1$ **or** $cond_2$),若 $cond_1$ 为真,则不对 $cond_2$ 求值;而对给出的布尔表达式($cond_1$ **and** $cond_2$),若 $cond_1$ 为假,则不对 $cond_2$ 求值。其总的时间消耗是计算和测试条件表达式的时间消耗与执行 **then** 后续语句 S_1 或跟在 **else** 后面的 S_2(看执行哪一个)的时间消耗总和。

5. 情况语句

情况语句很容易把有限个数选择对象区别开,它比使用多重 **if—then—else** 语句方便。它有如下形式,即

$$\begin{aligned}
&\textbf{case}\\
&\quad :cond_1:S_1\\
&\quad :cond_2:S_2\\
&\quad \cdots\\
&\quad :cond_n:S_n\\
&\quad :\textbf{else}:S_{n+1}\\
&\textbf{end}
\end{aligned}$$

其中,S_i 是类 PASCAL 语句组,$1 \leqslant i \leqslant n+1$,**else** 子句并不是必须的。该语句的语义由下面的流程图 10.2 所描述。

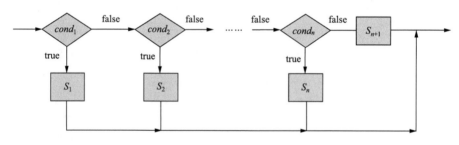

图 10.2　**case** 语句

其总的时间消耗是在执行过程中计算过的所有条件表达式($S_1,S_2,\cdots,S_n$ 或 S_{n+1})及其语句($cond_1:S_1,cond_2:S_2,\cdots,cond_n:S_n$,或 S_{n+1})时间消耗的总和。

6. 循环语句

类 PASCAL 提供了几种可实现迭代的循环语句。根据不同的条件,使用不同的循环语句。

(1) **while** 循环语句,也称当语句。其形式为

$$\textbf{while } cond \textbf{ do}$$
$$S$$

其中,$cond$ 和 S 如前所述。该语句的含义由图 10.3 给出。

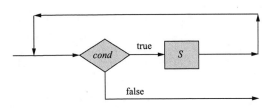

图 10.3 while 语句

(2) **loop** 循环语句。其形式为

loop
  S
until *cond*

该语句的含义由图 10.4 给出。

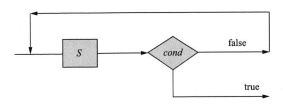

图 10.4 loop—until 语句

loop—until 语句与 **while** 语句相比,它保证了至少要执行一次 S 语句。

两个语句时间消耗都为计算条件表达式时间消耗(循环几次就计算几次)与执行语句 S 的时间消耗(循环几次就计算几次)的总和。

(3) **for** 循环语句。具有以下两种形式。

① **for** 循环变量 := 初值 **to** 终值 **do**
  S
② **for** 循环变量 := 初值 **to** 终值 **by** 步长 **do**
  S

循环变量是一个变量,初值、终值和步长是常数或算术表达式。

对于情况①,当步长为正 1 或负 1 时,使用它,执行时就自动 +1 或 -1。

对于情况②,当步长为正时,将初值算术表达式的值赋给循环变量,如果循环变量的值不超过终值表达式的值时就增加一个步长值,并执行语句 S,否则循环终止,不再执行语句 S;当循环变量的值超过终值表达式的值时循环就终止。

此语句的含义可以用 while 循环语句写成

  while(循环变量 − 终值)× 步长 ≤ 0 **do**
    S
    循环变量 := 循环变量 + 步长

需要指出的是这些表达式只计算一次,并且将其值作为循环变量,终值和步长(其中两个是新引进的变量)的值存入。这三个变量的类型与":="右边表达式的类型一致。S 代表类 PASCAL 的语句序列,它不改变循环变量的值。其总的时间消耗与 while 语句类似。

(4) 循环语句是 loop 语句的形式为

$$\text{loop}$$
$$S$$

该语句的含义由图 10.5 给出。

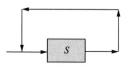

图 10.5 loop 语句

从语句形式上看,该语句描述了一个无限循环。可是如果该语句和 S 中的某种检测条件一起使用,则这个检测条件将导致一个出口。退出这样的循环的一种方法是在 S 中使用

$$\text{go to 标号}$$

语句,将控制转移到"标号"。任何语句之前都可以附以标号,其方法是在那条语句的前面放置一个标识符和一个冒号。尽管通常在程序员写程序时并不需要 go to 语句,然而,在写算法时当要将递归过程转换成迭代形式时,go to 语句则是有用的。go to 的一种受限制的形式是

$$\text{exit}$$

它的作用是将控制转移到含有 exit 的最内层循环语句后面的第一条语句。该循环语句可以是一条 while 语句,也可以是一条 loop—until 或者 for 语句。exit 可以有条件地使用,也可以无条件地使用。例如,

$$\text{loop}$$
$$S_1$$
$$\text{if } \textit{cond} \text{ then exit}$$
$$S_2$$

该语句的含义由图 10.6 给出。

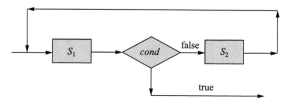

图 10.6 带有 exit 的 loop 语句

对于 exit 语句执行时其消耗为 $O(1)$。

由于该语句分多种可能的计算情况,因此需按其情况进行计算时间消耗。

7. 复合语句

用特殊含义的标识符 **begin** 和 **end** 嵌套并以分号隔开的子语句序列构成一个语句，称其为复合语句或分过程。**begin** 和 **end** 相当于一个将以分号隔开的语句序列括起来的括号。为了书写和阅读方便，允许在 **begin** 和 **end** 后面附加整数 i（对于不太长的复合语句或分过程也可以不加 i）表示 **begin** i 和 **end** i 是一对匹配的特殊含义的标识符。也可以不用 **begin** 和 **end** 表示嵌套，而在写算法时将两个不同层次上的两个过程以缩两个空格以示区别，否则不加空格。对于熟练的人来说这是可行的，对其他阅读算法的人可能造成困难。

因为一个分过程是一个语句，所以凡是能用一个语句的地方均可以用复合语句。一个复合语句的时间消耗是它包含的各语句的时间消耗总和。

一个算法描述时，在书写步骤之前，用 **begin** 开始（相当于一个括号的左部），在书写完步骤之后用 **end** 终止（相当于一个括号的右部），用它们表示一个算法的完整过程（步骤）。

8. 过程语句

由过程定义语句定义一个过程。一个完整的类 PASCAL 过程是一个或多个过程的集合，第一个过程作为主过程，执行从主过程开始。对于任何一个类 PASCAL 过程，譬如过程 A，当到达 **end** 或 **return** 语句时，控制返回到调用过程 A 的那个类 PASCAL 过程。如果过程 A 是主过程，控制则返回到操作系统。单个的类 PASCAL 过程的形式为

        procedure 名字(〈参数表〉)
        begin
          S
        end

类 PASCAL 过程主要分成两种类型：一种是函数过程，产生函数值；另外一种是子过程，通常不产生函数值。

在这两种情况下，无论是哪一种都要对过程命名。参数表是由一串称之为形式参数变量构成的，并且把所用的形式参数作为一个表放在过程名后面的圆括号中。

实在参数与形式参数的代换是由访问调用规则控制的，在运行时把实在参数的地址送到被调用的过程去代换与其对应的形式参数。对于那些是常数或者表达式的实在参数，则将它们的地址送到被调用过程。

当定义了一个函数之后，对它的调用是作为表达式的项出现在表达式中。在这种情况下，过程中执行的最后一个语句必须是 **return**(表达式)。在函数过程中，

返回值要放在紧接 **return** 的一对括号中来表示，即
$$\text{return}(\langle 表达式\rangle)$$
其中，表达式的值作为函数的值来传送。例如，下面的语句定义了名为 MIN 的函数过程，要求该过程能求出两个变量的最小值。

  Procedure MIN(X,Y)
  begin
    if $X\leqslant Y$ **then return**(X);
    else return(Y);
  end.

变量 X 和 Y 是形式参数。当执行语句
$$A := \text{MIN}(2+3,8)$$
时，将值 5 赋给变量 A。表达式 $2+3$ 和 8 作为过程的调用实参与形参 X、Y 一一对应。

  一个过程包括三种类型的变量：局部变量、全程变量和形式参数。局部变量（**local**）是在当前的过程中说明的变量。全程变量（**global**）是在已包含当前过程的过程中说明为局部变量的变量。形式参数（**formal**）是参数表中的一个标识符，由于它实际上永远不会含有值，因此它已不是一个变量（称其为假变量），在运行时它由调用语句中对应位置的实在参数所代换。

  对上述这三类变量所具有的特性是否均要给予详细的说明呢？由于需要的是能简明描述算法的基本思想与步骤的语言，故对于与此无根本损害，而在计算机上付诸实现时又不可缺少的一些语法成分，可以在写算法时采取较为"灵活"的方式。它允许编制算法的人根据具体情况灵活处理变量说明的详略，只要能清楚地反映出变量的前后关系就行。

  对于过程而言，通常不产生函数值。**end** 的执行意味着执行一条没有值与其相联系的 **return** 语句。为了停止程序的执行，可以使用 **stop** 语句。

  选择什么样的问题将算法设计成函数过程或者写成过程，在算法设计过程中是一个重要问题。究竟选择哪一种，这和该算法在调用它的过程中的使用情况有关。

  return($\langle 表达式\rangle$)执行时其时间消耗为 $O(1)$。

  如果该算法的返回值在调用它的过程的某表达式中使用，且只使用一次，在此情况下最好将其写成函数过程，此外，一般写成子过程。例如，如果需要设计描述一个确定两棵树是否相等的过程，假设 S,T 为两棵树，就应做一个布尔函数 EQUAL(S,T)，它或者返回一个真值或者返回一个假值，那么在过程中就可出现对 EQUAL 调用的下述形式，即
$$\textbf{if}\ \ \text{EQUAL}\ (S,T)\ \ \textbf{then}\cdots$$

9. 过程调用语句

如果一个算法（过程）调用另一个子算法（过程），而且这个子过程不产生函数值，可以使用一个调用语句 **call** 单独调用一个子过程。此时，将子过程名写在之后，如果子过程名为 A，则其调用形式为

$$\text{call } A$$

也可以不写调用语句 **call**，只要在调用处写子过程名 A 就够了，而且这样的过程调用一般不允许以表达式的项的形式出现于表达式中。下面用一个例子来加以说明。

Procedure ICHANGE(X,Y)
  begin
    $T := X$;
    $X := Y$;
    $Y := T$;
  end.

该例子能实现两个变量的交换。要调用这个过程，交换两个变量 $A(i)$ 和 $A(j)$，只要写一个调用语句：

    Call ICHANGE($A(i),A(j)$) 或更简单的 ICHANGE($A(i),A(j)$)

就够了，在这样的过程中不需要 **return** 语句。

为了描述算法方便，有时也可以对 **return** 语句做出一些新规定。例如 **return** 语句回送的可以不是一个函数值而是一个元素的有序集。例如，

$$\textbf{return}(\text{MIN}(X,Y),Z)$$

回送一个有序对 (X,Z) 或 (Y,Z)，究竟是哪一种结果要看 X 和 Y 哪个小而定。

必须指出，过程对其他过程的调用，在执行完调用并完成对子过程的运算后，返回到原调用过程中的下一条语句。

如果一个过程包含对自身的调用，就把这叫做直接递归；如果一个过程调用另一个过程，而这另一过程又调用原来的过程，就称为间接递归。这两种递归形式在设计和描写算法中经常使用。

执行过程调用的时间消耗是计算各实参数表达式的时间消耗和过程中各语句时间消耗的总和。由于一个完整的类 PASCAL 算法执行，是执行一个或多个子算法（过程）的集合，又由于该语句分多种可能的情况计算，计算其总时间消耗时，需按其一个或多个过程情况分别求出每个过程的计算时间消耗，最后按照它们的关系求出算法总时间消耗。

10. 输入和输出

一个算法有 0 个或多个输入量，是算法所必须的初始信息和数据，取自某一特

定集合。一个算法有 1 个或多个输出信息和数据,它们常是和输入有特定关系的量。

输入和输出采用两个过程。其形式分别为

输入:(⟨参数表⟩) 或 **read**(⟨参数表⟩);

输出:(⟨表达式⟩) 或 **write**(⟨表达式⟩);

输入时间消耗(在均匀时间消耗下)与参数表的长度成正比。

输出时间消耗主要是计算表达式的时间消耗。如果表达式是一个值或一个简单变量,时间消耗为 $O(1)$。

11. 算法结构描述形式

因为一个算法可能由有限多个过程或子算法构成。所以,为了表述一个完整的算法,应该具有如下结构形式。

算法　按章的数字编号　中文名

　　输入:(⟨参数表⟩);
　　输出:(⟨表达式⟩);
　　Procedure 英文名字(⟨参数表⟩)
　　begin
　　　　S_1;
　　　　S_2;
　　　　…
　　　　S_3;
　　end.

算法结构描述形式无执行语句,故其时间消耗为 0。但是,整个算法的时间复杂性消耗为算法各部分执行时的时间消耗的总和。

12. 说明语句

对于算法说明语句分两种:符号说明和过程的语句说明。

(1) 算法符号说明:为了便于读懂和记忆算法所使用的符号,首先必须明确算法所使用的各种符号的含义和功能。对描述算法的人不会因为符号而造成混乱;对于读算法的人更利于读懂算法的每个语句和整个算法思想。其一般形式:算法符号说明:符号 A 表示的含义或功能;符号 B 表示的含义或功能;…;符号 N 表示的含义或功能。

在一个算法中符号说明要简明不能过长,一般要放到算法标识的前面。

(2) 过程的语句说明:为了书写过程清晰,并且便于读懂和记忆语句表示的含义和功能,理清思路。一般要在过程中插入若干说明语句进行说明。其一般形式为

$$/* 文字说明 */ 或 // 文字说明 //$$

在一个过程中只能使用其中的一种形式,文字说明简要明快不能过长。可以放到一个过程中任何需要说明的地方。

这两种说明语句都不是执行语句,故其消耗为 0。

10.2 算法的性质和证明

10.2.1 基本概念

(1) 问题。首先,我们需要说明什么是问题(指具体实施中的问题)。所谓问题是指一个有待回答的,通常含有几个其值还未确定的自由变量的一个一般性提问。它由两部分决定:一是对其所有参数的一般性描述;二是对该问题的答案所应满足某些特性的说明。而一个问题的某个例子或实例则可通过指定问题中所有参数的具体取值来得到。

(2) 算法是指可用来求解某个特定问题需要遵循的、被清楚地指定的简单指令(如类 PASCAL 语言的语句)的有限集合,对特定问题求解有限步骤的一种描述过程。其中,每一条指令(语句)表示一个或多个操作。

也可以说,算法是用来描述可在多种计算机上实现的任一计算流程的抽象形式,其一般性可以超越任何具体实现时的细节。

算法和计算机程序有如下区别。

(1) 算法与通常所说的计算机程序有密切联系,但它们并不是相等的概念。算法不是计算机程序,只是类似于程序的方法。而计算机程序是按照算法用某种计算机语言编写的、可在计算机上执行的指令(语句)序列。因此,复杂性理论中对算法的定义与我们通常所理解的计算机程序不同。不过,将算法想象为某个具体的计算机程序在许多情况下可以帮助我们理解有关概念和结论。

(2) 对于任何合法的输入,算法都要在有限时间内通过有限步骤计算后必须终止;而计算机程序虽然也要求有合法的输入,在计算机上执行可以是有限的,也可以是无限的,无限的程序是永远不会停止的。

例如,计算机的操作系统是计算过程的一个重要例子,这一过程能控制作业的执行,当没有作业可执行时,这一过程并不终止,而是处于等待状态,一直到一个新的作业被调度进入为止。

(3) 一个算法可以采用多种方式描述,如类 PASCAL 语言、流程图、一般图和人类语言描述;而一个计算机程序就是用计算机上执行指令(语句)描述的一个计算过程。

(4) 一个计算机程序,一般只能在某些计算机上执行;而一个算法,既可能编成程序在各种计算机上执行,也可以用纸和笔手工执行,还可以用其他计算工具执行。

通过上面分析的最后两条(3)和(4)可知,算法描述具有多样性和多种实现方式。当然我们最感兴趣的还是用类计算机语言来描述和能在计算机上执行的各种算法。

10.2.2 算法应具有的性质

在计算机数据库、网络安全和计算机其他分支理论研究中,无论是数据库相关理论研究,还是网络安全中的相关理论研究及计算机相关的工程项目中,一般要解决某一个或多个问题或完成某一个或多个任务的操作,都是通过算法(解决问题的一种方法或一个过程)来完成的。前面我们在讨论算法设计步骤时已经说明,算法设计过程不仅和数据模型的选择有关,而且与算法正确性(有效性)证明紧密相关。因为在设计算法时,最重要的问题莫过于算法的正确性。算法的正确性是算法理论研究中最重要的一部分,如果一个算法的正确性保证不了,算法其他方面的讨论将会毫无意义。在证明算法是正确的前提下,一个算法的优劣也直接关系到解决问题的成败,一个算法只有具有以下的性质,才能称为是一种解决问题的算法。

(1) 算法的正确性。一般情况下,就是对于一切合法的有限输入的数据,算法都能在有限步骤的计算后产生正确的输出。

(2) 有限的步骤组成。算法应该由一系列具体有限的步骤组成。每一步所描述的行为对于必须完成算法的人员是可读的、可执行的,并在有限的时间内完成。算法好像给出了通过一系列步骤解决问题的"工序"。在完成计算功能的前提下,虽然由有限步骤组成,但步骤越少越好。如果一种算法的描述是由无限步组成,就不能在计算机上实现它。

(3) 算法过程确定性。算法的每一步必须是精确定义的、无二义性的。下一步应执行的步骤必须明确。选择语句是任何算法描述语言的组成部分,它允许对下一步执行步骤进行选择,但是选择过程必须确定。

(4) 算法的可终止性。算法必须可终止,而且不能进入死循环。

(5) 算法输入。一个算法一般都要求输入算法所需的初始数据,它们都取自某一或某些特定集合。一般来说,算法输入的合理与否不是由问题决定的,它主要取决于特定算法。

(6) 算法输出。一个算法一般都有对输入数据操作、计算结果的一个或多个输出信息。

10.2.3 算法正确性证明

正确性证明就是要证明算法必须达到解决问题的目的或完成所要完成的功

能。在数据量较小的情况下，实际上用穷举方法证明就可以。在数据量较大的情况下，特别是当一个算法输入海量数据时，尽管这些数据是合法的，但实际上用穷举方法证明是很难做到的。特别是当合法输入的数据是一个无穷集时，对用穷举证明方法证明更是不可能的。对于特别情况下的证明方法，是将一个算法的输入和输出都表示成"输入断言"和"输出断言"，一个算法的各计算步骤可以表示成一组"谓词演算"规则，通过这一组谓词演算，能由输入断言推理导出输出断言。但这种形式的演绎过程很冗长复杂。

为了保证算法的正确性，在算法设计之前，对一个问题必须确定一个或多个精准的命题，这个命题说明在给出合理输入后，算法将要产生什么结果，然后证明这个命题（算法）的正确性。

问题陈述的过程也是确定命题的过程，之后非常重要的是需要选择适合描述问题的数学模型和数据模型。常用的数据模型中的数据结构模型有：数组、字符串、顺序表、散列表、链表、栈、图、有向图、Voronoi 图（图的变种）、各种树、矩阵等。究竟选择什么样的数据结构模型，要根据综合解决问题或命题需要完成的功能的可能性和优化性来确定。

一个算法包含的内容总体上说有两个方面，一是解决问题的方法，二是实现这个方法的计算机语言或指令。要确立所使用方法和（或）所使用公式的正确性，就必须明确需要的相应结构模型的相关理论：引理、定理、推论、性质、规则和公理等。也正因为如此，在确定一个算法之前，除了准确理解算法要解决什么问题以外，特别要注重所使用的结构模型的有关理论。通过对问题陈述和结构模型理论相结合，给出与解决问题或其实例算法设计紧密相连的相关命题、定理、引理、推论、规则、公式和公理等。只有这样才能顺利的构思算法和证明算法的正确性。

如果算法求解的问题比较大且较为复杂，一般来说，算法也比较长而且比较复杂。为了证明这类算法的正确性，我们往往将这个算法按照要完成的目标或功能分解成一些较小的子目标或功能，为此就对应形成算法段（也称为子算法或子过程），并证明如果所有这些较小的算法段正确地完成了它们的工作，在各算法段合理衔接的情况下，则整个算法自然是正确。只要特别注意合理衔接，这个过程是很容易完成的。这种将算法分解成若干能独立验证又互不相交的算法段的方法，正是计算机结构程序设计方法在算法正确性证明中的一种有效的应用。

本书中给出的大多数算法，都是能够作为较大而且比较复杂算法的算法段的算法，目的是告诉读者在算法之初如何进行结构算法设计。

对一个算法正确性进行严格的证明，最有用的技术之一是数学归纳法。因为在算法设计中用到的循环操作是相当多的，所以对算法正确性证明也是相当多的。不仅如此，就连按照算法为了解决问题或问题实例写出的程序在执行中，循环操作也是它们的基本操作之一。对于每一个循环，无论是单循环还是多层循环，无论是算法设计时还是算法正确性证明及分析时,必须要根据在设计算法时所用的变量和数据结构明确并确定一些条件和满足的关系,然后通过对循环的次数进行归纳来验证这些条件的成立。证明的详细过程必须跟随算法使用的类 PASCAL 语言的语句进行。

为了说明数学归纳法在算法进行严格的理论证明中的用法,我们用算法 10.1 SeqSearch(A,n,X)(用顺序搜索法在给定数组中查找给定的 X 值算法)来说明它的证明过程。下面给出查找一维 n 整数数组中最大元素顺序搜索算法。

算法 10.1 (用顺序搜索法在给定数组中查找给定的 X 值算法)

输入:数组 $A(1:n),n,X$;
输出:返回第一个匹配 X 的元素下标 j,否则,返回(0);
procedure SeqSearch(A,n,X)
begin
(1) $j:=1$;
(2) while($j<n$ and $A(j)\neq X$) do
(3) $j:=j+1$;
(4) if $j>n$ then
         return(j);
    else return(0);
end.

在算法 10.1 SeqSearch(A,n,X)中,算法的输入是使用数组 $A(1:n)$,它可以看作一个具有 n 项的顺序表,而且表中有一个等于 X 的项,那么这个算法以将 j 置成表中等于 X 的项的下标而结束;否则,表中若没有等于 X 的项,则这个算法将 i 置成 0 而终止。对于这样的命题有两个缺点:①它没有说明当 X 在表中多次出现时的结果;②没有指明算法在 n 为何值时工作。为了克服这两个缺点,我们可以假设 n 是非负的,但当该表为空,即 $n=0$ 时情况怎样呢?为此必须给出一个更精确的命题:给定一个具有 n 项($n\geq 0$)的数组 $A(0:n)$,并且给定 X,当 X 在数组 $A(0:n)$中时,顺序搜索算法在将 j 置成 X 在数组 A 中第一次出现处的下标时终止。

我们将通过证明一个更强的命题来证明上述命题,这个更强的命题对于算法执行时成立的一些条件,给出了详细的断言。对于这个更强的命题,我们能够使用数学归纳法加以证明。

对于 $1\leq k\leq n+1$,若算法第 k 次地执行第 2 行中的检验,则下列条件成立:

(1) $j=k$ 而且对 $1\leq i<k,A(i)\neq X$;

(2) 若 $k\leq n$ 而且 $A(k)=X$,则算法将在执行第 2 行中的检验和第 4 行以后终止,此时 j 仍然等于 k;

(3) 若 $k=n+1$,则算法将在执行第 2 行中的检验和第 4 行以后终止,此时 $j=0$。

注意，$j=0$ 表示检验结果为空、结果不存在的情况。

首先，对上述三个条件的正确性进行证明：设 $k=1$，从第 1 行可得 $j=k$，条件(1)的第 2 部分被认为是满足的。

对于条件(2)，若 $1\leqslant n$ 和 $A(1)=X$，则第 2 行的检验不成立，算法进行到第 4 行，这时因为 $j=k\leqslant n$，所以 j 不变。

对于条件(3)，若 $k=n+1$，则 $j=n+1$，导致第 2 行的检验不成立，算法进行到第 4 行，这时 j 被置成 0。

有了以上三个条件和正确性进行证明，我们便可以利用数学归纳法证明该算法是否正确。

算法正确性的证明如下。

① 现在我们假设这三个条件对某个 $k<n+1$ 成立；

② 再证明对于 $k+1$ 这三个条件也成立。假设算法已经第 $k+1$ 次地执行第 2 行中的检验，因为条件(1)在 k 时成立，而且在算法第 $k+1$ 次回到第 2 行之前，又执行了一次第 3 行，所以这时 $j=k+1$。条件(1)对于 k 成立，说明对于 $1\leqslant i<k$，$A(i)\neq X$。条件(2)对于 k 成立意味着 $A(k)\neq X$（否则算法已经终止），所以，对于 $1\leqslant i<k+1$，$A(i)\neq X$，即对于 $k+1$ 条件(1)成立。

依照条件(1)证明的过程，类似地可以证明对于 $k+1$，条件(2)和条件(3)也成立。证毕。

根据证明的结果，说明在第 2 行中的检验最多执行 $n+1$ 次，而且输出 0，当且仅当它们执行 $n+1$ 次，对于 $1\leqslant i<k+1$，$A(i)\neq X$，即 X 不在数组 A 中。当且仅当 $A(k)=X$，对于 $1\leqslant j<k$，$A(j)\neq X$，输出 $i=k$。所以，k 是 X 在数组 A 中第一次出现的下标，于是可知算法是正确的。

注意，如果我们不要求 X 在数组 A 中第一次出现的下标，而仅仅是任何一次出现的下标，则这个算法可能缩短，方法是倒过来搜索这个数组 A，以 $j:=n$ 开始，并且省略第 4 行。

尽管看起来算法正确性证明有些麻烦，我们可以想象对于一个具有复杂的数据结构和控制结构的完整程序，要证明它的正确性就更麻烦。但是对于较为复杂的问题的算法正确性还是要严格地进行证明。因为这总比按照算法写出程序并上机运行，发现错误或达不到算法要解决的问题或任务时，重新写新算法并证明它的正确性要好得多。一般的，正如前面讨论中所说，对于较为简单的问题，较为简单的算法，如果确信算法是正确的，也可以不用严格地进行证明。

前面讨论过，在设计算法之前不仅要对问题描述做认真分析，而且还要对问题陈述和结构模型理论相结合，给出与解决问题或其实例算法设计的紧密相连的相关命题或引理、定理、推论、规则、性质、公式和公理等。只有这样，不仅能较为顺利的构思算法，而且还能证明算法的正确性。对于结构型设计的算法证明，可以对每个相对独立的部分分别证明其正确性,如果各部分证明是正确的,在特别注意各部分自然合理衔接的情况下,恰当地利用命题或定理证明的各种证明方法也是不难的。

10.2.4 算法工作量

一个问题或问题实例的工作量大小直接影响着算法设计之前对数学模型和数据模型的构建和选择,如何度量一个算法的工作量是必须解决的问题,而且所选择的度量应该有助于比较同一问题的两种或两种以上的算法,可以使我们确定一种算法的效率是否比另一个或其他算法的效率高一些。如果所选择的度量工作量方法能够表示比较两种或几种算法的实际执行时间,那将是很方便的。但是,基于以下理由是不可以用执行时间作为工作量的。

(1) 准确的确定执行时间只有当算法写成特定实例的程序进行运算时才能做到,算法和程序是有区别的,算法是进行运算的思路和执行步骤,而程序是算法在特定实例中的目标体现。

(2) 准确的确定执行时间将随使用的计算机类型而改变,我们不可能为一个特殊类型的计算机发展一种理论。

(3) 准确的确定执行时间将随使用的计算机计算一个算法执行的语句条数来确定,它仍然有几个缺点,它在极大程度上取决于所使用算法语言和程序员的风格,而且我们还需要花费时间和精力对每一个被研究的算法写出程序并修改程序中的错误。

(4) 即使一个简单问题或问题实例的简单算法,为了解决这个问题或问题实例达到的目标或完成的功能,也可能由一些置初值的语句和一个循环组成,而通过循环的次数很好地说明了这种算法的工作量。然而,这种度量还是存在一定问题的,很可能一次通过循环的工作量比另一次通过循环的工作量要大得多;而且一种算法在一次通过它的循环时所做的运算可能比另一种算法要多。解决同一个问题或问题实例的两种不同算法可能具有完全不同的控制结构,一种算法可能只有一个简单循环,而另一种算法可能有几层嵌套的循环。

(5) 对于算法实现过程的许多非基本运算或许多细节,如增加循环下标、计算数组下标和设置数据结构的指针运算等,它们对算法的效率比执行基本运算要小一些甚至有时是很小的。一般情况下,为了分析一种算法,可以将对所研究的问题或问题实例来说是基本的运算分离出来,忽略许多非基本运算或许多细节问题,而只计算算法所执行的被挑选出来的基本运算的次数。

下面对经常出现的一些问题,对应合理选择其基本运算给出一些例子。

问题	运算
1. 在一个名字表中查找 X。	X 和表中一个项的比较。
2. 两个实数项矩阵的乘法。	两个实数的乘法或两个实数的乘法和加法。
3. 将一个数表排序。	表中两个项进行比较。
4. 遍历一棵二叉树(二叉树用链表结构表示)。	遍历一个链。(设置一个指针被认为是基本运算)。

对于一个问题我们可以选择一种基本运算,然而也发现有时只选一种运算是不够的。例如,对于计算某个函数的一些算法,可能选择乘法作为它的基本运算。然而我们发现有些算法做很少的乘法,但是做大量的加法。在这种情况下,将工作量的度量重新定义为算法所执行的乘法和加法是合理的,因为通常乘法比加法需要更多的时间,所以我们可以想办法做较多的加法而做较少的乘法来改进一个算法。因此,如果仅仅计算所执行的基本运算的总次数,就将有可能丢失一些关于两种算法的相对优点的有用信息。当选择的基本运算不止一种时,可以对它们分别计算。只要合理地选择基本运算,而且算法执行的运算总次数大致和基本运算的次数成比例,我们就有了一个很好的测度来衡量算法的工作量,而且有了一种很好的标准来比较几种算法。

从上面的讨论和分析可以看出我们给出的工作量的定义具有很大的伸缩性,这也为我们的选择提供了方便。尽管我们通常试图选择一种或多种基本运算,但是也可以将那些非基本运算包括在基本运算中。因此,可以通过选择不同的基本运算来改变分析的精确程度和与现实无关的抽象程度,以满足解决问题的需要。

在上面的讨论中,使用了"算法的工作量"这一语句,目的是更直观。其实和术语"算法的复杂性"是一致的,"复杂性"就是指"工作量",只不过"算法的复杂性"是计算机科学中的术语,它是由某一指定的复杂性度量来加以衡量,复杂性度量是算法所执行的指定的基本运算次数。要注意,复杂性和一个算法的结构如何复杂或设计技巧无关,一个结构非常复杂的算法可能有较低的复杂性。

10.3 算法复杂性

算法性能的讨论是算法分析的任务,也是算法研究的最重要课题之一。用计算机执行按照算法编写的程序时,要使用计算机中央处理器(CPU)执行各种操作,要用存储器来存放程序和它的数据。算法分析是确定一个算法需要多少计算时间和存储空间的技术。

10.3.1 空间复杂性

算法的空间复杂性是依据算法所编写的程序,在计算机所占用的存储单元的总数。其中,包括程序本身的长度和它所用到的工作单元长度,用符号 $S(n)$ 表示。

显然$S(n)$是随着n的增长而增长,针对每一个算法的$S(n)$称为空间复杂度,其极限情况称为渐近空间复杂度,一般也称其为空间复杂性。

不同计算机的存储单元有不同的容量,我们可以规定算法中所讨论的基本类型数据(数字,实数,字符)均能存于一个单元中,也可能存于不超过k个单元中(k为某一个常数)。这样在分析算法空间复杂度时,不必考虑具体计算机单元的大小。

一个根据算法所写程序执行所需的空间,如同一个程序所占用的存储空间,取决于某一特定的执行过程。然而,有一些关于所占存储空间多少的结论,只要检查算法就可预先知道其结果。

存储空间的一部分是程序用来存储本身所具有的指令(语句)、常数和变量以及输入数据;另一部分作为对数据进行操作并存储一些为实现其运算的所需信息的工作空间。输入数据本身可能用好几种数据结构形式来表示,有些数据结构形式和其他形式相比需要更多的空间。例如,如果是一个数组或一个矩阵以其自身自有的形式进行输入,则我们需要分析除了程序和输入以外所占用的额外的空间量,如果输入形式是一个图,自然要考虑输入本身所需的空间和任何被占用的额外空间。这就是说,如果所占用的空间量依赖于特定的输入,我们必须做最坏情况分析和平均情况分析。

10.3.2 时间复杂性

既然已经有了分析算法工作量(复杂性)的一般方法,我们就需要一种能简单地表示分析结果的方式。为了恰当描述不同实例之间的差别和算法的运行时间随实例的不同而发生变化的方式,人们引进了问题实例大小的概念。所谓一个问题实例的大小是指为描述或表示它而需要的信息量。只要表示的合适,应该使实例大小的值与其求解的难易程度成正比,并称相应的表示方法为编码策略。要说明编码策略,需要注意到作为输入所提供给计算机的任一问题实例的描述,其可以看作是从某一有限字母表中选取所需字符而构成的有限长字符串,称该有限字母表中的字符为编码,而由其中的字符组成描述问题实例的字符串的方法则称为编码策略。对同一问题可能存在多个不同的编码策略,为了以精确的数学方式来描述时间要求,必须恰当地定义问题实例的大小,以使所有有关的因素均已被合理地反映出来,也就是说应选取某一合理的编码策略。通常所谓的合理编码策略应满足两个基本要求,即可解码性和简洁性。可解码性是指对问题实例的任一特定组成部分或分量,我们应该能够指定一个有效的算法,它可从任何给定的已经被编码的实例中提取出对那个分量的一个描述。而编码策略的简洁性意味着满足:①一个实例的编码应是简洁的,而不应被某些不必要的信息或符号排斥或拉长;②实例中所出现的数字应统一用二进制、十进制(最常用)或任何大于1的数为固定基(较少用)来表示。

实际上,只要按照自然的常规与约定,就不难找到满足上述要求的合理编码策略。一个典型的方法就是利用所谓的结构化字符串,通过递归、复合的方式来给出所考虑问题的合理编码策略。

算法的复杂性不能由一个简单的数目来描述,因为算法所执行的基本运算次数不是对所有的输入都相同。算法的复杂性通常取决于输入的尺寸(体积),它根据不同的问题而有不同的含义。例如,对矩阵来说它的含义是矩阵的阶数,对图来说是顶点个数或边数,对多项式乘除法来说是多项式阶数,对集合的运算来说是集合中元素个数等。为了有效地分析一个问题相应的算法的复杂性,这就需要一种衡量一个问题输入尺寸(体积)的度量,要选择一个合理的输入尺寸(体积)是必要且很容易的。下面就对常出现的一些问题,对应合理选择其输入尺寸(体积)给出一些例子。

问题	输入尺寸(体积)
1. 在一个名字表中查找 X	表中名字的数目
2. 两个实数项矩阵的乘法	两个实数矩阵的阶
3. 将一个数表排序	表中数目的个数
4. 遍历一棵二叉树(二叉树用链表结构表示)	树中的结点数
5. 解一个线性方程	方程个数或未知数个数,或两者都输入
6. 解决一个有关图的问题	图中结点数或边数,或两者都输入

问题的算法设计和算法分析虽然有必然联系,但它们对问题来说毕竟是两个不同的任务。算法设计的中心任务是对于所提出的问题,依据算法应满足的性质设计出一个有效解决问题的算法。至于算法的优劣在某种意义上是不怎么考虑的,而算法分析恰好是研究各种算法的时间和空间特性以及它们的优劣。对于同一类问题,可能设计出多个算法,如何判定这些算法的优劣,标准是什么,正是算法分析所要解决的问题。

算法分析又称算法复杂性分析。在数据库中的算法分析考虑两种效率:时间效率和存储空间效率。根据要解决的问题或问题实例规模的大小、输入的尺寸(体积)即数据量待处理的大小、所使用的计算机的运行速度和存储容量的大小以及对时间效率和存储空间效率的要求,综合考虑决定实现如下三种情况的哪一种:①只要求估算时间复杂性;②只要求估算空间复杂性;③既要求估算时间复杂性,又要求估算空间复杂性。因为估算空间复杂性的方法和估算时间复杂性的方法是类似的,所以本书只对时间复杂性进行详细的讨论。

对于处理一般数量(非海量)数据空间操作的算法通常只考虑算法的正确性、可终止性、时间复杂性(度)分析(CPU 的消耗分析和 I/O 消耗分析)就够了。这是因为只要算法是正确的、可终止的(无死循环情况),它总是可以完成设计目标的最低要求,而对时间复杂度分析,可以预先估计出算法的优劣。

在计算机数据库、网络安全和计算机其他分支理论研究中,都要考虑处理海量数据。对于处理海量数据的空间操作的算法必须考虑算法的正确性、可终止性、时间复杂性(度)分析、存储空间复杂性(度)分析。这就促使算法的设计过程比关系数据库中的算法设计过程更为复杂。

对于处理海量数据的空间操作的算法通常不能只考虑算法的正确性、可终止性、时间复杂性(度)分析,还必须考虑它的空间特性,即它的空间复杂性(度)。采用什么样的时间和空间平衡策略,要由问题所达到的目标、数据规模以及计算机硬件的存储规模大小、速度等综合因素而决定。在算法的设计中除了对上述问题重点考虑外,还要考虑算法本身的优化(代数优化)问题。

本书所指的算法复杂性是描述宏观算法而言的,其中包括空间复杂性和时间复杂性;对于微观的某一问题实例的具体算法的复杂性称其为复杂度(有时仍称为复杂性),其中有空间复杂度和时间复杂度。

10.4 算法复杂性分析基础

10.4.1 多项式时间算法与指数时间算法

算法所写程序的运行时间和下述因素有关:

(1) 算法所写的程序的输入量,程序长,输入量大,所需时间长;否则,输入量小,所需时间短;

(2) 系统中编译程序的目标代码的质量,质量高,所需时间短;否则,所需时间长;

(3) 执行程序的计算机指令或计算机编写程序的语言,质量好的指令或语言,速度快,所需时间短;否则,所需时间长;

(4) 构成程序的算法时间复杂度越小,程序运行时间越短;否则,程序运行时间越长。

对于求解一个问题或问题实例,一旦给定某种算法并且以某种方式确定其是正确的,接下来就要确定该算法的时间效率,算法的时间效率通常用时间复杂性函数来表示。

现在可以给出一个算法的时间复杂性函数的定义,它是问题实例输入长度的函数。具体定义为:某一问题 P 和任一可能的输入长度,如为 n,称用所给算法求解 P 的所有大小为 n 实例,所需时间的最大值为该算法在输入长度为 n 时的复杂性。不同的算法,就有着不同的时间复杂性函数。复杂性函数的不同变化方式反映了算法的好坏程度。例如,时间复杂性函数关于输入长度的增长速度就是区别一个算法时间效率的主要指标。那么，什么样的时间复杂性函数对应的方法是好的、可以接受的呢？下面就这一问题进行讨论。

(1) 多项式时间算法是指存在某个以输入长度 n 为变量的多项式函数 $p(n)$，使其时间复杂性函数为 $O(p(n))$ 的算法。

例如，复杂性为 $O(n)$、$O(10^6 n^3)$、$O(5n^8)$) 等的算法均为多项式时间算法。

(2) 指数时间算法是指任何其时间复杂性函数不可能用多项式函数去界定的算法。

这类算法的时间复杂性函数的典型例子有 2^n、$n!$、n^n、2^{n^2}、$n^{\log n}$、n^n 等。严格说来，$n^{\log n}$ 和 n^n 并不是我们通常所说的指数函数，其中 $n^{\log n}$ 的增长速度快于任何多项式，但对任意的 $\varepsilon > 0$，它比 $2^{n\varepsilon}$ 的增长速度慢，有时称这类函数为亚指数的，而 n^n 的增长速度比指数还快。在复杂性理论中，将所有这些类型的函数统称为指数函数而不做进一步的细分。

指数时间复杂性函数的增长速度要比多项式时间复杂性函数快得多。因此，随着问题实例大小的不断增大，任意一个多项式时间算法要比任意一个指数时间算法更加有效。

多项式时间算法的另一个特点是，在某种意义上，它具有能更好地利用技术进步的优越性，当计算机速度提高 10 倍时，多项式时间算法在一天内所能求解实例的最大规模将在原有基础上增加 1 到 10 之间的某个常数倍，但对指数时间算法来说，却不能达到。

多项式时间算法有较好的封闭性，即几个多项式时间算法可以被复合使用，一个多项式时间算法可以调用另一个多项式算法作为其子算法或子程序，其最后的结果仍是一个多项式的时间算法。

由于上述原因，除了极少数情况外，多项式时间算法一般要比指数时间算法好得多，是人们常常更加希望得到的，也正是由于这些原因，人们往往将多项式时间算法称为有效算法，更将"好"的算法与其等同起来。

比较解决同一个问题或问题实例的两个算法的时间效率有几种方法。

1) 运行按算法编写的源程序以测算两个算法的时间效率

分别根据两个不同算法编写源程序，输入相同的数据运行，分别测算两个算法源程序的时间消耗，这种方法是不可行的。

(1) 分别编写两个算法的源程序将花费很多时间和精力。

(2) 选择实验比较两种算法，很可能因为一个程序比另一个程序写得好，而使算法的质量没有很好的体现。

(3) 虽然是同一的测试数据，但这种选择可能对其中一种算法有利。

(4) 可能发现认为最好的算法也可能超出了可允许的消耗，这意味着必须写一个新算法，再编写一个程序实验它。即使这样也无法知道这个新算法是否就是满足可允许的消耗的算法。所以这种方法是不可行的,也是不必要的。

(5) 尽管在给定的测试数据上执行程序可以确定是否产生错误。如果有错就可以修改,但是调试只能指出有错误,但是不能保证它们不存在错误。从理论上说,程序的正确性证明比几十次或上百次调试有价值得多,因为它保证了程序对于各种可能的输入都能正确的工作。

2) 渐近分析法

这种方法可以估算出当问题或问题实例的规模变大时,一种算法及实现它的程序的效率和消耗。

输入量的数目称为规模。一般来说,对于绝大多数算法,规模更大的输入需要运行较长的时间。

关于运行时间的度量单位,一般不使用秒、毫秒等。因为它依赖于特定计算机的运行速度、依赖于算法程序实现的质量、依赖于使用哪种编译程序将程序转化成机器码,对程序的实际运行计时也是困难的。因此,必须找到一种与上述因素无关的度量方法。

每一个算法都由若干个步骤组成和执行,算法分析没有必要对每一步操作的执行次数进行统计,而是要找出算法中最重要的操作,称为基本操作。这是因为这些基本操作所用的时间消耗在总的运行时间中所占的比重最大,而非基本操作所占的比重小到可以忽略不计。实际上,基本操作中最内层循环是最耗时的操作,两个数的乘法运算要比两数相加更费时,所以乘法运算也可以作为基本操作。例如,大多数排序算法是通过比较待排序序列中元素的关键字来进行的,这种操作的基本操作是比较操作。又如,矩阵的乘法算法和多项式的求值算法需要做两种算术运算:乘法、加法。在大多数计算机上,两个数的乘法运算比加法更耗时,则毫无疑问应该选择乘法运算作为基本操作。

渐近算法分析就是对输入规模为 n 的算法,通过统计它的基本操作执行次数以对其效率进行度量。

设 C_{op} 为某特定计算机上一个算法基本操作的执行时间,而 $C(n)$ 是该算法需要执行基本操作的执行次数,则在某特定计算机上的该算法程序运行时间 $T(n)$,可用以下公式进行估计:

$$T(n) \approx C_{op}C(n)$$

必须指出,执行次数 $C(n)$ 并不包括非基本操作的任何信息,其实它本身通常也是一个近似结果,另一个常量 C_{op} 也是一个近似值。除了当 n 非常大或非常小以外,这个公式可以对算法的运行时间做一个合理估计。

渐近算法分析可以估算出当问题或问题实例规模变大时,一种算法及实现它的程序的效率和消耗。如果两个程序中的一个总比另一个"稍快一点",它并不能判断哪个"稍快一点"的程序就相对优越。但在实际应用中,它被证明是很有效的,特别是在理论分析证明某算法是否可用时。

3) 算法的增长率

算法的增长率是指当输入规模增长时,算法时间消耗的增长速率。算法时间增长率可分为两类。

(1) 线性增长率,也称为线性时间消耗。函数图像为直线,表达式 cn(c 为任意常数)表明当 n 增大时,算法的运行时间也以相同的比例增加,n 增大一倍,运行时间也增加一倍。如果算法的运行函数中有形如 $n^2,n^3,\cdots,n^k$(k 为有限数),分别称为 2 次、3 次、k 次增长率。如果一个计算机每秒能执行 10^{10} 条指令,只有那些复杂性较小的,如 $n,n\log_2^n,n^2,n^3$ 的程序才是可行的;当 n 相当大($n \geqslant 100$),如 $n=100$ 时,执行 n^{10} 条指令需要耗时 3.17 年。

(2) 指数增长率,也称为指数性时间消耗。函数图像为曲线,表达式为指数函数 a^n(a 为常数,n 为指数)。例如 2^n,如果一个计算机每秒能执行 10^{10} 条指令,当 $n=100$ 时执行 2^n 条指令需耗时 4×10^{10} 年。

一般地,指数增长率,即指数性时间消耗是不好的。

10.4.2 算法分析的三种情况和表示方法

1. 算法分析的三种情况

算法分析分三种情况:最优、最差和平均。

下面给出查找一维 n 整数数组中最大元素顺序搜索算法。该算法依次遍历数组中的元素,并保存当前的最大元素。

算法 10.2 (一维 n 整数数组中最大元素顺序搜索算法)

输入:数组 $A[1:n],n,j$;
输出:最大元素;
procedure MAX(A,n,j)
begin
 $j:=1$;
 xmax $:=A(1)$; /* xmax 为存储最大元素的数组符,:= 为将右端值赋予左端的赋值号 */
 for $i:=2$ **to** n **do**
  if $A(i)>$xmax **then**
   xmax $:=A(i)$;
   $j:=i$;
 return(xmax); /* 返回最大元素 */
end.

该算法描述的规模为 n,这些整数存放在数组 A 中,基本操作是把一个整数值与现有的最大整数相比较。这样可以认为检查数组中的某个整数所需要的时间是一定的,而与该整数的大小或其在数组中的位置无关。因此,该算法的时间复杂度分析只考虑问题的规模 n。

然而,对于某些算法,即使问题规模相同,如果输入数据不同,其时间消耗也可能不同。例如,从 n 元一维数组中找出一个给定的 X(假定该数组中有且只有一个元素值为 X)。顺序搜索法将从第一个元素开始,依次检查每一个元素,直到找到 X 为止。一旦找到 X,算法就完成。

对于前面讨论的算法 10.1 SeqSearch(A,n,X) 用顺序搜索法在给定数组中查找给定的 X 值算法的时间消耗可能在一个很大的范围内浮动。

(1) 如果数组中的第一个元素恰好就是 X,则只要检查一个元素就完成了,在这种情况下运行时间最短,称为算法的最佳情况,有时称为最好情况,因为顺序搜索算法不可能执行比检查一个元素更少的操作。

(2) 如果数组中的最后一个元素是 X,运行时间就会相当长,因为该算法要检查 n 个以上元素才能完成,在这种情况下运行时间最长,称为算法的最差情况,有时又称为最坏情况。

(3) 如果用一个程序来实现顺序搜索并用该程序对许多不同的 n 元数组搜索,或者在同一个数组中搜索不同的 X 值,从统计概率上就会发现,平均搜索到整个数组的一半($n/2$)时就能找到 X。这种情况下运行时间平均,称为算法的平均情况。

分析一个算法的时间复杂度时,应该研究算法属于三种情况中的哪一种。一般情况下,不考虑最佳情况,因为它发生的条件太理想化,概率太小。就是说,这种情况不能作为算法时间复杂度的代表,它不是影响算法性能的主要因素。但在少数情况下,最佳情况分析也是有用的,特别是当最佳情况出现概率较大时。

在实际进行算法时间复杂度分析时,一般情况下,考虑最差情况,因为最差情况分析的结果会让人知道算法至少能做多快。这种情况在实时系统的应用中尤其重要。

当想要知道程序对许多不同的输入运行多次总计的时间消耗时,通常要知道平均情况下的时间消耗。但平均情况分析并不一定总是可行的,因为它要求我们清楚程序的实际输入在所有可能的输入集合中的概率。例如,上面提到的顺序检索法在平均情况下要检查一半的元素。但这是基于整数 X 在数组中每个位置出现概率相等的假设之上的。如果该假设不成立,那么算法的平均情况就不一定是检查一半的元素。

数据如何组织,数据分布的特点对于许多查询算法都有极大影响,例如哈希表、二叉查找树等。特别是在实时系统中,我们特别关注最差情况的分析。在其他情况下通常考虑平均情况,但需要知道平均情况下所需输入数据的分布。否则,只能进行最差情况分析。

2. 算法分析的三种情况的表示方法

对算法进行分析采用的是渐近式复杂度分析,一个算法效率是算法的基本操作次数的增长率。下面就给出对应于上述三种情况的数学表示方法。

定义 10.1 (大写 O 符号)如果存在两个正常数 c 和 n_0,对于所有的 $n \geqslant n_0$ 有 $T(n) \leqslant cg(n)$,记为 $T(n) = O(g(n))$。

其中,n_0 是使上限成立的 n 的最小值。一般情况下 n_0 都很小(如取 1),但并不都是这样。必须能够找出一个常数 c,而 c 确切是多少无关紧要。定义指出对于问题的所有(如最差情况)输入,只要输入规模足够大($n > n_0$),该算法总能在 $cg(n)$ 步以内完成,c 是某个确定的常数。

大 O 表示上限,当某一类数据的输入规模为 n 时,一种算法消耗某种资源(时间、存储)的最大值。相似的表示方法可用来描述算法在某类数据输入时所需要的最小资源。

定义 10.2 (Ω 符号)如果存在正常数 c 和 n_0,使得当 $n \geqslant n_0$ 时 $T(n) \geqslant cg(n)$,则记为 $T(n) = \Omega(g(n))$。

例如,假定 $T(n) = c_1 n^2 + c_2 n$,c_1, c_2 为正数,则当 $n > 1$ 时,$c_1 n^2 + c_2 n \geqslant c_1 n^2$。因此,取 $c = c_1, n_0 = 1$,有 $T(n) \geqslant cn^2$,根据定义 10.2,$T(n) = \Omega(n^2)$。

大 O 表示法和 Ω 表示法使我们能够描述某一算法输入的上限和下限,当上限和下限相等时,可用 Θ 描述。

定义 10.3 (Θ 符号)$T(n) = \Theta(g(n))$ 当且仅当 $T(n) = O(g(n))$ 且 $T(n) = \Omega(g(n))$。

因为在平均情况和最坏情况下,顺序搜索法的上限是 $O(n)$,下限是 $\Omega(n)$,所以平均情况和最坏情况下该算法的时间复杂度 $T(n) = \Theta(n)$。

一般情况下,我们只对算法复杂度的上限进行分析,因为上限刻画了算法最多的资源消耗。

算法 10.2 在最差情况和平均情况下,最多要检查 cn 个元素(在最差情况下,$c = 1$,在平均情况下 $c = 1/2$),有 $T(n) = \Omega(n)$。

当一个算法具有 $O(g(n))$ 的计算时间,是指如果此算法用 n 值不变的同一类数据试图求出最小的 $g(n)$,使得 $T(n) = O(g(n))$。数据在某台计算机上运行时,所用的时间总是小于 $|g(n)|$ 的一个常数倍。所以 $g(n)$ 是计算时间 $T(n)$ 的一个上界函数,$T(n)$ 的数量级就是 $g(n)$。当然,在确定 $T(n)$ 的数量级时,总是试图求出最小的 $g(n)$,使得 $T(n) = O(g(n))$。

定理 10.1 若 $A(n) = a_m n^m + \cdots + a_1 n + a_0$ 是一个 m 次多项式,则 $A(n) = O(n^m)$。

证明 取 $n_0=1$，当 $n \leqslant n_0$ 时，利用 $A(n)$ 的定义和一个不等式，有

$$|A(n)| \leqslant |a_m|n^m + \cdots + |a_1|n + |a_0|$$
$$\leqslant (|a_m| + |a_{m-1}|/n + \cdots + |a_0|/n^m)n^m$$
$$\leqslant (|a_m| + |a_{m-1}| + \cdots + |a_0|)n^m$$

选取 $c = |a_m| + |a_{m-1}| + \cdots + |a_0|$。证毕。

这个定理表明，变量 n 的固定阶数为 m 的任一多项式，与此多项式的最高阶 n^m 同阶。因此，计算时间为 m 阶的多项式的算法，其时间复杂度可用 $O(n^m)$ 表示。

如果一个算法有数量级为 $c_1 n^{m1}, c_2 n^{m2}, \cdots, c_k n^{mk}$ 的 k 个语句，则此算法的数量级就是 $c_1 n^{m1} + c_2 n^{m2} + \cdots + c_k n^{mk}$。由定理 10.1 可知它等于 $O(n^m)$，其中 $m = \max\{m_i | 1 \leqslant i \leqslant k\}$。

接下来说明数量级的改进对算法有效性的影响，例如，已经设计出两个解决同一问题的两个算法，都有 n 个输入量，分别要求 n^2 和 $n\log n$ 次运算，当 $n=1024$ 时，它们分别需要 1048576 和 10240 次运算。如果每执行一次运算的时间是 1μs，则在输入相同情况下，第 1 个算法大约需时 1.05s，第 2 个算法需要 0.01s。如果将 n 增加到 2048，则运算次数就分别变成 414304 和 22528，第 1 个算法大约需时 4.2s，第 2 个算法需要 0.02s。这表明在 n 加倍情况下，一个 $O(n^2)$ 的算法要用 4 倍长的时间来完成，而一个 $O(n\log n)$ 的算法则只要 2 倍多一点的时间即可完成。在一般情况下，n 值为个数是很常见的，因此，数量级的大小对算法有效性的影响是决定性的。

3. 时间复杂度的化简规则

一个算法一旦确定了运行时间函数，从中推导出大 O、Ω、Θ 表达式是一件很容易的事。一般情况下并不需要严格的遵循定义来推导，可按如下的规则进行化简。

化简规则 1：对于大 O 表示法，如果 $g(n)$ 是算法消耗函数的一个上限，则 $g(n)$ 的任意上限也是该算法消耗的上限；对 Ω 表示法，若 $g(n)$ 是算法函数的一个下限，则 $g(n)$ 的任意下限也是该算法消耗的下限；对于 Θ 表示法有类似性质。用算法消耗函数式表示为：若 $f(n)=O(g(n))$ 并且 $g(n)=O(h(n))$，则 $f(n)=O(h(n))$。

化简规则 2：如果大 O 表示法中有常数因子，则常数因子可以略去。对于 Ω, Θ 表示法有同样性质。用算法消耗函数式表示为：若 $f(n)=O(kg(n))$，并且对于任意常数 $k>0$ 成立，则 $f(n)=O(g(n))$。

化简规则 3：如果在算法中对于大 O 表示法中顺序给出两个部分，则只选择其中消耗最大的部分。对于 Ω, Θ 表示法有同样性质。用算法消耗函数式表示为：若 $f_1(n)=O(g_1(n))$，并且 $f_2(n)=O(g_2(n))$，则 $f_1(n)+f_2(n)=O(\max(g_1(n), g_2(n)))$。

化简规则 4：如果算法中有简单循环，且 $k \geqslant 2$ 有限次地重复某种操作，每次重

复的消耗又相等,则总消耗为 k 个每次的消耗之积。对于 Ω,Θ 表示法结论也成立。用算法消耗函数式表示为:若 $f_1(n)=O(g_1(n))$,并且 $f_2(n)=O(g_2(n))$,则 $f_1(n)f_2(n)=O((g_1(n)g_2(n))$。

根据前三条化简规则,我们可以在计算任何算法消耗的渐近增长率时,忽略所有的常数项和低次项。进行算法分析时,忽略低次项是合理的,因为当 n 增大时,相对于高次项来说,低次项在总消耗中所占比例是极小的。例如,如果 $T(n)=3n^3+4n^2$,可以说 $T(n)=O(n^3)$。

为了应用化简规则,在所写出的算法(过程)和程序中有如下几种情况出现。

(1) 简单 for(n) 循环。

    $T:=0$;
    for $i:=1$ to n do
      $T:=T+1$;

第一个语句是赋值语句,其时间复杂度消耗为 $\Theta(1)$。for 循环重复了 n 次,第三个语句时间消耗为一常量,根据化简规则 4,后两行的 for 循环总时间消耗为 $\Theta(n)$。根据化简规则 3,整个过程段的时间消耗也是 $\Theta(n)$。

(2) 含有多个 for 循环过程。

    $T:=0$;
    for $i:=1$ to n do
      for $j:=1$ to i do
        $T:=T+1$;
    for $k:=1$ to n do
      $A(k):=k-1$;

该过程段有三个相对独立的片段:一个赋值语句和两个 for 循环语句。赋值语句时间消耗为常量,记为 c_1;第二个 for 循环其时间消耗为 $c_2n=\Theta(n)$。

第一个 for 循环是一个双重循环,应当从内层 for 循环出发,运行 $T:=T+1$ 消耗时间为一常量,记为 c_3,内层循环 for 执行 i 次,根据化简规则 4,其时间消耗为 c_3i。外层循环 for 执行 n 次,但是每一次内层循环 for 的时间复杂消耗都因为 i 的变化而不同。不难看出 j 从 1 一直执行到最后一次 $j=n$。因此,总的时间消耗是从 1 累加到 n 再乘以 c_3,可以得出 $\sum_{1\leqslant i\leqslant n}i=n(n+1)/2=\Theta(n^2)$。根据化简规则 3,总的时间消耗为 $\Theta(c_1+c_2n+c_3n^2)$,可化简为 $\Theta(n^2)$。

(3) 比较下面两个过程段的时间复杂度。

    ① $T_1:=0$;
      for $i:=1$ to n do
        for $j:=1$ to n do
          $T_1:=T_1+1$;

② $T_2 := 0$;
   for $i := 1$ to n do
      for $j := 1$ to i do
         $T_2 := T_2 + 1$;

在第一个双重循环中，内层循环 for 执行 n 次。因为外层循环 for 执行 n 次，所以 $T_1 := T_1 + 1$ 显然执行 n^2 次。而第二个 for 循环时间消耗为 $\sum_{1 \leqslant i \leqslant n} i = n(n+1)/2 = \Theta(n^2)$。因此，两个二重循环的时间复杂度都为 $\Theta(n^2)$，只不过第二个过程段的运行时间消耗约为第一个过程段的一半。

解决一个简单问题的最简单和最直截了当的算法并不是效率最高的，但却是经常出现的情况，因为这种算法对于简单问题也是有用的，现在有些应用系统就使用这种算法编写的程序进行计算。但是一个算法的简单性对于解决复杂问题是我们所期待的性质，这是因为它可能会使我们更容易验证算法的正确性，并且使我们更容易书写、调试和改进根据这个算法所写的程序。当设计或选择一个算法时，应当考虑根据算法产生一个经过调试的程序所需要的时间，如果这个程序执行经常被使用，那么算法的效率可能就是设计和选择算法的决定因素。

与一个分析具体算法的复杂性相对应，为了分析一个问题的复杂性，我们首先选择一个算法类（通常是规定这些算法所允许执行的运算类型）和复杂性的度量。例如，被计算的基本运算是乘积、加法还是其他运算类型。然后，解决这个问题实际上需要多少次运算。若说一个算法的复杂度分析（在最坏情况下）是最优的，只需在被研究的算法类中没有一个算法的复杂度分析（在最坏情况下）执行更少的基本运算。

在我们能够判定一个算法之前，总是可以从理论上证明一些定理，而这些定理对解决问题是极其重要的，甚至没有这些定理就不可能有相应的算法。

（1）为了利用计算机解决问题，在选择或构造出合适的数据模型（特别是数据结构）之后，根据解决问题的目标特性、数学模型和数据模型理论（如引理、定理、推论、规则和公理等），给出与解决问题或其实例算法设计紧密相连的相关命题或引理、定理、推论、规则和公理等，并且这些结论对算法分析常常是有效的。

（2）给出解决一个问题或其实例算法所需要的运算次数的下界，对于任何一个其运算次数等于下界的算法将是最优的。

10.4.3 总结和说明

（1）所定义的时间复杂性为最坏情形度量。因此，对于求解某一问题的一个算法，它对于该问题的绝大多数例子是非常有效的，但可能由于其对问题的某个极端例子表现极差，导致这一算法成为指数时间算法。那么在实际中，该指数时间算法很可能还要比那些虽为多项式的时间复杂性函数但通常都表现较差的多项式时间算法好。典型的例子就是求解线性规划问题的单纯形算法。但毕竟这种例子很少，且一个指数阶算法十分成功的应用常常会使我们怀疑有可能能够通过充分利用问题特有的性质设计出更为有效的、甚至为多项式时间复杂性的算法。

（2）在考虑算法的复杂性时，我们通常只关心算法在问题例子的规模 n 充分大时的表现。然而对小规模问题，有些指数时间算法可能要比多项式时间算法好，例如当 $n \leqslant 20$ 时，由于 $2^n < n^5$，此时时间复杂性函数为 $O(n^5)$ 的多项式时间算法就没有复杂性为 $O(2^n)$ 的指数时间算法好。同时，在分析复杂性函数时，只考虑其最高"阶"的变化，因为这是影响复杂性函数取值大小的重要因素。鉴于此，对多项式时间算法，经常用诸如 $O(n^3)$、$O(n^5)$ 等来表示算法的复杂性，且假定能用的算法其时间复杂性函数的多项式表达式中不包含非常大的次数和系数。这是因为，一方面复杂性为 $O(n^{100})$ 或 $10^{99}n^2$ 的多项式时间算法在实际中不可能非常有用；另一方面，对于许多问题，一旦找到了求解它的多项式时间算法，则常常可以通过对算法进行改进等一系列的努力，很快将其复杂性函数对应的多项式的阶降到 $O(n^3)$ 或更好。

10.4.4 难解性或为难解问题

现在普遍认为，一个问题在找到求解它的某个多项式时间算法之前，问题并未被很好地求解。因此，常称一个问题具有难解性或为难解的，它是如此困难，以至于没有多项式时间算法可以去求解它。

一个问题的难解性可能由下列原因之一引起的。

（1）对于某些意义明确的数学问题，它是如此困难，使得根本就不存在算法，即其不可能用任何算法，更不用说多项式时间算法来求解，故其在更强意义下为难解的，称这类问题为不可判定型问题。

典型的不可判定问题包括著名的停机问题（整系数多项式方程组的可解性）。根据不可判定型存在，可以将所有的问题分为两大类：不可判定类型和可判定类型。

对于可判定型问题，原则上总存在一个算法，可以解决该问题的任何一个实例。在计算复杂性理论中，主要是研究可判定型问题算法的复杂性。

（2）问题的解本身很庞大，使其不可能用问题实例输入长度的一个多项式函数来界定描述解的表达式长度。例如，考虑旅行商问题的变形，当我们的目的是要求给出所有总长不超过某一阈值的所有旅行路线，而该阈值大于问题最优旅行路线的长度时，就遇到这一情况。通常，这种情况的存在性可由问题的定义容易看出，且常常意味着原问题没有被现实合理的定义。

（3）就是通常所说的问题太困难，要找到它的一个解就需要用指数时间的算法。

关于问题的难解性、一个算法是多项式时间算法还是指数时间算法,本质上并不依赖于特定的编码策略和具体的计算模型。原因是这些定义、划分相对于多项式变换具有不变性,而由不同的合理编码策略所给出的某个问题同一例子的描述,其相应的输入长度(或长度的下界、上界)之间最多相差一个多项式的倍数,且易于从一种编码转换到或导出另一种编码。类似地,对任何合理的计算模型,这里"合理的"是指可用一个多项式来界定计算模型在单一时间单位内所能完成的工作量,它们相对于多项式的复杂性函数均是等价的。所有现实中的计算模型,包括各类图灵机,随机存取机等,均为合理的计算模型。

上述结论亦适用于以后将要正式给出的关于问题、算法的更进一步地划分,由于这一原因,一般不具体提特定的编码策略和计算模型,而只简单地称某一算法为多项式时间算法或别的类型的算法、问题等。

通过上面讨论可知,在设计一个解决问题的算法之前应该判断这个问题是否是可判定型问题,如果是不可判定型问题则需要利用近似或概率理论等方法求解。好在大多数问题都是可判定性问题,因此一般是不需要判定的。本书重点讨论的是可判定型问题算法的复杂性,对不可判定类型问题如何解决,本书作者将在另一部专著《数据库理论研究的近似方法解析》中进行讨论。

第 11 章 算法设计方法

如果没有快速发展的计算机科学技术,就不可能有当今科学技术的发展。然而,今天也和计算机出现之前人们所遇到的情况一样,有些问题我们可以解决,有些则不可能在适当的时间内解决,也就是说,并不是所有问题的解决都可在计算机上完成,这分为两种情况。

(1) 对于那些不能用数字或数学描述(计算)型问题,根本不可能用计算机解决。因为计算机仅能执行按照算法描写的程序,即只能准确地和一般地理解一系列的指令(语句),此指令(语句)序列是用于求解严格确定的可计算型问题。

(2) 有些问题可以确定是数学(计算)型任务。但是,能否在计算机上完成又存在一定变数,可分为两种情况。

① 虽然理论上存在一种算法可求解某问题的任一实例,但因该算法需要过长(指数级)的执行时间或太大的存储空间而使它变得完全无用。例如,解决某问题的任一实例的算法在计算机上执行 10 年或更长,虽然在理论上解决了,但实际上并没有解决这个问题或实例。

② 理论上存在一种算法可求解其任一实例,又可能是在可接受的多项式级时间内解决这个问题或实例。

通过理论分析、研究和实际经验可知,决定一个算法的实际效率,要看它所需时间的增长速度,这在前面有所涉及。

一般来说,人们认为一个解决问题的算法,当它的复杂度随问题规模的增加而呈多项式增长时,可以被人们所接受,这个算法才是有效的。

(1) 复杂度为 $O(n)$, $O(n^2)$, $O(n^3)$ 等是可以接受的。

(2) 如果对于增长的复杂度自身不是多项式的,但它有一个上界是多项式的,这样的算法也是有效的,如 $n^{2.5}$, $n\log n$ 等。

(3) 多项式算法之间还要比较 n 的幂,当算法复杂度为 $O(n^{50})$,则是无效的,因为 10^{50} 已经是个天文数字了。

对于绝大多数问题,常会遇到以下情形。

(1) 求解某一问题的不同算法在时间、空间要求上相差很大,这也是在求解同一问题时对不同算法之间要进行时间、空间复杂度比较,进而选择较优的算法的原因。

(2) 即使求解某一问题的同一算法,当用来求解问题的不同实例时,其性能表现差异也较大。由于实际中问题的千变万化,对不同的问题往往要设计不同的算法。还要用同一算法去尽可能多地求解不同类型的问题,如何去解释这些错综复杂、多种多样的现象和问题,如何进行有效的划分和衡量是我们要讨论的。

如果解决这些问题能给出一个一般的划分与衡量标准,以区别不同问题的难易程度、度量不同算法之间有效性的差异等,就是解决问题之道。

对于这些问题的研究在计算机科学领域中具有重要的理论意义,并且在自然科学其他各门独立学科的理论研究中也具有重要的理论意义。

不仅如此,对于认识、分析众多复杂的新问题,并指导我们用最少的精力去设计求解它尽可能有效的算法,具有很大的实用价值。回答、深入探讨这些问题正是算法设计和复杂性研究的目的。算法复杂性理论试图从一般角度去分析实际中各种不同类型的问题,通过考察可能存在的求解问题的不同算法的复杂性程度,衡量该问题的难易程度,于是将问题划分为不同类型,并对各种算法按其有效性进行分类。达到这一目的的主要方法就是分析求解问题算法的设计及复杂性。计算复杂性回答的是求解问题所需要的各种资源的量,它主要考虑的是设计可以用于估计、界定任何一个算法求解某些类型问题时所需要的计算资源量的技术或方法。针对不同的问题如何进行算法设计,算法设计的策略和技术是什么正是本章要讨论的问题。为此首先要对问题、数学模型、数据模型的相关概念进行介绍。

11.1 问题的模型

数学模型和数据结构,直接影响问题的解决和算法的选择和效率。数学模型构造得是否恰当直接影响问题解决的好坏。数据结构的选择直接影响算法设计的好坏及它的有效性。因为不同的数据结构有不同的存储方式,对于同一个程序,数据结构不同,算法的效率也会有很大不同。计算机解决问题的实质是对"数据"进行加工处理,这里的数据意义是十分广泛的,包括数值、字符串、表格、图形、图像、声音等。

随着计算机应用领域的不断扩大,非数值型问题显得越来越重要。据统计,当今处理非数值型问题占用了90%以上的机器时间,这类问题涉及的数据结构较为复杂,数据元素之间的相互关系往往无法用数学公式加以描述。因此,解决此类问题的关键不仅仅是问题分析、数学建模和算法设计,还必须选择或设计出合适的数据结构,才能有效地解决问题。

11.1.1 数学模型

1. 数学模型的定义

从不同的角度对数学模型可以有不同的定义。

抽象地说,数学模型是关于部分现实世界和为一种特殊目的而做的一个抽象的、使用数学语言描述的事物的简化结构。

具体来说,数学模型就是为了某种目的,用字母、数字及其他数学符号建立起来的关系以及用图表、图像、流程图和数理逻辑等来描述客观事物的系统特征及其内部联系或与外界联系的模型或数学结构表达式。它是真实系统的一种抽象,它将现实问题归结为相应的数学问题,从定性或定量的角度来刻画实际问题,并为解决现实问题提供精确的数据或可靠的指导。它是设计和分析计算机应用问题、数据库和网络安全实际系统的基础。不仅如此,它也是其他自然科学应用到实际系统设计的基础。

2. 数学建模

当需要从定量的角度分析和研究一个实际问题时,人们就要在深入调查研究、了解对象信息、做出简化假设、分析内在规律等工作的基础上,用数学的符号和语言,把它表述为数学式,也就是数学模型。然后通过计算得到的模型结果来解释实际问题,并接受实际的检验。这个建立数学模型的全过程就称为数学建模。它是一种模拟,用数学符号、数学式、程序、图形等对实际课题本质属性的抽象及简洁的刻画,它或能解释某些客观现象,或能预测未来的发展规律,或能为控制某一现象的发展提供某种意义下的最优策略或较好策略。数学模型的建立常常既需要人们对现实问题深入精细的观察和分析,又需要人们灵活巧妙地利用各种数学知识。数学建模是一种数学的思考方法,是解决实际问题的一种强有力的数学手段。

应用计算机去解决各类实际问题时,建立数学模型是十分关键的一步,是实际事物的一种数学简化。尽管它和真实的事物有着本质的区别,但它常常是以某种意义上接近实际事物的抽象形式存在的,同时也是十分困难的一步。建立数学模型的过程,是把错综复杂的实际问题简化、抽象为合理的数学结构的过程。要通过研究实际对象的固有特征和内在规律,抓住问题的主要矛盾,建立起反映实际问题的数量关系,然后利用数学的理论和方法去分析和解决问题。数学建模是联系数学与实际问题的桥梁,它已成为计算机数据库、网络安全、数学和计算机其他分支领域理论及应用研究中科技工作者必备的重要能力之一。

数学模型的建立,并不意味着问题的解决,但却是问题解决的基础,因为至少把问题解释清楚了,保证了所有人对问题的理解是一致的。

11.1.2 数据模型

众所周知,计算机是作为能方便而快速地进行复杂、耗时计算的工具而发明的。可是,现在在大多数的应用中,它的存取大量信息的能力却起着支配作用,被认为是计算机的最主要特征,而它的计算能力,即执行算术运算的能力在许多情况下几乎已经变得无足轻重了。对所有要处理大量信息的情况来说,这些信息在某种意义上代表着对现实世界的一部分抽象。计算机所用的信息是由一个从现实世界选出的数据集合组成的,这一数据集合被认为与要解决的问题紧密相关,并相信由此可以导出所需要的结果。数据是在对现实对象的某些性质和特征与现实对象特定的问题不相干而被忽略的情况下产生的。因此,抽象就是对事实的简化。

解决一个问题总是要选择一种对现实的抽象,即要定义一个代表现实情况的数据集合,当然这一选择必须受所要解决的问题的制约,然后要选择表示这一信息的方法。同时这一选择也受解决问题的工具所制约,即受计算机所提供的功能条件制约。在大多数情况下,这两步选择并非全然无关。

数据是描述事物的符号记录,模型是现实世界的抽象,数据模型是数据特征的抽象,是数据库系统中用以提供信息表示和操作手段的形式构架。

数据模型按不同的应用层次分成三种类型:概念数据模型、逻辑数据模型、物理数据模型。

(1) 概念数据模型。通常也简称概念模型,是面向数据库用户的现实世界的模型,主要用来描述世界的概念化结构,它使数据库的设计人员在设计的初始阶段,摆脱计算机系统及数据库管理系统(DBMS)的具体技术问题,集中精力分析数据以及数据之间的联系等,与具体的数据管理系统无关。概念数据模型必须换成逻辑数据模型,才能在 DBMS 中实现。

(2) 逻辑数据模型。通常也简称数据模型,这是用户基于具体数据库所看到的模型,是具体的 DBMS 所支持的数据模型,如网状数据模型、层次数据模型和关系模型等。此模型既要面向用户,又要面向系统,主要用于 DBMS 的实现。

(3) 物理数据模型。通常也简称物理模型,是面向计算机物理表示的模型,描述了数据在存储介质上的组织结构,它不但与具体的 DBMS 有关,而且还与操作系统和硬件有关。每一种逻辑数据模型在实现时都有其对应的物理数据模型。DBMS 为了保证其独立性与可移植性,大部分物理数据模型的实现工作由系统自动完成,而设计者只设计索引、聚集等特殊结构。本书不讨论物理数据模型的实现。

下面重点讨论的是逻辑数据模型,简称为数据模型。数据模型从所描述的内容上包括三个部分:数据结构、数据操作、数据约束。

数据模型是严格定义的一组概念的集合,它精确地描述了系统的如下特征:静态特征(数据结构)、动态特征(数据操作)和完整性约束条件。

数据模型具有三个要素。

1) 数据结构

数据结构是描述现实世界实体的非数值计算的数学模型及其上的操作在计算机中如何表示和实现。简单地说,就是一类普通的数据的表示和其相关操作。

数据结构是所研究的对象类型的集合,这些对象是数据库的组成成分,数据结构指对象和对象间联系的表达和实现,是对系统静态特征的描述,包括两个方面。

(1) 数据本身:类型、内容、性质。例如关系模型中的域、属性、关系等。

(2) 数据之间的联系:数据之间是如何相互关联的。例如,关系模型中的主候选关键字、外候选关键字、函数依赖、多值依赖和连接依赖等。数据结构是数据模型的基础,数据操作和约束都建立在数据结构上,不同的数据结构具有不同的操作和约束。

数据元素相互之间的关系称为结构。根据数据元素之间关系的不同特性,通常有下列四类基本结构。

①集合:数据元素间的关系是同属一个集合。
②线性结构:结构中的数据元素间存在一对一的关系。
③树形结构:结构中的元素间的关系是一对多的关系。
④图(网)状结构:结构中的元素间的关系是多对多的关系。

2) 数据操作

对数据库中对象的实例允许执行的操作集合,主要指查询(检索)和更新(插入、删除、修改)两类操作。数据模型必须定义这些操作的确切含义、操作符号、操作规则(如优先级)以及实现操作的语言。数据操作是对系统动态特性的描述。

值得注意的是,无论是计算机算法还是过程或程序都是为了解决问题,因而在选择数据模型的数据结构时,必须要时刻牢记"不同的数据结构具有不同的操作和约束"这句至关重要的话。只有对问题进行预先分析,确定必须达到的目标或功能,才有希望选择出正确的数据结构。如果忽略了这句话,直接选择自己熟悉而又与问题不太合适的数据结构,就可能设计出蹩脚的、低效的算法或程序。

3) 数据完整性约束

数据模型中的数据完整性约束是一组完整性规则的集合,主要描述数据结构内数据间的语法、词义联系、它们之间的制约和依存关系,以及数据动态变化的规则,规定数据库状态及状态变化所应满足的条件,以保证数据的正确性和相容性。例如,限制一个表中的学号不能重复,或者年龄的取值不能为负,都属于完整性规则。

关系模型由关系数据结构、关系操作集合和关系完整性约束组成。关系数据库的数据模型就是关系数据模型。关系数据模型的逻辑结构是关系结构,就是采用关系模式来存储数据内容,即用二维表存储数据内容。

层次数据库的数据模型就是层次数据模型,其逻辑结构是树(二叉树)。

网状数据库的数据模型就是网状数据模型,其逻辑结构是图。

11.2 算法设计概述

11.2.1 算法设计的步骤

用计算机解决一个具体问题时,大致需要经过下列几个步骤。

1) 问题的陈述

为了设计解决某一问题的算法,首先必须了解问题的实质,即已知条件是什么?要求回答什么?(要求解决的结果是什么?)一个问题的正确描述应当是使用科学语言把所有已知条件和需要解决的结果陈述清楚。

2) 数学模型的选择

当问题陈述清楚后,首先要从具体问题中抽象出一个适当的数学模型,选择描述问题的数学模型是解决特定问题非常重要的一步。在某些情况下,人们可以根据已有的数学模型的特性和自己的经验,从已知的数学模型中选择一些能方便描述需要求解问题的数学模型,如果问题比较简单,这是完全可能的;如果问题比较复杂,不能完全照搬,必须对特定问题的特性进行分析、创建出符合问题特性的局部模型,再结合已有的数学模型的特性有机地进行组合。

数学模型的选择是否恰当直接影响算法设计的速度和算法的效率。设计者应当十分重视数学模型的选择,尽量多下些工夫来选择一个恰当的适合于当前问题的数学模型,才能为后续工作的顺利开展奠定基础。

3) 数据模型的选择

选择数学模型后应当选择数据模型。

(1) 选择数据模型,如果问题通过函数或公式就可以达到目的,则简单得多;对于那些不是纯粹依靠简单计算就能达到目的的问题来说,在寻求分析数学模型的过程中提取操作的对象,并找出这些操作对象之间具有的关系,也就是找出操作对象的数据结构,同时要尽量预判其数据操作、数据约束等。即对这类问题,要想利用计算机解决问题就必须选择恰当的数据模型。数据模型选择的好坏直接影响算法的正确性和算法的时间、空间复杂性的好坏。计算机算法与数据的结构密切相关,算法的设计要以具体的数据结构为基础,数据结构直接关系到算法的选择和效率。运算是由计算机来完成,这就要设计相应的插入、删除和修改的算法,这些数据类型的各种运算算法都要由数据结构来定义。

(2) 算法设计的实质是对实际问题处理的数据选择一种恰当的存储结构(物理结构),并在选定的存储结构上设计一个好的算法,实现对数据的处理。算法中的操作是以确定的存储结构为前提的。所以,在算法设计中选择好数据结构是非常重要的,选择了数据结构,算法才能随之确定。

（3）算法的操作对象是数据、数据间的逻辑结构和存储结构，也即算法的操作对象是数据结构。因此，数据结构也是算法设计直接依存的平台，好的算法是建立在数据结构的基础上。二者也有不同的地方，数据结构重在研究数据及数据之间的关系，算法设计不仅要考虑数据结构，也要分析算法实现的过程，并要分析最优的算法实现、算法效率等。好的算法在很大程度上取决于问题中数据所采用的数据结构。

（4）因为数据模型所描述的内容包括三个部分：数据结构、数据操作、数据约束。数据模型的基础是数据结构，不同的数据结构，其上的数据操作可能不同，设计出来的算法的时间和空间复杂度差别可能很大。因此，算法设计中选择好数据模型是非常重要的，数据模型选择取决于数据结构的选择，算法才能随之确定，也就是说选择数据模型是设计好的算法的前提。

4）算法设计

数据模型一旦选择和确定后，就可以进行算法设计。虽然现在已经形成了一些较为有效的算法设计方法，但根据经验表明，永远不会有一种适用于解决一切算法设计课题的万能的算法设计方法。算法设计始终是一种复杂的、艰苦的创造性劳动，要求设计者充分发挥主观能动性，充分运用已有的知识和抽象思维，从千头万绪中理清与已知的求解关系，逐渐形成算法的基本思路，粗略的确定出一个算法的各个具体步骤。这个设计过程不仅和模型的选择有关，而且与算法正确性（有效性）证明紧密相关。因为在设计算法时，最重要的问题莫过于算法的正确性。当然，多学习一些典型的算法设计方法，掌握一些基本算法思想，可以从中得以借鉴，是设计新算法的知识基础。

5）算法描述方法

（1）对于求解的问题比较小且简单时，算法自然也比较短且比较简单，①通常可以使用一些非常规的和难以用常规描述的方法来描述，用这种非常规方法确信算法的各部分确实做到了求解问题需要做的工作；②需要仔细检查某些细节，如循环计数的初值和终值，分支走向等，并且在少量小型的实例上人工模拟这个算法。虽然所有这些都不是很正规的证明这个算法是正确的，但对于小型的算法，这些不正规的技术已经足够了。

（2）对于算法求解的问题比较大且较为复杂时，算法自然也比较长且比较复杂。本书采用"类 PASCAL"语言描述。

11.2.2 算法的有效性

一个算法解决一个问题 P，是指该算法可应用到 P 的任意一个实例 p，并保证该实例 p 的解决。实际上，所谓解决某个问题的算法通常是指该算法可以精确解决问题的实例，或是指在运行时间和内存空间可允许的情况下算法有效解决问题。

  一个算法的有效性可以用执行不同算法时所需的运行时间和内存空间来标志。算法复杂性并不是只有时间复杂性，还包括执行不同算法时所需的内存空间，如果算法求解一个问题需要很大的内存空间，如几个 G 内存以上，早期的一般的计算机执行该算法是困难的，在计算机硬件技术快速发展的今天，几个 G 内存以上的运算，是完全可以做到的，对求解一般的中、小规模的问题来说，一般的计算机内存空间已经够用了。因此，在算法的证明中一般不讨论空间效率。但是，对于较大规模、处理海量数据的问题，则必须评估空间复杂性。不过，评估空间复杂性的方法和评估时间复杂性的方法相类似，幸运的是不再用很多时间和精力单独研究它。

  值得注意的是，计算机速度和计算机配置的系统软件核心——操作系统、编译系统和使用的语言系统等有关。由于配置的系统软件与核心软件的不同，因此计算机速度也不会相同。尽管是在同一台计算机上执行根据同一个算法所写的程序，但是如果系统软件不同，同一个算法所消耗的时间也可能不同；在不同类型的计算机上执行同一个算法，随着计算机(硬件性能，系统软件)的不同，可能有很大差别。为使算法具有一般性并在实际中有用，所给的时间度量方法就不应该依赖于具体的计算机和其上的系统软件核心，即如果它们用不同的编程语言来表述或在不同计算机上使用不同的操作系统、编译系统运行，好的算法仍然保持为好的算法。同时，即使同一算法和同一计算机，当用它来求解某一问题的不同实例时，由于有关参数取值的变化，使得所需运行时间也有较大差别，如何恰当地反映这一差别也很重要。

  对于这两个方面的问题，我们可分别用下述方法解决。

  (1)通过探讨实际中已有或可能存在的不同类型的计算机的本质与核心部分，并对其加以评估。

  (2)假设每做一次运算均需要一个单位时间，由此用算法在执行过程中总共所需要的初等运算(算术运算、比较、循环和转移等最基本的操作)步数来表示算法用于求解任一问题的某一实例时所需要的时间。

11.3 递归方法和算法递归设计

11.3.1 递归技术和递归算法概述

  抽象地说，如果一个对象部分地由自身组成或者是按它自身定义的，则称为是递归的。递归通常把一个大型复杂的问题层层转化为一个与原问题相似的规模较小的问题来求解。

递归不仅在数学中会遇到,在利用计算机数据库解决多种问题时也是离不开的。在数学和数据结构的相关定义中,递归是一种特别有力的工具。几个熟知的例子是自然数、树结构、图结构以及某些函数的定义。不仅如此,更重要的是用递归设计算法结构清晰,用它所描述的算法、过程或程序进行复杂性分析时要比用其他方法更易于分析。

现在讨论可以使用递归的条件:

(1) 解决问题时,可以把一个问题转化为一个新的问题,而这个新的问题的解决方法仍与原问题的解法相同,只是所处理的对象有所不同,这些被处理的对象之间是有规律的递增或递减;

(2) 可以通过转化过程使问题得到简化;

(3) 必须有一个明确的终止递归的条件,否则递归将会无止境地进行下去,直到耗尽系统资源,也就是说必须有某个终止递归的条件。

递归的功能在于有可能用有限的语句来定义对象的无限集合。同样,使用有穷的递归程序可以描述无穷多次计算,尽管该程序并不明显地包含重复运算。不过,递归算法主要适用于要解决的问题、要计算的函数或要处理的数据结构已是递归定义的场合。一般地,一个递归程序可以表示为基语句 S_i(不包含 P)和 P 自身的组合 β:

$$P \equiv \beta[S_i, P]$$

递归表述过程或程序的必要且充分的工具是过程或子程序,因为它允许语句被赋予一个名字并按其名字进行调用。递归有两种形式。

① 直接递归。若过程 P 明显包含着对自身的调用,则它称为是直接递归的。

② 间接递归。如果 P 包含着对另一个过程 Q 的调用,而 Q 又直接或间接地调用 P,则 P 称为是间接递归的。因此,从程序的正文可能不能立即看出使用了递归。下面给出直接递归和间接递归的一般过程形式化描述。

(1) **procedure** P;
 begin
  ⋮
  P;
  ⋮
 end;

(2) **procedure** P;   **procedure** Q;
 begin   **begin**
  ⋮   ⋮
  Q; P;
  ⋮   ⋮
 end;   **end.**

(1) 过程 P 中的语句 P 直接调用了过程 P 本身,为直接递归过程。

(2) 过程 P 中调用了过程 Q,而过程 Q 又调用了过程 P。这两个过程都通过另一个过程调用了它们自己,为间接递归过程。

通常一个过程或程序联系着一组局部对象,即一组变量、常数、类型和过程,它们局部定义在这个过程内,而在这个过程或程序外不存在或无意义。这种过程或程序每次被递归执行时,就建立一组新的局部、受限变量。尽管它们的名字和该过程或程序的前一次执行中的那一组局部变量一样,但是它们的值并不一样,并且按标识符的作用域的约定规则,可以消除任何同名的冲突,标识符总是指示最新建立的那组变量。同样的规则对过程或程序的参数亦有效,按定义这些参数是受限于该过程或程序的。

如同重复语句一样,递归过程或程序也带来了无终止计算的可能性,因此有必要考虑终止的问题。显然,一个基本的要求是过程或程序 P 的递归调用要受限于一个终止条件,设其为 C,而这个终止条件 C 对于过程或程序 P 在某些时候会满足,某些时候会不满足的。因此,递归过程或程序的思想应更准确地表述为

$$P \equiv \text{if} \quad C \quad \text{then} \quad \beta[S_i, P]$$

或 $P \equiv \beta[S_i, \text{if} \quad C \quad \text{then} \quad P]$

证明重复终止的最基本技术是定义这样一个函数 $f(x)$(x 是程序中的变量集合),使 $f(x) \leqslant 0$ 表示 **while** 语句或 **loop** 语句的终止条件,然后去证明每重复一次 $f(x)$ 的值就减少一些,同样地,可以通过表明每执行一次 P, $f(x)$ 就减少一些来证明递归过程或程序的终止。用来保证终止的一个特别明显的方法是,给定过程或程序 P 的一个(值)参数(如 n),而当递归调用 P 时以 $n-1$ 作为参数值,将条件 C 换成 $n>0$ 就可以保证终止。下面的过程或程序表述了这一方法:

$$p(n) \equiv \text{if} \quad n>0 \quad \text{then} \quad \beta[S_i, p(n-1)]$$

或 $p(n) \equiv \beta[S_i, \text{if} \quad n>0 \quad \text{then} \quad p(n-1)]$

在实际使用中,不仅需要证明递归的最终深度是有限的,而且要证明它实际是很小的。原因是过程 P 的每一次执行都要为其变量提供一定数量的存储,除这些局部变量外,还要记录计算的当前状态,以便当 P 的新的执行终止,旧的计算继续时可以恢复这些状态。

在稍后本章讨论的快速排序算法 11.14 **procedure** QUICHSORT(S)中,就将看到这种情况。我们已经发现,如果"简单地"把过程描述成一个语句和两个递归调用,这个语句把 n 个项分成两部分,而这两个递归调用则把这两部分排序,在最坏的情况下,递归深度可达 n。而如果利用技巧重新研究算法,则有可能把深度限制在 $\log n$ 内。n 与 $\log n$ 的差别足以使一个非常不适于递归的情况变成递归算法

完全实际可行的情况。

递归算法特别适用于所研究的问题或所处理的数据本身是递归定义的情况。然而,并不意味着这种递归定义保证递归算法是解决该问题的最好方法。事实上,主要是因为以不合适的例子来解释递归算法概念,从而造成了对程序设计中使用递归的普遍怀疑和否定态度,并把递归同低效等同起来,再加上有的程序设计语言禁止子程序的递归使用,这就妨碍了甚至是合适的递归解法的研究。

通过上面的讨论可以看出,递归算法确实是把问题转化为规模缩小了的同类问题的子问题,然后用递归调用函数(或过程)来表示问题的解。递归的一个过程(或函数)直接或间接调用自身,这种过程(或函数)叫递归过程(或函数)。递归算法、递归过程一般通过函数或子过程来实现。

递归的功能在于有可能用有限的语句来定义对象的无限集合。同样,使用有穷的递归程序可以描述无穷多次计算,尽管该程序并不明显地包含重复运算。只需少量的程序就可描述出解题过程所需要的多次重复计算,大大地减少了程序的代码量。不过,并不是所有问题都能用递归算法来解决。递归算法从问题的递归结构上看,适用于解决三类问题:

(1) 数据的定义是按递归定义的。如,$N!$ 的定义,斐波那契函数的定义。

(2) 问题解法按递归算法实现。这种问题的解决方法将在讨论回溯法时进行解析。

(3) 数据的结构形式是按递归定义的。如图的定义,树的定义。

对于第(1)条定义是递归的,下面给出一个阶乘函数的例子。对于任意的非负整数 n,阶乘函数的递归定义可以由式(11.1)给出,即

$$n! = \begin{cases} 1 & n = 0 \\ n \cdot (n-1)! & n \geqslant 1 \end{cases} \tag{11.1}$$

阶乘函数的自变量 n 的定义域是非负正数。式(11.1)的第一式给出了这个函数的一个初始值,是非递归定义的,当 $n=0$ 时为递归出口。每个递归函数都需要给出非递归定义的初始值,不然,这个函数永远不能计算出来。式(11.1)的第二式当 $n \geqslant 1$ 时的表达式为递归体,是用较小自变量的函数值来表达较大自变量的函数值的方式来定义 n 的阶乘。定义式的左右两边都引用了阶乘记号,是一个递归定义式。

算法 11.1 求 $n!$ 递归算法(求解阶乘函数的递归算法)

输入:n;

输出:**return**$(n!)$;

Procedure Factorial (n)

```
begin
    if  n = 0   then return(1);
    else
    return(n · Factorial (n−1));
end.
```

对于第(2)条问题的解法是递归的。例如,汉诺塔(Tower of Hanoi)问题。

汉诺塔是包含三个柱子和 n 个直径大小不等、由小到大编号为 $1,2,\cdots,n$ 带有中孔的圆盘,这些圆盘可以在柱子间移动。开始时,所有圆盘按照大小顺序堆放在柱子 A 上,即最大的圆盘放置在底部,最小的盘子在顶部,如图 11.1 所示。

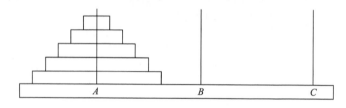

图 11.1 汉诺塔问题示意图

汉诺塔问题:将所有圆盘从初始柱子(A)移动到目标柱子(B)上。我们可以使用另外一个柱子(C)作为放置圆盘的临时位置,但是,必须遵循三个原则:①一次只能移动一个圆盘;②不能将大圆盘放置在小圆盘的顶部;③除了正在柱子间移动的圆盘外,其他所有圆盘必须放置在某个柱子上。

这些规则表明,必须将较小的圆盘移开,以便使较大圆盘能在柱子间移动。根据问题所描述的特点,可以用递归方法给出汉诺塔问题的解。

汉诺塔问题的解法如下。

如果 $n=1$,则将这一个盘子直接从 A 柱移到 B 柱上。否则,执行三步:①用 C 柱做过渡,将 A 柱上的 $(n-1)$ 个盘子移到 C 柱上;②将 A 柱上最后一个盘子直接移到 B 柱上;③用 A 柱做过渡,将 C 柱上的 $(n-1)$ 个盘子移到 B 柱上。

算法 11.2 汉诺塔问题的递归算法

```
输入:n,A,B,C;
输出:return(满足条件的柱子和盘子);
Procedure Hanoi(n,A,B,C)
begin
   if  n=1  then
       把该盘从 A 移到 B;
   else begin
       Hanoi(n−1,A,C,B);
```

把 A 剩余的最大圆盘移到 B；
Hanoi($n-1,C,B,A$)；
 end；

end.

该算法很容易用数学归纳法证明其正确性，而且 2^n-1 次移动是完成算法的充分且必要条件。

对于第(3)条数据的结构形式是按递归定义的，下面给出几个图递归的例子。

如在研究空间数据库、时空数据库中经常用到的填充曲线 Hilbert 曲线、Z 曲线、Gray 曲线就是将问题按递归算法实现。

① Hilbert 曲线。基本 Hilbert 曲线是由 4 个网格(R_0,R_1,R_2,R_3)的中心点连接在一起组成的网格曲线，如图 11.2(a)所示。设基本 Hilbert 曲线的阶为 1，为了获得 i 阶 Hilbert 曲线，将基本 Hilbert 曲线的每个网格由($i-1$)阶 Hilbert 曲线进行填充，同时($i-1$)阶 Hilbert 曲线必须进行相应的旋转操作。

i 阶 Hilbert 曲线的旋转操作：在 R_0 中($i-1$)阶 Hilbert 曲线先以垂直中线为轴旋转 $180°$ 再平面顺时针旋转 $90°$；在 R_1 和 R_2 中($i-1$)阶 Hilbert 曲线无变化；在 R_3 中($i-1$)阶 Hilbert 曲线先以垂直中线为轴旋转 $180°$ 再平面逆时针旋转 $90°$。2 阶 Hilbert 曲线如图 11.2(b)所示。

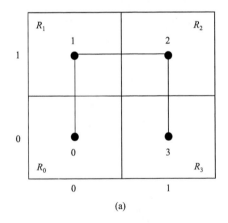 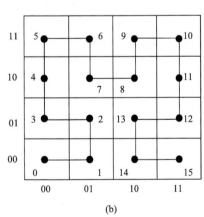

图 11.2　1 阶和 2 阶 Hilbert 曲线

② Z 曲线。Z 曲线类似于 Hilbert 曲线也是按递归算法实现问题解法，如图 11.3 所示。

③ Gray 曲线。1 阶 Gray 曲线的形状与 1 阶 Hilbert 曲线的形状相同。为了获得 i 阶 Gray 曲线，将 1 阶 Gray 曲线的网格由($i-1$)阶 Gray 曲线进行填充，同时($i-1$)阶 Gray 曲线必须进行旋转操作。

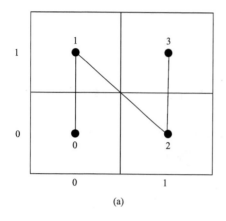
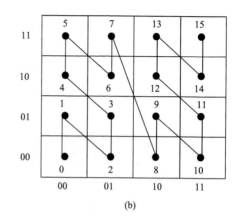

图 11.3 1 阶和 2 阶 Z 曲线

i 阶 Gray 曲线的旋转操作：在 R_0 和 R_3 中 $(i-1)$ 阶曲线无变化；在 R_1 中 $(i-1)$ 阶曲线平面顺时针旋转 $180°$；在 R_2 中 $(i-1)$ 阶曲线平面逆时针旋转 $180°$。2 阶和 3 阶 Gray 曲线如图 11.4(a)和图 11.4(b)所示。

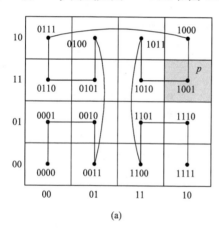
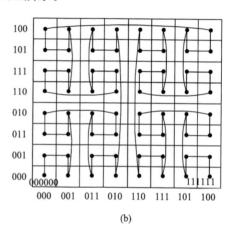

图 11.4 2 阶和 3 阶 Gray 曲线

对于第(3)条数据的结构形式是按递归定义的，如树的定义。

① 树的递归定义：一棵树是一个或多个顶点的有限集合 T_0，其中，有一个特殊标记的顶点 r，称为树 T_0 的根；除根 r 外的其他顶点被分成 m 个不相交的集合 $T_1,T_2,\cdots,T_m\geqslant 0$。这些集合的每一个又都是一棵符合本定义的树。树 $T_1,T_2,\cdots,T_m$ 称为树 T_0 的子树，且它们的根都是 r 的儿子。

根据定义，一棵树是由一个根和它的所有子树组成。可以推断，一棵子树也是一棵树。由若干棵树组成的森林，加一个根，并让组成森林的树作为这个根的子树,此森林就变成了一棵树。树的递归定义更好地反映了树型结构的固有特性,而且这种递归特征也呈现于自然界中。同时可以看出,树的递归定义既是严格的,又是很自然的。

② 对于算法如果使用了一般的树数据结构,必定要在这种结构上执行操作,其中最重要地操作是搜索。很多情况下,常要按某种顺序遍历一棵树,即访问一棵树的每个顶点。通常有前序、中序和后序三种遍历树的方法。无论是哪一种遍历树的方法,它们都是递归的。

③ 单链表结构。一个结点,它的指针域为 NULL,是一个单链表;一个结点,它的指针域指向单链表,仍是一个单链表。

值得注意的是,在算法和数据的处理方法之间存在着某些极为相似之处。尽管相似,也还存在一些差别,否则它们就是一回事了。但是,把程序和数据的方法进行比较仍然是有启发的。

现在的问题是对于过程是否存在类似对应的数据结构。如果过程的性质是递归,类似于一个过程包含着对自己的一次或多次调用,一个递归数据类型的值含有一个或多个属于和它一样的类型部分,像过程一样,这样的数据类型定义可以是直接或间接递归的。

在程序设计语言中,算术表达式是最适合用递归定义类型表示的一个简单例子。递归被用于反映嵌套的可能性,即以用括号括起来的子表达式作为表达式的运算对象。因此,我们可以非形式地把表达式定义为:一个表达式由项后运算符再跟着一个项组成,这两个项构成了该运算符的运算对象。一个项或者是一个变量由标识符表示或是一个用括号括起来的表达式。

这样用递归就很容易表示其值为这种表达式的数据类型。

要特别指出的是,当设计一个递归算法时,不必去试图跟踪可能很长的递归调用路径。对于我们来说,关键在于能应用递归思想给出解决问题的方案。递归是一种高效的解决问题的方法,即使最复杂的问题,递归常常也能产生非常清晰的解决问题的方案。它比迭代解决方案更容易理解和描述,更简单、紧凑。但是,在实际应用递归算法写程序时,多数情况下迭代函数几乎与递归函数一样清晰,甚至效率更高。当使用递归得不到任何好处时就没有必要付出更多的空间消耗。当问题没有简单的迭代解决方案时,递归方法更加体现出它的真正价值。

下面给出递归的一般模式形式化描述。

  procedure D(k)
  begin
    if $k=1$ **then**

         边界条件及必要操作；
　　else
　　begin
　　　　D($k-1$)；
　　　　重复的操作；
　　end；
end.

11.3.2 递归函数和递归过程

一个直接或间接地调用自身的过程叫做递归过程。一个使用函数自身给出定义的函数叫做递归函数。递归是一个过程或函数在其定义或说明中有直接或间接调用自身的一种方法。

递归是一种强有力的程序和算法（过程）设计技术。

（1）在算法设计、计算机程序中递归过程和递归函数的应用常常使算法和函数的定义描述比使用非递归方法简洁易读。

（2）对于算法正确性证明以及在算法复杂性分析时可以和数学中的递归关系相联系。

（3）使用递归方法设计算法将使我们方便地利用数学归纳法证明算法正确性，这是因为数学归纳法的证明思想和递归的执行过程虽不完全相同，但很相似。

（4）算法复杂性分析通常利用递归方法进行分析，使我们对算法正确性证明和复杂度分析更清晰、省时、容易证明和估计。

递归过程的缺点是在进行编译程序过程中要耗费很大的额外的时间和空间，因此人们常常在开始设计算法时利用递归技术，然后再将递归过程或递归函数消去，以提高算法的执行效率。尽管如此，递归技术仍不失为设计算法的有效技术。

11.3.1节给出的对于任意的非负整数 n，阶乘函数的递归定义可以由分段函数给出。该定义是一个递归函数的实例。

下面我们给出一个递归过程的实例。

判断已知元素 x 是否在数组 $A(1:n)$ 中。若在数组 $A(1:n)$ 中有一个元素 $A(i)=x$，则将第一次出现的下标 k 返回，否则返回零。这是一个查询或检索过程，写成递归过程如下。

算法 11.3 查找表 A 中某元素 x 的顺序搜索算法

输入：全程变量：$n,x,A(1:n)$；

输出：**return**(i)；否则 **return**(0)；

Procedure SEARCH(i)

begin
　case
　　:$i>n$:**return**(0);
　　:$A(i)=x$:**return**(i);
　　:**else**:**return**(SEARCH($i+1$))
end.

注意,该算法使用了 **case** 语句,i 的初始值在过程调用时可设置。

11.3.3 递归过程实现

一般的过程是不允许递归调用的。实现递归过程的关键在于为过程的递归调用建立一个先进后出型调用栈。这个栈用来保存每次调用所涉及的数据和有关信息,还要提供本次调用所需的工作空间。这些信息和空间在本次调用没有终止前始终要保留。由于出现递归调用,当本次调用还没有执行完毕时,可能产生内层调用。本次调用的信息,一般不允许内层调用破坏,以便当内层调用终止返回本次调用继续执行时,不致信息丢失,发生错误。这些数据和信息都是非全局量。它们主要包括:本次调用的实参指针,过程中所有局部变量的当前值和本次调用终止时的返回地址等。

原则上,一个过程要有一个相应的递归调用栈。栈的大小要依保留信息的多少和递归深度而定。一个栈可分成若干栈块,每个栈块是一个连续单元。过程的每一层调用使用一个栈块,栈块的长度和结构是依赖于具体过程的。调用同一过程所需的栈块长度通常是相等的。图 11.5 所示为实现过程递归调用的栈使用情况。

若过程 A 执行到某一语句(或指令)后要调用过程 B,则这个调用语句的程序段编写必须完成以下步骤。

(1) 为过程 B 的本次调用开辟一块大小适当的栈块,存放有关信息和数据,并且完成以下三项。

① 将这次调用过程 B 的所有实参指针按顺序进栈。具体地说,如果一个实参是值参或表达式,则应在过程 A 中求值,并把这个值直接存入过程 B 的栈里。如果一个实参是一个数组这样的复杂结构,则将一个指向这个数组的指针进栈。

② 在栈上空(留)出过程 B 的所有局部变量所需的空间。

③ 在这次调用过程 B 终止时,将应返回过程 A 中继续执行的那条语句(或指令)所在的地址,即返回地址进栈。

显然,这里需要使用一个全局变量 top,它指出栈顶的当前位置。如果在 A 调用 B 以前,top 是指向上次调用的栈块中最后一条有效信息,那么为过程 B 开辟一

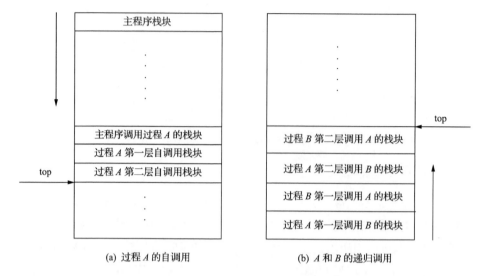

图 11.5 过程递归调用的栈使用情况示意图

个合适栈块的工作是将 top 下推一个常数 S_B。这一段内存的容量正好可以存放调用过程 B 的全部有关信息和返回地址。这些信息和 top 的当前值的相对位置是可以预先确定的。只要在过程 A 中能使有关信息正确地进入栈内,在过程 B 中就能正确地使用它们。

(2) 在过程 A 中做完信息进栈工作后,无条件转移到过程 B 的第一条指令执行。至此,过程 A 对过程 B 的一次调用的全部工作已经完成。

如果过程 A 中有好几处都要调用过程 B,对不同位置的调用,所做的工作绝大部分相同,只是栈块的位置不同,返回地址也不相同。

当对过程 B 的某次调用终止时,返回到这次调用它的过程 A 时的程序实现方法如下。

① 如果 B 是一个函数过程,则把求出的函数值按栈块中的指针送到指定的单元中。

② 从栈块中获取调用它的过程 A 应继续执行的指令地址(即返回地址)。

③ 栈指针退一个常数 S_B,释放出这一栈块的空间。

④ 转移到过程 A 继续执行。

单一过程的自调用或多过程的循环调用的处理方法是一样的。只要有足够大的栈,原则上对递归深度可以不加限制。递归过程的实现与机器的内部结构、有无特殊栈、栈大小及指令系统的细节等有很大关系。以上给出的是一般方法和原则。

递归过程调用所需的时间与计算实参及各信息进栈所需的时间成正比。返回时间只消耗一个常数。

与非递归过程相比,递归过程一般要消耗更多的时间和空间,然而这些多余的消耗仅影响计算复杂性的常数因子,不会改变其计算复杂性的量阶。注意,这只是对均匀消耗而言,如果使用对数消耗,执行递归过程所用的栈的长度将给时间和空间复杂性带来影响。

调用一次某个过程的消耗是容易估计的。除了调用准备所消耗的时间外,执行过程实体本身所消耗的时间,可以确定一个作为输入量的函数的上界。把过程被调用的次数乘以一次调用的时间上界,就得出总的时间上界。为此,人们往往利用递归方程来计算一个递归过程的时间复杂性。

根据上述建立递归过程的思想,对于求数组中最大值这样一个函数过程,给出一个递归过程算法。例如,递归求一个数组 $A(1:n)$ 中最大值。

算法 11.4 递归求一个数组 $A(1:n)$ 中最大值

/ * 递归过程,返回使 $A(k)$ 是 $A(1:n)$ 中最大元素的下标 k * /

输入:全程变量:$n,A(1:n),i,j,k$;

输出:k;

Procedure MAX(i)

begin

 if $i<n$ **then**

  $j := \text{MAX}(i+1)$;

 begin

  if $A(i)>A(j)$ **then**

   $k := i$;

  else $k := j$;

 end;

 else $k := n$;

 return(k);

end.

11.3.4 尾递归和线性递归

1. 尾递归

如果一个函数中所有递归形式的调用都出现在函数的末尾,称这个递归函数是尾递归。需要进一步说明的是,尾递归调用的"尾"字,是指运行时需要执行的最后一个动作。不是简单的语法字面上的最后一个语句。尾递归实际执行的是迭代的计算过程。

当递归调用是整个函数体中最后执行的语句,并且它的返回值不属于表达式的一部分时,这个递归调用就是尾递归。尾递归函数的特点是在回归过程中不用做任何操作,这个特性很重要,因为大多数现代的编译程序会利用这种特点自动生成优化的代码。

当编译程序检测到一个函数调用是尾递归的时候,它就覆盖当前的活动记录而不是在栈中去创建一个新的。编译程序可以做到这点,因为递归调用是当前活动期内最后一条待执行的语句,于是当这个调用返回时栈块中并没有其他事情可做。因此,也就没有保存栈块的必要。通过覆盖当前的栈块而不是在其上重新添加一个新栈块,这样所使用的栈空间就大大缩减了,使得实际的运行效率变得更高。虽然编译程序能够优化尾递归造成的栈溢出问题,但是在按照算法编写程序时,我们还是应该尽量避免尾递归的出现,因为所有的尾递归都是可以用简单的 **goto** 循环替代的。

为了理解尾递归是如何工作的,再次以递归的形式计算阶乘。首先,这可以很容易让我们理解为什么之前所定义的递归不是尾递归。回忆之前对计算 $n!$ 的定义:在每个执行期计算 n 倍的 $(n-1)!$ 的值,使 $n=n-1$ 并持续这个过程直到 $n=1$ 为止。这种定义不是尾递归的,因为每个执行期的返回值都依赖于用 n 乘以下一个执行期的返回值,因此每次调用产生的栈块将不得不保存在栈上,直到下一个子调用的返回值确定。现在考虑以尾递归的形式来定义计算 $n!$ 的过程。

这种定义还需要接受第二个参数 a,除此之外并没有太大区别。a(初始化为 1)维护递归层次的深度。这就使我们避免了每次还需要将返回值再乘以 n。然后,在每次递归调用中,令 $a=n \cdot a$ 并且 $n=n-1$。继续递归调用,直到 $n=1$,这满足终止条件,此时直接返回 a 即可。

与普通递归相比,由于尾递归的调用处于方法的最后,之前方法所积累下的各种状态对于递归调用结果已经没有任何意义,因此完全可以把本次方法中留在栈中的数据完全清除,把空间留给最后的递归调用。这样的优化便使得递归不会在调用栈上产生堆积,即使是"无限"递归也不会让栈溢出,这便是尾递归的优势。

2. 线性递归函数

线性递归函数必须具备以下两个基本属性。
(1) 必须清晰无误地解决基的情况。
(2) 每一次递归的调用,必须包含更小的参数值。
而尾递归则不必满足这两个条件。

一般的线性递归函数比尾递归更加消耗资源,在运行线性递归函数时,每次重复的过程调用,都使得调用链不断加长。系统不得不使用栈进行数据保存和恢复。而尾递归就不存在这样的问题,因为它的状态完全由函数的参数保存。并且,由于尾递归的函数调用出现在调用者函数的尾部,所以根本没有必要去保存任何局部变量的信息。可以直接让被调用的函数返回时越过调用者,返回到调用者的调用者去。

尾递归调用优化不是很复杂的事,实际上几乎所有的现代高级语言编译程序都支持尾递归调用这个基本的优化。实际只需要把代码 call 改成 goto(标号),并放弃所有局部变量入栈处理即可。这样栈根本就没有被占用,每次调用都是重新使用调用者的栈。尽管尾递归比线性递归高效,但并不是所有的递归算法都可以转成尾递归的,因为尾递归本质上执行的是迭代的计算过程。这与并不是所有的递归算法都可以转成迭代算法的原因是一样的。

11.3.5 递归设计

使用递归设计的问题,依据问题性质可分两大类,一类是函数递归;另一类是过程递归。无论是设计哪一类递归问题,递归设计之前首先应当给出递归模型。

1) 递归模型

递归模型反映一个递归问题的递归结构。一般地,一个递归模型是由递归出口和递归体两部分组成,递归出口确定递归到何时为止,递归体确定递归的方式。现在给出形式化递归模型。

(1) 递归出口的一般格式为

$$P(s_0) = m_0 \text{ 或 } f(s_0) = m_0$$

其中,P 表示过程,f 表示函数,s_0 与 m_0 均为常量。在使用递归时,必须有一个明确的递归终止(边界)条件,称为递归出口。有的递归问题可能有几个递归出口。

(2) 递归体的一般格式为

$$P(S) = G(p(s_1), p(s_2), \cdots, p(s_n), c_1, c_2, \cdots, c_m)$$
$$\text{或 } f(S) = g(f(s_1), f(s_2), \cdots, f(s_n), c_1, c_2, \cdots, c_m)$$

其中,S 是一个递归"大问题",$s_1, s_2, \cdots, s_n$ 是递归"小问题",$c_1, c_2, \cdots, c_m$ 是若干个可以直接(用非递归方法)解决的问题,G 是一个非递归过程,g 是一个非递归函数,反映了递归问题的结构。

2) 递归设计

一般来说,递归设计必须遵循递归模型进行。递归必须有递归体和递归出口。当递归终止条件不满足时,执行递归体;当递归结束条件满足时,经递归出口返回。

(1) 递归设计步骤:对原问题 $P(S)$ 或 $f(S)$ 进行分析,分割出合理的"较小问题"$P(s_1), P(s_2), \cdots, P(s_n)$ 或 $f(s_1), f(s_2), \cdots, f(s_n)$。

(2) 假设 $P(s_1), P(s_2), \cdots, P(s_n)$ 或 $f(s_1), f(s_2), \cdots, f(s_n)$ 是可解的,在此基础上确定 $P(S)$ 或 $f(S)$ 的解,即给出 $P(S)$ 和 $P(s_1), P(s_2), \cdots, P(s_n)$ 的关系或 $f(S)$ 与 $f(s_1), f(s_2), \cdots, f(s_n)$ 的关系。

(3) 确定一个特定情况的解作为递归出口。

求解递归问题方法有两种。①直接求值,不需要回溯的(单向递归和尾递归):使用一些中间变量保存中间结果;②不能直接求值,需要回溯的:用栈来保存中间结果。

11.3.6 消除递归

1. 递归的缺点和处理

前面几节的讨论说明了递归是一种强有力的程序和算法设计技术。在计算机数据库程序、算法设计中递归函数和递归过程的应用比使用非递归方法更好,更利于算法正确性证明以及算法的复杂度分析。

可是从另一个角度看,递归是有缺点的。

(1) 对于求解一个问题,用递归算法编写程序解题相对常用的操作如循环等运行效率较低。因此,在计算机上实际运行解决实例的程序时应该尽量避免使用递归,除非没有更好的算法或者某种特定情况下递归更为适合的时候。也正因为如此,对于一个较小且不太复杂的问题,可以直接使用非递归方法描述算法和编制程序,这样可以减少采用递归这一步,可以避免浪费更多的精力和时间,还可以避免浪费消耗很多的额外空间。

(2) 又因为在递归调用的过程中系统为每一层的返回点、局部量等要开辟栈来存储。编译程序进行编译的过程中要耗费很大的额外时间和空间,递归次数过多容易造成栈递归溢出等,所以也应该尽量避免使用递归。

由于递归过程或递归函数有如上缺点。因此,人们常常在开始设计算法时利用递归技术,然后,再将递归过程或递归函数消去,使其转换成与之等价的非递归形式,以提高算法的执行效率。下面讨论怎样消除递归。

当所设计的递归算法被证明是正确的,而且通过复杂度分析确信是一个好算法时,它就已经完成了使命,就可以消除递归,把该递归过程中出现递归调用的地方,用等价的非递归代码来代替、只使用迭代的算法,这一过程叫作翻译。这一翻译过程可使用一组简单的转换规则来完成,还可以根据具体情况将得到的迭代算法做进一步改进,以便提高迭代过程的效率。

2. 递归消除的方法

现在讨论将直接递归过程翻译成只使用迭代过程的一组规则。

所谓翻译就是将递归过程中出现递归调用的地方,用等价的非递归代码来代替,并对 **return** 语句做适当处理。

消除递归规则分两个大部分:消除递归调用、处理 **return** 语句。

1) 消除递归调用规则

(1) 在一个递归过程的开始部分,插入栈的代码并将它初始化为空。一般情况下,这个栈用来存放参数、局部变量和函数值,每次调用递归的返回地址也存入栈中。

(2) 将标号 L_1 附于第一条可执行语句,再对每一处递归调用都用一组执行下列规则的指令或语句来替代。

(3) 将所有参数和局部变量的值存入栈中,栈顶指针可看作一个全程变量。

(4) 建立第 i 个新标号 L_i,并将 i 存入栈。这个 L_i 的 i 值将用来计算返回地址,并且该标号放在规则(7)所描述的程序段中。

(5) 计算这次调用的各实参或表达式的值,并把这些值赋给相应的形式参数。

(6) 插入一条无条件转向语句转向过程的开始部分。

(7) 若该过程是递归函数,则对递归过程中含有此次函数调用的那条语句做如下处理:将该语句的此次函数调用部分用从栈顶取回该函数值的代码来代替,其他部分的代码按原来描述方式照抄,并将(4)中建立的标号附于这条语句上;当一个过程只将一个值带入,其值在过程的整个执行期保持不变时,则将(4)中建立的标号附于(6)所产生的转移语句后面的那条语句。

以上 7 步可以消去过程中各处的递归调用。接下来对递归过程中出现的 **return** 语句进行处理。

2) 处理 **return** 语句规则

(1) 若栈为空,则正常返回;否则,将所有输出参数的当前值赋予栈顶上那些对应的变量。

(2) 若栈中有返回地址标号的下标,就插入一条该下标从栈中退出的代码,并把这个下标值赋予一个未使用的变量。

(3) 从栈中退出所有局部变量和参数的值并把它们赋予对应的变量。

(4) 若这个过程是函数,则插入用来计算紧接在后面的表达式并将结果值存入栈顶中的指令或语句。

(5) 用返回地址标号的下标实现对该标号的转向。

一般情况下,使用上述两大部分中的规则可以将一个直接递归过程正确地翻译成与之等价的只使用迭代的过程。这样的过程执行效率一般比原递归过程要高,还可以消去转向语句进一步简化程序,可能使再次改进的程序效率更高。

对于间接递归过程的翻译只需把这组规则稍作修改就可达到目的。

下面讨论根据消除递归规则将递归过程中的递归消去,使原递归算法转换成等价的迭代算法。本章中给出了一个递归求一个数组 $A(1:n)$ 中最大值算法 11.4,在这个递归算法的基础上如何消去递归呢?下面给出消去递归过程并最终利用迭代求一个数组 $A(1:n)$ 中最大值的算法 11.5。

算法 11.5 迭代求一个数组 $A(1:n)$ 中最大值

/ * 迭代过程,返回使 $A(k)$ 是 $A(1:n)$ 中最大元素的下标 k * /

输入:全程变量 $n, A(1:n), i, STACK(1:2*n)$;局部变量 j, k;

输出:k;

Procedure MAX(i)
begin
    $top := 0$;   /* 消除递归调用规则(1) */
    begin
      L1: **if** $i < n$ **then**   /* 消除递归调用规则(2) */
          $top := top + 1$;   /* 消除递归调用规则(3) */
          STACK(top) := i;
          $top := top + 1$;   /* 消除递归调用规则(4) */
          STACK(top) := 2;
          $i := i + 1$;   /* 消除递归调用规则(5) */
      goto L1;   /* 消除递归调用规则(6) */
      L2: $j :=$ STACK(top);   /* 消除递归调用规则(7) */
        $top := top - 1$;
        begin
          if $A(i) > A(j)$ **then**
            $k := i$;
          else $k := j$;
        end;
      else $k := n$;
    end;
    if $top = 0$ **then**   /* 处理 return 语句规则(1) */
      return(k);
    else $addr :=$ STACK(top);   /* 处理 return 语句规则(2) */
      $top := top - 1$;
      $i :=$ STACK(top);   /* 处理 return 语句规则(3) */
      $top := top - 1$;
      $top := top + 1$;
      STACK(top) := k;   /* 处理 return 语句规则(4) */
      begin
        if $addr = 2$ **then**   /* 处理 return 语句规则(5) */
          goto L2
      end;
end.

    对于这一递归算法转换成等价的迭代算法中，使用了栈结构和 **goto** 语句，不是求最大值最终给出的迭代算法。在计算机执行时含有 **goto** 语句是不好的，因为计算机语言发展到今天，许多种程序设计语言不执行 **goto** 语句，而且编译程序对它也不进行编译。对这一迭代算法进行分析，看是否能够产生一个与它等价而又不含 **goto** 语句的算法。在这个算法中，由于过程只返回到一个地方，所以不必重复存放返回地址,又因为在任何时刻只有一个函数值(当前最大值的下标),因此,可以把这个值不存入栈而放在一个临时工作单变量中。因为过程中只有一个参变量 i,每进行一次新的递归,调用 i 的值就增加 1,即退出一层递归恢复原来那层递归的 i 值,只比要退出的这层递归中的 i 值减少 1。所以,参变量 i 值也不必使用栈块,于是栈可以完全取消。将 i 置 n 并用 k 存放当前最大值的下标便可以消除由 goto $L1$ 所产生的循环。下面给出不含栈和 goto 语句简化后的算法。

算法 11.6 不含栈和 goto 语句的求最大值算法

  输入:变量 n,i,k;
  输出:k;
  Procedure MAX(A,n)
  begin
    $k:=n$;
    $i:=k$;
    while $i>1$ **do**
    begin
     $i:=i-1$;
     if $A(i)>A(k)$ **then**
      $k:=i$;
    end;
    return(k);
  end.

算法 11.6 就是最终给出的求最大值的迭代算法。

消去递归的目的是为了产生高效且在计算上等效的迭代算法(过程)和程序,如果出现 goto 语句,可以通过分析或其他方法将它去掉,产生与原算法等价的算法。

一个递归以是否为尾递归分成两种不同递归方式。①尾递归:是指一个递归过程 $p(x)$,只在该过程的最后一步有一递归调用 $p(y)$;②非尾递归:是指一个递归过程 $p(x)$,除不在该过程的最后一步外,其他各步有一次或多次递归调用 $p(y)$,也称为间接递归。

因为不同的递归过程消除递归的规则不同,因此消除递归首先要确定递归过程属于哪一种递归方式,根据确定递归过程的递归方式分别消除递归。下面分别讨论不同递归过程消除递归的方法。

下面给出一个例子说明递归函数是尾递归的消除规则执行步骤。

已知两个非负整数 a 和 b,且 $a>b \geqslant 0$,求这两个数的最大公约数。众所周知,求该问题要用辗转相除法。即若 $b=0$,则 a 和 b 的最大公约数就是 a;若 $b>0$,则

a 和 b 的最大公约数等于 b 和用 b 除 a 的余数的最大公约数。其递归过程算法如下。

算法 11.7 递归过程求两个数的最大公约数算法

输入：$a,b(a>b \geqslant 0)$；
输出：最大公约数；
Procedure GCD(a,b)
begin
  if $b=0$ then
    return(a)；
  else return GCD$(b, a$ **mod** $b)$；
end.

这是一个尾递归算法，下面算法是将该递归算法消去递归后等价的迭代过程算法。

算法 11.8 迭代过程求两个数的最大公约数算法

输入：$a,b(a>b \geqslant 0)$；
输出：最大公约数；
Procedure GCD(a,b)
begin
 $L1$:if $b=0$ then
    return(a)；
  else
   begin
    $c := b$；
    $b := a$ **mod** b；
    $a := c$；
    goto $L1$；
   end；
end.

该算法中含有不为一般算法语言所接受的 goto 语句，因此必须消除这个语句。

算法 11.9 去掉 goto 语句后的求两个数的最大公约数算法

输入：$a,b(a>b \geqslant 0)$；
输出：最大公约数；
Procedure GCD(a,b)
begin
  while $b \neq 0$ do
   begin

$c := b;$

$b := a \bmod b;$

$a := c;$

end;

return(a);

end.

算法 11.9 最后既完成了消除递归又消去了 **goto** 语句,是迭代过程求两个数的最大公约数的最终算法。

11.4 穷举法和贪心法

11.4.1 穷举法

穷举法是一种重要的数学方法,有很多较复杂的问题,常常是从具体情况一一穷举,从中找出规律和方法再加以解决的。即把问题分为既不重复,也不遗漏的有限种情况一一列举,最后直至达到解决整个问题的目的。类 PASCAL 语言中 **case** 语句的出现就是基于穷举法思想,而它在算法(过程)的描述中提供了一定的方便。

在进行归纳推理时,如果逐个考察了某类事件的所有可能情况,因而得出一般结论,那么这结论是可靠的,这种归纳方法叫做穷举法。即将问题的所有可能的答案一一列举,然后根据条件判断此答案是否合适,合适就保留,不合适就丢弃。

穷举法解题的基本思想:确定穷举对象、穷举范围和判定条件,穷举可能的解,根据判定条件验证是否是问题的解。

穷举法因为要列举问题所有可能的答案,所以它具备以下几个特点:

(1) 得到的结果肯定是正确的;

(2) 可能做了很多的无用功,浪费了宝贵的时间,效率低下;

(3) 通常会涉及求最值(如最大、最小、最重和最轻等)问题的解;

(4) 数据量大的话,可能会造成时间崩溃。

穷举法利用计算机运算速度快、精确度高的特点,对要解决问题的所有可能情况,一个不漏地进行检验,从中找出符合要求的答案。因此,穷举法是通过牺牲时间来换取求解的全面性。

穷举法是从可能的集合中一一穷举各个元素,用题目给定的约束条件判定哪些是无用的,哪些是有用的,能使命题成立者,即为问题的解。

例如,找出 1 到 100 之间的素数,需要将 1 到 100 之间的所有整数进行判断。1 到 100 之间的所有整数是穷举的对象和范围,而素数的定义就是给定的约束条件,能使命题成立者,即为问题的解。

穷举法简单,易于使用,也是在算法设计中最常用的方法,尽管精巧和高效的算法很少源于穷举法,但是,它仍不失是一种重要的算法设计技术。在理论上穷举法可以解决可计算型的各种问题,但是其效率有高有低。正因为如此,当效率高时便产生出好的算法,经常用来解决一些规模较小的问题;然而对于一些规模较大的重要的问题有时也可以产生一种合理的算法,这就说明它具有一定的价值。另一方面,它还可以作为某类问题时间复杂性判定的底线,用它作为标准,来衡量解决同类问题的其他不同算法效率的高低,以便选择出效率更高的算法。

下面给出穷举法的一般模式形式化描述。

Procedure GREEDY(A, n)
begin
  enum 穷举名{穷举值表}; /* 罗列出所有可用值(穷举元素) */
  for i := 最小穷举元素 to 最小穷举元素 do
    if 满足条件 then
      保留;
    else 舍弃;
end.

算法 11.10 用穷举法判断给定数组中的元素是否全部唯一

输入:数组 $a(1:n)$;

输出:**true** 或 **false**;

Procedure bool Unique Elements$(a(1:n), n)$
begin
  for $i=0$ to $n-2$ do
    for $j=i+1$ to $n-1$ do
      if $a(i)=a(j)$ then
        return(false);
      else
        return(true);
end.

在这个算法中,输入规模是数组的元素个数 n。因为最内层循环只含有一个两个元素的比较操作,因此是该算法的基本操作。然而元素的比较次数不仅取决于 n,还取决于数组中是否有相同元素,在有相同元素的情况下,还取决于它们在数组中的位置。

定理 11.1 算法 11.10 是正确的,可终止的,其时间复杂度为 $T(n)=O(n^2)$。

证明 (正确性)显然。

(可终止性)在算法中由于两重循环,循环次数的终值分别为 $n-2$ 和 $n-1$ 都是有限的,故是可终止的。

(时间复杂度分析)设 $C_{worst}(n)$ 为比其他数组的比较次数最多,则它是所有大小为 n 的数组中的最差输入。分析算法可知,如果数组中没有相同元素或数组中

只有最后两个元素相同,则循环次数最多。因此,有

$$C_{\text{worst}}(n) = \sum_{i=0}^{n-2}\sum_{j=i+1}^{n-1} 1 = \sum_{i=0}^{n-2}(n-i-1) = \frac{(n-1)n}{2} \quad (11.2)$$

所以该算法的时间复杂度 $T(n)=O(n^2)$。

11.4.2 贪心法

贪心法(又称贪婪法)在对问题求解时,总是做出在当前看来是最好的选择。也就是说,不从整体最优上加以考虑,它省去了为找到全局最优解而要穷尽可能的必须消耗的大量时间,每做一次贪心选择就将所求问题简化成一个规模更小的子问题,做出的仅是在某种意义上的局部最优解,达到自身的局部"利益"最大化。贪心法算法不是对所有问题都能得到整体最优解,但对范围相当广泛的许多问题能够产生整体最优解或者是整体最优解的近似解。

贪心法算法解题的基本思想是把求解的问题分成若干个子问题,根据题意选取一种量度标准,对每一子问题求解,得到子问题的局部最优解,把子问题的局部最优解合成原来问题的一个解。

贪心法是一种改进了的分级处理方法,其核心是根据题意选取一种量度标准,然后将多个输入排成按这种量度标准所要求的顺序,一次输入一个量。如果某个输入和当前已构成在这种量度意义下的部分最佳解加在一起不能产生一个可行解,则不将此输入加到这部分解中。这种能够得到某种量度意义下最优解的分级处理方法称为贪心法。

对于一个给定的问题,往往可能有好几种量度标准。初看起来这些量度标准似乎都是可取的,但实际上,用其中的大多数量度标准做贪心处理所得到该量度意义下的最优解并不是问题的最优解,而是次优解。因此,选择能产生问题最优解的最优量度标准是使用贪心法的核心。

一般情况下,要选出最优量度标准并不容易,但对某问题能选择出最优量度标准后,用贪心法求解却特别有效。最优解可以通过一系列局部最优的选择来达到,根据当前状态做出在当前看来是最好的选择,然后再去解决做出这个选择后产生的相应子问题。每做一次贪心选择就将所求问题简化为一个规模更小的子问题,最终可得到问题的一个整体最优解。

通常贪心法可解决的问题大部分都有如下的特性。

(1) 随着算法的进行,将积累起两个集合:一个包含已经被考察过并被选出的候选对象;另一个包含已经被考察过,但被丢弃的候选对象。

(2) 存在一个函数来检查一个候选对象的集合是否提供了问题的解。该函数不考察此时的解决方法是否最优。

(3) 还存在一个函数检查是否一个候选对象的集合是可行的,也即是否可能

往该集合上添加更多的候选对象以获得一个解。和上一个函数一样,此时不考察解决方法的最优性。

(4) 选择函数可以指出哪一个剩余的候选对象最有希望构成问题的解,最后,目标函数给出解的值。

(5) 为了解决问题,需要寻找一个构成解的候选对象集合,它可以优化目标函数,使贪心法一步一步地进行。起初,算法选出的候选对象的集合为空。接下来的每一步中,根据选择函数,贪心算法从剩余候选对象中选出最有希望构成解的对象。如果集合中加上该对象后不可行,那么该对象就被丢弃并不再考察;否则就加到集合里。每一次都扩充集合,并检查该集合是否构成解。如果贪心法正确工作,那么找到的第一个解通常是最优的。

下面给出贪心法的一般模式形式化描述。

procedure GREEDY(A,n)
begin
  将 P 划分,使 $P=\{P(1),\cdots,P(n)\}$; /* 问题分成若干个子问题 */
  $S:=\varnothing$;
  for $i:=1$ **to** n **do**
    $X:=\text{selesec}(A)$; /* 按度量标准从 A 中选出一个当前最好的输入,并从 A 中删除 */
    选取量度标准对子问题求解,得到局部最优解 X;
    if feasible(S,X) **then** /* 判断 X 是否包含在当前解中 */
      $S:=\text{Union}(S,X)$; /* 将 X 与解 S 合并,修改目标函数 */
    else 舍掉 X;
end.

下面给出一个使用贪心法解决求解最优解的问题。

在多种类型的数据库,如空间数据库、时空数据库、移动数据库、交通网络数据库以及数据库的基本理论方面,它们研究的各种最近邻查询是这些数据库的最核心内容,数据组成什么类型的数据结构、如何组织才能最佳、在怎样的数据结构上才能解决这些查询问题,特别是能得到更优的算法。图是研究、解决这些数据库问题的必备的数学工具之一。

构成图的最重要元素是顶点和边,图按照方向特性可分为有向图和无向图。有关图的顶点间的路径问题有两类:

(1) 某两个顶点间是否存在路径;

(2) 如果图中各边有一个权,寻找任意两点间最小代价的路径。

第(1)类问题对于无向图,只要是连通图问题就很容易解决,但对于有向图,就不是简单的事。对于第(2)类问题无论是无向图还是有向图,都是很直观的。当然它们都可以用贪心法和动态规划法(下面将讨论)求解。

作为一个例子,用贪心法解决单源最短路径问题。当然这一问题也可以用动态规划法来求解。

单源最短路径问题:给定一个带权有向图 $G=(V,E)$,其中每条边的权是非负实数,还给定 V 中的一个顶点(称为源顶点),要求计算从源顶点到其他所有顶点的最短路径长度,其中,路径的长度是指路上各边权之和。这个问题通常称为单源最短路径问题。

解决单源最短路径问题的 Dijkstra 算法是解单源最短路径的贪心算法。其基本思想是:①设置顶点集合 S 并不断地做贪心选择来扩充这个集合。一个顶点属于集合 S 当且仅当从源顶点到该顶点的最短路径长度已知。初始时,S 中仅含有源顶点。②设 u 是 G 的某一个顶点,把从源顶点到 u 顶点且中间只经过 S 中顶点的路径称为从源到 u 的特殊路径,并用数组 $dist$ 记录当前每个顶点所对应的最短特殊路径长度。③Dijkstra 算法每次从 $V-S$ 中取出具有最短特殊路径长度的顶点 u,将 u 添加到 S 中,同时对数组 $dist$ 做必要的修改,直到 S 包含了所有 V 中的顶点,$dist$ 就记录了从源到所有其他顶点之间的最短路径长度。

算法符号说明:带权有向图是 $G=(V,E)$,$V=\{1,2,\cdots,n\}$,顶点 v 是源,c 是一个二维数组,$c(i,j)$ 表示边 (i,j) 的权。当 (i,j) 不属于 E 时,$c(i,j)$ 是一个无穷大的数。

贪心选择性质是 Dijkstra 算法所具备的。

算法 11.11 求单源最短路径贪心算法

  输入:带权有向图是 $G=(V,E)$,$V=\{1,2,\cdots,n\}$,$c(1:n,1:n)$;
  输出:最短路径;
  Procedure Dijkstra$(c(1:n,1:n),w,x,n,i,j,min,minn,b(1:n))$
  Integer $w,x,n,i,j,min,minn$;
  real $c(1:n,1:n)$;
  boolean $b(1:n)$;
  begin
  (1)**for** $i:=1$ **to** n **do** /*初始化源点和路径数组*/
    begin
      for $j:=1$ **to** n **do**
        read$(c(i,j))$;
      fillchar$(b,\text{sizeof}(b),\textbf{false})$;
     $b(1):=\textbf{true}$; /*顶点 1 为源点,源点的最短路径肯定为真*/
     $minn:=1$;
    end;
  for $x:=2$ **to** n **do**
  begin

$min := \infty$； /*查找路径最短的点*/
(2) **for** $i := 2$ **to** n **do**
    if $(c(1,i)<min)$ **and** $(b=false)$ **then**
    begin
      $min := c(1,i)$；
      $minn := i$；
    end；
    $b(minn) := true$； /*已找到源点到点 $minn$ 的最短路径做标志*/
    for $j := 1$ **to** n **do** /*更新其他各点的权值*/
      if $(j \neq minn)$ **and** $(c(1,minn)+c(minn,j)<c(1,j))$ **and** $(b(j)=false)$
        then
          $c(1,j) := c(1,minn) + c(minn,j)$；
end；
(3) **for** $i := 1$ **to** n **do**
    输出$(c(1,i),())$；
end.

该算法的时间复杂度分析：纵观整个算法，其核心部分是第②步，这是二层循环，故其时间复杂度为 $O(n^2)$。

贪心算法在有最优子结构的问题中尤为有效。最优子结构的意思是局部最优解能决定全局最优解，简单地说，问题能够分解成子问题来解决，子问题的最优解能递推到最终问题的最优解。

贪心算法与动态规划的不同在于它每个子问题的解决方案都做出选择，不能回退。动态规划则会保存以前的运算结果，并根据以前的结果对当前进行选择，有回退功能。

贪心算法可以与随机算法一起使用。很多的启发式算法，本质上就是贪心算法和随机算法的结合，这样的算法结果虽然也是局部最优解，但是比单纯的贪心算法更靠近最优解。例如，计算机科学和数据库中经常用到的遗传算法和模拟退火算法等都是由这种思想产生的。

11.5 治类方法

对于要解决的问题较大或很大时，有时解决它是很困难的。为了解决这样的问题，就要把问题按如下策略进行处理：

(1) 分割成一些较小的问题，以便各个击破，战而胜之；

(2) 递归减小问题规模，形成一个子问题且不再减小规模，解决子问题，扩展子问题的解而形成原问题的解；

(3) 转化为更为特殊形式的问题,或者转化为已被解决的其他问题。

治类法包含分治法、减治法和变治法,下面就这三种方法分别加以讨论。

11.5.1 分治法

1. 概述

对于解决较大问题,分治法是最重要的通用的算法设计技术。

当要求解一个输入规模为 n 且取值又相当大的问题或实例时,虽然能够直接求解,但是往往消耗时间特别长,因此直接求解是非常困难的,有的甚至根本没法直接求出。每当遇到这类问题或实例时,首先应认真分析问题或实例本身所具有的特性,然后根据这些特性选择适当的设计策略来解决。在这种情况下,利用分治法是一种恰当的选择。

分治法解决问题的基本思想如下所述。

(1) 先把它分解成几个子问题,找到求出这几个子问题的解法后,再找到合适的方法,把它们组合成求整个问题的解法。

(2) 如果这些子问题还比较大,而且还难以解决,还可以把它们再分成几个更小的子问题。以此类推,直至可以直接解决为止。

由分治法解决问题的思想可知,分治法求解问题,自然可用一个递归过程来表示。

利用分治法求解问题时,所需时间和空间的消耗取决于分解后子问题的个数、子问题的规模大小等因素。

分治法在算法设计技术中的重要性是当之无愧的,实际上很多非常有效的算法都是分治法的特例,例如快速排序、归并排序及二叉树的遍历等。采用分治法解决问题或实例要经历以下三个步骤。

(1) 分:将这 n 个输入分成 k 个不同子集合,最好拥有同样大小的规模,得到 k 个不同的可独立求解的子问题或实例,其中 $1<k\leqslant n$。

要特别注意,子问题分解的合理性。就是说,分解成的子问题规模既要比原问题小很多,子问题间又要具有相对独立性。同时,分解后的子问题的综合一定要和原问题求解目标、功能是等效的。否则,这种分解将是错误的。因为分治法解决问题的基础是分,基础错了自然浪费了治过程的精力和时间,合并的结果必然是错误的结果。

(2) 治:求出这些子问题或子实例的解。

对于求解较大问题或实例一般使用递归描述算法。但当计算机自身的存储空间较小时,由于递归程序过多的消耗存储空间,所以在算法实现的程序中使用迭代方法去实现更好一些;对于较小或较简单问题或实例一般使用非递归方法。

(3) 合:选择适当的合并方法将这些子问题或实例的解合并成整个问题或实

例的解。解决问题的基本思想如图11.6所示。

图11.6 分治法解决问题思想

在合并时,要特别注意子问题的解之间的衔接,如果各子问题的解是正确的,通过合理的衔接之后,原问题的解也一定是正确的。

通过实现分治法三个步骤可知,对较大问题或实例这种求解的思想就是将整个问题或实例分成若干个小问题或小实例后"分而治之"。通常,由分治法所得到的子问题或实例与原问题或实例具有相同的类型。如果得到的子问题相对来说还太大,则可以反复使用分治策略将这些子问题或子实例分成更小的同类型子问题或子实例,直至产生出不用进一步细分就可求解的子问题或子实例。

2. 分治思想的抽象化控制

在很多考虑使用分治法求解的问题或实例中,往往把输入分成与原问题类型相同的两个子问题或子实例,即取 $k=2$。为了能清晰地反映出使用分治策略设计实际算法的基本步骤,用一个称之为抽象化控制的过程对算法的控制流向做出描述。基于以上目的,此过程中的基本运算由一些没定义其具体含义的其他过程来表示。在过程中还使用了一个全程量数组 $A(1:n)$,用它来存放这 n 个输入。这个过程 DANDC 是函数,它最初由 DANDC$(1,n)$ 所调用,DANDC(p,q) 解决输入为 $A(p:q)$ 情况下的问题,其中,DIVIDE 为分割函数,COMBINE 为合并函数。

算法 11.12 分治思想的抽象化控制

```
procedure DANDC(p,q)
global n,A(1:n);
integer m,p,q;   /* 1≤p≤q≤n */
begin
  if SMALL(p,q) then
    return (G(p,q));
  else m:=DIVIDE(p,q);   /* p≤m<q */
    return(COMBINE(DANDC(p,m),DANDC(m+1,q)));
end.
```

SMALL(p,q) 是一个布尔值函数,可判断输入规模 $q-p+1$ 是否小到无需进一步细分就能算出解的程度。若是,就调用能直接计算此规模下的子问题解的函数 $G(p,q)$;否则,则调用分割函数 DIVIDE(p,q),返回一个表示分割在何处进行的整数,然后将这个整数值存入变量 m。于是,原问题被分成输入为 $A(p:m)$ 和 $A(m+1,q)$ 的两个子问题。对这两个子问题分别递归调用 DANDC 得到它们各自

的解 x 和 y,再用一个合并函数 COMBINE(x,y) 将这两个子问题的解合成原问题(输入为 $A(p,q)$)的解。倘若所分成的两个子问题的输入规模大致相等,则 DANDC 总的计算时间可用下面的递归关系来表示,即

$$T(n) = \begin{cases} g(n) & n\text{ 足够小} \\ 2T(n/2) + f(n) & \text{其他} \end{cases}$$

其中,$T(n)$ 是输入规模为 n 的 DANDC 消耗的时间,$g(n)$ 是对足够小的输入规模能直接计算出答案的时间,$f(n)$ 是 COMBINE 消耗的时间。

以分治法为基础将要解决的问题分成与原问题类型相同的子问题来求解的算法,虽然用递归过程描述是很自然的,但是为了提高效率,往往需要将这一递归形式转换成迭代形式。

算法 11.13 分治法抽象化控制的迭代形式

```
procedure DANDC1(p,q)   /* DANDC 的迭代模型,说明一个适当大小的栈 */
begin
    local s,t;
    top:=0;   /* 置栈为空 */
    begin
    L1:while not SMALL(p,q) do
        m:=DIVIDE(p,q);   /* 步骤(1)分:确定如何分割这输入 */
        p,q,m,0,2 进 STACK 栈;   /* 步骤(2)治:处理第一次递归调用 */
        q:=m;
        t:=G(p,q);
    end
    begin
    while top≠0  do
      p,q,m,s,ret 从 STACK 栈退出;
        begin
          if  ret=2   then
            p,q,m,t,3 进 STACK 栈;   /* 处理第二次递归调用 */
            p:=m+1;
            goto L1;
          else
            t:=COMBINE(s,t);   /* 步骤(3)合并:将两个子集合并成一个解 */
        end;
    end;
end.
```

算法 11.14 快速排序算法就是对算法 11.13 运用 11.3 节的递归转换规则并经过进一步化简后的形式。

快速排序算法的核心思想是分而治之。

(1) 它的处理思想是从输入序列中随机的抽取一个元素 a，并以 a 为界，把输入的全部元素分成两个部分：一部分是含有小于 a 的那些元素构成的子集，另一部分是含有大于 a 的那些元素构成的子集。

(2) 若输入中没有相等的元素，则一个子集的元素必定都排在 a 之前，另一个子集的元素都排在 a 之后。如果 a 的前后两个子集都排好序了，全部元素也就排好序了。当子集的元素较多时，递归使用分治法，最终完成排序。所谓随机抽取一个元素 a 的目的是希望以元素 a 为界划分的两个子集的大小比较平衡。只有这样，才会获得较好的复杂性。

算法 11.14 快速排序算法

输入：n 个元素的序列 $S=\{a_1, a_2, \cdots, a_n\}$；

输出：n 个输入元素的非递减序列；

procedure QUICKSORT(S)

begin

(1) **if** $\|S\| < 2$ **then** /* $\|S\|$ 为序列的元素个数 */

  begin

(2)   将 S 中的元素直接排序；

(3)   **return** (S)

  end；

  else

  begin

(4)   从集合 S 中随机抽取一个元素 a；

(5)   把 S 中的元素分成小于 a，等于 a 和大于 a 的三个子集 S_1, S_2, S_3；

(6)   return(QUICKSORT(S_1))；

    return(QUICKSORT(S_2))；

    return(QUICKSORT(S_3))；

  end；

end.

定理 11.2 QUCIKSORT 算法 11.14 是正确的、可终止的，其时间复杂度为 $O(n\log_2 n)$，其中，n 是排序的元素个数。

证明 （正确性）可以归纳的证明。语句(5)保证了 S 最多划分成三个子集（当 $a=\min\{S\}$ 时，$S_1=\emptyset$；当 $a=\max\{S\}$，$S_3=\emptyset$）。S_1 中的任何元素都小于 S_2 中的元素，S_2 中的元素又小于 S_3 中任何元素。只要 S_1 和 S_3 分别排好序，语句(6)回送的序列必是排好序的。根据递归特性和归纳假设，S_1 和 S_3 的大小都小于 n，是可以递归排序的。因为 $\|S_i\|$ 是递减的，当递归深度达到某一值时，语句(6)必然回送三个排好序的子序列的合并序列，它们是按照 S_1, S_2, S_3 排好序的序列。

(可终止性)算法中每次递归调用排序子集的元素个数均小于 n，而且越来越小，故算法运行是可终止的。

(时间复杂度分析)设 $C(n)$ 是 QUICKSORT 将 n 个元素排序所需的期望比较次数。不失一般性，不妨假设 S 中没有相等的元素。

假设执行语句(4)选出的元素 a 是 S 中第 i 个最小元素，则 $\|S_1\|=i-1$，$\|S_2\|=1$，$\|S_3\|=n-i$。执行语句(6)中的两次调用所需的时间是 $T(i-1)$ 和 $T(n-i)$。又设 i 以等概率取 1 到 n 之间的一切值，且语句(5)把 S 划分成三个子集共需 n 次比较。那么 QUICKSORT 的期望比较次数满足

$$T(n) = n + \frac{1}{n}\sum_{i=1}^{n}\left[T(i-1)+T(n-i)\right], n \geqslant 2$$

化简得

$$T(n) = n + \frac{2}{n}\sum_{i=1}^{n-1}T(i) \text{ 或 } n \cdot T(n) = n^2 + 2\sum_{i=1}^{n-1}T(i) \tag{11.3}$$

的形式。以 $(n-1)$ 代替式(11.3)中的 n，得

$$(n-1)T(n-1) = (n-1)^2 + 2\sum_{i=1}^{n-2}T(i) \tag{11.4}$$

将式(11.3)和式(11.4)等号两边相减，得

$$nT(n) - (n-1)T(n-1) = 2n - 1 + 2T(n-1)$$

整理得

$$\frac{1}{n+1}T(n) \leqslant \frac{2}{n+1} + \frac{1}{n}T(n-1) \tag{11.5}$$

注意到 $T(1)=0$ 和 $T(2)=1$，递归解不等式(11.5)可得

$$\frac{1}{n+1}T(n) \leqslant 2\sum_{k=3}^{n+1}\frac{1}{k} \tag{11.6}$$

因为

$$\sum_{k=3}^{n+1}\frac{1}{k} \leqslant \int_{2}^{n+1}\frac{1}{x}\mathrm{d}x < \log_{e}(n+1)$$

将其代入式(11.6)的右端并整理，便得

$$T(n) < 2(n+1)\log_{e}(n+1)$$

这等价于

$$T(n) \leqslant cn\log_{2}n \quad (c \text{ 是某常数})$$

在最坏情况下，QUICKSORT 执行语句(4)每次抽取的元素恰好是序列中最小元素(或最大元素)，语句(6)执行递归调用时，S_3 每次只减少一个元素，语句(5)所需的比较次数依次是 $n, n-1, \cdots, 3, 2$，直到只剩下两个元素时，才在语句(3)返回。因此，QUICKSORT 在最坏情况下的比较次数是 $O(n^2)$ 阶的。

11.5.2 减治法

减治法是将原问题分解为若干个子问题,并且原问题的解与子问题的解之间存在某种确定关系,如果原问题的规模为 n,则子问题的规模通常是 $n/2$ 或 $n-1$。

采用减治法解决问题或实例要经历三个步骤:

(1) 递归减小问题规模,形成一个子问题;

(2) 求解子问题,而不再减小规模;

(3) 扩展子问题的解而形成原问题的解。

通常把减治法归结为分治法。但是,它们是有区别的:

(1) 分治法求解多个子问题的解,然后合并这些子问题的解而形成原问题的解;

(2) 减治法求解一个子问题,然后扩展子问题的解而形成原问题的解。

例如,已知一个有序序列按非降次序排列的元素表 $a_1, a_2, \cdots, a_n$,要求查找某给定元素 x 是否在该表中出现。

利用减治法中的折半搜索(查找)法进行查找某给定元素 x 是否在该表中出现,若是,则找出 x 在表中的位置,并将此下标值赋给变量 j;若非,则将 j 置成 0。这个检索问题就可以使用分治法来求解。设该问题用 $P=(n, a_1, a_2, \cdots, a_n, x)$ 来表示,可以将它分解成一些子问题,一种可能的分法是,选取一个下标 k,由此得到三个子问题:$P_1=(k-1, a_1, \cdots, a_{k-1}, x)$,$P_2=(1, a_k, x)$ 和 $P_3=(n-k, a_{k+1}, \cdots, a_n, x)$。对于 P_2,通过比较 x 和 a_k 容易得到解决。如果 $x=a_k$,则 $j=k$,查找成功,且不需再对 P_1 和 P_3 进行搜索;否则,查找失败。在 P_2 子问题中的 $j=0$,此时,若 $x<a_k$,则只有 P_1 待搜索,在 P_3 子问题中的 $j=0$。若 $x>a_k$,只有 P_3 待搜索,在 P_1 子问题中的 $j=0$。在与 a_k 做了比较之后,如果还有待搜索的问题,可以再一次使用分治方法来求解。如果对所求解的问题或子问题所选的下标 k 都是其中间元素的下标,如对于 $P, k=\lfloor (n+1)/2 \rfloor$,则所产生的算法就是通常所说的折半或(二分)搜索或查找。

下面讨论的折半(二分)搜索算法的过程 BINSRCH 有 $n+2$ 个输入:A, n 和 x;一个输出 j。只要还有待检查的元素,while 循环就继续下去。case 语句是对三种情况的选择,如果前两个条件不为真,则自动执行 else 子句。过程结束时,如果 x 不在表中,则 $j=0$,否则 $A(j)=x$。

算法 11.15 折半(二分)搜索算法(查找有序表 A 中 $a_1, a_2, \cdots, a_n$,求查找某元素 x)

输入:$A(1:n), n, x$;

输出:j;

```
procedure BINSRCH (A,n,x,j)    /*A 为非降次排序表*/
begin
    low := 1;
    high := n;
    while low≤high do
        mid := ⌊(low+high)/2⌋;   /*⌊(low+high)/2⌋为取整,二分点位置*/
    case
        :x<A(mid):high := mid-1;   /*查找在左半区进行*/
        :x>A(mid):low := mid+1;    /*查找在右半区进行*/
        :else:j := mid;   /*返回在表中的位置 mid*/
    return(j);
    j := 0;
    return(j);   /*未找到元素 x,返回 j=0*/
end.
```

判断 BINSRCH 是否为一个算法,除了上面所述之外,还必须使 x 和 $A(mid)$ 的比较有恰当的定义,如果 A 的元素是整数、实数或字符串,则这些比较运算都可用适当的指令正确完成。

二分检索在各种最好、平均和最坏情况下,对于成功和不成功的检索的时间复杂度都是 $\Theta(\log n)$。

11.5.3 变治法

变治法是指这样一组设计方法:它们都基于变换的思想。变:基于问题转化的思想,将所要求解的问题实例转化成更为特殊形式的问题实例,或者被求解的其他问题实例。治:对问题实例进行求解。变治法思想如图 11.7 所示。

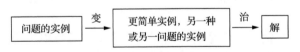

图 11.7 变治法解决问题思想

变治法有三种类型。
(1) 实例化简。变换为同样问题的一个更简单或更方便的实例。
(2) 改变实例表达形式。变换为同样实例的不同表达形式。
(3) 问题化简。变换为另一个问题的实例,这种问题的算法是已知的。

1. 实例化简

变治法要求人们对问题之间的联系具备相当的洞察力。预排序是典型的变治法,是一种实例化简,这种方法简单、有效。如果列表是有序的,许多和列表有关的操作会更容易实现;如果列表是无序的,则将待处理列表先进行排序,当然有序表带来的好处往往大于排序消耗的时间。在有序表中进行查找,显然查找效率要比无序表更高。

查找问题,如果采用顺序查找,则需要 $O(n)$ 的时间,而先排序后二分查找,则需要至少 $O(n\log_2 n)$,显然,预排序似乎是多余的。不过,如果要进行多次查找,则预排序就开始显出它的作用了。假设要对 1000 条记录进行 C 次查找,则有 $Cn > n\log_2 n + C\log_2 n, n=1000$ 可解得 $C > 10$,也就是说,仅仅要查找十次以上,预排序就开始起作用了。

在讨论穷举法时给出了算法 11.10 判断给定数组中的元素是否全部唯一的实例。这个问题用穷举法求解算法时,对数组中的元素进行两两比较,直到找到了两个相等的元素,或者所有的元素对都已比较完毕,它的最差效率为 $O(n^2)$。但是,如果数组是有序的,则只需要判断它的连续元素,如果该数组有相等的元素,则必然有一对元素是相互紧挨着,反之亦然。

算法 11.16　实例化简法判断给定数组中的元素是否全部唯一

输入:数组 $A(1:n), n$;
输出:true 或 false;
Procedure Elem Uniqueness(A, n)
begin
　　对数组 A 排序;
　　for　$i=0$　to　$n-1$　do
　　　　if　$A(i) = A(i+1)$　then
　　　　　　return(false);
　　　　else
　　　　　　return(true);
end.

在这个算法中,输入规模是数组的元素个数 n。因为用于排序的时间加上用于检验判断的时间就是该算法的总运行时间。因为在排序算法中至少需要 $n\log n$ 次比较,而用于检验判断次数不会超过 $n-1$,所以是排序部分决定了算法的总效率。如果所用的排序算法是平方级的,则整个算法不会比穷举法高效。但如果使用了一个好的排序算法,如归并排序,它的最差效率属于 $O(n\log n)$,那么整个基于排序算法的最差效率也属于 $O(n\log n)$。

2. 改变实例表达形式

下面用一个例子说明改变实例表达形式这种变治思想。

给定一个关于 x 的多项式:

$$P(x) = a_n x^n + a_{n-1} x^{n-1} + \cdots + a_1 x + a_0 \qquad (11.7)$$

的求值问题,我们可以根据这个多项式的定义使用穷举算法,但是要逐项的计算,每一项都要计算很多次乘法(求 x 的 k 次方),自然效率很低。如果利用霍纳法则对上述的表达形式进行改变,在设计算法计算多项式值时,将得到高效率的算法。这个新的表达形式是基于上式(11.7)推导出来的,它不断地把 x 作为公因子从降低次数以后的剩余多项式中提取出来,即

$$P(x) = (\cdots(a_n + a_{n-1})x + \cdots)x + a_0 \tag{11.8}$$

对 $P(x)$ 求值问题便转化为用(11.8)进行迭代,那么只需要进行 n 次乘法即可。霍纳法则是一个非常优秀的通过改变表现形式来解决问题的高效算法。

下面给出用霍纳法则求 $P(x)$ 在一个给定点的值算法。

算法 11.17 用霍纳法则求一个多项式在一个给定点的值算法

输入:数组 $A(1:n), n, x$;
输出:return(p);
Procedure float Horner$(A(1:n), n, x)$
global $A(1:n), n, x$;
begin
  $P = A(n)$;
  for $i = n-1$ **to** 0 **by**(-1) **do**
    $P = x \cdot p + A(i)$;
    return(p);
end.

该算法的乘法次数和加法次数都由一个求和公式,即

$$M(n) = A(n) = \sum_{i=0}^{n-1} 1 = n$$

给出,所以该算法的时间复杂度 $T(n) = O(n)$。

3. 问题化简

问题化简是一种重要的解决问题的另一个变治法。如果要解决一个问题,可以把它化简为另一个我们知道如何解决的问题,问题化简过程如图 11.8 所示。

待解决问题 —化简→ 可以用已知算法 A 求解的问题 —算法 A→ 用算法 A 解决待解决问题

图 11.8 问题化简过程

问题化简思想的实际应用对于对问题实例分析不透、掌握需要解决问题的已知算法较不足的人是有难度的。因为解决的难点在于如何找到一个可以化简需要解决问题的目标问题,而且如果希望付出的努力有实际价值,目标问题的算法要比直接求解待解决问题更高效。下面给出一个基于问题化简思想的简单实例。

例如,问题化简的简单例子是求解最小公倍数 lcm(m, n)。我们知道,求两数

最小公倍数实际上等于两数相乘除以最大公约数。如果已知最大公约数算法（见算法 11.5～算法 11.7），利用公式 $\mathrm{lcm}(m,n) = \dfrac{m \cdot n}{\mathrm{GCD}(m,n)}$ 可将求解最小公倍数 $\mathrm{lcm}(m,n)$ 化简成 m 和 n 两数相乘，再除以两数的最大公约数。由于求最大公约数算法是很高效的欧几里得算法，那么，这个问题就显得容易、简单得多。

算法 11.18　递归调用求最大公约数算法求解最小公倍数

  输入：(m,n)；
  输出：**return**　$(m \cdot n/\mathrm{GCD}(m,n))$；
  Procedure $\mathrm{lcm}(m,n)$
  global m,n；**function** $\mathrm{GCD}(m,n)$；
  begin
   read(m,n)；
   $gcd := \mathrm{GCD}(m,n)$；
   $\mathrm{lcm} := (m \cdot n)/gcd$；
   return(lcm)；
  end.

该问题的最简单的算法是，从 1 开始，$1,2,\cdots,n$，逐个计算直到能被 m 和 n 整除为止，时间消耗为 $O(mn)$；较好的算法是，取其中最大数 $\max = \max(m,n)$，从 1 开始，逐个进行相乘，$\max, 2\max, \cdots, k\max$，直到能被 n 整除位置，时间消耗为 $O(\min(m,n))$。

采用变治法往往可以收到意想不到的效果。变治法不如贪心法、分治法和动态规划法那么标准，它更多的是一种思考方式，把问题转化为比较容易解决的一种形式或者转化为另一个问题。所以我们很难给出一个普遍适用的描述。

11.6　时空权衡法和动态规划

11.6.1　时空权衡法

  无论是对于计算机理论还是计算机实际工程研究工作者，算法设计中的时空权衡都是一个众所周知的问题。

  时空权衡法的思想：最重要的事情永远不能受次要事情的支配，其思想是"丢车保帅"，即如果空间比较充足，并且算法的时间消耗要求少时，通常牺牲空间或其他替代资源，可以减少时间消耗，这样便以空间换取了时间；如果空间有限，并且算法的时间消耗要求不高时，可以对信息压缩或加密，节省存储空间，解压和解密的过程又需要额外的时间，这样得到的算法（程序）空间消耗小了，但是时间消耗大了，这样便以时间换取了空间。

  下面给出几种常用的以空间换取时间的方法。

1) 输入预处理法

考虑在函数定义域的多个点上计算函数值的问题。如果运算时间更为重要的话,我们可以事先把函数值计算好并将它们存储在一张表中。需要计算某个点的函数值时,只要查表就可以了。虽然现在很少有人这么做,但是在设计一些用于其他问题的重要算法时,其基本思想还是非常有用的。这个思想是对问题的部分或全部输入做预处理,然后对获得的额外信息进行存储,以加速后面问题的求解。对于研究数据库的人员经常用到的串匹配算法就是以它为基础的。

2) 数据存取预构造法

简单地使用额外空间来实现更快和(或)更方便的数据存取,在实际处理之前,问题已经做过某些处理,并且这个技术只涉及存取结构。对于研究数据库的人员经常用到的哈希表和 B-树结构法就涉及这种技术。我们将在下面讨论这一问题。

3) 动态规划法

这种策略的基础是把给定问题中重复子问题的解记录在表中,然后求得所讨论问题的解。这也是下面 11.6.2 节将要讨论的重要技术。

不过在算法设计中,并不是在所有情况下,时间和空间都一定是冲突的。实际上,它们有时可以使得一个算法无论在运行时间上还是在空间的消耗上都达到最小化。具体来说,这种情况出现在一个算法使用了一种空间效率很高的数据结构来表示问题的输入,这种结构又反过来提高算法的时间效率。例如,在本章 11.7.1 节中,回溯法要使用的图的深度优先搜索算法和分枝限界法要用的广度优先搜索算法,它们搜索的时间效率依赖于表示图的数据结构,如果使用邻接矩阵时,它们的复杂性是 $\Theta(n^2)$;如果使用邻接链表时,它们的复杂性是 $\Theta(n+m)$,其中 n 和 m 分别是顶点和边的数量。如果输入图是稀疏的,即相对于顶点的数量来说,边的数量不多可能更好一些。无论从空间角度还是从运行时间的角度来看,使用邻接链表表示法的效率都会更高一些。在处理稀疏矩阵和稀疏多项式的时候也会有相同的情况,如果在这些对象中,0 所占的百分比足够高,在表示和处理对象时,如果把 0 忽略,则既可以节约空间也可以节约时间。

典型的例子是散列法:散列法是使用数组和链表的结合来实现字典的高效方法。

(1) 采用某种哈希函数 hash(x) 将基于键 key 的记录映射到一张一维哈希表的相应位置 hashtable[hash(key)]中;

(2) 如果有冲突(多个键的记录被映射到同一个下标),则使用附在该下标的链表存储冲突的记录。

平均情况下,这两种算法的查找、插入和删除操作的效率都是属于 $\Theta(1)$ 的。这也是一个显示数据结构组合应用能够产生强大功能的例子。

另一个典型实例是 B-树索引结构:对于 B-树来说又称平衡多叉查找树。B-树的定义如下。

定义 11.1 一棵 m 阶的 B-树,或为空树,或为具有以下特性的 m 叉查找树:

(1) 树中每个结点最多有 m 棵子树;

(2) 除根以外的所有非叶结点至少有 $\lceil m/2 \rceil$ 棵子树,根结点若是非叶结点,则至少有两棵子树;

(3) 所有的非叶结点中含有如下信息,即

$$(n, A_0, (K_1, D_1), A_1, (K_2, D_2), \cdots, A_{n-1}, (K_n, D_n), A_n)$$

其中,$(K_i, D_i)(i=1,2,\cdots,n)$ 为索引项,且 $K_i < K_{i+1}(i=1,2,\cdots,n-1)$,$A_i(i=1,2,\cdots,n)$ 为指向子树根结点的指针,且 A_{i-1} 所指子树中所有索引项的关键字小于 $K_i(i=1,2,\cdots,n)$,A_n 所指子树中所有索引项的关键字大于 K_n,$n(\lceil m/2 \rceil - 1 \leqslant n \leqslant m-1)$ 为结点中索引项的个数;

(4) 所有叶结点都在同一层上,且不含任何信息。

如图 11.9 所示为一棵 4 阶的 B-树,其深度为 4(即第 4 层为不带任何信息的叶结点),图中省去了物理记录的指针 D_i。

下面讨论对 B-树的操作。

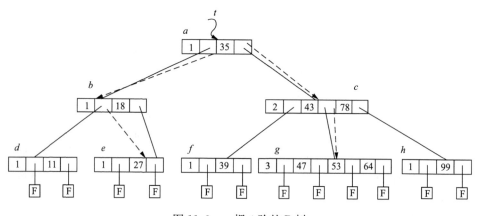

图 11.9 一棵 4 阶的 B-树

(1) 查找操作。假设要查找关键字为 $kval$ 的记录,首先将根结点读入内存进行查找,若找到,即找到了该记录所对应的物理记录位置,算法结束;否则沿指针所指,读入相应子树根结点继续进行查找,直至找到关键字等于 $kval$ 的索引项或顺时针找到某个叶结点,前者可由索引项取得主文件中的记录,后者说明索引文件中不存在关键字等于 $kval$ 的记录,其中的 F 结点表示查找失败。

如图 11.9 上的两条虚线表示在所示 B-树上查找关键字分别为 53 和 27 的记录的过程。

(2) 插入操作。插入是在查找的基础上进行的。若在 B-树上找到关键字为

$kval$ 的索引项,则不再进行插入,否则,先将关键字等于 $kval$ 的记录插入主文件,然后将索引项插入 B-树。插入索引项的结点应该是查找路径上最后一个非叶结点,如关键字等于 24 的索引项应插入在图 11.9 所示 B-树索引中物理地址为 e 的结点中,由于 m 阶 B-树结点中的索引项不能超过 $m-1$,则当插入不能满足这个条件时,要对结点进行"分裂"操作,有时还会产生分裂连续发生直至生成新的根结点为止。

(3) 删除操作。删除关键字为 $kval$ 的记录,同样也是在查找的基础上进行的。若在 B-树上没有找到关键字为 $kval$ 的索引项,不再进行删除操作,否则,只要删除相应索引项即可。和 B-树的插入操作相反,在 B-树上删除索引项要受到结点中的索引项的个数不得少于 $\lceil m/2 \rceil - 1$ 的条件限制,为此有时需要进行"合并"结点的操作。

B-树索引结构可以说是关系数据库中用得最广泛的索引结构,主要原因是 B-树的实现主要依赖于索引域中排序的存在。图 11.10 反映了二叉树和 B-树的主要区别。B-树中每个结点对应磁盘中一个页面,每个结点的条目数取决于索引域的特征和磁盘页面的大小。如果一个磁盘页面有 m 个关键字,那么 B-树的高度是 $O(\log_m(n))$,其中 n 是总的记录数。对于一万亿条记录来说,在 $m=100$ 的情况下,只需要 6 层的 B-树。这样,即使是面临如此大量的记录,对于指定一个关键字值,检索一条记录大约只需要读取 6 次磁盘。

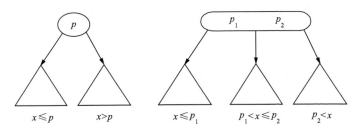

图 11.10 二叉树和 B-树

由于多维空间不存在自然排序,B-树也就无法直接用于创建空间对象的索引。为了避免空间对象在自然排序方面的不足,通常把空间排序与 B-树结合起来。

B-树和 B^+ 树是树型数据结构的特例,并以其高效、易变、平衡和独立于硬件结构等特点闻名于世,在数据库管理系统中得到广泛应用,成为最重要的动态文件索引结构。

11.6.2 动态规划

在实际生产和科学研究中有许多问题,似乎只有把各种情况都考察到,把一切解都列出来的穷举法才能判定和得到问题的最优解。但是穷举法的复杂性太高,计算量太大,想把一切可能的解都找出来,无论是对于计算机的时间还是空间系统有时都是很有困难的,特别是对于规模较小的计算机是不太可能的。例如,对那些渐近时间复杂度为输入量的函数指数阶的问题,只要问题的输入量 n 稍大一些,一些小型计算机就很难承受。在某些情况下,采用动态规划常常能够得到一个比穷举法有效的算法。

所谓对一个问题规划,最终目的就是确定各决策变量的取值,以使目标函数达到极大或极小。无论是在线性规划或非线性规划中,一般情况下决策变量都是以集合的形式被一次性处理的。然而,有时我们也会面对决策变量需分期、分批处理的多阶段决策问题。

多阶段决策问题是指这样一类活动过程:它可以分解为若干个互相联系的阶段,在每一阶段分别对应着一组可供选取的决策集合,可能有多种可供选择的决策,但必须从中选择一种决策,即构成过程的每个阶段都需要进行一次决策的决策问题。将各个阶段的决策综合起来构成一个决策序列(策略)。

显然,由于各个阶段选取的决策不同,对应整个过程可以有一系列不同的策略。当过程采取某个具体策略时,相应可以得到一个确定的效果,采取不同的策略,就会得到不同的效果。多阶段的决策问题,就是要在所有可能采取的策略中选取一个最优的策略,以便得到最佳的效果。

动态规划同各种优化方法不同,它不是一种算法,而是研究问题的一种途径,是一种求解多阶段决策问题的系统技术,可以说它横跨整个规划领域。当然,由于动态规划不是一种特定的算法,因而它不像线性规划那样有一个标准的数学表达式和一组明确定义的规则,动态规划必须对具体问题进行具体的分析处理。在多阶段决策问题中,有些问题对阶段的划分具有明显的时序性(动态性)。

动态规划是一种策略,针对求解具有某种最优性质的不同问题按照这种策略而可能研究出不同的算法,从这个角度讲也可以说是一种算法设计技术。通常应用于求解具有某种最优性质的问题,作为一种使多阶段决策过程最优的通用方法,它不仅作为一种重要的工具,而且人们用它来解决特定类型的最优问题,并且最终把它作为一种通用的算法设计技术来使用。

如果问题是由交叠的子问题所构成的,就可以用动态规划技术来解决它。一般来说,这样的子问题出现在对给定问题求解的递推关系中,这个递推关系中包含了相同类型的更小子问题的解。在这种情况下应当对每个较小的子问题只求解一次并把结果记录在表中,这样就可以从表中得出原始问题的解。

一般来说,一个算法如果基于从底向上动态规划方法的话,就需要解决给定问题的所有较小子问题的解。对一个最优问题应用动态规划方法要求该问题满足最佳原理:不论前面的状态和策略如何,后面的最优策略只取决于由最初策略所确定的当前状态构成的最优策略,即一个最优问题的任何实例的最优解是由该实例的子实例的最优解组成的。

由于各种问题的性质不同,判定最优解的条件也互不相同。因而,动态规划设计法对不同问题,有各具特色的表达方式。不存在一种万能的动态规划算法,因此,无法给出实现各种情况的统一的动态规划法的一般形式。

动态规划在计算机数据库各领域、网络安全领域都有着广泛的应用,并且获得了显著的效果。在数据库的空间数据库、时空数据库、移动数据库、交通网络数据库以及数据库的基本理论方面,动态规划可以用来解决单源最短路径问题、多源最短路径问题、资源分配问题、作业调度问题、存储管理问题、排序问题以及过程最优控制问题等。许多规划问题特别是对于离散的问题,动态规划成为了一种非常有用的工具。

多段图问题是一个比较典型的动态规划问题。在贪心法一节中,简单地介绍了图的最基本的概念和图在各类型数据库中的应用。下面讨论动态规划法在解决多段图问题中的应用问题。

多段图问题:设 $G=(V,E)$ 是一个多段图,其中,V 为顶点集合,E 为边集合。图中的顶点分成 $k \geqslant 2$ 个不相交的集合 $V_i \subseteq V, 1 \leqslant i \leqslant k$,$V_1$ 和 V_k 分别只有一个顶点($\|V_1\|=1, \|V_k\|=1$),若 s 和 t 分别表示 V_1 和 V_k 中的唯一顶点,则称 s 为源点,而 t 称为汇点。若边 $(u,v) \in E$,则有 $u \in V_i, v \in V_{i+1}, 1 \leqslant i \leqslant k-1$,并且每条边 (u,v) 都附有代价 $c(u,v)$,称 $c(u,v)$ 为边 (u,v) 的代价函数。从源点 s 到汇点 t 的一条路径上的代价,就是这条路径上所有边的代价之和。多段图问题就是求由源点 s 到汇点 t 的路径上的最小代价路径。每个集 V_i 在一个多段图上决定了一个段上的所有顶点,由于对集 E 的限制,每一条从 s 到 t 的路径都是从第一段开始,先经过第二段的某个顶点,再经过第三段的某个顶点,……,最后达到第 k 段。为了描述方便,我们对一个 k 段图的顶点给出一种顺序编号,设一个图中有 n 个顶点,以整数 $1,2,\cdots,n$ 按顶点的段顺序给各顶点编号。首先,给 s 编为 1 号,然后,给 V_2 中各顶点分别编为 $2,3,\cdots,\|V_2\|+1$ 号等,最后,t 的编号是 n。图 11.11 中给出了一个五段图。

怎样才能求出最短路径呢?一个 k 段图的动态规划是列出从 s 到 t 的每一条路径上 $k-2$ 个阶段中做出的某个决策序列的相应结果。第 i 次决策就是确定 V_{i+1} 中的哪个顶点处在可能得到的最佳路径上,$1 \leqslant i \leqslant k-2$,这就要用最佳原理。设 P_{ij} 下标是从 V_i 中的某个顶点 j 到 t 的一条最短路径,$COST(i,j)$ 是这条路径上的代价。那么应用由后向前推进,可以得到

$$COST(i,j) = \min_{\substack{i \in V_{i+1} \\ (j,t) \in E}} [c(i+1) + COST(i+1,1)] \qquad (11.9)$$

特别的,当 $(j,t) \in E$ 时,$COST(k-1,j)=c(j,t)$;如果 $(j,t) \notin E$,定义 $COST(k-1,j)=\infty$。应用计算公式,对一切 $j \in V_{k-2}$,先计算好 $COST(k-2,j)$;然后,对一切

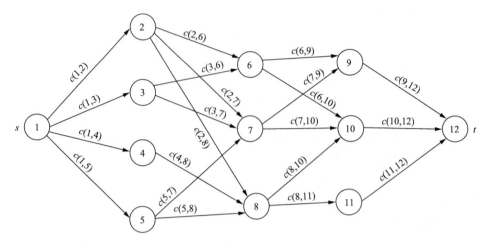

图 11.11 一个五段图

$j \in V_{k-3}$,计算 $COST(k-2,j)$;…。最终会得到 $COST(1,s)$。

下面可以证明最佳原理对多段图问题成立。

定理 11.3 最佳原理对多段图问题成立。

证明 (反证法)假设 $s,v_2,v_3,\cdots,v_{k-1},t$ 是一条由 s 到 t 的最短路径,从初始状态源点开始,已做出了到顶点 v_2 的初始决策,因此 v_2 就是初始决策所产生的状态。若将 v_2 看成是原问题的一个子问题的初始状态,解决这个子问题就是找出一条由 v_2 到 t 的最短路径,这条最短路径显然是 $v_2,v_3,\cdots,v_{k-1},t$。否则,设 $v_2,u_3,\cdots,u_{k-1},t$ 是一条由 v_2 到 t 的更短路径,则 $s,v_2,u_3,\cdots,u_{k-1},t$ 是一条比 $s,v_2,v_3,\cdots,v_{k-1},t$ 更短的由 s 到 t 的路径。这和假设矛盾,故证明最佳原理对多段图问题成立。证毕。

这个结论为解决多段图问题可以应用动态规划法提供了理论依据。

根据上述动态规划和对多段图问题讨论以及对定理证明过程可知,决策序列是至关重要的。但由于多段决策问题的各段是互相联系的,因而,一般情况下不可能在每段直接选取出最优决策序列中属于该段的决策值。例如,对 k 段图问题就不可能直接求出 V_2 中的哪个顶点是最短路径上的第二个顶点,V_3 中的哪个顶点是该路径上的第三个顶点,……,最后到达第 k 段。

要想解决这个问题有两种方法。

(1) 由后向前处理法。从最后阶段开始,以逐步向前递推的方式列出求前一阶段决策值的递推关系式,即根据 $x_{i+1},\cdots,x_n$ 的那些最优决策序列来列出求取 x_i 决策值的关系式。列出关系式后,由最后阶段开始,回溯求解这些关系式得出最优决策序列。由该决策序列所得到的结果就是问题的最优解。

(2) 由前向后处理法。从最初阶段开始,以逐步向后递推的方式列出求后一阶段决策值的递推关系式,即根据 $x_1,\cdots,x_{i-1}$ 的那些最优决策序列来列出求取 x_i 决策值的关系式,顺序求解这些关系式得出最优决策序列。由该决策序列所得到的结果就是问题的最优解。

无论使用哪种方法,都将所有子问题的最优解保存下来。这样有利于逐步递推得到原问题的最优解以避免对它们重复计算。尽管动态规划保留了所有子问题最优解的值,但在递推过程中,由于对包含的次优子序列的决策序列不予考虑,因此极大地减少了计算量。

动态规划算法可能要比穷举法得出的求解同一问题的算法好得多,算法的复杂度可能是多项式级的。原因是,对于使用穷举法,不同决策序列的总数就其所取决策值来说是指数级的。例如,如果决策序列由 n 次决策构成,而每次决策有 m 种选择,其可能的决策序列就有 m^n 个。

下面分别给出应用上面两种方法的求解多段图中两点间最短路径的算法。

怎样才能求出这条最小代价路径呢?一个 k 段图的动态规划是列出从 s 到 t 的每条路径上 $k-2$ 次判定的一系列结果。对于第 i 次判定是确定 V_{i+1} 中的哪一个顶点可能处在得到的最佳路线上,这就应该考虑应用最佳原理。设 $P(i,j)$ 是从 V_i 中的某个顶点 j 到 t 的一条最短路径,$COST(i,j)$ 是这条路径的代价,则应用由后向前处理法,可以得到

$$COST(i,j) = \min\{c(j,g) + COST(i+1,g)\} \qquad (11.10)$$

特别地,如果边 $(1,j) \in E$,则 $COST(k-1,j)=c(j,t)$;如果边 $(j,t) \notin E$ 时,令 $COST(k-1,j)=\infty$。因此,可以用式(11.10)对一切的 $j \in V_{k-2}$ 先计算 $COST(k-2,j)$;再对一切的 $j \in V_{k-3}$ 计算 $COST(k-3,j)$;以此类推,最终得到 $COST(1,s)$,分别依次对 $i=3,4,\cdots$ 计算 $BCOST$,最后计算出 $BCOST(k,t)$。

由于在图 11.11 中对一个 k 段图的顶点给出一种顺序编号。因此,V_{i+1} 中的任何顶点的编号大于 V_i 中所有顶点的编号数。于是,可以按 $n-1,n-2,\cdots,2,1$ 的顺序依次计算出 $COST(i,j)$ 和 $D(i,j)$。

首先,给出由后向前算法。

算法符号说明:设 E 为多段图边集,$COST(1:n),D(1:n-1),P(1:k)$ 分别为一维数组,$COST(i)$ 表示顶点 i 到 t 的最小代价,$D(i)$ 表示从顶点 i 到 t 的最短路径上 i 的后继顶点号,$P(i)$ 表示最短路径经过第 i 段的顶点号数。

算法 11.19 多段图的两点间的最短路径由后向前算法

输入:多段图顶点编号表,各顶点的边表和各边的代价函数表;
输出:从 s 到 t 的一条最小代价的路径上各顶点和代价 $COST(1,s)$;
Procedure FGRAPH($E,COST(1:n),D(1:n-1),P(1:k)$)
real $COST(n)$;
integer $D(n-1),P(k),r,j,k,n$;

```
       begin
           for i := 1 to n do
               COST(i) := 0 ;
(1)        for j := n−1 to 1 by −1 do   /* 计算 COST(j) */
               begin
(2)                if ((j,r)∈E) and (c(j,r)+COST(r))取最小值 then
                       COST(j) := c(j,r)+COST(r);
                       D(j) := r;
               end;
               P(1) := 1;    /* 求最小代价路径 */
               P(k) := n;
(3)        for j := 2 to k−1 do   /* 找路径上第 j 个顶点 */
(4)            P(j) := D(P(j−1));
       end.
```

该算法的时间度分析:语句(2)找到最小代价的顶点 r 的时间复杂度与顶点 j 的出度成正比。因此,语句(1)建立的循环的总时间消耗是 $O(n+\|E\|)$。语句(3)、(4)的时间消耗是 $O(k) \leqslant O(n)$。因而算法的总消耗时间不超过 $O(n+\|E\|)$。算法的总消耗空间是消耗三个一维数组 COST、D 和 P 所需的全部空间,不超过 $O(n)$。

其次给出由前向后算法。除了前面的假定外,还需要给出如下假定:$BP(i,j)$ 是从 s 到 Vi 中顶点 j 的最短路径,$BCOST(i,j)$ 是路径 $BP(i,j)$ 的代价。由前向后计算公式是

$$BCOST(i,j) = \min\{BCOST(i-1,g) + c(g,j)\} \quad (11.11)$$

特别地,如果边 $(1,j)\in E$,则 $BCOST(2,j)=c(1,j)$;当边 $(1,j)\notin E$ 时,令 $BCOST(2,j)=\infty$。因此,可以用式(11.11)依次对 $i=3,4,\cdots,n$ 计算 BCOST,最后计算出 $BCOST(k,t)$。

算法符号说明:设 E 为多段图边集,$BCOST(1:n)$,$D(1:n-1)$,$BP(1:k)$ 分别为一维数组,$BCOST(i)$ 表示顶点 i 到 t 的最小代价,$D(i)$ 表示从顶点 i 到 t 的最短路径上 i 的后继顶点号,$BP(i)$ 表示最短路径经过第 i 段的顶点号数。

算法 11.20 多段图的两点间的最短路径由前向后算法
　　输入:多段图顶点编号表,各顶点的边表和各边的代价函数表;
　　输出:从 s 到 t 的一条最小代价的路径上各顶点和代价 $BCOST(1,s)$;
Procedure BGRAPH($E,BCOST(1:n),D(1:n-1),BP(1:k)$);
real $BCOST(n)$;
integer $D(n-1),BP(k),r,j,k,n$;
begin
　　$COST(1) := 0$;

```
    for  j:=2  to  n  do   /*计算 BCOST(j)*/
        begin
            if  ((j,r)∈E)and(c(j,r)+BCOST(r))取最小值   then
                    BCOST(j) := BCOST(r)+c(r,j);
                    D(j) := r
        end;
        BP(1):=1;    /*求最小代价路径*/
        BP(k):=n;
        for  j:= k−1  to  2  by −1  do   /*找路径上第 j 个顶点*/
            P(j) := D(BP(j+1));
end.
```

11.7 回溯法和分枝限界法

寻找问题的解的一种可靠办法是首先列出所有候选解,然后依次检查每一个,在检查完所有或部分候选解后,即可找到所需要的解。理论上,当候选解的数量有限并且通过检查所有或部分候选解时,上述方法是可行的。不过,在实际应用中,很少使用这种方法,因为候选解的数量非常大,可能是指数级,甚至是较大数的阶乘,即便用最好的计算机也只能解决规模很小的问题。

对候选解进行系统检查的方法有多种,其中回溯法和分枝限界法是比较常用的两种方法。按照这两种方法对候选解进行系统检查,无论对于最坏情况还是一般情况,通常会使问题的求解时间大大减少。事实上,这些方法可以使我们避免对很大的候选解集合进行检查,同时能够保证算法结束时可以找到所需要的解。因此,这两种方法通常能够用来求解规模很大的问题。

为了本节下面的讨论,需要用到以下几个概念。

(1) 问题状态:树中的每一个结点确定所求解问题的一个问题状态。

(2) 状态空间:由根结点到其他结点的所有路径确定了这个问题的状态空间。

(3) 解状态:是指这样一些问题状态 S,对于这些问题状态,由根到 S 的那条路径确定了这个解空间的一个元组。

(4) 答案状态:是指这样一些解状态 S,对于这些解状态,由根到 S 的这条路径确定了这个问题的一个解。

(5) 状态空间树:是指解空间的树结构。

(6) 活结点,扩展结点,死结点:为了生成问题状态,从根结点开始生成其他结点。如果已生成一个结点而它的所有孩子结点还没有生成,则这个结点称为活结点;当前正在生成其孩子的活结点称为扩展结点;不再进一步扩展或其孩子结点已全部生成的生成结点称为死结点。

（7）约束条件：用回溯法求解的许多问题都要求所有的解满足一组综合的约束条件。这些约束条件可以是显式的或隐式的，显式的约束条件是限定每个 x 只从一个给定的集合上取值，可以和所求解的问题的实例 p 有关，也可以无关。满足显式约束条件的所有元组确定 p 的一个可能的解空间。隐式约束条件则确定 p 的解空间中那些实际上满足规范函数的元组。因此，隐式约束条件描述了 x_i 彼此相关的情况。

11.7.1 回溯法

回溯法也叫试探法，它是一种系统地搜索问题的解的方法。回溯法的基本做法是深度优先搜索，是一种有条理性、能避免不必要重复搜索的穷举搜索法。当我们遇到某一类问题时，它的问题可以分解，但是又不能得出明确的动态规划或是递归解法，此时可以考虑用回溯法解决此类问题。回溯法的优点在于其算法、程序结构明确，可读性强，易于理解，而且通过对问题的分析可以大大提高运行效率。但是，对于可以得出明显的递推公式迭代求解的问题，还是不要用回溯法，因为它花费的时间比较长。

回溯法解题的基本思路如下。

（1）对于用回溯法求解的问题，针对问题，描述解的形式，定义问题的解空间，它至少包含问题的一个（最优）解。

（2）要将问题进行适当的转化：组织确定易于搜索的解空间结构，构造状态空间树，使得能用回溯法方便地搜索整个解空间。典型的数据组织是树或图。树的每条完整路径都代表了一种解的可能。

（3）确定了状态空间树后，就从根结点出发，以深度优先的方式搜索整个解空间，根据问题合法解的一般特征构造限界函数或剪枝规则，在搜索过程中利用限界函数或剪枝规则剪去不要的结点以避免无效地搜索。

（4）搜索到解空间树的任一结点时，总是先判断该结点是否肯定不包含问题的解。如果是，则跳过对以该结点为根的子树的系统搜索，逐层向其祖先结点回溯。否则，进入该子树，继续按深度优先的策略进行搜索。

（5）如果用来求问题的所有解时，要回溯到根，并且根结点的所有子树都已被搜索完才结束；如果用来求解问题的任一解时，只要搜索到问题的一个解就可以结束。

简单地说，从根开始，沿任一条子树向前走，能进则进，不能进则回退，换一条子树向前再试。

问题的解空间通常是在搜索问题解的过程中动态产生的，这是回溯算法的一个重要特性。

回溯法实际上就是穷举法。不过回溯法使用限界函数或剪枝规则，剪去一些不可能到达最终答案的结点,从而减少状态空间树结点的生成。

回溯法是一个既带有系统性又带有跳跃性的搜索算法,它在包含问题的所有解的解空间树中,按照深度优先的策略,从根结点出发搜索解空间树。

回溯法的一个特性是在搜索执行的同时产生解空间,在搜索期间的任何时刻,仅保留从开始结点到当前结点的路径。因此,回溯法的空间需求为从开始结点起最长路径的长度。这个特性特别重要,因为解空间的大小通常是最长路径长度的指数的阶乘,所以,如果要存储全部解空间时,再多的空间也是不够用的。

假定回溯法要找出所有的解结点,而不仅只找出一个,设$(x_1,x_2,\cdots,x_{i-1})$是从根到状态空间树中某个结点的一条路径,$T(x_1,x_2,\cdots,x_{i-1})$是关于$x_i$的所有可能取值的集合,其中$x_i$所取的值应该使$(x_1,x_2,\cdots,x_i)$同样是状态空间树上的一条路径。若问题的约束条件函数$B_i(x_1,x_2,\cdots,x_i)$存在,当$(x_1,x_2,\cdots,x_i)$是状态空间树上从根到某个结点的一条路径,而这条路径不可能到达任何一个回答状态时,就称约束条件函数$B_i(x_1,x_2,\cdots,x_i)$的值为假;否则,约束条件函数$B_i(x_1,x_2,\cdots,x_i)$的值为真。因此,解的数组向量$X(1:n)$的第i个分量x_i的值,是选自$T(x_1,x_2,\cdots,x_{i-1})$中那些使得$B_i$取真值的那些值。

根据回溯法思想及上面的假定和讨论给出回溯法一般模式形式化描述。

```
procedure BACKTRACK(n)
integer k,n;
local(1:n);
begin
    k:=1;
    while k>0 do
        if 还剩有未检验的 X(k)有 X(k)∈T(X(1),X(2),…,X(k-1))
            and B_i(X(1),X(2),…,X(k))=true then
            begin
                if (X(1),X(2),…,X(k))是一个解  then
                    write(X(1),X(2),…,X(k));
                k:=k+1;   /*检验下一个集合*/
            end;
        else k:=k-1;   /*回溯至前一个集合*/
    end.
```

在该算法中,解的数组向量的第一个分量$X(1)$将取遍它的一切可能值,即将取约束条件函数$B_1(X(1))$为真的那些值。然后,解的数组向量的各分量将按深度优先方式产生并且随着k的增长而加长,直到找出一切解或将未检验的所有$X(k)$检验完为止。当k减少时,算法将回溯到$k-1$个分量,又继续检验$X(k-1)$的那些还未检验过的值。因此,如果修改一个回溯过程,必须改变生成$X(k)$的顺序,如果只要求找出一个解,只要在输出一个解之后返回即可。

11.7.2 分枝限界法

回溯法是在问题的整个状态空间树上搜索一个或全部解,不断地使用约束条件函数来控制搜索进程,当发现以某个结点为根的子树上不可能产生问题的解,就终止该子树的搜索,避免不必要的工作,提高了效率。如果能够使用更有效的约束条件函数来控制搜索进程,使之能更好地朝着状态空间树上有最佳解,即有极大或极小目标函数的分枝推进,便可能找出一个最佳解,这种方法称为分枝限界法。

分支限界法与回溯法有以下不同。

(1) 使用分支限界法求解的目标不同,回溯法的求解目标是找出解空间树结构中满足约束条件的所有解,而分支限界法的求解目标则是找出满足约束条件的一个解,或是在满足约束条件的解中找出在某种意义下的最优解。

(2) 分支限界法的解空间树结构比回溯法的解空间树结构大得多,因此当内存容量较小时,回溯法成功的可能性更大一些。

常见的分支限界法有两种。

(1) 队列先进先出(FIFO)分支限界法。按照队列先进先出策略选取下一个结点为扩展结点,即对当前扩展结点,先从左到右地生成它的所有孩子结点。按照约束函数检查,只要一个孩子不是死结点,就将它按队列顺序加入活结点表中。然后从活结点表中依次取出一个结点作为当前扩展结点,并生成它的所有孩子加入活结点表的末尾,生成顺序仍然是从左到右。只要当前扩展结点的所有可以生成的孩子还没有完全生成,就不考虑下一个活结点。如果只要求找出一个解,搜索进行到生成一个解为止;如果要求找出全部解,搜索一直进行到活结点表空为止。

(2) 广度优先分支限界法。它和队列先进先出策略不同,活结点表不是队列式,而是栈先进后出。开始时这个栈中只有一个结点,是活结点(当前扩展结点),先生成这个结点的所有孩子,并依次加入栈中,然后删除这个结点,并将栈顶的那个活结点变成当前扩展结点,搜索一直进行到找出一个回答结点或这个栈空时终止。

采用分支限界法解题的基本思想如下。

(1) 确定一个合理的限界函数,并根据限界函数确定目标函数的界[down, up]。

(2) 按照队列先进先出或广度优先策略遍历问题的解空间树,在某一分支上依次搜索该结点的所有孩子结点,分别估算这些孩子结点的目标函数的可能取值。①对最小化问题,估算结点的 down;②对最大化问题,估算结点的 up;③如果某孩子结点的目标函数值超出目标函数的界,则将其丢弃,否则,送入待处理表,使搜索朝着解空间树结构上有最优解的子树推进,以便尽快地找出一个最优解。

一般能使用分支限界解题的问题是：对于给定的一组对象，根据一定的限制，寻找一个最优的选择。

通过对基本集合中各个对象的考察，逐步建立起各种选择以构成各种可行的解。过程 try 描述了一个单个对象合适与否的考察处理，它被递归地调用考察下一个对象直至所有对象都被考察完为止。

对每一个对象（候选者）的考察，有两种可能的结果，被考察的对象可能被包含于当前的选择或被排斥于当前的选择。因此，在它的一般模式中，就不可能像使用回溯法那样使用循环语句，必须明确体现这两种情况。假定各对象编号为 1，2，$\cdots$，n。

分支限界算法的一般模式控制形式如下。

```
procedure try(i);
integer i,k,n;
begin
(1) if  包含满足限界函数和约束条件者   then   /*挑选第 k 个候选者*/
        begin
            包含第 i 个记录；
            if  i<n  then
                try(i+1);
            else
                检查最优性；
            删去第 i 个记录；
        end；
(2) if  排斥满足限界函数和约束条件者   then
        begin
            if  i<n  then
                try(i+1);
            else
                检查最佳性；
        end；
end.
```

本章中的许多例子只要按照回溯法的思想和分支限界法的思想，分别按照它们算法的一般模式写出即可。基于本书的篇幅问题，本节不再举例解析。

第 12 章 算法复杂性分析技术

12.1 几种常用的比较两个函数阶的方法

12.1.1 几种常用的参照法

1. 常用的级数求和参照法

我们知道,在大多数的算法(过程)和程序中都具有循环操作,算术运算、循环操作、比较操作和转移操作是它们的基本操作,并且循环操作是它们中决定复杂性的核心之一。因此,当对它们进行时间复杂性分析时,需要把每次循环执行的时间进行累加,这就是一个级数求和的例子。级数求和实际上就是把函数在一定范围内的取值加起来,一般采用的表达式为

$$\sum_{g(n) \leqslant i \leqslant h(n)} f(i)$$

其中,$f(i)$是一个带有有理数系数且以 i 为变量的多项式。该表达式最常用到的有以下几种。

当给出一个级数求和时,常常希望用一个能直接计算级数和与在平均情况及最坏情况下的时间复杂性等式来代替它,直接写出时间复杂性这样的一个等式称为闭合形式的解。

$$\sum_{1 \leqslant i \leqslant n} 1 = n = \Theta(n) \tag{12.1}$$

$$\sum_{1 \leqslant i \leqslant n} i = n(n+1)/2 = \Theta(n^2)$$

$$\text{或} \sum_{1 \leqslant i \leqslant n} (a+bi) = [na+bn(n+1)]/2 = \Theta(n^2) \tag{12.2}$$

$$\sum_{1 \leqslant i \leqslant n} i^2 = n(n+1)(2n+1)/6 = \Theta(n^3) \tag{12.3}$$

$$\sum_{1 \leqslant i \leqslant n} i^k = \Theta(n^{k+1}) \tag{12.4}$$

$$\sum_{0 \leqslant i \leqslant n} 2^i = 2^{n+1} - 1 = \Theta(2^n) \tag{12.5}$$

$$\sum_{0 \leqslant i \leqslant n} a^i = (1-a^{n+1})/(1-a) = \Theta(a^n) \, (a \neq 1) \tag{12.6}$$

$$\sum_{i=1}^{\log n} n = n \log n = \Theta(n \log n) \tag{12.7}$$

$$\text{通式} \sum_{1 \leqslant i \leqslant n} i^k = n^{k+1}/(k+1) + n^k/2 + \text{低次项} = \Theta(n^{k+1}) \qquad (12.8)$$

以上这些公式和通式都是通过相应的已知算法(过程)导出的。

在计算复杂性的过程中,常常计算多重级数求和式,为了方便计算多重级数求和式,可直接利用给出的几个常用的级数求和公式及结果,即

$$\sum_{i=0}^{n-1} 1 = n-1 \qquad (12.9)$$

$$\sum_{i=0}^{n-2} \sum_{j=i+1}^{n-1} 1 = \sum_{i=0}^{n-2}(n-i-1) = \frac{(n-1)n}{2} \qquad (12.10)$$

$$\sum_{i=0}^{n-1} \sum_{j=0}^{n-1} \sum_{k=0}^{n-1} 1 = n^3 \qquad (12.11)$$

以上这些公式和通式都是通过严格的数学推导出来的。因此,在对所研究的算法(过程)和程序进行分析中,遇到和它们中的一个或几个相同或与它们的等价变形式相似时,可以将它们作为参照式直接或间接地利用其结果,免去对它们进行烦琐地计算,这对数学基础较弱的科学研究人员来说是个捷径。但是,在使用常用的级数求和参照法时,必须对所设计的算法(过程)和程序有足够深入的掌握,能够十分肯定它们相同或与它们的等价变形式相似,才能使用它们。否则,将会得到错误的结果。

2. 常用的多项式时间和指数复杂度参照法

1) 多项式时间

一般情况下,对于大多数的算法(过程)和程序,以下六种计算算法时间复杂性的多项式时间复杂性是最常见的,$O(1)$、$O(\log n)$、$O(n)$、$O(n\log n)$、$O(n^2)$、$O(n^3)$。在第 9 章中已经讨论过,对算法进行分析采用渐近式复杂性分析,一个算法效率是算法的基本操作次数的增长率。一个算法一旦确定了算法运行时间消耗函数(或简称为运行时间函数),利用化简规则就可得出时间复杂性。

以上这些公式都是通过相应的已知算法(过程)导出的,根据数学知识得出它们的关系为

$$O(1) < O(\log n) < O(n) < O(n\log n) < O(n^2) < O(n^3)$$

在对所研究的算法(过程)和程序进行分析中,如果得出多项式时间的结果和它们中的一个相同,其他算法结果也是多项式时间并且是上述六种之中的一个,不用计算便可以知道它们的大小。

2) 指数时间

通过以上的相应的已知算法(过程)同理可以得出指数时间算法复杂性。一般情况下,最常见的指数时间复杂性有 $O(2^n)$、$O(n!)$、$O(n^n)$。根据数学知识得出它们的关系为

$$O(2^n) < O(n!) < O(n^n)$$

其中,最常见的是时间复杂性为 $O(2^n)$ 的算法。

在对所研究的算法(过程)和程序进行复杂性分析中,如果得出指数时间的结果和它们中的一个相同,其他算法结果也是指数时间并且是上述三个之中的一个,不用计算便可以知道它们的大小。

当 n 取值很大时,指数时间复杂性算法和多项式时间复杂性算法在所需时间上非常悬殊。

3. 常用的预排序算法复杂度参照法

在算法设计中不仅要设计一个解决问题的算法,而且其要在解决同一个问题诸多算法中是最优或较优的。在这种情况下,往往需要对其中的数据对象预内排序,因为在有序表上设计解决问题的算法带来的好处往往大于为排序消耗的时间。但内排序算法有多种,需要根据问题、内排序算法的特性综合分析进行选择,在计算解决问题算法的复杂性时必须将选择的内排序算法的复杂性加入解决问题算法的复杂性中。常用的预内排序算法复杂度如表 12.1 所示。

表 12.1 内排序算法复杂度

排序算法名	平均情况	最差情况	最佳情况
选择排序	$\Theta(n^2)$	$\Theta(n^2)$	$\Theta(n^2)$
插入排序	$\Theta(n^2)$	$\Theta(n^2)$	$\Theta(n)$
冒泡排序	$\Theta(n^2)$	$\Theta(n^2)$	$\Theta(n)$
快速排序	$\Theta(n\log n)$	$\Theta(n^2)$	$\Theta(n\log n)$
堆排序	$\Theta(n\log n)$	$\Theta(n\log n)$	$\Theta(n\log n)$
归并排序	$\Theta(n\log n)$	$\Theta(n\log n)$	$\Theta(n\log n)$

12.1.2 比较两个函数阶的方法

在算法复杂性分析中,无论是时间复杂性还是空间复杂性经常出现一个新的算法要和已知的一个或几个算法比较复杂性的问题,这就需要将新的算法和其他已知算法进行逐一比较。

一些有用的知识和技术可以用来证明一个函数对另一个函数的阶是同级的、低级的或者是高级的。

1) 反证法

例如,为了证明 (n^3) 不是 $O(n^2)$,根据反证法假设 n^3 是 $O(n^2)$,于是对某些常数 c 和 n_0,当 $n \geqslant n_0$ 时,$n^3 \leqslant cn^2$ 成立,因此,对于所有的 $n \geqslant n_0$,$n \leqslant c$ 成立,显然这样的结果是不可能的。

2) 利用极限

对于用极限描述 $f(n)=\Theta(g(n))$。若对某个常数 $c\neq 0$，$\lim\limits_{n\to\infty}\dfrac{f(n)}{g(n)}=c$，则 $f(n)$ 和 $g(n)$ 的阶是同级的。

若 $c=0$，则 $f(n)=O(g(n))$，但是 $g(n)$ 不是 $f(n)$，就是说 $f(n)$ 和 $g(n)$ 相比的阶是低级的。

若 $c=\infty$，则 $f(n)$ 和 $g(n)$ 相比的阶是高级的。

3) 利用洛必达法则

若 $\lim\limits_{n\to\infty}f(n)=\lim\limits_{n\to\infty}g(n)=c$，则 $\lim\limits_{n\to\infty}\dfrac{f(n)}{g(n)}=\lim\limits_{n\to\infty}\dfrac{f'(n)}{g'(n)}$，其中，$f'(n)$ 和 $g'(n)$ 分别是 $f(n)$ 和 $g(n)$ 的导数，当极限和导数都存在时就可以利用此规则。例如，为了证明 $\log n$ 是 $O(n)$，但不是 $\Theta(n)$ 时，我们可以计算：

$$\lim_{n\to\infty}\frac{\log n}{n}=\lim_{n\to\infty}\frac{\ln n\log e}{n}=\lim_{n\to\infty}\frac{\frac{1}{n}\log e}{1}=\lim_{n\to\infty}\frac{1}{n}\log e=0$$

当分析一个新设计的算法时，首先必须比较它的算法复杂性和解决同一个问题的另外的已经研究过的算法的复杂性（当然包括时间的和空间的）的阶，是否是低级的（或同级的、或高级的）。对于许多问题，如果已经找到一些新算法，它们的复杂性又比已知的并且已在使用的算法的阶低级，则这些新算法有更好的计算性能。因为总的执行时间与基本运算的阶是同级的，所以只计算基本运算而忽略非基本运算和执行时间的细节是完全正确的。

当两个算法的复杂性的阶同级时，就可以比较基本运算的精确次数和每一个基本运算所需要的非基本运算的次数。通过这样的过程和方法：①寻求改进办法来降低复杂性的阶的级；②考虑那些可以减少复杂性但不影响阶的级的细节问题。这样，我们就可以发现和改进一些算法。

12.1.3 常用的和式估计上界法

上面给出的许多公式是在对所研究的算法（过程）和程序进行分析中得出的，但是是怎么得出的呢？下面给出两种方法：和式估计放大法与和式估计积分法。12.1.1 中的级数求和的大多数公式都可由这两种方法导出。

1. 和式估计放大法

(1) $\sum\limits_{k=1}^{n}a_k \leqslant na_{\max}$；

(2) $\dfrac{a_{k+1}}{a_k}\leqslant r$，对于一切的 $k\geqslant 0$，$r<1$ 的常数，则 $\sum\limits_{k=0}^{n}a_k\leqslant\sum\limits_{k=0}^{\infty}a_0 r^k=a_0\sum\limits_{k=0}^{\infty}r^k$

$= \dfrac{a_0}{1-r}$。

2. 和式估计积分法

(1) 如果函数 $f(n)$ 是单调递减的,则有 $\int_m^{n+1} f(x)\mathrm{d}x \leqslant \sum\limits_{m \leqslant i \leqslant n} f(i) \leqslant \int_{m-1}^n f(x)\mathrm{d}x$;

(2) 如果函数 $f(n)$ 是单调递增的,则有 $\int_{m-1}^n f(x)\mathrm{d}x \leqslant \sum\limits_{m \leqslant i \leqslant n} f(i) \leqslant \int_m^{n+1} f(x)\mathrm{d}x$。

例 12.1 $\sum\limits_{k=1}^n \dfrac{1}{k} \geqslant \int_1^{n+1} \dfrac{\mathrm{d}x}{x} = \ln(n+1)$,则 $\sum\limits_{k=1}^n \dfrac{1}{k} = \dfrac{1}{1} + \sum\limits_{k=2}^n \dfrac{1}{k} \leqslant 1 + \int_1^n \dfrac{\mathrm{d}x}{x} = \ln n + 1$。

例 12.2 $\log n! = O(n\log n)$,则 $\int_2^{n+1} \log x \mathrm{d}x \geqslant \sum\limits_{k=1}^n \log k = \log n! \geqslant \int_1^n \log x \mathrm{d}x$,$\int_1^n \log x \mathrm{d}x = \log e(n\log n - n + 1) = O(n\log n)$。

例 12.3 $\sum\limits_{1 \leqslant i \leqslant n} i^k (k > 1) = \Theta(n^{k+1})$ 对级数求和进行分析,利用求和式和积分的不等关系,利用积分近似求和,有 $\int_0^n x^k \mathrm{d}x \leqslant \sum\limits_{1 \leqslant i \leqslant n} i^k \leqslant \int_1^{n+1} x^k \mathrm{d}x$,由此式推出 $(n^{k+1}/k+1) \leqslant \sum\limits_{1 \leqslant i \leqslant n} i^k \leqslant [(n+1)^{k+1}]/(k+1)$,进而推出 $\sum\limits_{1 \leqslant i \leqslant n} i^k = \Theta(n^{k+1})$。

12.2 递归算法的复杂度分析技术

在分析算法复杂性与递归算法时,常常需要递归方程。因此,有必要讨论如何求解递归方程。

递归算法是比较特殊的一类算法,其分析过程一般有下面几步:
(1) 分析递归算法,写出递归方程;
(2) 求解递归方程;
(3) 给出递归方程解的渐近表示。

其中,求解递归方程式是关键,也是比较难的一步。当一个算法包含对自身的递归调用时,其运行时间通常用递归式来表示。递归式是一组等式或不等式,它所描述的函数是用在更小的输入下的该函数的值来定义的。

为了下面的讨论,需要理解以下知识。

$\lfloor x \rfloor$：小于等于 x 的最大整数；$\lceil x \rceil$：大于等于 x 的最小整数，性质：$x-1<\lfloor x \rfloor \leqslant x \leqslant \lceil x \rceil < x+1$。

12.2.1 递归算法的复杂度分析方法

在算法分析中，当一个算法中包含递归调用时，其时间复杂度的分析会转化为一个递归方程求解。实际上，这个问题是数学上求解渐近阶的问题，而递归方程的形式多种多样，其求解方法也是不一而足，比较常用的有以下四种方法。

1) 代换法

代换法源于当归纳假设用较小值时，用所猜测的值代替函数的解，它可用来确定一个递归式的上界或下界。这种方法很有效，但是只能用于解的形式很容易猜的情形。

代换法解递归式需要两个步骤：①推测递归方程的显式解；②用数学归纳法找出使解真正有效的常数。

例如，大整数乘法计算时间的递归方程为 $T(n) = 4T(n/2) + O(n)$，其中 $T(1)=O(1)$，我们猜测一个解 $T(n) = O(n^2)$，根据符号 O 的定义，对 $n > n_0$，有 $T(n) < cn^2 - kO(2n)$（注意，这里减去 $O(2n)$，因其是低阶项，不会影响到 n 足够大时的渐近性），把这个解代入递归方程，得到

$$\begin{aligned} T(n) &= 4T(n/2) + O(n) \\ &\leqslant 4c(n/2)^2 - kO(2n/2)) + O(n) \\ &= cn^2 - kO(n) + O(n) \\ &\leqslant cn^2 \end{aligned}$$

其中，c 为正常数，k 取 1，上式符合 $T(n) \leqslant cn^2$ 的定义，则可认为 $O(n^2)$ 是 $T(n)$ 的一个解，再用数学归纳法加以证明。

2) 迭代法

(1) 直接迭代法。迭代法的基本步骤是迭代地展开递归方程的右端，使之成为一个非递归的和式，然后通过对和式的估计来达到对方程左端即方程的解的估计。用这个方法估计递归方程解的渐近阶不要求推测解的渐近表达式，但要求较多的代数运算。

某算法的计算时间为 $T(n) = 3T(n/4) + O(n)$，其中 $T(1) = O(1)$，迭代两次可将右端展开为

$$\begin{aligned} T(n) &= 3T(n/4) + O(n) \\ &= O(n) + 3(O(n/4) + 3T(n/4^2)) \\ &= O(n) + 3(O(n/4) + 3(O(n/4^2) + 3T(n/4^3))) \end{aligned}$$

从上式可以看出，这是一个递归方程，可以写出迭代 i 次后的方程为

$$T(n) = O(n) + 3(O(n/4) + 3(O(n/4^2) + \cdots + 3(n/4^i + 3T(n/4^{i+1}))))$$

当 $n/4^{i+1}=1$ 时，$T(n/4^{i+1})=1$，则

$$T(n) = n + (3/4) + (3^2/4^2)n + \cdots + (3^i/4^i)n + (3^{i+1})T(1) < 4n + 3^{i+1}$$

而由 $n/4^{i+1}=1$ 可知，$i<\log_4 n$，则

$$3^{i+1} \leqslant 3^{\log_4 n+1} = 3^{\log_3 n \cdot \log_4 3+1} = 3n^{\log_4 3}$$

代入得 $T(n)<4n+3n^{\log_4 3}$，即 $T(n)=O(n)$。

通过很多利用迭代法的例子实践可以总结出，迭代法导致繁杂的代数运算。但其关键点在于确定达到初始条件的迭代次数和每次迭代产生出来的"自由项"（与 T 无关的项）遵循的规律。顺便指出，迭代法前几步迭代的结果常常能启发我们给出递归方程解的渐近阶的正确推测，这时若换用代入法，将可免去上述繁杂的代数运算。

(2) 递归树迭代法。图 12.1 是与式(12.12)相应的递归树。依据递归树，人们可以很快地得到递归方程解的渐近阶，使迭代法的步骤直观简明。它对描述分治法的递归方程特别有效。我们以递归方程

$$T(n) = 2T(n/2) + n^2 \qquad (12.12)$$

为例来说明。对于递归方程(12.12)在迭代过程中递归树的演变过程，如图 12.1 所示。为方便讨论，假设 n 恰好是 2 的幂。该递归树是一棵二叉树，因为式(12.12)右端的递归项 $2T(n/2)$ 可看成 $T(n/2)+T(n/2)$。图 12.1(a)表示 $T(n)$ 集中在递归树的根，图 12.1(b)表示 $T(n)$ 已按式(12.12)展开，也就是将组成它的自由项 n^2 留在原处，而将 2 个递归项 $T(n/2)$ 分摊给它的 2 个子结点。图 12.1(c)表示迭代被执行一次。图 12.1(d)展示出迭代的最终结果。图 12.1 中的每一棵递归树的所有结点的值之和都等于 $T(n)$。特别地，已不含递归项的递归树图 12.1(d)中所有结点的值之和也同理。我们的目的是估计这个和 $T(n)$。我们看到有一个表格化的办法：①先按横向求出每层结点的值之和，并记录在各相应层右端顶格处；②从根到叶逐层将顶格处的结果求和便是要求的结果。以此类推，得到递归方程(12.12)解的渐近阶为 $\Theta(n^2)$。

递归树最适合产生好的猜测，然后用代换法加以验证。但是，在用递归树产生好的猜测时，由于后面还要对猜测进行归纳证明，所以产生递归树时可以是一个大致的粗略的，即不一定是非常严格的全部生成出来，但是，对于求解算法的渐近阶也已足够了，对于非常严格求解时，还是采用直接迭代法。

3) 套用公式法

这个方法针对形如

$$T(n) = aT(n/b) + f(n) \qquad (12.13)$$

的递归方程求解，其中，$a \geqslant 1$ 和 $b \geqslant 1$ 均为常数，$f(n)$ 是一个确定的正函数。这种递归方程是分治法的时间复杂性所满足的递归关系，即一个规模为 n 的问题被分成规模均为 n/b 的 a 个子问题，递归地求解这 a 个子问题，然后通过对这 a 个子问

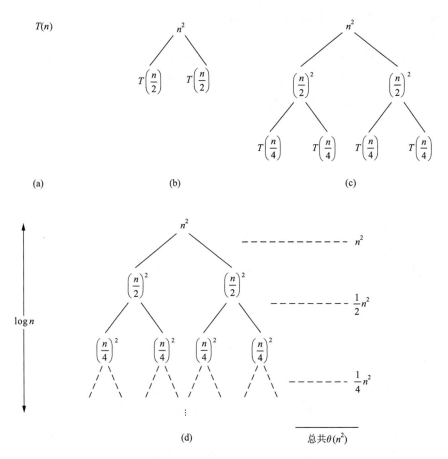

图 12.1　递归树迭代中的演变过程

题的解的综合,得到原问题的解。如果用 $T(n)$ 表示规模为 n 的原问题的复杂性,$f(n)$ 表示把原问题分成 a 个子问题和将 a 个子问题的解的综合为原问题的解所需要的时间,则便有式(12.13)。这个方法依据的是如下的定理。

定理 12.1　设 $a \geqslant 1$ 和 $b \geqslant 1$ 是常数,$f(n)$ 是定义在非负整数上的一个确定的正函数。又设 $T(n)$ 也是定义在非负整数上的一个正函数,且满足递归方程(12.13)。则在 $f(n)$ 的三类情况下,我们有 $T(n)$ 的渐近估计式:

① 若对于某常数 $\varepsilon > 0$,有 $f(n) = O(n^{\log_b a - \varepsilon})$,则 $T(n) = \Theta(n^{\log_b a})$;

② 若 $f(n) = \Theta(n^{\log_b a})$,则 $T(n) = \Theta(n^{\log_b a} \cdot \log n)$;

③ 若 $f(n) = \Omega(n^{\log_b a + \varepsilon})$,且对于某常数 $c > 1$ 和所有充分大的正整数 n,有 $af(n/b) \leqslant cf(n)$,则 $T(n) = \Theta(f(n))$。

设 $T(n) = 4T(n/2) + n$,则 $a = 4, b = 2, f(n) = n$,计算得出 $n^{\log_b a} = n^{\log_2 4} = n^2$,而 $f(n) = n = \Theta(n^{2-\varepsilon})$,此时 $\varepsilon = 1$,根据第①种情况,我们得到 $T(n) = \Theta(n^2)$。

其中,这三类情况,都是以 $f(n)$ 与 $n^{\log_b a}$ 作比较,而递归方程解的渐近阶由这两个函数中的较大者决定。

在①类情况下,函数 $n^{\log_b a}$ 较大,而且 $f(n)$ 必须是多项式地比 $n^{\log_b a}$ 小,即 $f(n)$ 必须渐近地小于 $n^{\log_b a}$ 与 $n^{-\varepsilon}$ 的积,ε 是一个正的常数。则 $T(n)=\Theta(n^{\log_b a})$;

在②类情况下,两个函数一样大,则 $T(n)=\Theta(n^{\log_b a} \cdot \log n)$,即以 n 的对数作为因子乘上 $f(n)$ 与 $T(n)$ 的同阶;

在③类情况下,函数 $f(n)$ 较大,而且必须是多项式地比 $n^{\log_b a}$ 大,则 $T(n)=\Theta(f(n))$。

但上述三类情况并没有覆盖所有可能的 $f(n)$。在第①类情况和第②类情况之间有一个间隙:$f(n)$ 小于但不是多项式地小于 $n^{\log_b a}$,第②类与第③类之间也存在这种情况,此时套用公式法不适用。

4) 生成函数法

定义 12.1 设 $u_0, u_1, \cdots, u_n, \cdots$ 是一无穷序列,称形式幂级数

$$G(t) = \sum_{i \geqslant 0} u_i t^i$$

为数列 $u_0, u_1, \cdots, u_n, \cdots$ 的生成函数。

之所以称函数 $G(t)$ 是一个"形式幂级数",是因为我们并不知道它是否收敛。其目的是想从研究 $G(t)$ 的函数特征来得到数列 $\{u_n\}$ 的某些我们感兴趣的信息。特别是当序列 $\{u_n\}$ 的通项 u_n 采用递归方式定义时,为了求出 u_n 的解析表示,生成函数是起着很大作用的。在 $\{u_n\}$ 的递归定义中,除了某些初始值是非递归定义的以外,通项往往是由 $u_0, u_1, \cdots, u_{n-1}$ 来定义。如果解析表达式存在的话,人们希望能找到 u_n 的解析表达式。后面将以实例详细讨论它。

12.2.2 递归过程分析

考虑从有 n 个元素的集合 S 中找出最大元素和最小元素的问题。为简单起见,不妨假定 n 是 2 的整次幂。一种简单的方法是,先用 $(n-1)$ 次比较找出 S 中的最大元素,然后在剩下的 $(n-1)$ 个元素中用 $(n-2)$ 次比较找出最小元素。当 $n \geqslant 2$ 时,总共需要 $(2n-3)$ 次比较。这种方法虽然简单,但它所用的比较次数是较多的。

如果把集合 S 分成两个不相交的子集 S_1 和 S_2,每个子集的大小都是 S 的一半。只要分别找出 S_1 和 S_2 的最大元素和最小元素,那么,两个子集的最大元素中的大者便是 S 的最大元素,两个子集的最小元素中的小者便是 S 的最小元素。如果将以上做法继续运用于子集 S_1 和 S_2,一直到子集中只有两个元素为止,这时不需继续分割,因为此时只需要对这两个元素进行一次比较。先找出只有两个元素的子集中的最大元素和最小元素,再找出四个元素的子集中的最大元素和最小元素,……,再找出有 $n/2$ 个元素的子集中的最大元素和最小元素,最后找出 S 中的

最大元素和最小元素,无疑是正确的。但能否减少比较次数呢? 只有严格地描述这个算法,并对算法的复杂性进行认真分析后,才会有明确的结论。

算法 12.1 Procedure FINDMAXMIN(找出集合 S 中的最大元素和最小元素)

输入:变量:N,i,j,A,B,S 的元素 $S[1],S[2],\cdots,S[N]$;
输出:S 中的最大元素和最小元素;
Procedure MAXMIN(S,i,j,A,B);
begin
  if $j-i=1$ then
(1) if $S[i] \geqslant S[j]$ then
    begin
     $A:=S[i]$;
     $B:=S[j]$;
    end;
  else
    begin
     $A:=S[j]$;
     $B:=S[i]$;
    end
  else
    begin
     MAXMIN($S,i,(i+j-1)/2,A_1,B_1$);
     MAXMIN($S,(i+j+1)/2,j,A_2,B_2$);
(2)   if $A_1 \geqslant A_2$ then
     $A:=A_1$;
    else $A:=A_2$;
(3)   if $B_1 \leqslant B_2$ then $B:=B_1$
    else $B:=B_2$;
    end;
  read(N,S);
  MAXMIN($S,1,N,A,B$);
  return(A,B);
end.

这个算法在语句(1)、(2)、(3)三处进行两个元素的比较。如果采用判定树模型,以元素间的比较次数来代表这个算法的时间复杂性,那么,其时间消耗函数满足递归方程

$$T(n)=\begin{cases}1 & \text{当 } n=2 \text{ 时} \\ 2T\left(\dfrac{n}{2}\right)+2 & \text{当 } n>2 \text{ 时}\end{cases} \quad (12.14)$$

由于 $T(n)$ 是由 $T(n/2)$ 定义的，故式(12.14)是一个递归方程，要确定 $T(n)$ 到底是 n 的什么函数，必须求解这个方程。

12.2.3　递归方程求解

可以用归纳法证明 $T(n)=\frac{3}{2}n-2$ 是式(12.14)的解。

当 $n=2$ 时，$T(n)=\frac{3}{2} \cdot 2-2=1$，满足式(12.14)。

设 $n=2^k$ 时，$T(n)$ 满足式(12.14)，即

$$T(2^k)=\frac{3}{2} \cdot 2^k - 2 \tag{12.15}$$

成立。当 $n=2^{k+1}$ 时，从式(12.14)可得

$$T(2^{k+1})=2T(2^k)-2$$

将式(12.15)代入上式，则有

$$T(2^{k+1})=2\left(\frac{3}{2} \cdot 2^k - 2\right)+2=\frac{3}{2}2^{k+1}-2$$

这就证明了 $T(n)=\frac{3}{2}n-2$ 是式(12.14)的解。得到这个解的思路是：将 $n=2^k(k \geqslant 1)$ 代入式(12.14)，并对右端项反复使用这一公式，逐次降低指数 k 直到 $k=1$，就可以导出这个解的表达式。其运算过程为

$$\begin{aligned}
T(2^k) &= 2T(2^{k-1})+2 \\
&= 2[2T(2^{k-2})+2]+2 = 2^2 T(2^{k-2})+2^2+2 \\
&\cdots \\
&= 2^{k-1}T(2)+2^{k-1}+2^{k-2}+\cdots+2^2+2 \\
&= 2^{k-1}T(2)+2^k-2
\end{aligned}$$

由 $T(2)=1$ 可得

$$T(2^k)=2^{k-1}+2^k-2=\frac{3}{2}2^k-2$$

以 n 代替 2^k，便得 $T(n)=\frac{3}{2}n-2$。注意，这里假设 $n=2^k(k \geqslant 1)$ 是重要的。它使得我们解式(12.14)时比较省力。如果 n 是任意的正整数，从 n 个元素的集合 S 中找出最大元素和最小元素的问题，算法12.1就有点不适用了。但可证明，对任何 $n \geqslant 2$，在元素间进行 $\left\lceil\frac{3}{2}n-2\right\rceil$ 次比较是必要且充分的。所以，按元素的比较次数计算时间复杂性，算法12.1是一个最佳算法。对一个固定的 n，这个算法总是做 $\left\lceil\frac{3}{2}n-2\right\rceil$ 次比较。因此，它在最坏情况下的比较次数和期望比较次数是相等的。

此例由于把一个大问题分成两个较小的问题来处理,使比较次数改进了一个常数因子,从而获得了最佳效果。对于这一特定问题,把原问题分成两个相等的子问题来处理是恰当的,这种处理方法就是第 11 章的分治法思想。当使用分治法时,一个算法的时间复杂性是由各子问题的复杂性和从这些子问题的解中求出原问题的解所需时间的总和而确定。当分治法和递归技术同时用于解决某一问题时,经常出现类似于式(12.14)那样的递归式。为了考察递归式的解,有以下定理。

定理 12.2 设 a,b,c 是非负常数,n 是 c 的整数幂,则递归方程

$$T(n) = \begin{cases} b & n = 1 \\ aT\left(\dfrac{n}{c}\right) + bn & n > 1 \end{cases} \tag{12.16}$$

的解是 $T(n) = \begin{cases} O(n) & a < c \\ O(n\log_2 n) & a = c \\ O(n^{\log_c a}) & a > c \end{cases}$

证明 因为 n 是 c 的整数幂,解递归方程(12.16)可得 $T(n) = bn\sum\limits_{i=0}^{\log_c n} r^i$,其中 $r = \dfrac{a}{c}$。

(1) 如果 $a < c$,有 $r < 1$,由此,级数 $\sum\limits_{i=0}^{\infty} r^i$ 收敛,所以 $T(n)$ 是 $O(n)$ 阶的。

(2) 如果 $a = c$,得 $r = 1$,则有

$$T(n) = bn\sum_{i=0}^{\log_c n} 1^i = bn(\log_c n + 1) = \frac{b}{\log_2 c} n\log_2 n + bn$$

所以是 $O(n\log_2 n)$ 阶的。

(3) 如果 $a > c$,则有

$$T(n) = bn\sum_{i=1}^{\log_c n} r^i = bn\frac{r^{1+\log_c n} - 1}{r - 1} \approx ba^{\log_c n}$$

它是 $O(n^{\log_c a})$ 阶的。

从定理 12.2 可以看出,当把一个问题平分为两个子问题时,产生时间复杂性 $O(n\log_2 n)$ 的算法。如果子问题的大小仍是 $n/2$,而子问题的个数是 3、4 或 8,则算法的时间复杂性函数分别为 $O(n^{\log_2 3})$,$O(n^2)$ 和 $O(n^3)$。如果把问题分成大小为 $n/4$ 的子问题来解,且子问题的个数为 4,同样产生时间复杂性为 $O(n\log_2 n)$ 的算法。如果子问题的个数为 9 或 16,分别有 $O(n^{\log_2 3})$ 和 $O(n^2)$ 的算法等。

当 n 不是 c 的整数幂时,通常可以把大小为 n 的问题变成一个大小为 n' 的问题(n' 是大于等于 n 的 c 的最小整数幂),于是,对任意自然数 n,定理 12.2 的渐近增长率成立。实际上,只要把 n 尽可能地分成比较平均的 c 等分,能产生比变成大

小为 n' 更有效的算法,这些算法会比把 n 化成 n' 所做出的算法有一个较小的常数因子。

12.3　生成函数与求和

算法复杂度分析的技术多种多样,有时要用到很高的数学技巧。这一节仅讨论递归算法的分析技术,因为许多算法都能写成递归形式,所以这种技术可以解决能够用递归写成算法的一大类问题。注意,并非一切问题都能用递归方法描述。

现在回答一个算法如何确定运行时间函数问题。对于算法分析来说,如果确定了算法的运行时间函数就相当于具备了分析算法时间复杂度的条件,所以这个问题很重要。

例 12.4　斐波那契(Fibonacci)级数。

无穷数列 $0,1,1,2,3,5,8,13,21,34,55,\cdots$ 称为斐波那契级数,这个序列的第 n 项 $F(n)$ 可以定义为

$$\begin{cases} F(0) = 0 \\ F(1) = 1 \\ F(n) = F(n-1) + F(n-2), n \geqslant 2 \end{cases} \tag{12.17}$$

式(12.17)的第三个公式是一个递归关系式(函数),它说明当 n 大于等于 2 时,这个级数的第 n 项的值是它前两项之和。它用两个较小的自变量的函数值来定义一个较大自变量的函数值,所以需要两个初始值 $F(0)$ 和 $F(1)$。

这个函数也可用如下非递归方式定义为

$$F(n) = \frac{1}{\sqrt{5}}[\varPhi^n - \hat{\varPhi}^n], n \geqslant 0 \tag{12.18}$$

其中,$\varPhi = \dfrac{1+\sqrt{5}}{2}, \hat{\varPhi} = \dfrac{1-\sqrt{5}}{2}$。

非递归方式定义是如何由递归定义转化而来的呢? 下面讨论这个问题。

注意,并非一切递归函数一定能用非递归方式定义的。

在上面讨论了生成函数的定义及相关内容,现在用例子来说明怎样用生成函数求斐波那契序列的通项 $F(n)$ 的解析表达式。

例如,例 12.4 中的斐波那契数列,如果只知道 $F(n)$ 的递归定义式(12.17),而不知道 $F(n)$ 的非递归表达式(12.18),要想知道 $F(1000)$ 是什么值,计算起来就十分困难。必须从 $F(3)$、$F(4)$ 算起,一直计算到 $F(999)$、$F(1000)$。有了式(12.18),计算起来就方便了。

如何利用一个序列的生成函数来求得序列的通项呢? 一般有如下步骤:

(1) 若对于那些 t 值,幂级数 $G(t)$ 收敛,用微积分技术和数学变换求出 $G(t)$ 的

解析表达式的有限形式；

(2) 通过微积分运算将$G(t)$表达式的有限形式重新展开成t的幂级数。那么在$G(t)$的展开式中t^n项的系数就是原序列的通项u_n，它是一个解析表达式。

例 12.5 应用生成函数求斐波那契序列的通项$F(n)$的解析表达式。

根据一个序列的生成函数求得序列的通项步骤(1)建立无穷级数

$$G(t) = F(0) + F(1)t + F(2)t^2 + \cdots + F(n)t^n + \cdots$$

即

$$G(t) = t + t^2 + 2t^3 + 3t^4 + \cdots \tag{12.19}$$

为了求得$G(t)$的和式的有限形式，做

$$t \cdot G(t) = t^2 + t^3 + 2t^4 + 3t^5 + \cdots \tag{12.20}$$

和

$$t^2 \cdot G(t) = t^3 + t^4 + 2t^5 + 3t^6 + \cdots \tag{12.21}$$

将式(12.19)等号的两边与式(12.20)，式(12.21)等号两边相减，得

$$(1 - t - t^2)G(t) = t$$

故有

$$G(t) = t/(1-t-t^2), 1-t-t^2 \neq 0 \tag{12.22}$$

显然，这是一个可微分函数。

再根据一个序列的生成函数求得序列的通项步骤(2)，通过对其进行微分运算，只要将它展开成t的幂级数，则展开式中的各项系数恰好是斐波那契序列，分母$(1-t-t^2)$是一个二次函数，它有两个根$(1\pm\sqrt{5})/2$。于是式(12.22)可写成

$$G(t) = \frac{1}{\sqrt{5}}\left(\frac{1}{1-\frac{1+\sqrt{5}}{2}t} - \frac{1}{1-\frac{1-\sqrt{5}}{2}t}\right)$$

令$\Phi = \frac{1+\sqrt{5}}{2}, \hat{\Phi} = \frac{1-\sqrt{5}}{2}$，则上式可以记为

$$G(t) = \frac{1}{\sqrt{5}}\left(\frac{1}{1-\Phi t} - \frac{1}{1-\hat{\Phi} t}\right)$$

所以，$\frac{1}{1-\Phi t}$的幂级数展开式是

$$\frac{1}{1-\Phi t} = 1 + \Phi t + \Phi^2 t^2 + \Phi^3 t^3 + \cdots$$

故 $G(t) = \frac{1}{\sqrt{5}}\{(1 + \Phi t + \Phi^2 t^2 + \Phi^3 t^3 + \cdots) - (1 + \hat{\Phi} t + \hat{\Phi}^2 t^2 + \hat{\Phi}^3 t^3 + \cdots)\}$

$= \frac{1}{\sqrt{5}}\{0 + (\Phi - \hat{\Phi})t + (\Phi^2 - \hat{\Phi}^2)t^2 + \cdots + (\Phi^n - \hat{\Phi}^n)t^n + \cdots\}$

因此，$F(n)=\dfrac{1}{\sqrt{5}}(\Phi^n-\hat{\Phi}^n)$。

其中，重要的一步是求出 $G(t)$ 的有限形式，即解析表达式。如果找不出生成函数的有限形式，就导不出任何有用的结果。函数 $(1-t-t^2)G(t)$ 的产生与序列 $\{F(n)\}$ 的特性密切相关，因为对任何 $n\geq 2$，有 $F(n)=F(n-1)+F(n-2)$。把系数相当于 $F(n-2)$ 的项乘以 t^2，相当于 $F(n-1)$ 的项乘以 t，变量 t 的幂指数等于 $G(t)$ 的定义式中 $F(n)$ 项的幂指数，使得项 $[F(n)-F(n-1)-F(n-2)]t^n$ 的系数恰好等于 0。除有限项外，后面各项的系数全都变成 0，从而得到 $G(t)$ 的有限形式。对于一切递归定义的序列，原则上都可以用类似方法构造出它们生成函数的有限形式。

例 12.6 设 $a_0=0, a_1=1, a_n=7a_{n-1}-10a_{n-2}$，对一切 $n\geq 2$，求 a_n 的解析表达式。设 $\{a_n\}$ 的生成函数为

$$G(x)=a_0+a_1x+a_2x^2+a_3x^3+\cdots+a_nx^n+\cdots \tag{12.23}$$

则有

$$7xG(x)=7a_0x+7a_1x^2+7a_2x^3+\cdots+7a_{n-1}x^n+\cdots \tag{12.24}$$

$$10x^2G(x)=10a_0x^2+10a_1x^3+\cdots+10a_{n-2}x^n+\cdots \tag{12.25}$$

由式(12.23)加上式(12.25)减去式(12.24)得

$$(1-7x+10x^2)G(x)=a_0+(a_1-7a_0)x$$

故有

$$G(x)=\dfrac{x}{1-7x+10x^2}=\dfrac{1}{3}\left(\dfrac{1}{1-5x}-\dfrac{1}{1-2x}\right)$$

$$=\dfrac{1}{3}\left[\sum_{k=0}^{\infty}(5x)^k-\sum_{k=0}^{\infty}(2x)^k\right]=\dfrac{1}{3}\sum_{k=0}^{\infty}(5^k-2^k)x^k$$

从而

$$a_n=\dfrac{1}{3}(5^n-2^n),\ n\geq 0$$

通过对生成函数的某些算术运算或微积分运算，可以求得更多复杂序列的非递归表达式。下面讨论这些方法。

1. 加法

如果 $G_1(x)$ 和 $G_2(x)$ 分别是序列 $a_0,a_1,a_2\cdots,a_n,\cdots$；$b_0,b_1,b_2,\cdots,b_n,\cdots$ 的生成函数，因为

$$\alpha\sum_{k\geq 0}a_kx^k+\beta\sum_{k\geq 0}b_kx^k=\sum_{k\geq 0}(\alpha a_k+\beta b_k)x^k \tag{12.26}$$

则 $\alpha G_1(x)+\beta G_2(x)$ 是序列

$$\alpha a_0+\beta b_0,\alpha a_1+\beta b_1,\cdots,\alpha a_n+\beta b_n,\cdots$$

的生成函数。

2. 移位

如果 $G(x)$ 是关于 $a_0, a_1, a_2, \cdots$ 的生成函数，则 $x^n G(x)$ 是对于 $0, 0, \cdots, 0, a_0, a_1, a_3, \cdots$ 的生成函数。因为

$$x^n \sum_{k \geqslant 0} a_k x^k = \sum_{k \geqslant n} a_{k-n} x^k \tag{12.27}$$

类似地，$(G(x) - a_0 - a_1 x - \cdots - a_{n-1} x^{n-1})/x^n$ 是关于 $a_n, a_{n+1}, \cdots$ 的生成函数。因为

$$x^{-n} \sum_{k \geqslant n} a_k x^k = \sum_{k \geqslant 0} a_{k+n} x^k \tag{12.28}$$

设 $G(x)$ 是常数序列 $1, 1, 1, \cdots$ 的生成函数，则 $xG(x)$ 是 $0, 1, 1, \cdots$ 的生成函数，所以有

$$(1-x)G(x) = 1$$

从中可以得到 $1/(1-x)$ 的幂展开式为

$$1/(1-x) = 1 + x + x^2 + \cdots + x^n + \cdots \tag{12.29}$$

3. 乘法

设 $G_1(x)$、$G_2(x)$ 分别是序列 $a_0, a_1, \cdots, a_n, \cdots$；$b_0, b_1, \cdots, b_n, \cdots$ 的生成函数，则 $G_1(x) \cdot G_2(x)$ 是关于 $S_0, S_1, \cdots$ 的生成函数。其中，

$$S_n = \sum_{0 \leqslant k \leqslant n} a_k b_{n-k}$$

生成的函数乘积形式对于求类似于 $\{S_n\}$ 这样的序列是十分有用的。

当 $b_n = 1$ 时，导致一个重要的特例，即

$$\frac{1}{1-x} G_1(x) = a_0 + (a_0 + a_1)x + (a_0 + a_1 + a_2)x^2 + \cdots \tag{12.30}$$

于是，我们获得了序列 $\{a_n\}$ 的部分和序列的生成函数。

4. 微分与积分

设 $G(x)$ 是 $a_0, a_1, a_2, \cdots$ 的生成函数，其导函数是

$$G'(x) = a_1 + 2a_2 x + 3a_3 x^2 + \cdots = \sum_{k \geqslant 0}(k+1) a_{k+1} x^k$$

则有

$$xG'(x) = \sum_{k \geqslant 0} k a_k x^k \tag{12.31}$$

所以，$xG'(x)$ 是序列 $\{na_n\}$ 的生成函数。做积分

$$\int_0^x G(t) \mathrm{d}t = a_0 x + \frac{1}{2} a_1 x^2 + \frac{1}{3} a_2 x^3 + \cdots$$

得

$$\int_0^x G(t)\mathrm{d}t = \sum_{k\geqslant 1}\frac{1}{k}a_{k-1}x^k \qquad (12.32)$$

特别地,如果 $G(x)$ 是序列 $\{na_n\}$ 的生成函数,则

$$\int_0^x \frac{G(t)}{t}\mathrm{d}t = \sum_{n\geqslant 0} a_n x^n \qquad (12.33)$$

就变成 $\{a_n\}$ 的生成函数,其中,$a_0=0$。

生成函数作为一个工具,可以增强解决问题的能力,有不少很难的和式,都可以使用生成函数求解。在分析算法复杂性时,常常迂回到较为复杂的和式,包括一些递归式。有时用初等方法求和十分困难,而这些问题大都可以利用生成函数的技巧来解决,因而有必要掌握这些基本技巧。当然,生成函数也并不是一种万能的工具。

12.4 算法实现和程序设计

算法只是一种解决问题的方法,是一种编程思想。算法设计和算法分析的目的是为了解决问题和问题的实例,程序设计的关键就是将算法描述出来。而依据算法编写的程序是计算机能理解的并能执行的指令集,是解决它们的不可缺的终极手段。因为算法的描述方式是多样的,从一组详细的对变量和数据结构进行操作的模拟计算机语言指令或语句的类计算机语言(本书用类 PASCAL 语言)到解决抽象问题方法的非常抽象和非常高级的人类各种语言(英文、中文或其他文种)表述,都没有涉及所包括对象的计算机表示。因此,一个算法的实现就是将一个算法转换为计算机程序。这种转换可能是简单的,也可能是冗长和困难的,它需要计算机科学研究人员或程序员做一些重要决策,尤其是数据结构的选择和如何实现上机语言的选取。因为这种决策关系到:①它们是产生一个好的程序过程中基本而且重要的部分;②考虑算法实现的细节常常是分析算法所必需的,因为在一些如集合、图和树的抽象对象上执行各种运算所需要的时间取决于这些对象是如何表示的。例如,若集合是用链表表示的,那么组成两个集合的并运算只需要一次或二次运算;但是,若集合表示成数组,并且一个集合必须复写到另一个集合中去,则需要大量的运算,这些运算的次数正比于其中一个集合的元素的个数。

从狭义上来说,程序设计是将一个算法的相当详细地描述和它所使用的数据结构转换成某一台计算机的程序。从这个意义上,算法分析是与算法实现无关的,也即与所用的程序设计语言无关并且和算法或程序的次要枝节问题无关。

一个程序设计者可以根据自己所使用的那台计算机的情况,对所使用的算法精益求精地进行分析。如当我们计算的运算形式不止一种时,这些运算可以根据它们的执行时间来加以估计;当程序设计者可以在几个算法中进行选择时,那么就

可以对每一个算法(在最坏情况或平均情况下)的实际需要的时间秒数进行估量。有时,对所使用的计算机的了解将导致一种新的分析。如这台计算机有一些强有力的指令,可以非常有效地用在要解决的问题中,在这种情况下就可以研究使用这些指令的一类算法,并将这些指令作为基本运算,否则就可能要考虑另一类算法。然而,如果与实现无关的分析(伴之以选择合理的基本运算)已经做得比较完善,则只要增加一些细节,就可以主要使用与程序有关的分析。

当具体考虑实现所研究的算法时,对这些算法占用空间量的详尽分析当然也是适用的。

对一个问题输入情况的任何一种深入了解,都使我们对解决这个问题的算法的分析更加精辟。如若输入将被限制为所有可能的输入中的某个子集,则我们就能够对这个子集进行最坏情况分析。因此,一个完美的平均复杂性分析取决于各种输入出现的概率。

第 13 章　学术论文写法和严守道德规范

13.1　学术论文及写法规范

13.1.1　基础知识

本书已经讨论了课题和命题如何选择、确定的问题；如何证明命题、定理、引理、性质和算法等的证明方法的问题；如何确定课题的具体问题或实例的命题的问题；如何确定课题的具体问题或实例的算法设计策略和方法的问题；如何进行算法复杂性分析问题和进行算法复杂性分析的技术（方法）的问题；如何进行科学实验和工程测试的问题。只剩最后一步就是本章讨论的学术论文写法和严守道德规范问题。为有助于下面的讨论，我们必须明确一些概念的含义。

以一定的事实为依据，使所选课题具有实践基础。没有事实的理论是虚构的。科学研究就是要研究事实，研究客观实际存在的现象。

什么是科学？科学是运用范畴、定理、定律等思维形式反映现实世界各种现象的本质和规律的知识体系，是社会意识形态之一。

按照研究对象的不同可分为自然科学、社会科学和思维科学，以及总结和贯穿于三个领域的哲学和数学。

按与实践的不同联系可分为理论科学、技术科学、应用科学等。

科学来源于社会实践，服务于社会实践。它是一种在历史上起推动作用的革命力量。在现代，科学技术是第一生产力。科学的发展和作用受社会条件的制约。现代科学正沿着学科高度分化和高度综合的方向发展。

关注科学就是关注事物的运动规律，研究科学就是研究事物的运动规律，反科学就是违背运动规律，伪科学就是捏造运动规律。

科学问题是科学认识主体与科学认识客体之间矛盾的表现，是科学认识中需要探讨和解决的疑难和课题。

13.1.2　学术性研究和学术论文选题

1. 学术性研究

弄清学术的含义是开展学术研究的前提。学是指理论或理性认识，术是指应用，学术是理论与应用的有机结合。计算机各类型数据库、网络安全和计算机其他各门分支就有其基本理论的内容。例如,各种数据库都有其相应的基础理论和应用理论,又有其应用(技术)层面上的内容,针对各工程应用的技术(主要体现在实现工程的算法),所以我们通常称数据库的科学理论研究为应用理论研究。数据库理论研究的目的是应用,这完全符合学术研究的含义。

对各种数据库、网络安全和计算机其他各门分支等学术研究就是对它们的基础应用理论和各工程应用技术(主要体现在实现工程的算法)的研究。

学术性有相对强弱的问题。纯理论研究,学术性强;工程应用研究,因为结合实际研究,必然学术性弱。

学术性研究一般必须在某一学科中选题,或者综合几门有一定关联性的学科选题,学术研究不能脱离学科,也必须符合学科体系。这是对学术研究的最基本要求。学术性与理论是相容的,与应用性正好相反,既有相同的一面,又有不同的一面。学术性具有动态探索性,学术性探索所得到的成果都要纳入到理论性的系统中,理论的不断积累、丰富发展最终形成理论体系。学术性探索是始终指向未知领域的,一旦由未知变成已知,由不确定变成确定则将其纳入理论范围,加速了理论系统的形成。

理论,是指概念、原理的体系,是系统化了的理性认识。理论性是指已成原理的系统(理论系统)特性,需要注意以下几点。

(1) 经过不断的探索,提供新观点,由系统的雏形向系统、由不成熟向成熟发展。

(2) 由于它提供的是新观点,具有探索性,因此便具有或然性,它不具有科学性。

(3) 理论性观点的理论性显然不是现实本身特性,而是认识从现实中抽象出来的一般性事物的特性,这一点与非直接应用性的学术性有一致性。理论性观点是比较成熟的观点,因为它处在系统中,有相关的公理和已被证明是正确的命题(定理、引理、规则、性质、公式和算法等)的支撑,可以说是成熟的、可靠的。

(4) 学术性是非直接应用性,指在现实的基础上向上抽象超越;理论性是非现实性,指与现实性的区别。

2. 学术论文选题

选题就是按照一定的原则或标准,运用一定的科学方法去选择和确定研究课题。选题有广义与狭义之分。广义的选题是泛指选择、确定研究的方向,也就是确立科学研究的对象与目的;狭义的选题则是指选择论文的主题。

选题是论文写作的起点,决定着论文的价值,关系到论文写作的成败。

论文是学术论文的简称。学术论文是指用来进行科学研究,论述(描述)科学研究成果的文章。具体地说,学术论文是某一学术课题在理论性、实验性或观测性上具有新的科学研究成果或创新见解和知识的科学记录,或是某种已知原理应用于实际中取得新进展的科学总结,因此,所谓学术论文就是在科学领域内表达科学研究成果的文章。从这一意义上理解,学术论文一般也可以称为科学论文,用以在学术会议上宣读、交流或讨论;或在学术刊物上发表;或作其他用途的书面文件。

论文可以记录新的科研成果,其本身就是学术研究的有效手段,促进学术交流、成果推广和科技发展,促进科研的深化,是考核作者知识、科研水平的重要载体之一。

在理解学术论文的时候,我们还必须把握下面两层含义:

(1) 学术论文的范围限制在科学研究领域,不是此领域的文章,不能算学术论文;

(2) 学术论文限制在学术领域,并不等于说科学领域的所有的文章都是学术论文,而只有表达科学研究新成果的文章才是学术论文。

从上述两点来看,可以说科学论文的灵魂必须是科学研究的成果。

论文有以下特点。

(1) 独创性。学术论文不同于教科书,甚至不同于某些普及性学术专著。

(2) 科学性。是指研究对象真实客观,不主观臆断,学术论文的内容符合客观实际,论据充分,推理严谨,反映出事物的本质和内在规律,即概念、定义、原理、论点、证明、图表、数据、公式、参考文献正确,实验材料、实验数据、实验结果严谨、准确可靠等。

(3) 创新性。创新性是科学研究的生命。学术论文的创新性在于研究过程中所得到的研究结果是否有自己独到的见解,是否能提出新的观点、新的理论;在应用中有新理论、新技术、新方法的提出,研究结果应该是显著的。只有在研究过程中得到创新的研究结果才能写出创新性学术论文,因为它是写出创新性学术论文的基础。①对研究对象经过周密观察、调查,分析研究,从中发现别人过去没发现过或没分析过的问题;②在综合别人认识基础上进行创新,包括选题新、结论新、方法新、实验新。

(4) 学术性(理论性)。即遵循客观规律,信守科学真实性。

(5) 再现性。又称重复性。读者根据论文中所描述的实验方法、实验条件、实验设备,重复作者的实验时,应能得到与作者相同的结果。但是,应明确的是,一些带有专利性的内容,或者是应该保密的内容,不应写入文中。

(6) 可读性和规范性。文字通顺、语法正确、概念准确、表达清晰、论点鲜明、论据充分和符合期刊投稿的规定等。

13.1.3 学术论文的写法规范

本书所指的学术论文主要是指科学研究人员写给学术期刊、杂志、学术会议或学术出版社要求发表的文章,不包括即将毕业的大学生撰写的毕业论文和要求授予学位的人所撰写的学位论文,因为本书的宗旨是将学术(科学)研究贯彻始末。另外,各高校的毕业论文和学位论文要求五花八门,各不相同,本书不做讨论。

学术论文写作规范是一种技术规范,它很具体,内容也很多。下面仅就最主要的规范内容加以介绍。

1. 标题(title)

标题又叫题目、题名。标题应以最恰当、最简明的词语的逻辑组合反映出文章中最重要的特定内容。标题要简明、准确、醒目,读者阅读和文献检索首先接触的就是标题。对标题的每一个字都要审慎地选择,应用最少的词语反映出最为确切的论文内容。标题一般不宜超过20字,因而切忌用带主、谓、宾语结构的完整词句逐点描述论文的内容,也要避免过分笼统,以至于无法反映论文的主题特色。论文标题大体上分为论文篇名标题和文内标题,无论是哪一层标题都是读者的着眼点。若题目难以用一句话概括,还可以用副题名补充说明论文的特定实用信息和下层内容,使其准确。需要注意以下两点。

(1) 论文标题既不能把论文未涉及的内容和未得出的结论包括进去,也不能把论文已经涉及的内容或已经得出的结论遗漏掉。

(2) 新颖性和多样性,学术论文的创新性或其探讨新兴学科、某一学科前沿才能决定标题的新颖性和多样性。新颖性还取决于题式的多样性,多样性在标题选择中有提供选择的余地。

在计算机各种数据库的学术论文中,最常用、常见的是以下三种。

(1) 问题式篇名或题式。分两种题式:①陈述论式,常采用的是在要论述的问题前加上"关于"、"对于"等限定词,或在所要论述的问题后加上"研究"、"探讨"和"初探"等限定词;②设问式论式,直接以对问题的质问为标题,设问式问题前加上"为什么"等。

(2) 结论式篇名或题式。篇名是作者对某一领域或某一问题研究的结论或某一命题的结论,一般是肯定句式。

(3) 范围式篇名,这种篇名是作者研究的范围,论题比较宽泛,多用在综述性论文题名。

2. 作者署名(signature)

作者署名一般应列于标题之下。根据《中华人民共和国著作权法》(1991年6月1日起施行)中规定:"著作权属于作者";著作权包括"署名权,即表明作者身份,在作品上署名的权利"。

署名的作用:表明作者对成果有优先权,是论文法定主权人;表明作者的责任,是论文的负责者;便于读者联系。多位作者署名次序是主要作者在前,其他人员在后,署名作者之间用逗号","隔开。不同工作单位的作者,应在姓名右上角加注不同的阿拉伯数字序号,并在其工作单位名称之前加与作者姓名序号相同的数字,便于建立作者与其工作单位之间的关系;各工作单位之间连排时以分号";"隔开。

关于署名的资格,普遍的看法是:
(1) 作者应自始至终参加该项研究工作;
(2) 作者应能对该项研究成果具有答辩能力;
(3) 作者必须参与研究论文的撰写工作;
(4) 作者必须阅读过论文全文,同意发表全文,并承担由此带来的各种责任。

3. 作者单位(department)

标明作者单位主要是便于读者与作者联系、加索取复印件、商榷某一观点、邀请讲学等。同时,也为其作品提供负责单位。署名单位应写全称,加上邮政编码,写在作者名下,用小一号字体印出,有时各刊物的要求不尽相同。

研究生、进修生、访问学者等均应按其完成论文的所在单位署名。著者署名时应在姓名后用符号标记,并在论文首页左下方加脚注说明其现在单位。

4. 作者简介(biography)

对论文的主要作者按以下写出、刊出其简介:姓名(出生年月),性别,籍贯,职称,学位及研究方向(简历)等。同一篇论文的其他主要作者简介可以在同一"作者简介"的标识相继列出,其间以分号";"隔开,最后以句号"。"结束。一般较为重要的学术期刊都有此种要求,但要根据学术期刊出版单位要求而定。

5. 摘要(abstract)

1) 摘要的用途

正式出版并对外发行的学术期刊或高水平会议论文集都要求刊中的研究论文、技术性文章、实验方法、调查报告、综述性文章等在正文中附上中、英文摘要。这可使读者用较少的时间和精力了解文章的研究成果、研究进展、存在的问题及经验教训。中文论文中的英文摘要还可把文章的主要内容介绍给国外同行,起到国际学术交流的作用。

摘要也是检索工作的需要,文摘期刊社对其进行整理,使之成为二次文献。

2) 摘要的构成

摘要一般由下列三部分组成。
(1) 研究目的。简要陈述研究目的和研究内容及需要解决的问题。
(2) 研究方法。简要介绍研究所采用的理论研究方法、实验方法和基本步骤。

(3) 研究结果。简要介绍主要发现和主要结论、描述实验及其论文的价值。

3) 摘要的位置

摘要应放在文章题目、作者姓名及工作单位之下,这样利于读者在阅读文章之前了解该文章的内容,决定是否需要继续阅读。关于英文摘要,目前,国内外的专业期刊中,有的刊物将摘要放在题目之下正文之上,有的放在文章的最后,还有的把刊中所有的摘要放在该刊最后的文摘页上。从习惯上来看,还是应当把英文摘要放在中文摘要之后正文之前为好。

4) 摘要的长度

摘要不应分段,但长篇报告和学位论文的摘要可分段。摘要的字数视需要而定,一般中文稿为250~300字;英文稿以1 000印刷符号为宜,原则上不超过全文的3%。写论文摘要时,应尽量将文中的内容和理解这些内容的主要要素写入。

5) 摘要的写作

许多人在编写摘要时都习惯以"本文"、"本研究"等作为摘要的开头,这些是无信息的词语,应去掉。摘要应采用第三人称过去式的写法,不要用第一人称写成"我校……"、"我所……"、"我院……"。撰写学术论文的学术价值应实事求是、客观,不能自我拔高。

6) 摘要的译写

根据联合国教科文组织的规定:"全世界公开发表的学术论文,不管用何种文字写成,都必须附有一篇短小精悍的英文摘要。"因此,我国现有的正式出版的学术刊物在文章中都应添加译写英文摘要(给出题名、作者名、摘要及关键词),从而加速国际学术交流。目前,国内学报级刊物学术论文的英文摘要以一个印刷页为宜,放在中文摘要的后面。

6. 关键词(key words)

关键词是为了文献标引工作,特别是适应计算机自动检索的要求,从文章中选取出来用以表示全文主题信息的单词或术语。每篇文章选取3~8个词,置于摘要的下方,多个关键词之间用";"隔开。

关键词是从论文结论、摘要、标题中提炼抽取出的、具有实质意义的、表达文章主题内容的词或组合词。作者应选用能反映论文内容特征的、通用性强的、为同行所熟知的名词或名词性词组。它可以是专业术语,也可以是专用概念。

中文论文中,中、英文关键词应一一对应。

选取关键词要以选准选全为原则。选准是指论文所属学科专用的、义项比较单一的词。选取关键词既要防止概念过宽的现象,又要防止概念过窄的现象。选全,就是指所选的关键词要与论文主体内容相一致。论文所涉及的每个主要方面,一般至少应有一个关键词。

7. 论文正文(text)

1) 引言

引言,又称概述、绪论、导言、前言和序言等,是论文开头部分的一段短文,也是论文主体部分的开端。它向读者交代本研究的来龙去脉,引导读者阅读和理解全文。

它的内容包括:要概括地写出作者意图,说明选题的目的和意义,并指出论文写作的范围,即说明本研究工作的起因、背景、目的、意义等;介绍与本研究相关领域前人研究的历史、现状、成果评价及其相互关系;陈述本项研究的宗旨,包括研究目的、理论依据、方案设计、要解决的问题等。

对"首次报道"、"国内首创"、"国内外尚未见报道"、"国际先进水平"等提法要慎重,因为,科学研究贵在创新,具有创新性的研究成果本身就是首次,否则,就没有进行研究的必要。此外,也没有必要写诸如"限于时间和水平"、"不足之处敬请原谅"等语言,究竟水平如何要由审稿人和读者评价。

文字要简练,突出重点,要短小精悍、紧扣主题,不应与论文摘要雷同;不要注释同行熟知的、包括教材上能找到的基本理论、推导基本公式。在回顾前人工作时,不要面面俱到,应从与本研究关系密切的文献、论文来阐述。该项研究的一些研究数据和资料(图、表、公式等)在引言中不宜列出。正文中采用比较专业化的术语或缩写词时,应在引言中定义说明。引言的篇幅一般没有限制,写作过程应按逻辑顺序,做到文理贯通,条理清晰。

2) 正文

正文是论文的主体,是论文最重要的部分,正文应包括论点、论据、论证过程和结论。主体部分包括以下内容:

(1) 提出问题——论点;

(2) 分析问题——论据和论证;

(3) 解决问题——论证与步骤;

(4) 实验环境、方法、步骤及结果;

(5) 结论。

其中,第(2)项和第(3)项的论证是论文中比较重要,也是比较难写的部分。写作时应统观全局,抓住主要矛盾,分析论据和论证之间的关系,从论据证论点,采取合适有效的推理方式,得出有效、可靠的结论。第(4)项要对实验结果做出分析、推理,而不要重复叙述实验结果,应着重对国内外相关文献中的结果与观点做出讨论,表明自己的观点,尤其不应回避相对立的观点。论文的讨论中可以提出假设,提出本题的发展设想,但分寸应该恰当,不能写成"科幻"。第(5)项论文的结论不能模糊不清,应写出明确可靠的结果,写出确凿的结论。论文的文字应简洁,可逐条写出,要避免把结论写成和摘要或引言相似或一致。

不同学科、不同文章类型的表述方式不同。但是,在计算机数据库、网络安全和计算机其他学科理论研究中,一方面是以理论为依据,运用科学的概念、定义、原理、定律、公理、命题、公式、定理、引理、性质和推论等进行判断和推理证明所确定的命题成立。因此,正文是学术论文的核心内容,这方面应该按照逻辑推理前后顺序写,着重讨论新发现和新启示以及从中得出的结论,表达方式不仅限于文字,通常还用表格、插图、公式等表示。另一方面是根据已被证明的理论写出解决某一问题实例的算法,前面已经讨论过这些算法必须经过科学实验(实验数据和图表必须严谨、准确)。如果是原始创新算法,必须表述时间复杂性分析定量实验,获得实验结果;如果是改进(创新)型算法还必须描述对他人已有的完成同一目标相对应的最好的算法,在相同的实验环境下和自己提出的功能相同的算法所做的实验结果相比较,两个算法根据判定标准作相对比较,看哪一个算法更好。写作过程中要经过周密思考,经得起推敲。这两个方面提供了学术论文的科学性。比较本研究所得的结论(结果)和预期的结论(结果)是否一致,应与前人研究的结论(结果)进行比较,寻找其相互之间的关系,指出下一步需开展工作的设想和建议,这部分内容是论文的重点,是交流赖以产生的基础,也是评价该研究论文学术价值高低的最重要的部分。

对于实验方法和过程,如果是采用前人的方法,只需写出实验方法的名称,注明出处。如果是自己设计的独特新方法,则需要详细说明。但是,需要指出的是,涉及保密和专利的内容不要写进去。这是因为学术文章既有理论上(学术上)的馈赠性,又有技术上的经济性(专利性)。要正确处理交流与保密的关系,交流是指学术上的交流,保密是指技术诀窍的保密。对于技术上的要害问题要含而不露、引而不发。

研究工作者向国际重要的学术刊物投稿时,要注意一些度量单位及其缩写的表达方式应符合国际惯例。在作者署名上要遵循国际惯例,即名在前,姓在后的规则,避免我国科学家在国际交往时出现的尴尬局面;避免国际同行引用我国科学家论文时出现的混乱情况。

8. 致谢(acknowledgements)

1) 致谢范围

(1) 致谢的对象一般是曾经帮助过本项研究又不符合论文作者署名条件的团体或个人,以示作者对别人的劳动成果的尊重和感激之情。

(2) 在本科研工作中给予指导或提出建议的人。

(3) 对本项研究工作给予经费、物质资助的组织和个人。

(4) 承担部分实验工作的人员。

(5) 对论文撰写提供过指导或帮助的人。
(6) 提供实验材料、仪器设备及给予其他方便的组织与个人。
(7) 为本项研究承担某项测试任务,绘制插图或给予过技术、信息等帮助的人。

2) 致谢表达
(1) 致谢必须实事求是,并征得被致谢者的同意。
(2) 应提出其姓名和工作内容及贡献;表明资助团体、组织及个人全称;注明基金资助项目名称。如"技术指导"、"参加实验"、"本项研究由……基金资助"等。
(3) 表达方式为:本文得到×××的帮助;本文承蒙×××审阅,仅此致谢。致谢一般放在正文和参考文献之间,也有的放在文章首页的页脚处。

9. 参考文献(reference)

一篇学术论文的参考文献是论文在写作中可参考或引证的主要文献资料,列于论文的末尾。标注方式按《文后参考文献著录规则》(GB7714-87)进行。参考文献是学术论文中一个必不可缺的重要组成部分,因为当今的大部分科研成果是在前人研究成果或工作基础上发展起来的。论文中的参考文献可以反映出论文真实可靠的科学依据;是检测论文质量优劣乃至真伪的重要尺度;反映出作者对前人劳动的肯定和尊重;便于同行了解该研究领域的动态以及采用追溯法查找与此研究方向相关的文献;有助于科技情报人员进行文献情报研究。对于那些原始创新或探讨新兴学科的原创性论文,参考文献可能要少一些,但不会没有。

故意忽略或隐没重要参考文献是不道德的行为,也是科学研究工作者的大忌。因为这种行为的结果并不能突出论文作者的水平,不是实事求是的态度。这样有时可以糊弄一些不明真相的外行人,但有经验有水平的审稿人一眼就能看出投稿人的心理活动,投稿的论文就会立即被毙掉,结果弄巧成拙,丧失信誉。另外,前期阅读工作量较少,偶有所得,仓促行文,急功近利,往往也导致重要文献漏引,致使文献质量较低。这也反映出作者极不负责的学术研究态度。科研工作者必须下工夫做好前期的文献阅读、整理和研究工作。

1) 参考文献引用的原则
(1) 引用参考文献要精选,一般仅限于最必要的、最新的文献,并且作者对这些文献应亲自阅读过。
(2) 学术论文写作时,未经公开发表的文献、资料不能引用。
(3) 采用规范化的参考文献著录格式。
(4) 作者如想引用尚未正式出版的文献资料(编辑部拟刊用并已交付印刷),应经所投稿的编辑部的允许,在文中列入参考文献。此外,还应在该文献的最后加上"印刷中"或"in press"字样。

2) 参考文献的著录格式

关于学术论文中参考文献的写作方式,不同的刊物要求不同。因此,在撰写学术论文时应首先决定该文在哪一种刊物上发表,然后再根据该刊物的要求,按照规定的格式进行标注,避免返工,浪费时间。标注方式按《文后参考文献著录规则》(GB7714-87)进行。

目前期刊中常用参考文献的著录格式为"顺序编码"制和"著者—出版年"制。"顺序编码"制即按引用文献先后顺序编号的标注体系。在学术论文正文中引用文献的著者姓名或成果叙述文字的右上角,用方括号注阿拉伯数字,依正文中出现的先后顺序编号。在参考文献表中著录时,按此序号顺序列出。格式为:作者—标题—出版物信息(版地、版者、版期)。对所列参考文献的要求是:

(1) 所列参考文献应是正式出版物,以便读者考证;
(2) 所列举的参考文献要标明序号、著作或文章的标题、作者、出版物信息;
(3) 所列举的学术专著,应该注明是著或编著或编。

13.2 严守道德规范

在前一节曾经指出,研究科学就是研究事物的运动规律,反科学就是违背运动规律,伪科学就是捏造运动规律。

13.2.1 学术不端

学术不端行为是指弄虚作假(捏造数据、窜改数据、捏造成果)、抄袭剽窃、一稿多投、侵占学术成果、伪造学术履历和买卖学术成果等违反学术规范、学术道德的行为。学术不端行为极大地阻碍了学术进步。学术研究和科学研究过程是弄不得半点虚假的,是一个全身心投入的艰苦的劳动过程。想弄虚作假就不会全身心投入,又怎么能对研究的问题进行深入研究呢?这是不可能取得优秀成果的。学术不端行为必然会给学术研究、科学研究和科学事业带来严重的负面影响。

学术不端行为达到严重程度(违反者众多、发生频繁、各个层面多有发生、程度严重)就是学术腐败。

作为一个科学研究人员必须了解学术规范、学术道德是什么?这样便可以防患于未然。学术研究是由人来做的,像人类的其他行为一样,学术研究也会出现各种错误。

1. 没有违背学术道德的错误

(1) 限于客观条件而发生的错误。这类错误难以避免,也难以觉察,限于时代和科学研究环境(理论、实验环境)许多科学研究是无法完成的,随着研究环境的进步和改善才被揭示出来,犯错误的科学研究人员没有责任,不该受到指责。

(2) 由于马虎、疏忽而发生的失误。这类错误本来可以避免,是不应该发生的,但是犯错者并无恶意,是无心造成的,属于"无意的失误"。犯错者应该为其失误受到批评、承担责任,但是没有违背学术道德。

(3) 限于水平不高而造成的错误。一种是研究人员水平造成的,利用了别人的错误结论,使得研究的结果也是错误的;另一种是审稿人的水平问题,对所审稿件内容不懂并乱审造成的错误。例如,一篇论文是国际领先的原始创新性的,本来是国际领先的,由于乱审,耽误了出版时间而使该论文变成了国际先进水平。犯错者应该为其失误受到严厉批评、承担责任,但是没有违背学术道德。

2. 违背学术道德的错误

违背学术道德的错误是学术不端行为。这类错误本来也可以避免,但是却有意让它发生了,存在主观恶意,违背了学术道德,应该受到谴责和处罚,甚至追究法律责任。

对自然科学来说,虽然在某些细节上也存在差异,但是对不同研究领域的学术规范、学术道德有共同的特点。

13.2.2 违背学术道德的讨论

1. 弄虚作假

弄虚作假是一种严重的学术不端行为。有的科学研究人员心浮气躁,没有全身心地投入到学术研究中,但是为了达到预期成果,为了申请项目的结题,凭空捏造或伪造成果所需要的实验数据或结论;有的科学研究人员为了能够在短时间内达到学术评定中所需要的论文数量,学者之间"互相帮助,利益共享"。

(1) 凭空捏造命题的推理前提(论据),采用错误的推理规则推导出结论;

(2) 凭空捏造科学研究事实,本来没有深入研究过的问题或对象,却给出了具有相当欺骗性的结果,伪造实验结果、伪造数据、故意忽略对自己不利的事实。

(3) 凭空捏造和篡改实验数据。自然科学的研究结果应该建立在真实的实验、试验、观察或调查数据的基础上。因此,论文中的数据必须是真实可靠的,不能有丝毫的虚假。科学研究人员应该忠实地记录和保存原始数据,不能捏造和窜改。虽然在论文中由于篇幅限制、写作格式等原因而无法全面展示原始数据,但是部分展示的原始数据一定要能经受推敲和检验。

① 如果科学研究人员没有做过某个实验、试验、观察或调查,却谎称做过,无中生有地编造数据,这就构成了最严重的学术不端行为之一:捏造数据。

② 如果确实做过某个实验、试验、观察或调查,也获得了一些数据,为了达到

某种目的对数据进行了故意窜改,这虽然不像捏造数据那么严重,但同样也是一种不可接受的不端行为。

(4) 捏造学术履历制造学术成果。

(5) 凭空捏造同行评审。所谓同行评审,是一种学术成果审查程序,即一位作者的学术著作或计划被同一领域的其他专家学者评审,以确保作者的著作水平符合一般学术与该学科领域的标准。

(6) 低水平重复。一些学者出于某种利益考虑,对自己的学术成果不是以创新知识、学术领先为出发点,而是不追求质量,低水平的重复。例如,现今高校教材似洪水泛滥,它们出自不同的编者之手,由不同的出版社出版,但编写的内容、章节顺序、甚至具体例子都大同小异,缺乏学术性、思想性、独创性。这种情况在计算机数据库领域中也是较为常见的。

(7) "学霸"现象。拥有学术权力的个人或集体在学术活动中以权谋私、行为霸道。

(8) 学术评审中的腐败。在学术职称评定、学术奖励评定、科研基金项目评审、学术论文评价等各种评定活动中,因为评审制度本身的缺陷而导致存在并不是凭学术水平高低,而是在很大程度上靠人际关系的现象。

(9) 学位申请与授予中的腐败。主要表现为学位答辩放低标准、掺假制假,让没有达到学位申请水平的人得到学位。这样得到"硕士学位证"的学生是真正的硕士吗?这样得到"博士学位证"的学生是真正的博士吗?这样的硕士、博士不都是"水货"吗?

(10) 学术界中的"交易"行为。主要有"学权"交易和"学钱"交易。"学权"交易主要是指政府官员或手中掌握一定权力的人为了个人升职的需要权取硕士、博士文凭;"学钱"交易则是指一些企业老总或有钱人给老师经费、项目资金等来买取硕士、博士学位。有些老师为自身谋取利益,帮助这些人顺利毕业,这是违背学术道德的学术不端行为。

2. 剽窃和抄袭课题或论文

在撰写论文时,首先要避免剽窃或抄袭,剽窃是指在使用他人的观点或语句时没有做恰当的说明。

(1) 一定要弄清以下错误观点。

① 认为只有剽窃他人的观点(包括实验数据、结果)才算剽窃,而照抄别人的语句则不算剽窃。例如,有些人认为,只要实验数据是自己做的,那么套用别人论文中的句子来描述实验结果就不算剽窃;也有人认为,只有照抄他人论文的结果、讨论部分才算剽窃,而照抄他人论文的引言部分则不算剽窃。这些认识都是错误的,即使是自己的实验数据,在描述实验结果时也必须用自己的语言,而不能套用

他人的语句。

② 如果是照抄他人的表述,则必须用引号把照抄的部分引起来,以表示是直接引用。在论文的引言或综述文章中介绍他人的成果时,不能照抄他人论文或综述中的表述,而必须用自己的语言进行复述。否则的话,即使注明了出处,也会被认为构成文字上的剽窃。虽然对学术论文来说,剽窃文字的严重性比不上剽窃学术研究成果、实验数据和结果,但是同样是一种剽窃行为。

(2) 采用各种手段盗窃他人的论文。文章内容原封不动,文章标题稍作修改或根本不改,文章作者则换上自己的名字;也有采用"洋为中用"的,将国外的研究成果,翻译过来,以自己的名义出版、发表。这种剽窃是绝对不能原谅的。

关于剽窃还需要注意以下三点。

(1) 对已经为大家所熟知的学术界的常识(观点、定义、引理、定理等),即使不做说明也不会对提出者的归属产生误会的观点,一般可以不做注明,例如关系数据库的概念和原理已经有四十余年的历史,早已被计算机界的人员所熟知。对于那些比较近期、比较新颖、比较前沿的观点,如果不做说明就有可能被误认为是论文作者的原创,所以必须注明出处。

(2) 在论文中引用他人已经正式发表的成果,无须获得原作者的同意。但是如果要引用他人未正式发表的成果,必须征得原作者的书面认可(一定要书面认可)。

(3) 在论文注解中应该写明论文工作所获得的资助情况。

3. 严格按照对论文贡献的大小进行署名

学术研究论文署名作者必须对学术研究论文从选题和理论研究主体规划、具体成功的理论分析推理、实验设计、具体实验,一直到从中得出必要的结论的全过程都有所了解,并确实对其中某一个或几个具体环节做出贡献。我国和一些发达国家的一些知名科学家在其署名的文章中有时也发生剽窃、伪造数据等恶劣现象,给这些科学家的声誉造成很坏的影响。作者署名,责任是第一位的,其次才是荣誉。只有对课题或论文的工作做出了实质贡献的人,才有资格作为课题或论文的作者。课题或论文的第一作者是对该课题和论文的工作做出了最直接的、最主要的贡献的研究者,一般是指做了课题或论文中的大部分或全部理论分析、技术设计和实验设计、直接进行实验的人,其他作者署名的先后顺序应以贡献的大小为依据。

对于论文来说,论文的通讯作者为论文工作确定了总的研究方向,并且在研究过程中,在理论上或技术上对其他作者进行了具体指导和负责论文对外联系。在多数情况下,通讯作者是第一作者的导师,也可以是第一作者的其他合作者或第一作者本人。论文的其他作者应该是对论文工作做出了一部分实质贡献的人,例如参与了部分理论、技术或实验工作。

在确定论文的署名时,要注意不要遗漏了对论文工作做出实质贡献的人,否则就有侵吞他人学术成果的嫌疑。不要让没有做出实质贡献的人挂名。第一作者的导师并不等于是论文的通讯作者,如果他们没有对论文工作进行过具体指导,也不宜担任论文的通讯作者或其他作者。

(1) 如果只是曾经对论文工作提出过某些非实质性的建议,或者只是在某方面提供过帮助,不宜在论文中挂名,而应该在论文的致谢中表示谢意。

(2) 论文一般由第一作者或通讯作者撰写初稿,然后向共同作者征求意见。论文的任何结论都必须是所有作者的一致同意。在论文投稿之前,所有的作者都应该知情并表示同意。绝对不要在某个人不知情的情况下就把他列为共同作者,更不能列为第一作者。

(3) 一般一篇论文只有一名第一作者和一名通讯作者。否则,不正常。

(4) 论文的署名是一种对研究成果贡献的肯定,但也是一种责任。如果在论文发表后被发现存在剽窃、造假等问题,所有署名作者都要承担相应的责任,不应该找借口,试图推卸一切责任。剽窃、造假者固然要承担最主要的责任,但是共同作者也要承担连带责任。因此,不要轻易在自己不了解的论文上署名。

在现代著作或论文的署名顺序上闹出矛盾是很常见的,历史上,甚至在诺贝尔奖的署名顺序上也有闹得沸沸扬扬的。

目前,在研究论文署名上存在不少的问题,属于违反科学道德规范的情况主要有:

(1) 有的人根本没有参加科研工作,但为了达到个人的某种目的,采取一些不正当的手段使其署名;

(2) 有的人为了使其低水平的文章发表在核心刊物上,不惜采取拉关系等手段,把杂志编辑部的工作人员名字写上去,使其文章顺利发表;

(3) 有的论文署名多达十余人,从各级领导到实验员或保管员,不管他们是否参加研究工作,统统列上,把人际关系放在第一位;

(4) 几个人共同参加一项研究工作,在撰写研究论文时,都想把自己的名字放在前面,甚至争执不休;

(5) 为了达到个人的某种目的,买卖学术论文。买者自然不是真正的作者,这种署名就更加荒唐。

4. 绝对不能一稿二投或多投

一篇论文只能投给一家学术期刊或一个会议,只有在确知被退稿后,才能改投其他学术期刊或会议。许多学术期刊或会议都明文禁止一稿多投或重复发表。如果一组成果已经在某篇论文中发表过,就不宜在新的论文中继续作为新成果来使用,否则也会被当成重复发表。如果在新论文中需要用到已发表论文的成果,应该采用引用的方式,注明文献出处。

值得注意的是:

(1) 先在国内期刊上发表中文论文,再在国际期刊上发表同一内容的英文论文,这种做法也是重复发表;

(2) 把同一理论研究的相应结论,改头换面写成"不同文章"或把同一科研数据写成主题相似的不同论文,也是重复发表;

(3) 研究者对未发表的成果拥有特权,有权不让他人了解、使用该成果,但是研究成果一旦写成论文发表,就失去了特权,他人有权做恰当的引用和进一步了解该成果的细节。

5. 绝对不能通过非正当渠道发表论文

绝对不能通过学历造假而骗取论文刊登。有许多期刊编辑部都要求作者给出学历,其初衷是为了让审稿人能够客观准确地了解、评价其教育经历和学术成就,因此应该只陈述事实,不要自己做主观评价,更不要拔高、捏造学历和成果。

6. 绝对不能把不在学术期刊上发表的论文充当学术论文

(1) 在参考文献中应该只包括发表在经同行评议的学术期刊上的论文,不应该把发表在会议增刊上的会议摘要也列进去充数,让人误认为是论文。

(2) 绝对不能把在网上的文章或摘要充当学术论文。因为网上的文章或摘要一般没有经过多名审稿人的严格审查,所以它的可信度不高,对这样的文章或摘要只能作为知识或个人观点去浏览,仅做参考而已,不能作为论文去引用,当然也不能列入论文的参考文献中。

13.3 学术论文和著作投稿

13.3.1 学术论文投稿

1. 学术期刊发表论文

(1) 重要的学术成果应该投到国家重要学术期刊和国际重要学术期刊或高水平学术会议上发表,接受国内或国际同行的评议。

(2) 比较重要的学术成果应该投到国家确认的核心期刊。作者要对论文的学术水平(创新性)做出较为正确的评估,投的刊物低,容易录用,但降低论文的影响力。

(3) 重要和比较重要的学术成果向国外期刊投稿时,一定要选择好的期刊,不要在"水货"期刊上投稿。国外也有一部分期刊创办人,为了迎合国内部分人崇洋的心理、以赢利为目的创办期刊,这样的期刊不是高水平的。

2. 会议发表论文

会议论文分两大类:国内会议论文、国外会议论文。

(1) 无论是参加哪一类会议,首先要看会议的规模、知名度,是否名副其实。有些会议只要有一、二个外国人参加就称其为"国际会议",审稿时间只要几天,这样的国际会议已经泛滥成灾。

(2) 不要在质量低下、金钱味浓的会议上发论文。

(3) 有些会议欺骗性很大,经常用被 EI 或 SCI 检索等信息迷惑、吸引投稿者,收取高额的费用后,论文根本检索不了。

什么样的会议是名副其实的国际会议,这要看会议的组织是否健全,组织委员会和程序委员会组成人员的知名度和科学研究水平,一般来说,知名度高的会议的水平就比较高。例如,目前数据库界的三大国际会议。

(1) ACM SIGMOD(Special Interest Group On Management Of Data)

由美国计算机协会(ACM)数据管理专业委员会(SIGMOD)发起、在数据库领域具有最高学术地位的国际性学术会议。会议的目的是在全球范围内为数据库领域的研究者、开发者以及用户提供一个探索最新学术思想和研究方法、交流开发技巧、工具以及经验的平台,引导和促进数据库学科的发展。它是数据库的最好会议,也是最好的系统类的会议之一,已经有 30 年的历史。

(2) VLDB(Very Large Data Bases)

欧洲的数据库会议,也有 30 年的历史。举办地基本上按照一年欧洲,次年其他洲规律的轮换。它是唯一能接近 SIGMOD 的会议,一般被认为和 SIGMOD 同样受尊重。录取文章的时候可能会考虑一点地域平衡。因此对于美国学者来说,感觉投稿甚至有可能比 SIGMOD 还难。在这个会议上也能见到更多来自美国以外的文章。

(3) ICDE(International Conference On Data Engineering)

IEEE 的数据库会议。IEEE 的会议一般都比 ACM 对应的会议差一些,ICDE 也不例外。一般被认为比 SIGMOD/VLDB 低一个档次,但又明显比其他的数据库会议高一个档次。

13.3.2 著作和投稿

发表专著的作者,按照出版社的要求标准写明是著、编著还是编,应该清楚地写明自己的贡献,一定要实事求是,不要沽名钓誉。

水平高并且严肃的出版社在出版一部书时,在作者姓名后一般写有"著""编著""编""主编"等。它们的含义是不一样的,不能随便乱写的,是有严格标准的。

1) 学术专著

根据学术论文的长短，又可以分为单篇学术论文、系列学术论文和学术专著三种。一般而言，超过 4～5 万字以上的，可以称为学术专著。学术专著具有内容广博、论述系统、观点成熟等特点，一般是重要科学研究成果的体现，具有较高的学术参考价值。编撰学术专著比发表单篇论文更具学术价值。

国家科学技术学术著作出版基金委员会在《国家科学技术学术著作出版基金资助项目申请指南(2008 年度)》中明确指出："学术专著是指作者在某一学科领域内从事多年系统深入的研究，撰写的在理论上有重要意义或实验上有重大发现的学术著作。"具体地说，专著是对某一学科或某一专门课题进行全面系统论述的著作。一般是对特定问题进行详细、系统研究的结果。专著通常是作者阐述其"一家之言"，提出自己的观点和认识，而较少单纯陈述众家之说，并以本专业的科学研究人员及专家学者为主要读者对象。

专著的篇幅一般比较长，因此能围绕较大的复杂性问题做深入细致地探讨和全面论述，具有内容广博、论述系统、观点成熟等特点。一般是重要科学研究成果的体现，具有较高的学术参考价值。专著出版前，作者的研究成果往往先以论文的形式出现，在此基础上深入探讨，围绕某一学科或某学科特定的一个分支的复杂性问题做深入细致地探讨和全面论述，从而形成学术专著。学术专著通常都附有参考文献和引文注释，包含丰富的书目信息。

个人的专著有几个基本特点：①一定要本人亲自撰写；②是新的学术研究成果，在理论上有重要意义或实验上有重大发现的学术著作。如果不满足这两条，就不能说成是个人的专著。

专著、学术专著和个人学术专著是有区别的，专著的范围包含学术专著，即学术专著是专著中的一种，同时个人学术专著是学术专著中的一种。

2) 编著

一种著作方式，基本上属于编写，但有独自见解的陈述，或补充有部分个人研究、发现的成果。编著与专著相比，创造性较弱。凡无独特见解陈述的书稿，不应判定为编著。

在自然科学中编著分成二类。

(1) 基础性理论编著：是指作者汇集国内外某一学科领域的新成就，经过分析整理撰写成的系统性的基础性理论著作，有创见，有新体系、新观点或新方法。

(2) 技术理论编著：是指作者总结生产实践中的技术经验，撰写的具有较强创新性和理论性，以及实用价值较高的理论著作。

3) 编

编的独创性最低，产生的是演绎作品。

4) 主编

"主编"是主持编辑的简称,即在他的主持下,完全将他人的作品按照他的思路进行排列、修改和编辑,使书籍形成一定的主题思想。通俗地说,"主编"的书,主编者仅仅是编辑人。

著、编著、编都是著作权法确认的创作行为,但独创性程度和创作结果不同。著的独创性最高,产生的是绝对的原始作品;编的独创性最低,产生的是演绎作品;编著则处于二者之间(编译类似于编著,但独创性略低于编著)。如果作者的著不是基于任何已有作品产生的,作者的创作行为就可以视为著。一部著作中可以有适量的引文,但必须指明出处和原作者。如果作者的作品中的引文已构成对已有作品的实质性使用,或者包含对已有作品的汇集或改写成分,作者的创作行为应该视为编著。

除了上述著作外,高等院校使用最多的就是教材,其主要指通过收集、整理国内外已有的科学成就和资料,或根据科学研究成果,按照教学规律加以总结使之系统化的教学材料。

教材的定义有广义和狭义之分。广义的教材指课堂上和课堂外教师和学生使用的所有教学材料。教师自己编写或设计的材料也可称之为教学材料,计算机网络上使用的学习材料也是教学材料。广义的教材不一定是装订成册或正式出版的书本。凡是有利于学习者增长知识或发展技能的材料都可称之为教材。狭义的教材就是教科书,教科书是一个课程的核心教学材料。编书可以是自己或多人或别人的作品编辑成书。

5) 投稿要慎选出版社

(1) 重要的学术专著应该投到国家重要的出版社,接受出版社的严肃审查和评议。

(2) 比较重要的学术专著应该投到国家比较重要的出版社。作者要对学术专著创新性做出较为正确的评估,按照评估的结果选择投稿的出版社,易于出版。

(3) 重要和比较重要的学术专著不要投稿到不正规的出版社,一般来说这样的出版社的出版质量很难得到保证,降低了学术专著作用和影响力。

13.4 坚守国家利益高于一切

本书分析的种种学术不端行为是在选择组成科研团队的成员时必须考虑的准则,如稍有不慎将会造成极大的危害。

1. 重视科研团队成员的选择

(1) 一个好的科研团队具有较高的声誉,受到人们尊重,自然能为国家利益而努力奋斗。若科研团队成员中有学术不端行为的人,将极大地败坏科研团队的声誉,败坏了科研团队在公众心目中的形象。科学研究是需要全社会支持的,需要科研资金的提供,需要一个比较好的科研环境。没有了这些因素,科研团队就很难取得预期的成果,也很难得到发展。

(2) 科研团队成员中有学术不端行为的人,不仅败坏科研团队的声誉,而且阻碍科研团队的研究进程。学术研究进程中的每一个步骤中的任何一个过程,都必须是严肃认真、求真务实、探求真理的过程。探求真理本来就应该是每个学者的崇高职责,诚信也应该是治学的最基本的态度。学术不端行为的人往往抱有投机取巧、不劳而获的侥幸心理,这种人怎么会有求真务实、探求真理的态度和行为呢?

(3) 科学研究很大程度上都在使用国家资金,学术造假就是在浪费纳税人的钱。有的学术造假是和经济腐败相勾结的,科研团队将受到公众的指责,团队其他人员在这样的环境中,心态很难平和,研究很难进行下去。

(4) 学术不端行为违反学术规范,在科研资源、学术地位方面造成不正当竞争。如果靠剽窃、捏造数据、捏造学术履历就能制造出学术成果、获得学术声誉、占据比较高的学术地位,那么脚踏实地认认真真搞科研的人,尽管是最终的胜利者但暂时是竞争不过造假者的。而且学术造假还对同行造成了误导,如果有人相信了虚假的学术成果,试图在其基础上做进一步的研究,必然会浪费时间、金钱和精力。

2. 科技人员应坚守国家利益高于一切

如果科学研究人员能够做到坚守国家利益高于一切,严守道德底线,就可以避免有损于职业道德的行为和学术不端行为。

(1) 要淡薄"官本位"和"名利"。任何一个人都有祖国,因此在各项科研活动中要体现国家意志,服从和服务于国家利益。要淡薄"官本位"、淡薄"名利"观念,对于有些科学研究人员为了晋升职称而努力进行科学研究工作也是无可厚非的,但当和国家利益相冲突时一定要以实际行动服从国家的大局,绝对不能有损于职业道德,更不能存在学术不端行为。

(2) 绝对不能出卖国家利益。在科学研究成果的归属上,一定不要忘记在很大程度上是使用国家资金,也就是使用纳税人的钱而取得的,对于涉密的部分一定要按保密法的规定执行,绝对不能为了个人利益出卖团队利益和国家利益。

(3) 科技人员还要保护好、应用好自己的知识产权,尊重他人的知识产权。

(4) 充分尊重学术领域不同意见。要把学术自律和社会舆论监督有机结合起来,维护学术尊严和科技工作者的职业道德。

(5) 科研团队要制定科学道德公约,规范、鼓励学术批评,端正研究风气。

参 考 文 献

爱因斯坦.1976.爱因斯坦文集.第一卷.许良英,范岱年,译.北京:商务印书馆.
贝弗里奇ＷＩＢ.1979.科学研究的艺术.北京:科学出版社.
曹新谱.1984.算法设计与分析.长沙:湖南科学技术出版社.
戴特ＣＪ.2000.数据库系统导论.孟小峰,王珊,等译.北京:机械工业出版社.
厄尔曼ＪＤ.1988.数据库系统原理.张作民,译.北京:国防工业出版社.
郝忠孝.1989.空值环境下函数依赖保持条件.计算机工程,6:47-53.
郝忠孝.1991a.空值环境下函数依赖公理系统的完备性.计算机研究与发展,28(8):7-9.
郝忠孝.1991b.空值环境下函数依赖集最小覆盖求法.计算机研究与发展,28(8):10-15.
郝忠孝.1991c.空值环境下关系模式到(N)3NF分解问题的研究.计算机研究与发展,28(8):24-30.
郝忠孝.1996.空值环境下数据库理论基础.北京:机械工业出版社.
郝忠孝.1998.关系数据库数据理论新进展.北京:机械工业出版社.
郝忠孝.2008.主动数据库系统理论基础.北京:科学出版社.
郝忠孝.2009a.数据库数据组织无环性理论.北京:科学出版社.
郝忠孝.2009b.时态数据库设计理论.北京:科学出版社.
郝忠孝.2010.时空数据库查询与推理.北京:科学出版社.
郝忠孝.2011a.时空数据库新理论.北京:科学出版社.
郝忠孝.2011b.不完全信息下XML数据库基础.北京:科学出版社.
郝忠孝.2012.移动对象数据库理论基础.北京:科学出版社.
郝忠孝.2013.空间数据库理论基础.北京:科学出版社.
郝忠孝,胡春海.1994.空值环境下关系数据库查询处理方法.计算机报,17(3):218-222.
郝忠孝,李松.2009.基于Vague集的动态Vague区域关系.软件学报,20(4):878-889.
郝忠孝,李松.2010.空间网络间的空间关系的表示和推理.计算机学报,33(12):1-10.
郝忠孝,李艳娟.2005.具有多时间粒度的数据库初等关键字、简单范式分解问题研究.计算机研究与发展,42(9):1485-1492.
郝忠孝,李艳娟.2007.具有多时间粒度的时态多值依赖及时态模式分解方法研究.计算机研究与发展,44(5):853-859.
郝忠孝,刘国华.1991.关系模式全部候选关键字算法.计算机报,14(4):300-307.
郝忠孝,刘国华.1994.关于标准FD集的几个相关问题的讨论.计算机研究与发展,32(8):20-24.
郝忠孝,刘永山.2005.空间对象的反最近邻查询.计算机科学,32(11):115-118.
郝忠孝,万静,何云斌.2005.F有弱冲突时产生满足PBC且无α环分解的问题.计算机工程,31(8):61~62.
郝忠孝,王玉东,何云斌.2008.空间数据库平面线段近邻查询问题研究.计算机研究与发展,

45(9):1539-1545.

郝忠孝,魏海东.1991.空值环境下关系模式分解问题的研究.计算机研究与发展,28(8):16-23.

郝忠孝,姚春龙.2004.多时间粒度下的时态函数依赖集的成员籍算法.计算机工程与应用,40(35):183-185.

加里 M R,约翰逊 D S.1987.计算机和难解性-NP完全性理论导引.北京:科学出版社.

李博涵,郝忠孝.2009.反向最远邻的有效过滤和查询算法.小型微型计算机系统,30(10):1048-1051.

李松,郝忠孝.2008.基于Voronoi图的反向最近邻查询方法研究.哈尔滨工程大学学报,29(3):261-265.

李松,张丽平,孙冬璞.2011.空间关系查询与分析.哈尔滨:哈尔滨工业大学出版社.

林定夷.1998.系统工程概论.广州:中山大学出版社.

刘国建.2002.科学技术研究方法导论.北京:世界图书出版公司.

刘艳,郝忠孝.2009.一种基于主存Δ-tree的高维数据自相似连接处理.计算机研究与发展,46(6):995-1002.

刘艳,郝忠孝.2011a.高维主存的反向k最近邻查询及连接.计算机工程,37(24):22-24.

刘艳,郝忠孝.2011b.基于Δ-tree的递归深度优先kNN查询算法.计算机工程,37(22):48-49.

刘艳,郝忠孝.2011c.深度优先遍历Δ-tree的非递归kNN查询.计算机工程与应用,47(15):6-8.

孙冬璞,郝忠孝.2009a.局部范围受限的多类型最近邻查询.计算机研究与发展,46(6):1036-1042.

孙冬璞,郝忠孝.2009b.移动对象历史轨迹的连续最近邻查询算法.计算机工程,35(1):52-54.

汪成为,郑小军,彭木昌.1992.面问对象分析、设计及应用.北京:国防工业出版社.

王淼,郝忠孝.2010.基于Delaunay图的反向最近邻查询的研究.计算机工程,36(5):59-61.

汪应洛.1996.系统工程.北京:机械工业出版社.

徐红波,郝忠孝.2008a.基于Hilbert曲线的近似k-最近邻查询算法.计算机工程,34(12):47-49.

徐红波,郝忠孝.2008b.一种基于Z曲线近似k-最近对查询算法.计算机研究与发展,45(2):310-317.

徐红波,郝忠孝.2009.一种采用Z曲线高维空间范围查询算法.小型微型计算机系统,30(10):1952-1955.

杨建军.2006.科学研究方法概论.北京:国防工业出版社.

余祥宣等.2000.计算机算法基础.武汉:华中科技大学出版社.

张凤斌.2008.基于人工免疫的网络入侵检测器覆盖及算法研究[博士后研究工作报告].哈尔滨:哈尔滨工业大学.

自然辩证法编写组.1979.自然辩证法讲义.北京:人民教育出版社.

邹成.2006.递归树在用迭代法解递归方程渐近阶中的应用.成都大学学报,25(4):258-259.

Hao Zhongxiao,Li Bohan.2009.Approxmate Query and Calculation of RNNk Based on Voronoi Cell. Transactions of Nanjing University of Aeronautics & Astronautics,26(2):154-161.